国家出版基金项目
NATIONAL PUBLICATION FOUNDATION

大飞机出版工程

总主编 顾诵芬

复合材料飞机结构强度设计与验证概论

An Introduction to Design and Verification for Composite Aircraft Structures

沈　真 张晓晶 编著

汪　海 审校

上海交通大学出版社
SHANGHAI JIAO TONG UNIVERSITY PRESS

内 容 提 要

本书基于国内外飞机复合材料结构强度设计与验证方面的经验教训和作者30年来在该领域的研究成果和经验总结，通过对复合材料与金属在力学性能等方面的差别分析，系统总结了飞机复合材料结构强度设计与验证的六大特点，给出了复合材料许用值和设计值的确定方法，阐述了飞机复合材料结构强度设计要求和验证方法。

为便于读者有效地使用本书，作者在相关章节内对有关知识和文献以章内附录的形式给出。此外，本书还带有两个附录：材料力学性能表征和咨询通报 AC 20 - 107B 复合材料飞机结构（译稿）。

本书适用于飞机结构专业的研究生和从事复合材料飞机结构设计的技术人员，也可供其他领域复合材料结构设计人员参考。

图书在版编目(CIP)数据

复合材料飞机结构强度设计与验证概论/沈真，张晓晶编著. —上海：上海交通大学出版社，2011(2016重印)
(大飞机出版工程)
ISBN 978 - 7 - 313 - 07960 - 2

Ⅰ.①复… Ⅱ.①沈…②张… Ⅲ.①飞机—复合材料—结构强度—设计 Ⅳ.①V257

中国版本图书馆CIP数据核字(2011)第241353号

复合材料飞机结构强度设计与验证概论

沈 真 张晓晶 编著
汪 海 审校

上海交通大学出版社出版发行
（上海市番禺路951号 邮政编码200030）
电话：64071208 出版人：韩建民
浙江云广印业有限公司印刷 全国新华书店经销
开本：787mm×1092mm 1/16 印张：19.75 字数：388千字
2011年12月第1版 2016年4月第2次印刷
ISBN 978 - 7 - 313 - 07960 - 2/V 定价：85.00元

丛书编委会

总　　序

国务院在2007年2月底批准了大型飞机研制重大科技专项正式立项，得到全国上下各方面的关注。"大型飞机"工程项目作为创新型国家的标志工程重新燃起我们国家和人民共同承载着"航空报国梦"的巨大热情。对于所有从事航空事业的工作者，这是历史赋予的使命和挑战。

1903年12月17日，美国莱特兄弟制作的世界第一架有动力、可操纵、重于空气的载人飞行器试飞成功，标志着人类飞行的梦想变成了现实。飞机作为20世纪最重大的科技成果之一，是人类科技创新能力与工业化生产形式相结合的产物，也是现代科学技术的集大成者。军事和民生对飞机的需求促进了飞机迅速而不间断的发展，应用和体现了当代科学技术的最新成果；而航空领域的持续探索和不断创新，为诸多学科的发展和相关技术的突破提供了强劲动力。航空工业已经成为知识密集、技术密集、高附加值、低消耗的产业。

从大型飞机工程项目开始论证到确定为《国家中长期科学和技术发展规划纲要》的十六个重大专项之一，直至立项通过，不仅使全国上下重视起我国自主航空事业，而且使我们的人民、政府理解了我国航空事业半个世纪发展的艰辛和成绩。大型飞机重大专项正式立项和启动使我们的民用航空进入新纪元。经过50多年的风雨历程，当今中国的航空工业已经步入了科学、理性的发展轨道。大型客机项目其产业链长、辐射面宽、对国家综合实力带动性强，在国民经济发展和科学技术进步中发挥着重要作用，我国的航空工业迎来了新的发展机遇。

大型飞机的研制承载着中国几代航空人的梦想，在2016年造出与波音B737和空客 A320 改进型一样先进的“国产大飞机”已经成为每个航空人心中奋斗的目标。然而，大型飞机覆盖了机械、电子、材料、冶金、仪器仪表、化工等几乎所有工业门类，集成了数学、空气动力学、材料学、人机工程学、自动控制学等多种学科，是一个复杂的科技创新系统。为了迎接新形势下理论、技术和工程等方面的严峻挑战，迫切需要引入、借鉴国外的优秀出版物和数据资料，总结、巩固我们的经验和成果，编著一套以“大飞机”为主题的丛书，借以推动服务“大型飞机”作为推动服务整个航空科学的切入点，同时对于促进我国航空事业的发展和加快航空紧缺人才的培养，具有十分重要的现实意义和深远的历史意义。

2008 年 5 月，中国商用飞机有限公司成立之初，上海交通大学出版社就开始酝酿“大飞机出版工程”，这是一项非常适合“大飞机”研制工作时宜的事业。新中国第一位飞机设计宗师——徐舜寿同志在领导我们研制中国第一架喷气式歼击教练机——歼教 1 时，亲自撰写了《飞机性能捷算法》，及时编译了第一部《英汉航空工程名词字典》，翻译出版了《飞机构造学》、《飞机强度学》，从理论上保证了我们飞机研制工作。我本人作为航空事业发展 50 年的见证人，欣然接受了上海交通大学出版社的邀请担任该丛书的主编，希望为我国的“大型飞机”研制发展出一份力。出版社同时也邀请了王礼恒院士、金德琨研究员、吴光辉总设计师、陈迎春副总设计师等航空领域专家撰写专著、精选书目，承担翻译、审校等工作，以确保这套“大飞机”丛书具有高品质和重大的社会价值，为我国的大飞机研制以及学科发展提供参考和智力支持。

编著这套丛书，一是总结整理 50 多年来航空科学技术的重要成果及宝贵经验；二是优化航空专业技术教材体系，为飞机设计技术人员培养提供一套系统、全面的教科书，满足人才培养对教材的迫切需求；三是为大飞机研制提供有力的技术保障；四是将许多专家、教授、学者广博的学识见解和丰富的实践经验总结继承下来，旨在从系统性、完整性和实用性角度出发，把丰富的实践经验进一步理论化、科学化，形成具有我国特色的“大飞机”理论与实践相结合的知识体系。

“大飞机”丛书主要涵盖了总体气动、航空发动机、结构强度、航电、制造等专业方向，知识领域覆盖我国国产大飞机的关键技术。图书类别分为译著、专著、教材、工具书等几个模块;其内容既包括领域内专家们最先进的理论方法和技术成果,也包括来自飞机设计第一线的理论和实践成果。如:2009年出版的荷兰原福克飞机公司总师撰写的*Aerodynamic Design of Transport Aircraft*(《运输类飞机的空气动力设计》),由美国堪萨斯大学2008年出版的*Aircraft Propulsion*(《飞机推进》)等国外最新科技的结晶;国内《民用飞机总体设计》等总体阐述之作和《涡量动力学》、《民用飞机气动设计》等专业细分的著作;也有《民机设计1000问》、《英汉航空双向词典》等工具类图书。

该套图书得到国家出版基金资助,体现了国家对"大型飞机项目"以及"大飞机出版工程"这套丛书的高度重视。这套丛书承担着记载与弘扬科技成就、积累和传播科技知识的使命,凝结了国内外航空领域专业人士的智慧和成果,具有较强的系统性、完整性、实用性和技术前瞻性,既可作为实际工作指导用书,亦可作为相关专业人员的学习参考用书。期望这套丛书能够有益于航空领域里人才的培养,有益于航空工业的发展,有益于大飞机的成功研制。同时,希望能为大飞机工程吸引更多的读者来关心航空、支持航空和热爱航空,并投身于中国航空事业做出一点贡献。

顾诵芬

2009年12月15日

序

近年来，复合材料在飞机结构中的应用迅猛增加，特别是波音B787和空客A350飞机结构中复合材料用量已达到结构重量的50%，标志着低成本复合材料技术已进入了工程化应用的新阶段。目前国内所有在研飞机结构，均不同程度使用了复合材料。由于复合材料和金属材料的性能存在明显差别，复合材料结构强度设计技术与金属结构也明显不同。因此迫切要求飞机结构设计人员掌握复合材料结构强度设计与验证技术，才能充分发挥复合材料的优势，扬长避短，从而设计出性能与成本均优于金属结构的飞机。目前虽然已出版了很多有关复合材料的教科书，但缺乏此类较工程实用的著作，因此该书的出版可以填补这方面的空缺。

沈真研究员从20世纪80年代初即开始进行复合材料力学，特别是有关冲击损伤和复合材料结构耐久性/损伤容限的研究，近年来又在复合材料力学性能表征方面做出了开拓性的努力。与此同时参与了国内几乎所有复合材料飞机结构的研制，翻译了大量国外文献，引进了国外的先进技术。近年来又主持编写了军用飞机复合材料结构强度规范和民用飞机复合材料结构强度刚度设计与验证指南。该书在对国内外文献进行归纳、理解和消化的同时，融入了他的毕生经验，是一本既有理论高度，又能指导工程实践的实用书籍。

2011年8月

（陈一坚：中国工程院院士，JH7（飞豹）总设计师）

前　言

飞机结构设计的目标是得到能满足结构完整以及长寿命和低成本要求的结构。由于复合材料与金属在性能，特别是破坏机理上有着明显差别，使得飞机复合材料结构完整性要求的很多具体内容都不同于金属结构，因此，复合材料飞机结构强度设计和验证技术与金属结构也有很多不同。本人 30 年来一直从事复合材料强度研究，参与了迄今为止几乎所有国内复合材料飞机结构的研制，对复合材料飞机结构强度设计与验证技术有一些粗浅的体会，而迄今为止尚未见到国内外有相关内容的著作，深感有必要将这些经验教训进行总结，以供复合材料飞机结构设计人员参考。近年来本人有幸主持编写了 GJB 67.14—2008《军用飞机结构强度规范——复合材料结构》和《民用飞机结构强度刚度设计与验证指南——复合材料结构分册》(中国飞机强度研究所)，对国内外的有关文献和国内复合材料飞机结构研制的经验教训进行了总结，并受邀在上海交通大学大型民机研究生“特班”开设了“飞机复合材料结构耐久性和损伤容限设计”课程(2009～2011)，在讲授过程中逐渐形成了本书的雏形。根据讲课过程中学生的反映，特别是对 2009 年 9 月颁布的 FAA 咨询通报 AC 20－107B 中新增内容的理解，作者对初稿作了进一步修改，才有本书的诞生。

应该指出，复合材料飞机结构强度设计与验证的内容涉及静力学、动力学、疲劳、损伤容限及使用维护与修理等很多学科，本书的宗旨仅限于阐明与金属结构在处理相关问题时的差别和处理方法，因此没有提及与金属结构在设计与验证技术中相同的内容，例如动力学问题。复合材料结构的使用维护和修理是强度设计与验证的重要内容之一，但国内缺乏这方面的研究，限于作者的水平，书中没有给出有关的论述。结构分析、连接设计、稳定性设计等是强度设计的重要内容，国内已有相关的专著，限于篇幅，本书没有予以详细的论述。

本书在编撰过程中，得到了国内外同行专家章怡宁、黎观生、杨乃宾、李东升、李书欣、李武铨、王全荣、李令芳、陈绍杰、钟至人、郑晓玲、矫桂琼、汪海、李强、王进、柴亚南、杨胜春等的帮助，对很多问题，例如许用值与设计值、CAI(冲击后压缩强度)等方面的观点是在与他们多年的讨论和争论中逐渐形成的。本人还要对中国飞机强度研究所同事仝永喆、沈薇、孙坚石、王俭、刘峰、刘俊石、张立鹏、萧娟、陈涛、杨宇、陈向明、林国伟、李磊、熊华锋等表示深深的谢意，他们提供了大量支持本书观点的试验数据，并进行了相关分析。本书的附录B——FAA咨询通报AC 20－107B《复合材料飞机结构》的译稿经过了丁惠梁、陈绍杰、杨乃宾、钟至人、李东升、李书欣、白嘉模、吴一波、李卫、王国平、朱梅庄和刘秀芝的校对或润色，使译稿的错误减到了最少，在此一并表示感谢。除此之外，还要对陈普会和唐啸东表示特别的感谢，多年来长期共事，除了日常对各种学术观点的切磋与讨论外，书中还采纳了他们的部分研究成果。同时，也衷心感谢江苏恒神的钱云宝先生，他为作者提供了发挥余热的舞台，从而完成了对本书的最后一次修订。最后对妻子王锐数十年来在背后默默的支持表示发自内心的感激，正是她的无私奉献，使得作者能在复合材料的广袤空间里无忧无虑地专致探索。

虽然本人对本书的内容进行了仔细的推敲，但复合材料飞机结构强度设计与验证技术仍在发展中，对某些问题的看法在业界仍有争议，本书的观点作为一家之言仅供参考。

本书主要由本人编写，张晓晶参与了全书结构和内容取舍的讨论、部分章节的编写和全书的校订。汪海对本书进行了审校。

沈 真

2011年12月

术语和缩略语

1. 术语

复合材料(composites, composite materials)——由异质、异性、异形的有机聚合物、无机非金属、金属等材料作为基体或增强体,通过复合工艺组合而成的材料。

单向带(tape)——平行排列的连续纤维或以连续纤维为经向而在纬向加少量更细纤维的织物,经浸胶后的中间产品称为单向带,亦称预浸带。

织物(fabric)——以纱线、长丝等为材料,运用各种织造及其他方法制成的平状物。如机织物、针织物、编织物、无纺织物等。

固化(curing)——通过热、光、辐射或化学添加剂等的作用,使热固性树脂经不可逆化学反应完成交联的过程。

残余应力(residual stress)——复合材料制件内部由于固化后的降温和吸湿等引起的应力。

层(单层)(lamina, ply)——复合材料制件中一层单向带或织物称为层,是复合材料制件中最基本的单元。

层压板(laminate)——由单向或多向铺层压制而成的复合材料板,有时也称为层合板。

纤维含量(fiber content)——复合材料中含有的纤维数量。通常,用复合材料的体积分数或千克(重)量分数来表示。

玻璃化转变温度(glass transition temperature)——在无定形聚合物或部分结晶聚合物无定形区域内,在黏流态或橡胶态和玻璃态之间发生可逆变化温度范围的近似中点值(T_g)。复合材料体系最高使用温度的确定与其有关。

材料工作温度极限(Material Operational Limit, MOL)——考虑温度和湿度对聚合物基复合材料性能的影响,将使用可能达到的最高吸湿量时的玻璃化转变温度减去一安全余量，所确定的材料允许的最高使用温度。

吸湿(moisture absorption)——复合材料在环境条件下吸进水分的一种行为。

吸湿量(moisture content)——复合材料曝露于环境条件下所含水分的度量，用质量分数表示。

吸湿平衡(moisture equilibrium)——在周围环境下吸湿量基本上不再变化时，材料所达到的状态。

平衡吸湿量(moisture equilibrium content)——对给定的湿曝露水平，材料在吸湿平衡状态下所达到的最大吸湿量，用材料干态质量的百分数表示。

湿曝露水平(moisture exposure level)——浸润环境严重程度的度量或描述，用存在的液体或蒸汽的量值来表征。

许用值(allowables)——在概率基础上(如分别具有99%概率和95%置信度，与90%概率和95%置信度的A或B基准值)，由层压板或单层级的试验数据确定的材料值。导出这些值要求的数据量由所需的统计意义(或基准)决定。许用值通常包括材料许用值和设计许用值两部分。

材料许用值(material allowables)——由单层级的试验数据确定的材料值。

设计许用值(design allowables)——由含结构典型特征(包括铺层比例、开孔、充填孔、机械连接等)层压板的试验数据确定的材料值，适用于由同一材料体系和同一工艺规范制造的不同结构。

设计值(design values)——为保证整个结构的完整性具有高置信度，由试验数据确定并被选用的材料、结构元件和结构细节的性能。这些值通常基于为考虑实际结构状态而经过修正的许用值，并用于分析计算安全裕度。

A基准值(A - basis value)——一个力学性能的限定值，在95%的置信度下，99%性能数值群的值高于此值。

B基准值(B - basis value)——一个力学性能的限定值，在95%的置信度下，90%性能数值群的值高于此值。

平均值(average value)——有效试样试验结果的算术平均值，试样样本大小视具体性能要求而定。

环境(environment)——在使用中能预期到，且会影响结构的，单独或联合出现的外部、非偶然的状态(机械加载除外)(如温度、吸湿、紫外线辐射和燃油)。

湿热影响(hygrothermal effect)——由吸湿量和温度变化引起材料性能和制件尺寸改变的现象。

环境补偿系数(environmental compensation factor)——由于湿热环境引起复合材料结构件力学性能和承载能力的降低,对室温大气环境全尺寸结构静力试验极限载荷的放大系数,其值大于1。

制造缺陷(manufacturing defect)——在制造期间出现,并能引起强度、刚度和尺寸稳定性不同程度退化的异常或缺陷。预期在飞机零件寿命期内,由质量控制、制造验收准则允许的这些缺陷(或允许的制造变异性)会满足合理的结构要求。在损伤威胁评估中应把制造质量控制中漏检的其他制造缺陷包括在内,并在其被检出和修理前必须满足损伤容限要求。

损伤(damage)——制造(加工、生产、装配或处理)或使用引起的结构异常。

损伤类别(category of damage)——基于剩余强度能力、要求的载荷水平、可检性、检测间隔、损伤威胁,以及产生损伤的事件是否明显可察,定义了5类损伤。

退化(degradation)——材料性能(如强度、模量、膨胀系数)的变化,它可能是由于制造偏差或重复载荷和/或环境曝露所致。

脱胶(debond)——由各种因素引起的层间或胶层产生分离的现象。

分层(delamination)——层压板中材料层的分离。它可能是局部的,也可能覆盖层压板的大面积,它可能在固化或随后层压板使用的任意时刻出现,并可能由于各种不同原因引起。

冲击损伤(impact damage)——外来物撞击引起的结构异常。

偏差(discrepancy)——允许且用计划的检测程序可检出的制造异常。它们会在加工、生产或装配过程中产生。

弱胶接(weak bond)——力学性能低于预期值,但不可能通过正常的NDI方法检出的胶层,这样的情况主要是由低劣的化学键接所致。

复合材料损伤阻抗(damage resistance for composite materials)——a. 在复合材料及其结构中,抵抗外来物冲击不产生损伤的能力;b. 某一事件或一系列事件相关的力、冲击或其他参数与其所产生损伤尺寸及类型之间关系的度量,如一定能量的冲击所产生的损伤面积或凹坑深度。

复合材料损伤容限(damage tolerance for composite materials)——a. 在规定的检查门槛值所要求的服役寿命期内,复合材料结构抵抗由于缺陷、裂纹或其他损伤引起破坏的能力;b. 损伤尺寸和类型与性能参数(如强度或刚度)关系的度量。

阻止扩展方法(arrested growth approach)——一种要求验证带有明确定义缺陷的结构,能承受适当重复载荷,同时通过机械方法阻止损伤扩展或是在达到临界尺寸(剩余静强度降低到限制载荷)前终止损伤扩展的方法,它与适当的检测间隔和损伤可检性相关。

无扩展方法(no-growth approach)——一种要求验证带有明确定义缺陷的结构,能承受适当重复载荷,并在结构寿命期间没有有害缺陷扩展的方法。

缓慢扩展方法(slow growth approach)——一种要求验证带有明确定义缺陷的结构,能承受适当重复载荷的方法,同时在结构寿命期间,或超出与适当损伤检测能力相关的适当检测周期内,只有缓慢、稳定和可预计的缺陷扩展。

试样(coupon)——用于评定单层和层压板性能,以及一般结构特征时所使用的小试验件,如通常使用的层压板条和胶接或机械连接的板条接头。

元件(element)——复杂结构件的典型承力单元,如蒙皮、桁条、剪切板、夹层板和各种连接形式的小接头。

结构细节(detail)——具有典型结构细节特征的较复杂的结构件,如特殊设计的复杂连接件、典型连接接头和较大的检查口等。

组合件(次部件)(subcomponent)——能提供一段完整结构全部特征的较大的结构,如加强翼肋、加强框、机翼壁板、机身壁板、盒段、框段和舱段等。

部件(component)——具有独立功能的飞机结构部分(机翼、机身、垂尾、水平安定面等)和能从飞机上整体分离的结构部分(如有设计分离面的外翼、前机身、后机身等)。

寿命(或载荷)放大系数(life (or load) enhancement factor)——用于考虑材料分散性,相对于原计划的设计载荷和寿命值,施加到结构重复载荷试验中的附加载荷系数和/或试验持续时间。用以得到所需的数据置信水平。

寿命分散系数(life scatter factor)——见寿命(或载荷)放大系数。

超载系数(overload factor)——施加到特定结构试验,用于说明在该试验中没有直接说清楚的参数(如环境、减量的金字塔状试验等),该系数通常由说明这种参数影响的较低级别金字塔状试验得到。

结构完整性(structural integrity)——影响飞机安全使用和成本费用的机体结构强度、刚度、损伤容限、耐久性和功能的总称。

2. 缩略语

BVID (Barely Visible Impact Damage)目视勉强可见冲击损伤

VID (Visible Impact Damage)目视可见冲击损伤

ADL (Allowable Damage Limit)允许损伤极限

MDD (Maximum Design Damage)最大设计损伤

CDT (Critical Damage Threshold)临界损伤门槛值

RDD (Readily Detectable Damage)易检的损伤

SDI (Special Detailed Inspection)特殊详细检测

DET (Detailed Visual Inspection)详细目视检测

GVI (General Visual Inspection)一般目视检测

WA (Walk Around)巡回检测

CTD (Cold Temperature Dry)低温干态

RTD (Room Temperature Dry)室温干态

RTA (Room Temperature Atmosphere)室温大气

RTW (Room Temperature Wet)室温湿态

ETD (Elevated Temperature Dry)高温干态

ETW (Elevated Temperature Wet)高温湿态

OHT (Open Hole Tension)开孔拉伸

OHC (Open Hole Compression)开孔压缩

FHT (Filled Hole Tension)充填孔拉伸

FHC (Filled Hole Compression)充填孔压缩

CAI (Compression After Impact)冲击后压缩强度

MOL (Material Operational Limit)材料工作温度极限

参考文献

[1] 沈真.复合材料结构设计手册[M].北京:航空工业出版社,2001.

[2] Department of Defence. United Stares of America. Polymer Matrix Composites Guidelines for Characterization of Structural Materials [M]. MIL-HDBK-17-1F, 7 June 2002.

[3] FAA AC 20-107B 复合材料飞机结构[S]. 2009. 9. 8.

[4] 中华人民共和国国家军用标准 GJB 67. 14-2008. 军用飞机结构强度规模——复合材料分册[S]. 2008.

[5] 张明轩.英汉复合材料工程辞典[M].北京:航空工业出版社,2010.

目　　录

1　总论　1

1.1　概述　1

1.2　复合材料的发展及其在飞机结构中的应用　2

1.2.1　复合材料的发展概况　2

1.2.2　复合材料在飞机结构中的应用　2

1.3　复合材料结构的特点　5

1.3.1　结构性能方面　5

1.3.2　制造工艺方面　9

1.4　复合材料结构的成本　10

1.4.1　材料　10

1.4.2　制造技术　10

1.4.3　整体化设计与制造技术　11

1.4.4　充分利用复合材料优异的抗疲劳和耐腐蚀性能　11

参考文献　11

2　强度设计要点和特点　12

2.1　飞机复合材料结构设计规范的演变　12

2.1.1　军机复合材料结构设计规范的发展　12

2.1.2　民机复合材料结构适航文件的发展　13

2.2　复合材料结构设计要点　15

2.2.1　设计特点　15

2.2.2　设计-分析-制造优化途径　15

2.2.3　应避免的问题　15

2.2.4　适航审定　15

2.2.5　整体化结构的设计流程　16

2.3 复合材料结构强度设计要点 16
2.3.1 材料/工艺 16
2.3.2 许用值和设计值 17
2.3.3 静强度设计 17
2.3.4 耐久性 17
2.3.5 损伤容限 18
2.3.6 验证试验 18
2.3.7 结论 18
参考文献 19

3 许用值和设计值 20
3.1 许用值和设计值术语的演变 20
3.2 许用值和设计值的定义和范畴 21
3.2.1 许用值 21
3.2.2 设计值 23
3.2.3 许用值试验要求的环境条件 24
3.2.4 总结 24
3.3 许用值与设计值的关系 25
3.4 国外飞机复合材料结构设计值的确定方法 25
3.4.1 早期设计值的确定方法 25
3.4.2 20世纪70～80年代的研究概况 26
3.4.3 确定拉伸和压缩设计值的一般方法 27
3.5 许用值及其确定 28
3.5.1 概述 28
3.5.2 确定许用值的路线图 28
3.5.3 试验矩阵 29
3.5.4 试验方法和试验数据的处理方法 36
3.5.5 许用值确定方法 38
3.5.6 不同结构研制阶段和关键程度的许用值试验要求 40
3.6 确定结构设计值的方法 42
3.6.1 基本原则 42
3.6.2 尺寸效应和边界支持的影响 43
3.7 有关冲击损伤的研究新进展 44
3.7.1 结构压缩设计值和复合材料体系的抗冲击性能 44
3.7.2 复合材料层压板抗冲击行为及表征方法 46

3.7.3　关于 BVID 和 VID 对应的剩余强度要求　50
3.7.4　空客公司 CAI 的确定方法　50
3.8　湿热环境影响　51
3.8.1　聚合物基复合材料的吸湿和平衡吸湿量　51
3.8.2　影响范围　51
3.8.3　湿热对玻璃化转变温度的影响　52
3.8.4　湿热对力学性能的影响　53
附录 3A　确定设计许用值的计算范例　55
3A.1　层压板强度毯式曲线计算范例　55
3A.2　含缺口层压板强度毯式曲线计算范例　57
3A.3　机械连接挤压强度许用值计算范例　59
附录 3B　ASTM D30 标准目录　60
附录 3C　力学性能测试数据的处理方法　63
3C.1　异常数据的处理　63
3C.2　正则化　63
3C.3　B 基准值计算过程简述　64
附录 3D　得到设计许用值的参考方法和数据　66
3D.1　基本思路　66
3D.2　无缺口多向层压板的性能　67
3D.3　影响开孔强度的各种因素　68
3D.4　算例　69
附录 3E　试样吸湿试验方法　70
3E.1　试样吸湿试验方法　70
3E.2　有效吸湿平衡状态的定义　71
3E.3　试验标准的选用　71
3E.4　影响吸湿量的因素　72
参考文献　74

4　静强度设计与验证　75
4.1　概述　75
4.2　结构静强度设计要点　76
4.3　结构静强度验证试验　78
4.3.1　试验目的和特点　78
4.3.2　全尺寸部件试验件的状态　79
4.3.3　重复载荷和环境条件叠加的疲劳对静强度的影响　79

4.3.4 材料分散性的考虑 80
4.3.5 全尺寸部件试验环境影响的处理方法 81
4.3.6 环境补偿因子的确定方法 83
4.3.7 结构吸湿试验方法 84
4.3.8 静强度验证试验提前破坏的实例 85
附录 4A 一般设计准则 88
4A.1 一般结构设计 88
4A.2 夹层结构设计 90
4A.3 螺接连接 91
4A.4 胶接连接 93
4A.5 复合材料与金属的斜面搭接连接 95
4A.6 复合材料与金属的连续连接 95
4A.7 复合材料与复合材料的斜面搭接连接 95
参考文献 96

5 耐久性设计与验证 97
5.1 概述 97
5.2 耐久性设计要点 97
5.3 复合材料结构耐久性中经常提及的几个概念 98
5.3.1 静力覆盖疲劳 98
5.3.2 冲击损伤阻抗 99
5.3.3 胶接结构的耐久性 100
5.4 耐久性设计要求 100
5.4.1 概述 100
5.4.2 工具坠落 100
5.4.3 冰雹和跑道碎石冲击 101
5.4.4 操作和踩踏 101
5.4.5 可拆卸的夹层结构要求 101
5.5 复合材料及其结构的疲劳特性 102
5.5.1 层压板的疲劳特性 102
5.5.2 结构件的疲劳特性 102
5.6 耐久性分析 104
5.6.1 概述 104
5.6.2 疲劳寿命估算方法 104
5.7 耐久性试验验证 108

5.7.1 基本原则 108
5.7.2 载荷/环境谱 108
5.7.3 环境影响的处理方法 109
5.7.4 疲劳寿命分散性 110
5.7.5 试验件的状态 113
5.7.6 复合材料/金属混合结构的耐久性验证 113
附录5A 复合材料的分散性和载荷放大系数法 114
5A.1 Weibull 分布 114
5A.2 Weibull 分布的 B 基准 115
5A.3 寿命分散系数 116
5A.4 载荷放大系数 117
参考文献 118

6 损伤容限设计与验证 120
6.1 概述 120
6.2 损伤容限设计要求 121
6.2.1 复合材料飞机结构损伤容限设计要求的演变 121
6.2.2 军用飞机复合材料结构 124
6.2.3 民用飞机复合材料结构 126
6.2.4 关于 BVID 和 VID 对应的剩余强度要求 128
6.3 对民机复合材料结构的损伤容限评定策略 129
6.3.1 复合材料结构的损伤类别 129
6.3.2 对 AC 20-107B 有关条款的理解 131
6.3.3 损伤容限评定 132
6.4 民机复合材料结构损伤容限符合性方法 134
6.4.1 确定性符合性方法 134
6.4.2 概率或半概率符合性方法 136
6.4.3 确定性方法和概率方法的比较 141
6.5 缺陷/损伤类型及其对强度的影响 141
6.5.1 按产生时机表征的缺陷/损伤 141
6.5.2 用物理缺陷表征的损伤 142
6.5.3 缺陷/损伤影响的强度评定 143
6.6 目视检测在损伤容限设计中的地位及相关的定义 147
6.6.1 目视检测在损伤容限设计中的地位 147
6.6.2 目视检测的定义和类型 147

6.7 波音复合材料主结构的损伤容限原理 149
6.7.1 一般原理 149
6.7.2 冲击损伤假设和剩余强度要求 151
6.8 空客的损伤容限原理 151
6.8.1 概述 151
6.8.2 符合性流程图 152
6.8.3 损伤可检性 154
6.8.4 对飞机实际可能遇到的冲击能量威胁 157
6.9 损伤容限分析方法 160
6.9.1 缺口敏感性和适用的失效判据 160
6.9.2 含缺口层压板剩余强度估算方法 160
6.9.3 含冲击损伤层压板压缩剩余强度估算方法 163
6.9.4 含分层层压板剩余强度估算方法 164
6.9.5 含缺陷/损伤层压加筋板剩余强度估算方法 164
6.10 损伤容限试验技术 165
6.10.1 冲击损伤引入技术 165
6.10.2 雷击损伤的模拟 166
6.10.3 结构验证试验的无损检测(NDI) 166
参考文献 168

7 积木式结构设计验证试验 170
7.1 概述 170
7.2 基本原理与假设 173
7.3 积木式验证试验的要求 173
7.3.1 一般方法 173
7.3.2 技术验证样机 174
7.3.3 工程制造发展型和生产型的飞机 177
7.4 积木式验证方法 179
7.4.1 鉴定方法 179
7.4.2 积木式方法 179
7.5 B777 飞机复合材料主结构的积木式方法 185
7.5.1 引言 185
7.5.2 试样和元件 185
7.5.3 组合件 187
7.5.4 部件 188

7.5.5 B777 预生产型安定面试验 188
7.5.6 安定面根部接头试验 190
7.5.7 B777 水平安定面试验 190
7.5.8 B777 垂直安定面试验 190
7.6 ATR72 复合材料外翼的适航取证 191
7.6.1 概述 191
7.6.2 ATR72 外翼的适航取证 193
7.6.3 结论 204
参考文献 204

8 全尺寸复合材料结构验证试验 205
8.1 概述 205
8.2 复合材料结构的疲劳性能 205
8.2.1 目前的设计水平和结构的疲劳性能 205
8.2.2 受冲击复合材料的疲劳性能 206
8.3 波音公司全尺寸结构验证试验方法 207
8.3.1 B7J7 水平安定面盒段 207
8.3.2 B777 预生产型水平安定面 208
8.3.3 B787 预生产型水平安定面 210
8.4 空客公司的全尺寸结构验证试验方法 212
8.4.1 复合材料结构疲劳和损伤容限试验原则 212
8.4.2 A320-100 复合材料全尺寸验证试验 217
8.5 对金属/复合材料混合结构验证试验的考虑 219
8.6 载荷-寿命-损伤(LLD)混合验证方法简介 220
参考文献 225

附录 A 材料力学性能表征 226
A.1 引言 226
A.2 设计选材和材料标准的力学性能表达 226
A.2.1 概述 226
A.2.2 材料筛选用力学性能表达 226
A.2.3 材料标准及其力学性能表达 228
A.3 材料的鉴定 233
A.3.1 概述 233
A.3.2 新材料鉴定路线图 234

A.3.3 鉴定计划 234
A.4 材料等同性评定 239
A.4.1 概述 239
A.4.2 等同材料的变更分类 240
A.4.3 替代材料 241
A.4.4 材料等同性评定方法 241
A.5 NCAMP简介 250
A.5.1 复合材料许用值及其数据库现状 250
A.5.2 NCAMP复合材料共享数据库简介 251
A.5.3 NCAMP的组织架构 253
A.5.4 NCAMP的核心文件 254
A.5.5 材料鉴定和性能数据获取及等同性评定程序 255
A.5.6 采用NCAMP程度的优点 256
参考文献 257

附录B 咨询通报AC 20-107B复合材料飞机结构 259
1. 本咨询通报的目的 259
2. 本咨询通报的应用对象 259
3. 撤销 259
4. 有关规章 259
5. 总则 259
6. 材料和制造研发 260
7. 结构验证——静力 264
8. 结构验证——疲劳和损伤容限 267
9. 结构验证——颤振和其他气动弹性不稳定性 274
10. 持续适航 275
11. 其他考虑 277
附录B1 适用的规章和有关的指南 281
1 适用的规章 281
2 指南 282
附录B2 定义 283
附录B3 复合材料和/或工艺的变化 285

1 总 论

1.1 概述

先进复合材料是20世纪60年代崛起的一种新材料，一经问世就显示了强大的生命力。目前先进复合材料在航空航天结构中获得了广泛的应用，并已与铝合金、钛合金、合金钢一起成为航空航天的四大结构材料。

飞机结构设计的研究和发展一直与采用性能优越的新材料密切相关。20世纪30年代铝合金的问世，取代了帆布和木材，曾给飞机结构设计带来了一次革命性的飞跃。今天，先进复合材料的应用，同样引起了一场飞机结构设计上的重大技术变革。可以预料，这一变革必将有力地推动航空航天事业的进一步发展。

减轻结构重量对现代飞行器具有特殊重要的意义。先进复合材料具有比强度和比刚度高、性能可设计等许多优异特性，将其用于飞机结构上，可比常规的金属结构减重25%～30%，并可明显改善飞机气动弹性特性，提高飞行性能，这是其他材料无法或难以达到的。同时复合材料易于整体成形、优异的抗疲劳和耐腐蚀特性有可能使得复合材料结构的全寿命成本大大低于传统的金属结构。先进复合材料的广泛应用还可进一步推进隐身和智能结构设计技术的发展，因此，先进复合材料在飞机上应用的部位和用量的多少现已成为衡量飞机结构先进性的重要指标之一。

然而，目前缺乏复合材料结构的设计与分析手段，结构设计主要依靠耗钱费时的积木式验证试验方法；对复合材料及其结构的认识还很肤浅，无法充分发挥其可能减重的潜在优势；同时复合材料的采购与制造成本仍居高不下。这些都制约了其在飞机结构中的扩大应用，从而有必要大力发展复合材料技术，在飞机结构中真正实现复合材料的低成本高效使用。

由于复合材料与金属性能的不同，飞机复合材料结构强度设计与传统的金属结构设计存在巨大的差别，本书总结了作者30年来在飞机复合材料结构强度设计方面的经验和体会，集中阐述了复合材料与金属结构强度设计的差别，和复合材料结构强度设计的基本理念和方法。

1.2 复合材料的发展及其在飞机结构中的应用

1.2.1 复合材料的发展概况

从20世纪40年代起玻璃纤维（玻纤）增强树脂基复合材料，特别是玻纤/环氧树脂复合材料在飞机结构中得到了大量的应用，但这种应用局限于诸如操纵面、整流罩和雷达罩等零部件。另外，大量采用玻纤/环氧树脂复合材料的一个领域是直升机旋翼桨叶。这种复合材料在飞机主结构中未得到普遍应用的原因是，虽然其比强度比金属材料优越很多但比刚度却不然。而刚度，特别是对高速飞机来说，是一个和强度同样重要的设计要求。1960年前后，英国研制出了碳纤维，几乎同时美国研制出了硼纤维，从而使得复合材料广泛应用于飞机结构成为可能。由于成本的原因，目前在飞机结构中主要使用的是碳纤维复合材料。从20世纪70年代开始直至80年代中期，飞机结构所用的先进复合材料基本上是T300/5208、AS4/3501－6和T300/913C这一类韧性较差的碳/环氧树脂。20世纪80年代中期，中模量高强度碳纤维（IM6、IM7、T800等）批量生产，使用温度高、耐湿热的双马来酰亚胺树脂（5245C、5250－4等）和增韧环氧树脂（3900－26376、977－3、M21等），以及由其构成的复合材料（IM6/5245C、IM7/5250－4、HTA/6376、IM7/977－3、T800S/3900－2、IM7/M21等）得到大量应用，并成为用于当代复合材料飞机主承力结构的主要材料体系。因此，本书所指复合材料，主要是碳纤维树脂基复合材料。

1.2.2 复合材料在飞机结构中的应用

复合材料在飞机结构中的应用情况大致可以分为三个阶段：

第一阶段是应用于受载不大的简单零部件，如各类口盖、舵面、阻力板、起落架舱门等，对这类结构件，据统计可减重20%左右。

第二阶段是应用于承力大的部件，如安定面、全动平尾、前机身段、机翼等，据估计可减重25%～30%。

第三阶段是应用于复杂受力部位，如中机身段、中央翼盒等，据估计可减重30%。

在欧美，20世纪60年代开始复合材料的发展阶段，70年代初期进入应用阶段。80年代以后服役的战斗机，其机翼、尾翼等部件基本上都采用了先进复合材料，用量已达到机体结构重量的20%～30%。美国20世纪80年代研制的隐身飞机B－2的主结构均采用复合材料，其用量已达到40%左右，并采用了多棱截面碳纤维和三向编织结构等新技术。但从20世纪90年代以后，飞机结构设计由单一追求性能（减重）转向同时考虑制造成本，从而影响了复合材料在结构中的应用，占结构重量的比例有所下降，其中F/A－18E/F/G的用量为22%，F－22A为26%，F－35（JSF）为36%。为此，除了通过自动铺带机和纤维自动铺放机的使用来提高生产效率、降低废品率外，还重点开发了基于共固化/共胶接的整体化结构设计与制造技术，以大大降低零件数量和制造成本。图1－1所示为美国军用飞机结构复合材料用量的变化。

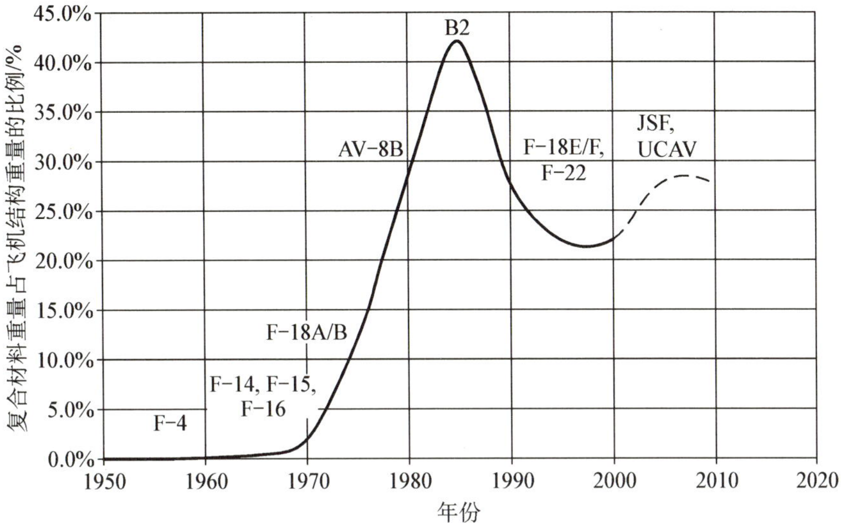

图 1-1 美国军用飞机结构复合材料用量的变化

长期以来，由于对经济性和安全性的考虑，复合材料在民用飞机中的应用落后于军用飞机。为了提供技术和使用的信心，以便生产厂商在他们未来的飞机上应用复合材料，美国 NASA 在 1976～1985 年赞助执行了飞机能效（ACEE）计划。该项计划的执行为复合材料在尾翼级结构部件上的应用提供了全部技术，近年来国外投入使用的民用飞机的尾翼基本上都采用了复合材料。为了进一步将复合材料扩大用于机翼和机身这一类主结构，美国 NASA 在 1988～1997 年赞助执行了先进复合材料技术（ACT）计划，在 1992～2002 年赞助执行了先进亚声速飞机技术（AST）计划，在 1996～2006 年赞助执行了复合材料可用性（CAI）计划；在欧洲则实施了 TANGO（Technology Application to the Near-Term Business Goals and Objectives）和 ALCAS（Advanced and Low Cost Airframe Structure）计划，目的在于提供制造成本上有竞争力的复合材料机翼和机身的技术，在这些研究计划研究成果的基础上，同时由于商业竞争的考虑，进入本世纪以后复合材料在民机结构的应用大幅度增加，A380 的复合材料用量达到 25%（其中复合材料 22%，GLARE3%），B787 急剧增加到 50%，A350-XWB 将达到 52%，预计正在规划中的 A320X 和B737X的复合材料用量均高于 50%。表 1-1 所示为复合材料在民机结构中的应用变化。

直升机上复合材料的用量已达结构重量的 60%～80%，如美国的武装直升机 RAH-66，其复合材料用量达结构重量的 50%以上。美国的垂直起落、倾转旋翼后又可高速巡航的 V-22“鱼鹰”，几乎是一个全复合材料飞机。迄今为止，世界上已有许多小型的全复合材料飞机问世，其中著名的“星舟一号”客货两用机已通过适航鉴定；举世闻名的“旅游者”曾创下不加油、不着陆，连续 9 天环球飞行的世界纪录，为先进复合材料卓有成效的应用带来了成功与骄傲。

表 1-1 民用飞机结构用材料重量百分比

机型（占结构重量百分比/%）		复合材料	铝合金	钛合金	钢
第 1 代	B707			0.2	
第 2 代	B747	1	81	4	13
	A300	5	76	4	13
第 3 代	B767	3	80	2	14
	B757	3	78	6	12
	A320	5.5	76.5	4.5	13.5
第 4 代	B777	11	70	7	11
	A340	8	75	6	8
第 5 代	A380	22+3(GLARE)	61	10	10
	B787	50	20	15	10
	A350XWB	52	20	14	7
	B737 和 A320 后继机	50～65			

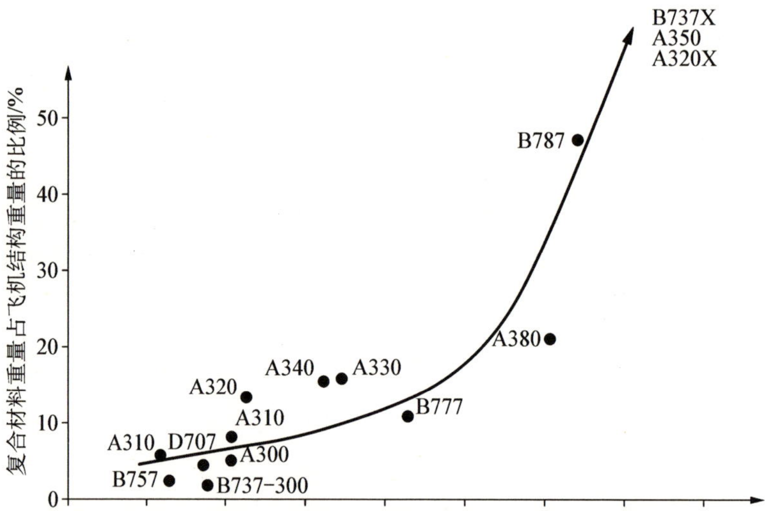

图 1-2 复合材料在民用飞机结构中的应用变化

我国从 20 世纪 60 年代末开始复合材料及其在飞机结构上的应用研究，70 年代中期研制成功了第一个复合材料飞机结构件——某歼击机进气道壁板。1985 年带有复合材料垂尾的战斗机首飞上天；1990 年带有复合材料前机身的战斗机升上蓝天。1995 年带有整体油箱的歼击机复合材料机翼研制成功，这标志着复合材料在我国飞机结构中的应用上了一个新的台阶。目前几乎所有的在研飞机均不同程度地带有复合材料部件。2000 年 Y7 复合材料垂尾通过了适航审定并进行了试飞，这标志着复合材料在我国民用飞机上的应用也进入了一个新的时代。与此同时，直升机复合材料的应用已由仿制阶段迈入了自行设计阶段。碳纤维/聚酰亚胺外涵道机匣的研制成功则标志着复合材料在发动机冷端部件上也开始得到了应用。近年来复合材料在国内军用和民用飞机结构中的应用得到了大幅度的提升，应用的比例和结构部件也越来越多。

1.3 复合材料结构的特点

复合材料结构与金属结构在下列方面有较大的差别，因而复合材料结构设计、分析和验证方法在很多方面与金属结构不同。

1.3.1 结构性能方面

1.3.1.1 结构与材料同时形成

与金属结构不同，复合材料与其结构是同时形成的，因此其材料性能与结构制造厂商的成形工艺密切相关，确定材料许用值时试样的制造必须考虑结构的制造工艺。同样由于材料性能与制造工艺的密切相关，使得已通过合格鉴定/适航审定的复合材料结构所用材料/工艺的任何变化都有可能对结构性能带来变化，为减少由此带来的重新进行合格鉴定/适航审定所需时间与费用，材料/工艺变化的等同性评定成了复合材料性能表征的重要组成内容。

1.3.1.2 比强度和比刚度

飞机结构上使用的复合材料以碳纤维/环氧树脂为代表，它具有高的比强度(σ_b/ρ)和比刚度(E/ρ)，可使飞机的结构重量大幅度减小。表 1-2 列出了几种单向复合材料与常用金属材料性能的比较。更为先进的 T800/改性环氧树脂的比强度可高出铝合金 10 倍，比刚度高出 4 倍。

表 1-2 几种结构材料性能比较

	拉伸强度 /MPa	拉伸模量 /GPa	比强度 /(MPa·(g/cm^3)$^{-1}$)	比刚度 /(GPa·(g/cm^3)$^{-1}$)	密度 /(g/cm^3)
铝合金	420	72	151	26	2.8
钢(结构用)	1200	206	153	26	7.8
钛合金	1000	117	222	26	4.5
玻璃纤维/聚酯复合材料	1245	48	623	24	2.0
碳纤维/环氧树脂	1760	130	1100	81	1.6
中模高强碳纤维/环氧树脂	2950	154	1844	96	1.6

1.3.1.3 各向异性和可设计性

由单向预浸带铺叠并固化而成的层压结构是目前飞机复合材料结构的主要形式。单向带呈现强烈的正交异性(沿纤维方向的性能与垂直纤维方向的性能差别很大),可以在不同的方向铺设不同比例的单向带,来满足结构平面内所需方向性能的要求。设计出的层压结构可以是各向同性,也可以是各向异性的;可以是对称均衡,也可以是非对称非均衡的。这个特点给设计师留下了更为自由的设计空间,使设计师可以实现过去用各向同性的金属材料无法实现的梦想。利用先进复合材料的低密度进行等代设计实现减重目标,是早期的复合材料结构设计方法,这远远不能发挥复合材料的优势。前掠翼飞机和零热膨胀系数结构只是利用复合材料层压板的各向异性和可设计性,来实现设计师创新设计的范例。当然各向异性给结构设计、分析和制造增加了困难,这也是复合材料结构设计的特点之一。

复合材料结构设计分为互相联系的两个层次,即复合材料层压板铺层设计(相当于材料设计)和结构设计,这是复合材料结构设计的另一特点。

复合材料层压结构各向异性的另一表现为层间性能远低于其面内性能,以及其组分材料——纤维与基体力学性能的巨大差异,使得复合材料层压结构的破坏机理与金属结构完全不同,从而冲击损伤和分层成了设计考虑的关键。

1.3.1.4 损伤、断裂和疲劳行为

各向异性、脆性和非均质性,特别是层间性能远低于层内性能等特点,使复合材料层压板的失效机理与金属完全不同,因而它们的损伤、断裂和疲劳性能也有很大差别。另一方面,复合材料构件制造目前主要靠人工铺贴和热压成形,再加上加工、运输过程中可能受到的外来物冲击,其制件会比金属制件更易带有程度不等的缺陷/损伤。表 1-3 概述了影响复合材料结构与金属结构疲劳和损伤容限的因素比较。

表 1-3 影响疲劳和损伤容限的因素比较

内容		金属	复合材料
主要损伤原因		疲劳、腐蚀、应力腐蚀	外来物冲击、制造损伤
关键损伤类型		裂纹	冲击损伤、分层
危险载荷形式		拉伸	压缩
应力-应变行为		有屈服阶段	大多直至破坏均呈线性
缺口敏感性	静强度	不敏感	相当敏感
	疲劳	非常敏感	不敏感
破坏前损伤的可检性		通常目视可见	可能目视不可见
损伤扩展		沿主裂纹扩展,并有规律可循	多种损伤形式扩展,尚无规律可循
静强度和疲劳分散性		小	大

1) 主要的缺陷/损伤类型

裂纹是金属飞机结构的主要损伤形式。复合材料结构的关键缺陷/损伤形式是界面脱胶、分层和低能量(特别是低速)外来物产生的冲击损伤。冲击损伤的威胁在于当内部产生大范围基体开裂和分层时,外表面往往仍目视不可见,但其压缩承载能力已大幅度下降(外表面目视勉强可见的冲击损伤可使其压缩强度降为无损强度的40%)。分层是复合材料层压结构特有的损伤形式。生产过程中工具坠落、撞击;使用过程中跑道碎石及冰雹、鸟类等外来物冲击以及局部层间应力集中,都可能引起内部分层。这类损伤的存在和扩展对层压板或结构强度和刚度下降的影响是显著的。

2) 缺口敏感性

金属一般都具有屈服阶段,而复合材料往往直至破坏其应力-应变曲线仍呈现线性,所以复合材料的静强度缺口敏感性远高于金属,图1-3所示为碳/环氧树脂复合材料与铝对紧固件孔的静强度缺口敏感性的比较,因此复合材料结构的连接设计与金属结构有本质的差别。但复合材料的疲劳缺口敏感性则远低于金属,其疲劳缺口系数(一定循环次数下,无缺口试件疲劳强度与含缺口疲劳强度之比)远小于静应力集中系数,并且在中长寿命情况下接近于1。图1-4所示为不同孔径/宽度比时的净截面压缩疲劳强度,可以看出其净截面疲劳强度与孔径/宽度比无关。

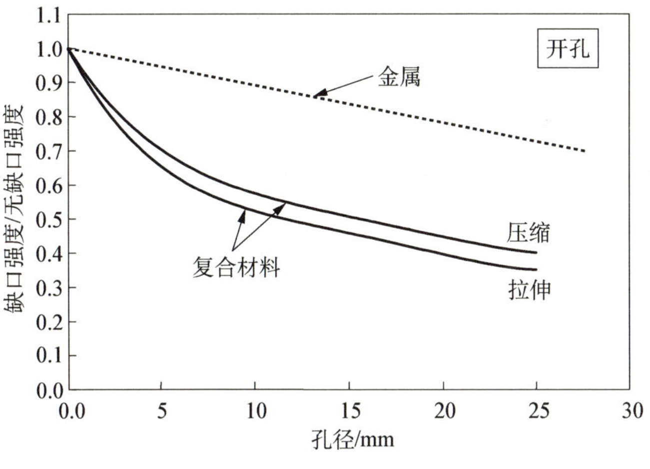

图1-3 碳/环氧树脂复合材料与铝对紧固件孔的静强度缺口敏感性的比较

3) 疲劳性能

金属对疲劳一般比较敏感,特别是含缺口结构受拉-拉疲劳时,其疲劳强度会急剧下降,但复合材料一般都显示有优良的抗疲劳性能。对于常用的纤维控制的多向含孔层压板,在拉-拉疲劳下,它能在最大应力为80%极限拉伸强度的载荷下经受10^6次循环。在拉-压或压-压疲劳下,含缺口层压板的疲劳强度略低一些,但10^6次对应的疲劳强度一般约为相应静强度的50%。特别是压-压疲劳下含冲击损伤试样

在 10^6 次对应的疲劳强度，一般不低于相应静强度的 60%，图 1-5 所示为含不同缺陷/损伤复合材料试样的疲劳性能。

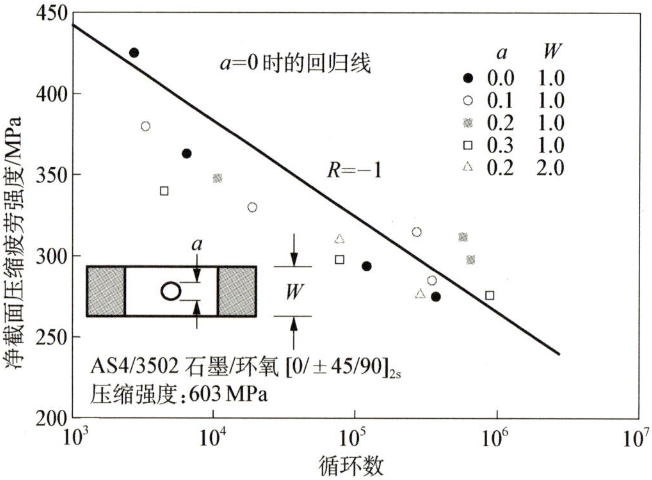

图 1-4 孔对复合材料疲劳强度的影响

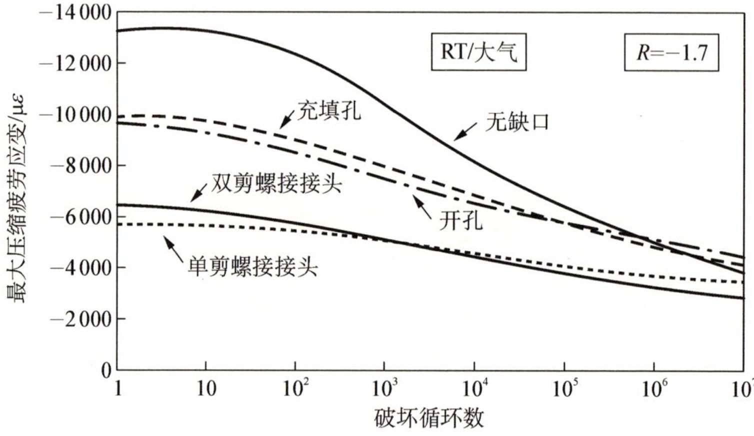

图 1-5 含不同缺陷/损伤复合材料试样的疲劳性能

4）损伤扩展性能

复合材料结构主要考虑冲击和分层，因此其损伤扩展性能主要指冲击损伤和分层在疲劳载荷下的扩展性能。一般很难观察到它们在疲劳下的扩展，即使出现损伤扩展，也往往出现在寿命后期，通常呈现“突然死亡”现象，并且很难确定其扩展规律。

5）刚度降

对金属结构，一般不考虑由疲劳载荷引起的刚度变化，但对复合材料结构，特别是承受高周疲劳的直升机旋转部件(如旋翼桨叶)，需要加以考虑。

6）分散性

复合材料静强度和疲劳强度的分散性一般高于金属，疲劳强度尤为突出，因此在对复合材料结构进行疲劳试验验证时，除用寿命分散系数外，有时还同时使用载荷放大系数来考虑疲劳强度的分散性。随着复合材料结构制造的自动化水平逐步提高，其静强度分散性已与金属逐渐接近，疲劳强度的分散性也在降低。

1.3.1.5 环境影响

除了极高的温度，一般不考虑湿热对金属强度的影响。但复合材料结构则必须考虑湿热环境的联合作用。这是因为复合材料的基体通常为高分子材料，湿热的联合作用会降低其玻璃化转变温度，从而引起由基体控制的力学性能，如压缩、剪切等性能的明显下降，图 1－6 所示为湿热环境对复合材料及金属压缩强度的影响。对金属结构环境的腐蚀是严重的问题，而复合材料结构通常有良好的抗腐蚀性能。

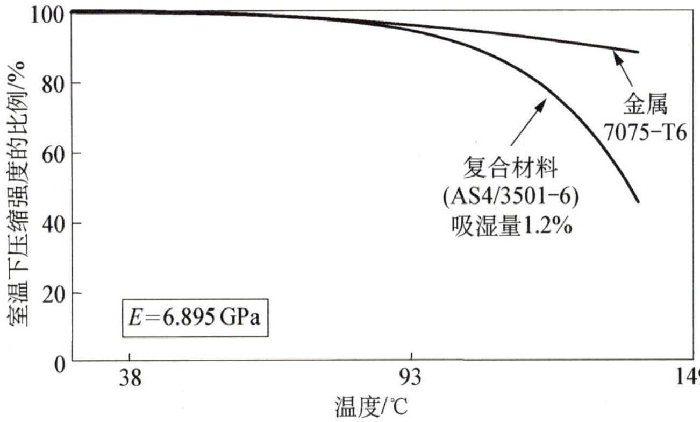

图 1－6 湿热环境对复合材料及金属压缩强度的影响

1.3.1.6 导电性

金属有着良好的导电性，复合材料的导电性则差得多。因此复合材料结构设计必须有专门的防雷击措施，油箱部位要有专门的防静电设计，同时对安装大量仪器仪表的设备舱和雷达罩，要进行特殊的电磁相容性设计。

1.3.2 制造工艺方面

金属飞机结构一般由蒙皮、梁、墙、桁条、肋、框等零组件，通过大量的紧固件机械连接装配而成。各金属材料零组件，通常采用机械加工、压延、锻、铸和焊接等工艺方法制造，这是由金属材料的可切削性、可锻性、可延展性和可熔性等固有特性所决定的。

目前常用的复合材料结构一般采用浸渍有基体树脂的增强纤维预浸带，根据设计要求，逐层铺贴在按所需制件形状预先加工好的模具上，再经热压工艺将基体树脂固化成形。因此，由多个零组件通过紧固件机械连接装配而成的复杂形状大型结构件如加筋壁板，可以采用共固化、二次固化或二次胶接等工艺整体成形，最近又发展了缝合、编织等纺织预成形件/树脂转移成形(RTM)或树脂膜熔浸(RFI)等整体成形工艺。成功的复合材料结构设计应该充分利用这一特性,尽可能地少用紧固件,以便大大减少机械加工和装配工作量,大幅度减重和降低制造成本。

1.4 复合材料结构的成本

如前所述,复合材料在飞机特别是民机主结构中扩大应用的关键是长期以来其费效比不如金属结构,近30年来,航空复合材料界一直致力于实现复合材料结构的低成本。复合材料飞机结构的低成本技术主要包括以下几方面:材料、制造工艺、设计和使用维护等。2009年12月,复合材料结构重量占50%的B787首飞证明了低成本的复合材料技术已进入了工程化应用的新纪元。图1-7所示为复合材料制件的成本组成,可以看出,在总成本中材料成本只占有较少的比重,制件的成本主要部分是铺贴和装配。

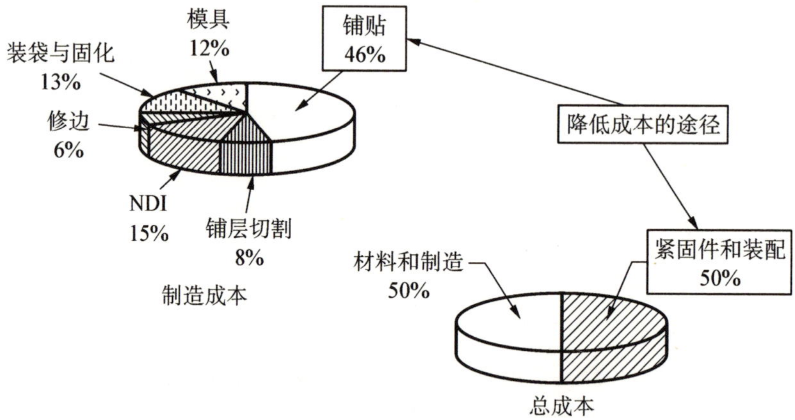

图1-7 复合材料制件的成本构成

1.4.1 材料

最初追求低成本的主要途径之一是降低材料成本和提高材料性能。降低材料成本的途径是采用大丝束纤维和使用T700S这样的低成本纤维,虽然取得了一些成绩,但效果并不明显。改进后的T700G得到了一些应用,但由于其性能的局限性,没有得到大范围应用。T800的研制是为机翼结构的应用提出的,初衷是希望通过采用T800的模量比T300高30%,以及将其与韧性树脂复合,克服复合材料抗冲击性能差的弱点,将压缩设计值由4 000 $\mu\varepsilon$提高到6 000 $\mu\varepsilon$,从而得到明显的减重效果,来获得经济上的明显收益。由于各种原因,后者的提高非常有限,经济上的收益没有完全实现。

1.4.2 制造技术

RTM、RFI、VARTM,非热压罐固化工艺等新工艺最初都被认为是低成本工艺，其中有些已在飞机结构成形工程中得到应用，有的如以 VARTM 为代表的液体成形工艺已被证明确实可以降低成本，有的则尚未得到证明，或是取决于批量。以 ATL 和 AFP 为代表的自动化铺贴工艺对减少铺贴成本、提高质量和减少废品率起到了决定性作用，也对降低成本起到了重要作用。但设备非常昂贵，只适用于大制件的批量生产。

1.4.3 整体化设计与制造技术

利用复合材料的特点和优势，实现复杂零件的共固化和共胶接成型，进行整体化结构的设计和制造，大大降低零件数和紧固件数，为减重和降低装配成本起到了重要的作用。这是复合材料低成本技术的核心。

1.4.4 充分利用复合材料优异的抗疲劳和耐腐蚀性能

复合材料优异的抗疲劳和耐腐蚀特性除了为民用飞机（民机）结构的舒适性做出贡献外，在提高出勤率和降低维护成本，从而大大降低全寿命成本方面做出了重大的贡献。

参考文献

[1] 陈绍杰. 复合材料设计手册[M]. 北京：航空工业出版社，1990.

[2] 霍斯金 B C，贝克 A A. 飞机结构用复合材料（译著改为《复合材料原理及其应用》）. 沈真，仇仲翼，译. 北京：科学出版社，1992.

[3] Niu M C Y. Composite Aircraft Structures [M]. Hong Kong: Cinmilit Press Ltd, 1992.

[4] 沈真. 复合材料飞机结构耐久性/损伤容限设计指南[M]. 北京：航空工业出版社，1995.

[5] Briston J W. Airworthiness of Composite Structures — Some Experiences from Civil Certification [C]. The Proc. of the 2nd Inter. Conf. on Fibre Reinforced Composites, 1986.

[6] Soderquist J R. Design/Certification Considerations in Civil Composite Aircraft Structure [R]. SAE paper 871846，1987.

[7] Brandecker B. Hilgert R S. A320 Full Scale Structural Testing for Fatigue and Damage Tolerance Certification of Metallic and Composite Structure [C]. The Proc. of the 16th ICAS. 1988.

[8] 沈真. 复合材料结构设计手册[M]. 北京：航空工业出版社，2001.

2 强度设计要点和特点

2.1 飞机复合材料结构设计规范的演变

2.1.1 军机复合材料结构设计规范的发展

复合材料在飞机主要结构中的应用始于 1969 年。当时所用的飞机设计规范和标准并没有包含复合材料结构的内容，复合材料结构设计时基本上是套用金属结构的设计要求与验证方法。1976～1982 年美国空军怀特航空研究院(AFWAL)和航空系统分部(ASD)主持并赞助了复合材料结构完整性计划(Structural Integrity Roadmap)。该计划通过研制 F/A18A/B 复合材料机翼、AV－8B 复合材料机翼和前机身，深入研究了复合材料飞机结构的完整性要求。研究表明复合材料与金属结构性能有很多不同，特别是在损伤、断裂和疲劳性能上与金属有很大差别，金属结构的设计与验证方法往往不能直接用于复合材料结构。同时还发现冲击损伤和湿热效应等是影响复合材料结构性能的重要因素，需在设计中加以重点考虑。在此基础上，美国空军 1985 年 2 月 28 日颁布的规范 MIL－A－87221“飞机结构通用规范”和美国海军 1985～1987 年颁布的规范 MIL－A－8866B(AS)“可靠性要求，重复载荷，疲劳和损伤容限”和 MIL－A－8867C(AS)“地面试验”中都增添了有关复合材料的内容。但增添部分内容多为定性认识，还没有给出定量的处理建议，特别是对损伤容限的要求。为此，美国空军于 1982～1987 年赞助波音公司军机分部和诺思罗普公司，完成了一项复合材料主结构损伤容限要求与设计方面的研究计划。美国新型歼击机 F－22 和 F－23 的复合材料机翼研制，就充分采用了这一计划的研究成果，同时这些成果也构成了美国空军新规范，即 1990 年 6 月 8 日颁布的 AFGS－87221A“飞机结构通用规范”中新增添内容的基础，这些内容包括具体的损伤容限要求和低能量冲击的耐久性要求等。1998 年 10 月 30 日颁布的《美国国防部飞机结构联合使用规范指南 JSSG－2006》是美国海军和空军当局在 AFGS－87221A 的基础上，考虑了海军飞机的特殊要求和海军的使用经验后提出的统一规范文本，复合材料结构部分的内容基本上没有超出 AFGS－87221A 的范围，是迄今为止指导美国军机结构(包括复合材料结构)设计的规范。国外规范的发展历程见表 2－1。

表 2-1 美国军用规范的演变过程

军种	颁布时间	规 范 名 称	特 点
空军	1975	MIL-STD-1530A 飞机结构完整性大纲(1975.12) MIL-A-008866B(USAF)飞机强度和刚度(1975.8.22) MIL-A-008867B(USAF)飞机强度和刚度(1975.8.22) MIL-A-83444 飞机损伤容限要求(1975.2)	无复合材料结构的特殊内容
空军	1985.2.28	MIL-A-87221(USAF)飞机结构通用规范	包含复合材料结构的特殊内容,但缺乏定量的要求
海军	1987.5-7	MIL-A-008866B(AS)飞机强度和刚度 MIL-A-008867B(AS)飞机强度和刚度	包含复合材料结构的特殊内容,但缺乏定量的要求
空军	1990.6.8	AFGS-87221A 飞机结构通用规范	对复合材料结构给出了具体的耐久性/损伤容限要求
海空军	1998.10.30	JSSG-2006 联合使用规范指南(1998) MIL-HDBK-1530C 飞机结构完整性大纲(2005.11)	基本内容同上,但包括了海军的特殊要求

目前,国内参照国外的相关规范,并结合国内的实际和多年来的研制经验,制订了最新的军用飞机结构强度规范,在新规范中已增加了有关复合材料结构的分册。

2.1.2 民机复合材料结构适航文件的发展

复合材料在民机上的应用比军机要迟,考虑到飞机的安全性和经济性,所以比较慎重。20 世纪 70 年代中期,由于能源危机迫使美国实施飞机能效计划(ACEE),该计划包括了复合材料飞机主承力结构的研制,推动了复合材料在民机结构中的应用。为了对所研制的复合材料结构部件给出适用的适航审定方法,美国联邦航空管理局(FAA)于 1978 年 7 月 10 日颁布了咨询通报 AC 20-107"复合材料飞机结构",这是第一个有关复合材料的规范文件,但因缺乏复合材料结构的设计和使用经验,很多问题只是要求不低于金属结构的安全水平,很多复合材料结构特有的问题,如环境影响和冲击损伤等均未涉及。B727 的升降舵(1979 年 12 月 7 日通过适航——以下同)、L-1011 副翼(1981 年 8 月 24 日)和 B737 水平安定面(1982 年)就是在它的指导下完成设计和适航审定的。

在这项文件的基础上,法国于 1981 年 2 月 12 日颁布了同时适用于军机和民机的技术备忘录 81/04 STPA/EG,欧洲联合适航当局颁布了"JAR 讨论纪要"。经过一段时间的实践,并根据同一时期所获得的军机、民机设计和使用经验,FAA 于

1984年4月25日重新修订颁布了新的咨询通报AC 20－107A“复合材料飞机结构”。在该项文件中，首次明确提出了对冲击损伤的设计与验证要求，损伤无扩展的设计概念，并强调了对湿热环境影响的验证要求等。它是目前针对民用飞机复合材料结构取得适航认可所制定的最权威和最详尽的文件。欧洲联合适航当局于1986年6月颁布的咨询通报JAR ACJ 25.603“复合材料航空器结构”实际上是它的翻版。2004年10月，欧洲航空安全局成立并颁布了EASA CS－25“大飞机的审定规范”，该文件也转换为AMC No.1 to CS 25.603“复合材料飞机结构”。DC－10垂直安定面(1986年6月3日)，A320垂直安定面(1988年12月15日)以及全复合材料飞机星舟号(1988年6月24日)就是严格按照这一文件进行设计、验证，并最后通过适航审定的。20世纪90年代后，几乎所有投入使用的新的民用运输机都安装了复合材料尾翼，在对它们进行适航审定时，除了符合最基本的FAR(对欧洲为EASA CS，对中国为CCAR)25部(对不同飞机类型分别为23，25，27，29部)外，还要满足复合材料部件适航审定的指导性文件——咨询通报AC 20－107A“复合材料飞机结构”(对欧洲为AMC No.1 to CS 25.603“复合材料飞机结构”)。此外，还包括咨询通报AC21－26“复合材料制造商的质量控制”(1990年1月26日)。

随着复合材料在民用飞机结构的应用经验不断增加，以及A380、A350和B787机体主结构大量使用复合材料，1984年FAA颁布的咨询通报AC 20－107A“复合材料飞机结构”已无法满足民机复合材料结构适航审定的需求。在总结25年来民机复合材料结构使用经验教训的基础上，并针对B787复合材料机翼机身主结构的认证提出的新问题，FAA于2009年9月8日修订颁布了AC 20－107B“复合材料飞机结构”。相比原来的版本，新版本对材料与制造、静力、疲劳与损伤容限验证等方面的要求更具可操作性；增加了持续适航的要求；针对材料与工艺的变化增加了附录3，提出了等同与替代材料/工艺两种类型的变化，给出了不同的认证途径，简化和指导了制造商所需完成的任务；针对复合材料机身结构，提出了适坠性的具体要求等等。总之，修订版无论从涉及的内容还是可操作性上均超出了A版的范围。在此期间，EASA CS－25中已将有关复合材料的变化内容增加为AMC No.2 to CS 25.603“复合材料的变化”。

我国从1989年12月起，将Y7复合材料垂尾研制作为干线机预研的一部分正式立项，于1999年12月通过适航审定并完成了试飞。该项目的合格审定基础是CCAR 25部的有关条款，但适航符合性验证的主要依据是咨询通报AC 20－107A“复合材料飞机结构”。目前，我国自行研制的支线客机ARJ 21－700上已使用了复合材料结构，虽然仅占结构重量的2%，但该飞机已于2008年11月28日实现首飞并进入试飞阶段，对复合材料结构的适航审定正在进行中，其主要依据仍是AC 20－107A。国内当前正在研制(包括与国外合作研制)的C919、C系列、ARJ 21－900、新舟700等民用飞机将大量使用复合材料，相应的复合材料结构适航符合性的主要依据将是AC 20－107B“复合材料飞机结构”。

2.2 复合材料结构设计要点

2.2.1 设计特点

(1) 为充分发挥复合材料的减重和成本效益，在设计过程中必须同时考虑制造方法；

(2) 在设计过程中必须尽早根据复合材料的特点来确定载荷路线，以便提供可制造性，且不会降低复合材料结构的效率；

(3) 遵从积木式设计方法，通过试样/元件和组合件试验尽早评估所选材料体系的制造风险和对性能进行表征；

(4) 在早期建立工程试验支持的分析方法，以便足以在详细设计阶段发挥复合材料结构能力的优点；

(5) 不要简单地将复合材料替代金属结构；

(6) 对连接/装配技术，更多地用共固化和共胶接而不是机械连接。

2.2.2 设计-分析-制造优化途径

(1) 在设计研发阶段，设计、分析和制造团队必须密切合作；

(2) 充分利用数字化设计、分析和制造工具，来得到重量、性能和成本最佳的设计；

(3) 采用 CAD 系统得到的零件数字化定义，来获取零件分析模型，并采用有限元和其他设计与分析软件来进行强度校核与稳定性、耐久性和损伤容限分析；

(4) 采用适当的软件工具，为设计师、分析人员和制造工程师提供最佳的铺层顺序与丢层位置；

(5) 用强度、稳定性、耐久性和可制造性作为约束条件，以成本和重量最低作为设计目标对结构进行优化。

2.2.3 应避免的问题

(1) 由于现有的设计/分析团队熟悉铝合金飞机设计，它们的设计结果很可能像黑色的铝飞机；

(2) 复合材料对面外载荷承受能力很差，好的复合材料结构设计要避免承受面外载荷；

(3) 要注意有可能使复合材料结构产生面外载荷的二次效应(例如面板屈曲)；

(4) 复合材料-铝的混杂结构会产生电化学腐蚀，并产生热载，从而导致金属结构的疲劳开裂、相邻复合材料零件的脱胶、分层和基体开裂；

(5) 分析中不能对 FEM 过分依赖，重要的是对分析结果基于工程经验的可靠判断。

2.2.4 适航审定

(1) 要尽早并经常与适航审定当局进行沟通；

(2) 为使飞机设计的安全性充分可靠,要使适航审定当局成为设计人员的合作伙伴;

(3) 积木式试验是飞机复合材料结构适航审定的基石。

2.2.5　整体化结构的设计流程

扩大复合材料在飞机结构中应用的关键是发挥复合材料适合于结构的整体化设计与制造的优势,图 2-1 是典型复合材料整体化结构的设计流程图。

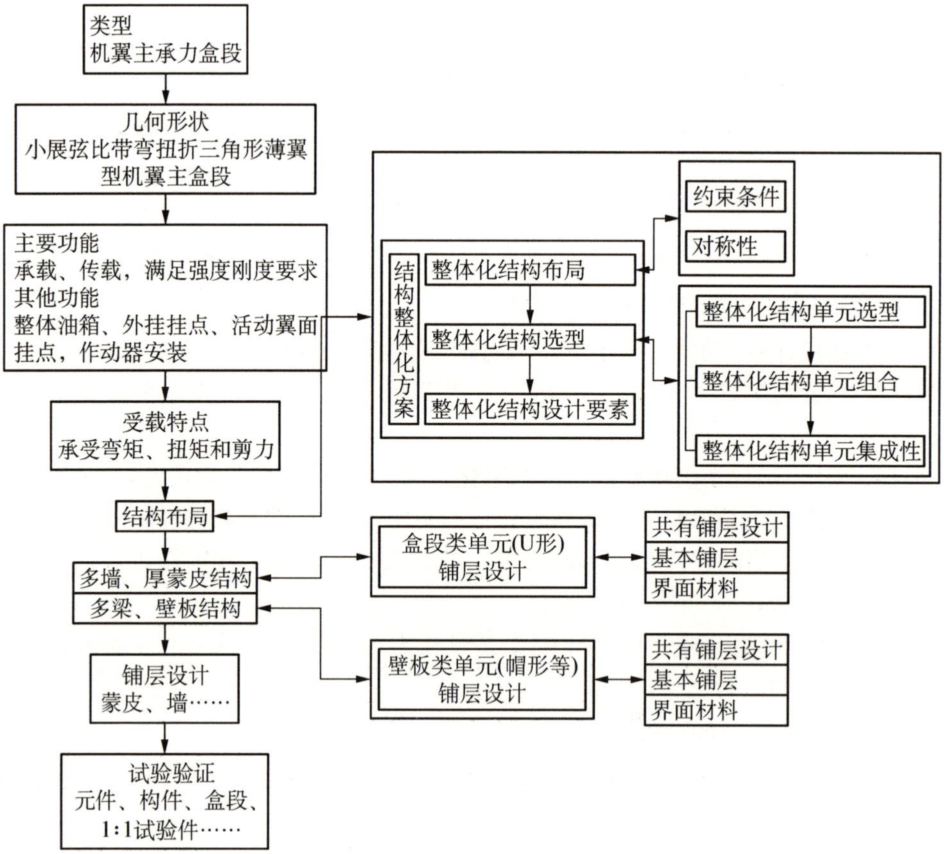

图 2-1　复合材料结构整体化设计流程

2.3　复合材料结构强度设计要点

2.3.1　材料/工艺

复合材料的特点是材料与结构同时形成和性能表征的多样性。由于材料性能与结构形式和工艺密不可分,进行强度校核所需的材料性能必须考虑制造厂商和所用工艺的影响;结构通过合格鉴定/适航审定后,在批量生产过程中,会由于各种原因出现材料/工艺的变化,这些变化均可能对结构性能产生影响,改变设计时所用的材料性能，从而需要重新进行鉴定/适航审查，这会对复合材料在结构中的应用带来负面的影响。实际上多数变化不会引起结构性能的改变，因此材料等同性评定成了复合材料力学性能表征的重要组成部分。

2.3.2 许用值和设计值

对金属而言，材料性能的表征比较简单，通常可从材料制造商获得材料性能及其设计值。而复合材料的性能表征极其复杂，首先由于复合材料的可设计性，复合材料结构的铺层顺序、铺层比例和厚度有无穷多的选择，结构不同部位的材料性能处处不同；其次环境条件对材料性能有重大影响，材料性能必须考虑湿热和低温的影响；此外初始缺陷，特别是冲击损伤对复合材料结构静强度有显著影响，设计值的选取必须基于含初始缺陷的材料性能。上述因素使得复合材料力学性能表征与金属差别极大，对复合材料结构设计，必须明确采用许用值与设计值两个不同的术语来明确它们的不同含义和用途；描述复合材料性能的复合材料许用值，除传统意义上的材料许用值(即单层级许用值)外还必须包括设计许用值(即与结构设计有关的许用值)。从而复合材料力学性能表征技术在强度设计中占有了特殊的地位，也构成了一门新的学科。MIL - HDBK - 17(现称为 CMH - 17)《复合材料手册》被誉为《复合材料的圣经》，源自其对 30 多年来复合材料及其结构研究与使用经验教训的总结，其中第一卷的内容就是结构材料的性能表征。在复合材料应用过程中，建立许用值数据库是积木式设计验证试验的基础，非常耗时耗钱，往往成为其在结构中扩大应用的瓶颈，因此近年来，美国通过 AGATE 和 NCAMP 计划的实施，正在建立共享数据库，试图降低用户进入复合材料的门槛，扩大复合材料在结构中的应用。

2.3.3 静强度设计

对静强度的设计要求原则上与金属结构相同，但复合材料的基体材料在使用中会吸收一定量的水分，在与使用中可能遇到的高温联合作用下复合材料结构性能有所下降，而通常的结构验证试验一般均在室温大气环境下进行，因此在进行复合材料结构的设计与验证时特别强调，必须考虑湿热环境对静强度的影响。实践中全尺寸结构的静强度验证一般均在室温环境下进行试验，作为静强度验证试验的通过判据要求，结构在最严重的环境条件下，承受等于或小于设计极限载荷时，结构不应发生总体破坏。

2.3.4 耐久性

由于复合材料对外来物冲击比较敏感，首先必须满足含冲击损伤结构的剩余强度要求，同时复合材料具有优异的抗疲劳性能，通常可以不必专门进行疲劳设计，即可满足疲劳寿命的要求，这就是通常所说的静力覆盖疲劳的特点。此外复合材料具有优异的抗腐蚀性能，其日历寿命也不必专门进行设计。对复合材料结构耐久性设计的关键是薄蒙皮和薄面板的夹层结构，其耐久性设计主要考虑满足损伤阻抗的要求，即不会因经常遇到的低能量冲击而带来过多的维护和修理问题(这是与金属结构最大的差别)。损伤阻抗(damage resistance)是复合材料及其结构的特殊问题,它的定义是:在结构和结构材料之中,与某一事件或一系列事件相关的力、能量或其他参数和所产生损伤尺寸及类型之间关系的一个度量,例如一定能量冲击产生的凹坑深度等。

2.3.5 损伤容限

损伤容限设计包括缺陷初始与临界尺寸、剩余强度和损伤扩展三部分内容。与金属结构主要考虑疲劳裂纹不同,复合材料结构主要考虑冲击损伤。复合材料冲击损伤的特点是,即使层压板内部存在大范围分层,外表面可能仍然是目视不可检的,且压缩强度会急剧下降,因此复合材料结构损伤容限的关键是含目视勉强可见冲击损伤结构的剩余强度要求。复合材料结构中的缺陷/损伤在疲劳载荷下的破坏通常呈现"突然死亡"的特征,既无足够的损伤扩展寿命可以利用,同时无法得到统计有效的损伤扩展规律,所以设计通常采用损伤无扩展概念。

2.3.6 验证试验

飞机结构设计的证实,军机称为合格鉴定(qualification),民机称为适航认证(certification),通常必须通过全尺寸结构试验来验证(verification)。由于复合材料结构缺乏成熟的分析方法和足够的设计与使用经验,早期复合材料结构研制的全尺寸结构静强度验证中,多次出现提前破坏的情况,从而提出了积木式设计验证方法(building-block design verification approach)的概念,即复合材料飞机结构设计的证实(即结构完整性)需要采用全尺寸部件和由试样、元件(包括典型结构件)、组合件组成的多层次积木式设计验证试验相结合的方法。多层次试验验证有助于使全尺寸试验时实施有困难的验证内容(如环境影响、损伤性能等)在低层次上通过试验研究得到验证。并且可以避免全尺寸试验的复杂性和实施困难,降低研制成本确保全尺寸试验验证顺利地一次通过,尽可能少地付出重量代价。具体来说,对静强度验证,由于全尺寸结构试验往往很难,甚至不可能模拟诸多的综合环境效应,因此验证可能是不完整的,要通过积木式方法证实室温条件与湿热环境下得到同样的破坏模式,同时给出室温条件下进行全尺寸试验所需的环境补偿系数,从而保证复合材料结构的静强度验证在总体上是完整的。对广泛使用的复合材料/金属混合结构的耐久性和损伤容限特性,可用积木式设计方法完成对复合材料结构部分的验证,而用全尺寸试验完成金属结构部分的验证。

2.3.7 结论

复合材料结构强度设计的特点可归纳为:

(1) 以承认性能表征多样性和材料与结构同时形成为基础的材料和工艺要求;

(2) 以承认初始缺陷/损伤对结构静强度有影响为基础的设计值确定方法;

(3) 以需要特别考虑湿热环境影响为特点的静强度设计和验证;

(4) 以承认静力覆盖疲劳和考虑冲击损伤阻抗为特点的耐久性设计和验证;

（5）以冲击损伤及损伤无扩展为基础的损伤容限设计和验证；

（6）以全尺寸部件和由试样、元件（包括典型结构件）、组合件组成的多层次积木式设计验证方法相结合为基础的结构验证试验。

参考文献

[1] 美国国防部. JSSG - 2006 Joint Service Specification Guide — Aircraft Structures [S]. 1998.

[2] 中华人民共和国国家军用标准 GJB 67. 14 - 2008. 军用飞机结构强度规范——复合材料结构分册[S]. 2008.

[3] 沈真，柴亚南，杨胜春，等. 复合材料飞机结构强度新规范要点评述[J]. 航空学报，27(5)：784 - 788.

[4] 中国民用航空总局 CCAR - 25 - R3. 运输类飞机适航标准[S]. 2001，5. 14.

[5] FAA AC 20 - 107B 复合材料飞机结构[S]. 2009，9. 8.

[6] 陈绍杰. 复合材料设计手册[M]. 北京：航空工业出版社，1990.

[7] 沈真. 复合材料飞机结构耐久性/损伤容限设计指南[M]. 北京：航空工业出版社，1995.

[8] 沈真. 复合材料结构设计手册[M]. 北京：航空工业出版社，2001.

[9] Abouelheiga M. Component Design for Automated Aircraft Composite Structure Manufacturing [R]. Presented in 2010 International Forum on Composite Material Applications for Large Commercial Aircraft, September 5th, 2010. Shanghai, China.

[10] Department of defense, united states of America. Polymer Matrix Composites Guidelines for Characterization of Structural Materials [M]. MIL - HDBK - 17 - 1F. 17 June 2002.

3 许用值和设计值

3.1 许用值和设计值术语的演变

飞机结构强度设计过程中，无论是结构内力分析还是强度校核均需有关材料的力学性能。对金属结构设计人员，强调的是：必须采用符合经批准材料标准的材料，依据足够的材料试验数据，在试验统计基础上，并采用具有规定概率的性能数据进行设计，使得因材料偏差而引起结构破坏的概率最小（见 CAAR－25－R3 §25.613）。因设计值与材料性能紧密联系，一般是对材料性能试验数据进行统计处理后制订设计值，也经常称为设计许用值，不管使用哪个术语，都不会产生误解。在金属材料手册，如专用于金属的 DOT/FAA/AR－MMPDS《金属性能的确定与标准化》中，只提及材料性能，而未出现许用值的概念。在民机适航规章（例如 CCAR 25 部）中也没有出现许用值的概念，虽然在§25.613 条款中使用了设计值的术语，也只是将其作为约定俗成的概念，没有专门给出定义，而在工程中人们也经常称为设计许用值。对金属结构不管使用哪个术语，都不会产生误解。在复合材料用于飞机结构的初期，人们仍延续金属结构设计中使用的概念，没有意识到区分许用值与设计值的必要，在 1978 年制订的咨询通报 AC 20－107《复合材料飞机结构》中，采用了与金属结构同样的处理方法。随着复合材料在飞机结构中的应用逐渐增加，由于复合材料的可设计性、结构与材料同时形成以及缺陷/损伤对复合材料静力性能影响的特点，使得复合材料设计许用值的概念变得更加复杂。不同领域的工程技术人员虽然使用“设计许用值”（design allowables）同一术语，却常常有着不同的内涵而引起混淆，从而有必要采用不同的术语来代表不同的含义，因此在 1984 年对咨询通报 AC 20－107 进行修订时，专门增加了“许用值”和“设计值”的定义，对二者进行了区分，并在 2009 年颁布的 AC 20－107B 中，进一步完善了这两个术语的定义。

国内自 20 世纪 80 年代初开始真正进行复合材料飞机结构的研制，波音公司在许用值定义中分别给出了极限应变和限制应变，而且其比值不符合人们在金属结构设计时获得的常识，即 1.5 倍的关系，始终是复合材料结构设计人员心中的疑惑，为此设计师不得不提出“在限制载荷下进行设计，在极限载荷下进行校核”[1]来应对这一疑惑。为此作者曾进行了专门的研究,基于 AC 20 - 107B 中许用值和设计值的定义,并参照国外一些权威机构,如 ASTM D 30 委员会和 MIL - HDBK - 17 的用法,在复合材料结构设计中引入了用许用值和设计值分别描述材料性能和结构设计值的概念,并指出许用值包含材料许用值(即单层级许用值)和设计许用值(即与结构设计有关的许用值)两部分。许用值通常基于试样级的试验数据,并经统计处理后得到,是材料本身固有的性能;而设计值则是在许用值以及其他更高级别试验数据基础上,为满足结构完整性要求(即保证结构安全性和功能要求),在结构设计准则中给出的材料或设计细节的性能。后者涵盖的内容已超出了许用值的范围,而且其选取的值可以与许用值相同,也可以不同,有关内容可参见文献[2-11]。

3.2　许用值和设计值的定义和范畴

3.2.1　许用值

在 AC 20 - 107B 中许用值(allowables)定义为:在概率基础上(如分别具有 99%概率和 95%置信度,与 90%概率和 95%置信度的 A 或 B 基准值),由层压板或单层级的试验数据确定的材料值。导出这些值要求的数据量由所需的统计意义(或基准)决定。

在 GJB 67.14 - 2008《军用飞机结构强度规范——复合材料结构》中给出的定义为:在一定的载荷类型与环境条件下,主要由试样试验数据,按规定要求统计分析后确定的具有一定置信度和可靠度的材料性能表征值。

许用值包括两部分,即材料许用值和设计许用值,它们是确定结构不同部位设计值的基础。

3.2.1.1　材料许用值(即单层级材料许用值)

材料许用值应包括不同吸湿与温度条件组合(具体的组合取决于结构设计的要求)的下列性能:

(1) 0°(或经向)和 90°(或纬向)拉伸弹性模量和强度;

(2) 0°(或经向)和 90°(或纬向)压缩弹性模量和强度;

(3) 主泊松比;

(4) 纵横(面内)剪切弹性模量和强度。

上述性能中 0°(或经向)与 90°(或纬向)拉伸、压缩强度、纵横剪切强度通常取 B 基准值,弹性模量和主泊松比取平均值。

3.2.1.2　设计许用值(与结构设计有关的许用值)

由于复合材料的可设计性,作为结构材料的复合材料层压板,在结构的不同部位,其铺层比例、铺层顺序和厚度均不相同;而由单向板性能依据经典层压板理论,经刚度削减法则和层压板失效准则计算得到的层压板强度与实际值有可能相差 50%以上。为保证结构安全性,无一例外,所有的设计师都需要进行大量结构典型铺层试样试验，包括无缺口拉伸、压缩与剪切试样、开孔和充填孔拉伸与压缩试样、冲击后压缩试样和机械连接件试样，来获得强度校核用的材料性能。由于结构典型铺层与具体结构有关，在每个新的结构研制计划中，通常都要重复这些耗时耗钱的试验，因此为获得这些供强度校核用材料性能的试验成了复合材料结构设计验证积木式试验的庞大基础，也成为扩大复合材料在结构中应用的障碍。为降低复合材料应用的成本和时间，并力图使获得的试验数据具有通用性，国外进行了大量研究。研究发现：

(1) 这些试样的试验结果一般只与铺层比例有关，而与铺层顺序无关；

(2) 在一定的厚度范围内（例如，不超过 4 mm），厚度对强度的影响可以忽略不计；

(3) 由于设计准则和使用条件的约束，实际结构用层压板的铺层比例和铺层顺序有一定的范围。

考虑到上述因素，国外已总结出了通过选取某一厚度（或多个厚度）若干结构典型铺层比例试样进行试验，来得到结构材料性能数据的方法，使试验结果具有普遍性，并适用于用同一材料体系及同一制造商制造的所有结构设计，这些试验数据可称之为设计许用值（即与结构设计有关的许用值）。若出现材料/工艺变化（包括制造商发生变化），也可通过等同性评估，来保证已有的许用值数据库可以继续使用。设计许用值包括不同吸湿与温度条件组合（具体的组合取决于型号的要求）的下列性能：典型铺层无缺口层压板力学性能、含缺口（包括开孔和充填孔）层压板拉伸和压缩强度和层压板挤压强度。含冲击损伤层压板压缩强度一般与具体结构尺寸及支持条件有关，但通常用小试样得到的冲击后压缩强度低于实际结构的承载能力，可以作为结构损伤容限初步设计用许用值的初始值，从这个意义上讲，也可以作为设计许用值的一部分。设计许用值通常包括下列内容：

1) 典型层压板

(1) 典型铺层层压板 x 轴拉伸弹性模量和强度；

(2) 典型铺层层压板 y 轴拉伸弹性模量和强度；

(3) 典型铺层层压板 x 轴压缩弹性模量和强度；

(4) 典型铺层层压板 y 轴压缩弹性模量和强度；

(5) 典型铺层层压板 $x-y$ 平面面内剪切弹性模量和强度；

(6) 典型铺层层压板主泊松比。

$x-y$ 坐标系为典型铺层层压板参考坐标系。以上性能数据中强度取 B 基准值，弹性模量和泊松比取平均值（稳定性计算时采用 B 基准值）。典型铺层层压板力学性能用于验证和确定适用于结构用材料体系层压板失效准则，并建立弹性模量和强度毯式曲线。

2) 含缺口（包括充填孔）层压板

(1) 典型铺层层压板开孔和充填孔拉伸强度；

(2) 典型铺层层压板开孔和充填孔压缩强度。

以上性能数据取B基准值。含缺口典型铺层层压板拉伸和压缩强度在一定程度上代表制造中允许的缺陷对材料体系拉伸和压缩强度的影响,并用于建立开孔和充填孔拉伸和压缩强度毯式曲线。

3) 含冲击损伤层压板

含冲击损伤典型铺层层压板压缩强度代表制造和使用过程中产生的冲击损伤对材料体系压缩强度的影响,并用于建立冲击后压缩强度的毯式曲线。冲击后压缩强度取B基准值(冲击能量应根据结构设计准则中的冲击损伤要求选取)。试样级冲击后压缩强度的毯式曲线用作确定初步设计阶段用损伤容限设计许用值。

4) 挤压强度

典型铺层层压板挤压强度代表材料体系的机械连接性能,取B基准值。

5) 其他

根据结构设计的需求,设计许用值还可以包括更多的内容,例如拉伸型分层断裂韧性 G_{IC}、剪切型分层断裂韧性 G_{IIC}、厚度方向的层间弹性模量与强度、冲击后拉伸强度与剪切强度等。

3.2.2 设计值

在AC 20-107B中设计值(design values)定义为:为保证整个结构的完整性具有高置信度,由试验数据确定并被选用的材料、结构元件和结构细节的性能。这些值通常基于为考虑实际结构状态而经过修正的许用值,并用于分析计算安全裕度。

在GJB 67.14-2008《军用飞机结构强度规范——复合材料结构》中给出的定义为:为保证整个结构的完整性,根据具体工程项目要求,在材料许用值和代表结构典型特征的试样、元件(包括典型结构件)试验结果,及设计与使用经验基础上确定的设计限制值。

根据上述定义,设计值的确定包括两种方法,一类可以在材料许用值的基础上确定,另一类需要对个别部件(点设计)的具体结构构型,采用结构元件或典型结构件试验建立包括相应设计特征(孔、接头等)影响的设计值。

对前者,设计值确定方法是针对不同结构不同部位的受力状态和可能的破坏模式,在已有的许用值(包括设计许用值)基础上选取强度校核所用的设计值。例如对机翼上蒙皮壁板,一般基于湿热状态的含冲击损伤压缩设计许用值;对机翼下蒙皮壁板一般基于干冷状态的开孔拉伸设计许用值;对稳定性最为关键的蒙皮壁板,可能基于由B基准压缩弹性模量计算,采用经试验数据证实的分析方法计算得到的初始屈曲应力。对梁腹板的开口区附近可以基于修正的破坏准则,即需在开口附近的2个点对应变进行限制(见图3-1),在离开口区边缘2.54 mm的点 A,其应变不得超过无缺口强度许用值和CAI许用值的平均值;在离开口区边缘12.7 mm的点 B,其应变不得超过CAI许用值。

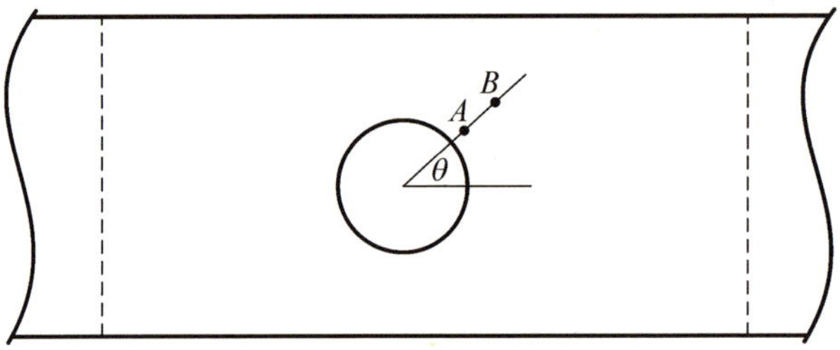

图 3-1 开口区设计值要求示意图

后者需要通过结构元件或典型结构件的试验确定，例如连接接头和几何形状与受载方式比较复杂的结构细节处的设计值；以失稳屈曲为主的结构部位，也必须通过典型结构件试验来确定和验证。关于考虑冲击损伤的损伤容限许用值，由前面所述试样级试验可以得到比较保守的初步设计值，但实际上它与结构部位、边界条件等很多因素有关，需要通过典型结构件甚至组合件试验来最后确定和验证。

3.2.3 许用值试验要求的环境条件

设计分析需要不同环境条件下的设计值，温度通常包括低温、室温和高温，吸湿状态包括干态和湿态。一般对航空结构低温取−55℃。高温则根据试验目的而定，如果仅用于特定型号，则可取该型号的最高使用温度，并根据变化趋势，在室温和该温度之间再选取一个或两个温度；如果考虑将此材料体系用于所有可能应用的温度范围，则可取此材料体系的最高工作温度（MOL），并根据变化趋势在它们中间取一个或两个温度。干态一般指“制造状态”，即制造后放在实验室大气条件下不做任何吸湿处理；湿态则需进行专门的吸湿处理，吸湿条件根据实际结构的使用状态而定。

至于温度与吸湿状态的组合则取决于设计要求，一般包括低温干态、室温干态、室温湿态、高温干态和高温湿态。对于试样或元件级的许用值试验，可取较多的环境条件，特别是材料许用值；对于需由典型结构件或更高级别试验确定的设计值通常取室温干态和最严重的环境条件组合，或甚至只进行最严重环境条件组合下的试验。

一般结构设计要求在最严重的环境条件组合下仍能满足其静强度要求，由于吸湿是长期的过程，对于飞机结构，最大吸湿量通常在飞机结构使用寿命的末期才能达到，大量研究表明在85% RH条件下的平衡吸湿量可代表飞机结构在使用寿命末期达到的最大吸湿量，而具体的吸湿量则与特定的材料体系有关。目前国内在许用值试验时采用了很多其他的吸湿条件，如在70℃水中浸泡14天或水煮48h等，所得到的吸湿状态一般不同于实际结构在使用寿命末期达到的最大吸湿量，试样在这种吸湿状态下得到的性能不能用于设计。

3.2.4 结论

总之，为确定不同结构不同部位的设计值，其前提是通过试验得到不同材料体系在不同载荷与环境条件下，不同破坏模式的许用值（包括设计许用值）；在此基础上由设计准则制订者确定针对不同结构不同部位的设计值。有些结构细节处的设计值则必须通过包含这些细节的典型结构件，甚至组合件试验确定。

3.3 许用值与设计值的关系

许用值用于表征复合材料体系和结构设计与分析，是材料验收和材料发生变化后进行等同性评定的基础。建立许用值所用的所有试样应按经批准的材料和工艺规范制备，使获得的力学性能数据能代表用该复合材料体系制造的结构材料性能。许用值的建立过程考虑了材料和工艺的变异性，从而在使用这些数据进行设计时，能保证用该材料体系所制造结构的使用安全。

设计值主要用于结构设计，因此确定具体结构部位或结构细节结构设计值的原则是采用该值进行设计时能满足该部位或结构细节的结构完整性要求。

“设计值”和“许用值”二者有着密不可分的关系。由于“设计值”要保证结构满足完整性要求，新材料、新工艺和新的设计方法等的引入，都会对结构完整性提出新的要求，从而对“许用值”的测试提出新的内容。同时只有当具有足够的“许用值”数据时，设计师才有可能在此基础上确定设计值。由于飞机结构的设计在不断发展，设计值的确定原则也在不断发展。当新的理念开始引入时，设计师不一定马上就能认识到它对结构经济性和安全性会带来新的问题，因此在确定设计值时可能会处理不当。或者因遵循老的经验而偏于危险，以致出现事故，或者因缺乏经验而取得过于保守。设计值的确定不仅仅是试验问题，还取决于设计师的经验和判断。

设计部门应根据结构使用中可能出现的受载方式和环境条件，分析其可能出现的失效模式。针对这些失效模式，分别采用足够数量的试样或元件(典型结构件)进行试验，在对试验数据进行统计处理的基础上，给出针对某一具体失效模式的许用值。由于复合材料的可设计性，不同部位的铺层比例均不相同，若采用应力值表示，可能要提供无数的强度值，但其对应的应变值基本上变化不大，故复合材料体系的许用值多采用应变值来表示。

设计部门应根据所设计具体结构的结构完整性要求(通常包括静强度、刚度、耐久性和损伤容限等)，在已有的许用值及设计和使用经验的基础上，规定设计值，以保证用设计值进行强度校核的结构能满足这些要求。

3.4 国外飞机复合材料结构设计值的确定方法

3.4.1 早期设计值的确定方法

国外自20世纪60年代末开始将复合材料用于飞机承力部件——垂尾，由于缺乏复合材料的使用经验，当时确定设计值的方法比较简单，不同飞机公司考虑的方法也不尽相同。例如有的公司认为，复合材料的应力应变关系呈脆性，直至破坏前仍显示良好的线性。根据金属的经验，孔往往是最危险的破坏源。对准各向同性材料，孔边的应力集中系数一般为3，因此应将拉伸和压缩设计值按无损试件的破坏应变除3来控制，也即3000～4000 $\mu\varepsilon$。还有的公司则认为复合材料刚刚用于垂尾结构，采用的是“等代设计”，考虑到当时缺乏复合材料结构的设计经验和使用经验，而最差的设计是采用准各向同性的$\frac{\pi}{4}$铺层，仅靠密度的差别也可达到减重的目的，但这时要求其设计值(应变)应与金属相当。由于垂尾采用刚度设计，即在设计极限载荷下其最大应力不能超过屈服强度，对铝来说其对应的应变约为 4 000 $\mu\varepsilon$，因此取 4 000 $\mu\varepsilon$作为设计值。当然还要进一步做试验来证实其满足了完整性要求。

3.4.2 20 世纪 70～80 年代的研究概况

20 世纪 70 年代国外开始将复合材料大量用于飞机结构，在军机的应用方面主要体现在将它用于机翼等主要承力构件，在民机的应用方面则是开始从操纵面推广到用于尾翼安定面这类次承力构件。随着应用的扩大，如何确定设计值的问题便成了突出的技术关键。由于缺乏设计和使用经验，各公司在进行研究时，都对可能影响结构完整性的各种因素进行普遍的研究。麦克唐纳公司在确定 F－18 和 AV－8B 复合材料机翼设计值的过程中所做的研究是其中的一个典型例子。根据金属结构的经验，结构的薄弱环节主要是紧固件孔边这类的应力集中处，因此他们的研究主要采用带典型紧固件孔的试样，即首先用足够数量的含孔试件来确定其基准状态(室温干态)的强度性能分布函数 $f(\varepsilon)$，并用统计分析方法得到这种状态的平均值 ε_b 和许用值 ε_b^*。再用附加的试验来确定环境、紧固件挤压应力、偏轴和双轴加载的影响，得出对压缩最严重的环境条件是湿热，而对拉伸则是干冷，并得到每一种环境条件下的平均值 ε_e。用基准状态许用值 ε_b^* 减去两种状态(基准状态与严重的环境状态)平均值之差，就可得到严重状态许用值 ε_e^*，即 $\varepsilon_e^* = \varepsilon_b^* - (\varepsilon_b - \varepsilon_e)$。以此为基础最初选定的压缩设计值为 5000 $\mu\varepsilon$，拉伸设计值为 3000 $\mu\varepsilon$，进一步研究后拉伸设计值提高为 4000 $\mu\varepsilon$。由于当时对冲击损伤还缺乏认识，在这一研究中未予考虑。在后来的受弯盒段试验时，当上蒙皮含冲击损伤时，其破坏应变仅 3500 $\mu\varepsilon$，因此最后压缩设计值降为 4000 $\mu\varepsilon$。

洛克希德公司(Lockheed Corporation)根据 NASA 赞助的 ACEE(飞机能效)计划，系统地对用于 L－1011 副翼和垂尾的 T300/5208 的设计值进行了研究。他们用 2000 多个试件全面研究了各种因素(包括缺口和环境)的影响。第一步他们用单向板的拉、压试验结果，通过层压板理论和强度准则得到无缺口层压板的强度 σ_{RTDU}，然后用环境(湿热、干冷及室温)条件下含缺口与无缺口层压板试验结果统计得到 B 基准分散系数 K_B 和缺口/环境降低系数 K_{ET}，最后由 $[\sigma] = \sigma_{RTDU} K_B K_{ET}$ 得到考虑了结构中常用的$\frac{3}{16}$in(1in=2.54 cm)。孔及湿热环境的许用值，对单向带分别为 4785 $\mu\varepsilon$(拉伸)和 8010 $\mu\varepsilon$(压缩)，对织物分别为 3832 $\mu\varepsilon$(拉伸)和 4386 $\mu\varepsilon$(压缩)。然后又专门考虑了冲击损伤对压缩强度的影响，研究发现，当含有目视不可见的冲击损伤时，所有的试验结果(破坏应变)不低于 4000 $\mu\varepsilon$，当含目视可见冲击损伤时则不低于 3500 $\mu\varepsilon$，最后认为压缩设计值主要取决于冲击损伤的影响。在此基础上他们确定的设计值，对单向带为4750 $\mu\varepsilon$(拉伸)和 4000 $\mu\varepsilon$(压缩)；对织物为 3900 $\mu\varepsilon$(拉伸)和4000 $\mu\varepsilon$(压缩)。

英国航空航天公司(BAe)军机部在确定用于高温环境的高性能军用飞机的XAS/914C复合材料体系的设计值时，也采用了类似的方法，即首先由试验和计算给出基本层压板力学性能的毯式曲线，并由失效准则给出应变包线，然后考虑变异性、缺陷(制造缺陷和冲击损伤)、缺口(受载孔和非受载孔)以及环境(温度和湿度)引起的性能降低。对这些因素都进行了试验研究，并明确提出:“已考虑的一个附加限制是采用应变下的材料许用值，选取其中强度值最低的许用值为设计值”。他们提出的确定设计值的基本原则为：

(1) 对拉伸，应考虑非充填孔，允许的制造缺陷和目视勉强可见冲击损伤；

(2) 对压缩，应考虑环境条件下的充填孔和目视勉强可见冲击损伤。

在这些数据基础上，给出XAS/914C的设计值对单向带分别为4500 $\mu\varepsilon$(拉伸)和3900 $\mu\varepsilon$(压缩)，对织物分别为3530 $\mu\varepsilon$(拉伸)和2830 $\mu\varepsilon$(压缩)。

美国诺思罗普公司(Northrop Corporation)确定结构设计值的方法很典型。他们认为在确定结构设计值时，应能保证该部件满足结构完整性要求。对机翼来说，应满足强度、刚度、耐久性和损伤容限要求。为此，需分别通过试验确定其静强度、刚度、耐久性和损伤容限许用值。由于歼击机蒙皮较厚，以屈曲作为准则的刚度许用值较高，刚度要求比较容易满足。而静强度许用值主要根据含孔试件的结果，由开孔拉伸试验结果给出压缩许用值6000 $\mu\varepsilon$。损伤容限许用值则根据冲击损伤破坏门槛曲线确定，选用8J冲击能量作为设计准则来选取满足要求的厚度。至于耐久性要求，因为试验证明按前两个要求选取结构尺寸后，一般可以自动得到满足，故不再单独考虑。当然其前提是做了大量疲劳试验，包括拉伸与压缩疲劳(无缺口、含充填孔和含已知分层位置的层压板)。设计结构尺寸时，分别按静强度和损伤容限许用值进行校核，反复迭代，直至满足所有的完整性要求。

波音公司在20世纪70年代末为民机次承力构件所选的设计值，对我国复合材料飞机结构设计曾有过重大的影响，主要是它分别给出了极限应变许用值和限制应变许用值，使人们误以为这两个值分别对应极限载荷和限制载荷所允许的许用值。其实在文中已明确指出了:极限应变许用值是根据在吸收1%水分和固化后纤维体积含量为58%、温度71℃条件下试件破坏成两块时的最大应变导出的，而设计限制应变许用值则考虑了不可见的冲击损伤、树脂微裂纹、1%吸湿量和71℃的工作环境温度作用。还指出:纤维冲击损伤敏感性和树脂微裂纹对当时的设计限制应变起主要作用。对使用过程中在潮湿和高温环境下的长期曝露以及循环载荷对含损伤的石墨/环氧的影响进一步研究后，要对应变限制进行重新考虑，预计会有所提高。也就是说实际上是采用设计限制应变来进行设计的。

3.4.3 确定拉伸和压缩设计值的一般方法

在这些研究的基础上，Griffin C F 又进一步做了系统的研究，比较了6.35 mm直径孔、湿热环境、分层冲击损伤等因素对拉伸及压缩强度的影响，最后指出:拉伸设计值主要取决于6.35 mm直径孔的试验结果，压缩设计值主要取决于含冲击损伤试件的试验结果，如图 3-2 所示。他的研究成果已为很多设计人员所认可。由于复合材料很长时间内主要用于蒙皮结构，因此设计值的确定也主要是针对蒙皮结构。随着设计和使用经验的增加以及复合材料应用范围的扩大，设计值的确定方法已不仅限于上述简单的拉伸和压缩强度。例如整体化结构的使用，使得必须将层间断裂韧性作为强度校核考虑的指标；使用中发现层压板的边缘冲击可能对结构安全构成威胁，层压板边缘冲击后的强度指标也构成了设计值的组成部分。

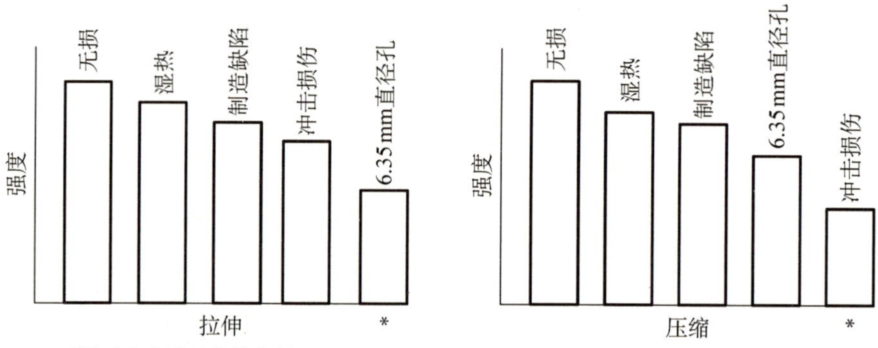

图 3-2 确定结构设计值的条件

3.5 许用值及其确定

3.5.1 概述

为了考虑材料与工艺的变异对复合材料体系力学性能的影响和使用的安全，必须进行多批次材料的性能测试，以确定其以统计为基础的材料性能。许用值除了用于设计和分析外，还用于表征材料体系，作为材料验收和材料等同性评定的基础。本节给出了满足统计要求的试样数量和批次的要求，对民用飞机结构用复合材料许用值试验，在试样制造和试验现场需有适航审定部门指定人员的目视监控。可以将建立许用值时得到的试验数据用于建立材料标准用的数据。许用值可以随着制造、使用经验及试验数据的增加而进行更新，但前提是材料与工艺规范保持不变，为此有关选材、材料鉴定与制订材料标准和材料等同性评定的内容参见本书附录 A。详细内容参见 DOT/FAA/AR-03/19《聚合物基复合材料体系的材料取证与等同(*Materia Qualification and Equivalency for Polymer Matrix Composite Material Systems*)》[12]。3.5.3 给出的是用于确定材料许用值的试验矩阵。实际上材料许用值所需的材料批次和每批材料的试验数量在结构研制的不同阶段（即技术验证样机、工程制造发展型或生产型）和对不同关键程度的结构（即主结构、次结构或非结构部分）是不一样的，有关数量参见 3.5.6。

3.5.2 确定许用值的路线图

图 3-3 给出了确定许用值的路线图。确定许用值前，必须保证来料（通常是预浸

料)是稳定可靠的,为此首先必须建立经过批准的材料标准和工艺规范,同时材料供应商必须建立可靠的质量保证和质量控制程序,它包括对操作人员、生产装置、生产环境、质量保证与管理体系和原材料质量控制(一般称为人、机、环、法、料)的一系列制度、法规等的建立与执行状况的检查和考核。只有满足上述要求后才有可能建立许用值,并在所得到的许用值数据库基础上建立设计值。本指南给出的试验矩阵基于参考文献[2, 10, 12],但通过型号应用进行了少量修改,读者可根据实际情况酌情使用。

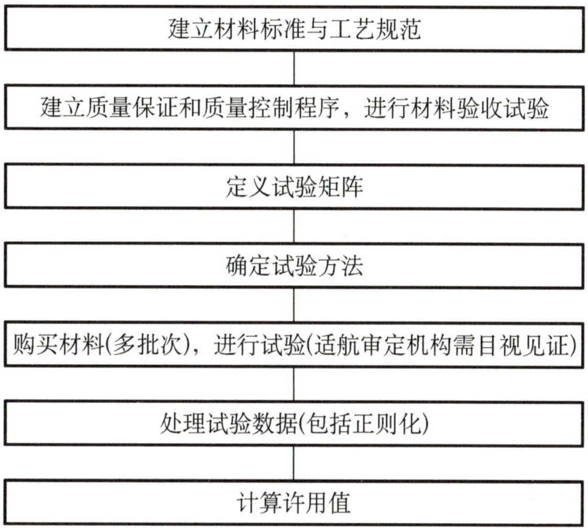

图 3-3　确定许用值的路线图

3.5.3　试验矩阵

3.5.3.1　材料许用值

1) 通用的试验矩阵

通用的材料许用值试验矩阵要求为:

(1) 推荐的力学性能试验矩阵见表 3-1。

表 3-1　单层级力学性能试验矩阵

力学性能	试验条件和试样数量			试样总数
	CTD	RTD	ETW	
0°拉伸(经向)	5×2×3	5×2×3	5×2×3	90
90°拉伸(纬向)	5×2×3	5×2×3	5×2×3	90
0°压缩(经向)	5×2×3	5×2×3	5×2×3	90
90°压缩(纬向)	5×2×3	5×2×3	5×2×3	90
纵横(面内)剪切	5×2×3	5×2×3	5×2×3	90
试样总数				450

(2) 力学性能试验矩阵中每一个性能在每种条件下要求至少30个试验数据(至少5批,每批至少6个数据),以便确定B基准性能时进行统计分析。若承制方和用户能取得一致,也可采用较少的试验或批次,但不得少于3批。

(3) 表中CTD对飞机结构均为−55℃;ETW的高温为复合材料体系的最高工作温度。

(4) 表中采用$l\times m\times n$的形式来表示所需试样数,其中,l代表需要的批数;m代表每批的试板数,试板应出自不同炉次;n代表每个试板的试样数。

(5) 除有特殊要求外,对湿态试样的要求均为:放置在85%相对湿度条件下达到平衡吸湿量的试样。为加速吸湿,浸润过程可在高温下进行,对环氧树脂基复合材料体系,最高温度不应超过80℃。通常采用的试样状态调节条件是在70℃/85% RH条件下达到平衡。

2) 回归分析用试验矩阵

表3-1给出的试验矩阵可用表3-2所示的试验矩阵代替,基本出发点是采用尽可能少的试验数据,得到尽可能多的许用值。基本假设是材料性能的分散性主要来自于材料与工艺的变异性,可以不考虑试验环境条件对性能数据分散性的影响,因此认为不同试验环境条件下得到的数据来自于同一母体。回归分析用单层级力学性能试验矩阵基本原则为:

表3-2 回归分析用单层级力学性能试验矩阵

力学性能	试验条件和每批试样数量					试样总数
	CTD	RTD	ET1	ET2	ET3	
0°拉伸(经向)	5×1×3	5×1×4	5×1×3	5×1×4	5×1×4	90
90°拉伸(纬向)	5×1×3	5×1×4	5×1×3	5×1×4	5×1×4	90
0°压缩(经向)	5×1×3	5×1×4	5×1×3	5×1×4	5×1×4	90
90°压缩(纬向)	5×1×3	5×1×4	5×1×3	5×1×4	5×1×4	90
纵横(面内)剪切	5×1×3	5×1×4	5×1×3	5×1×4	5×1×4	90
试样总数						450

注:ET2代表了给定结构的最高使用温度,ET1代表了高于室温但低于ET2的中等高温,而ET3代表了材料体系的最高使用温度(如MOL)。

(1) 回归分析允许共享不同环境参数(如温度和吸湿量)下获得的数据。对多批次的材料,可以用比其他情况下所需规模小的试验数据母体,计算出某种性能在每一种环境条件下的B基准值和A基准值。

(2) 用3种高温试验条件代替"最高温度"条件,可根据具体使用情况采用不同温度与试样状态(干态或湿态)的组合。所有的温度在干态时低于干态的玻璃化转变温度T_g,在湿态情况时低于湿态的T_g。

(3) 关于试验温度的分布,对不同复合材料体系推荐的试验温度见表3-3。

表 3-3 对不同复合材料体系推荐的试验温度(℃)

复合材料体系	CTD	RTD	ET1	ET2	ET3
120℃固化环氧树脂	−55	23	80	—	—
180℃固化环氧树脂	−55	23	80	100	120
200℃固化双马	−55	23	100	130	150
230℃固化双马	−55	23	120	180	200
315℃固化聚酰亚胺	−55	23	180	230	290

注:ET2 代表了给定结构的最高使用温度,ET1 代表了高于室温但低于 ET2 的中等高温,而 ET3 代表了材料体系的最高使用温度(如 MOL)。

3) 纤维缠绕材料力学性能试验矩阵

建议的纤维缠绕结构力学性能试验见表 3-4。推荐采用最能模拟最终产品所用的工艺技术制造试板,并应采用经批准或适航认可的试验方法标准进行试验,可供选择的部分标准目录参见附录 3B。

表 3-4 纤维缠绕材料性能合格鉴定试验矩阵

力学性能	每批预浸料的试验条件和试样数量			试样总数
	CTD	RTD	ETW	
0°拉伸	5×2×3	5×2×3	5×2×3	90
90°拉伸	5×2×3	5×2×3	5×2×3	90
0°压缩	5×2×3	5×2×3	5×2×3	90
90°压缩	5×2×3	5×2×3	5×2×3	90
面内剪切	5×2×3	5×2×3	5×2×3	90
试样总数				450

3.5.3.2 设计许用值试验矩阵

1) 典型铺层的定义

这里给出推荐的典型铺层层压板定义见表 3-5,供设计制订试验矩阵时参考。选取结构可能使用铺层比例的典型值与上下限,其中典型蒙皮铺层Ⅰ通常称为“硬”蒙皮,典型蒙皮铺层Ⅲ通常称为“软”蒙皮,具体型号采用的铺层定义由设计方确定。

表 3-5 运输机用典型铺层层压板定义(建议)

典型铺层名称	铺层比例 [0/±45/90]	建议的铺层顺序	说明
典型蒙皮铺层Ⅰ	(50/40/10)	$[45/0/-45/90/0/45/0/-45/0]_{ns}$	典型结构铺层
典型蒙皮铺层Ⅱ	单向带:(40/40/20) 织物:(40/20/40)	单向带:$[45/0/-45/90/0]_{ns}$ 织物: $[0/90/0/90/45/-45/90/0/90/0]_{ns}$	结构铺层的上限

（续表）

典型铺层名称	铺层比例 [0/±45/90]	建议的铺层顺序	说明
准各向同性铺层	(25/50/25)	$[45/0/-45/90]_{ns}$	—
典型蒙皮铺层Ⅲ	(10/80/10)	$[45/-45/90/45/-45/0/45/-45]_{ns}$	结构铺层的下限

2）无缺口层压板试验矩阵

推荐的无缺口层压板力学性能试验矩阵见表 3-6，表中符号含义见 3.5.3.1。试验矩阵还要求在严酷环境试验条件下，对偏离材料主轴 22.5°的 2 种层压板进行试验，以评定材料偏轴行为。此外，如果结构的厚度范围大大超过（例如大于 2 倍）基本的"T1"厚度（2～6 mm），则规定对所有的试验条件下要进行"T2"厚度层压板 3 批材料试验。但是如果结构包含层压板的厚度变化在 4 mm 范围内，只需要一种厚度层压板的试验矩阵。

表 3-6 无缺口层压板强度试验矩阵（建议）

典型铺层名称	厚度[1]	与加载方向的夹角 Φ	试样数量			
			压缩 RTD	压缩 ETW	拉伸 CTD	拉伸 RTD
典型蒙皮铺层Ⅰ	T1	0	3×2×3	3×2×3	3×2×3	3×2×3
	T2	0	3×2×3	3×2×3	3×2×3	3×2×3
	T1	22.5	—	1×2×3	1×2×3	—
典型蒙皮铺层Ⅱ	T1	0	3×2×3	3×2×3	3×2×3	3×2×3
	T2	0	3×2×3	3×2×3	3×2×3	3×2×3
	T1	22.5	—	1×2×3	1×2×3	—
准各向同性铺层	T1	0	—	1×2×3	1×2×3	—
典型蒙皮铺层Ⅲ	T1	0	—	1×2×3	1×2×3	—
小计	—	—	72	96	96	72
总计	336					

注：(1)T1 代表层压板厚度约为 2～6 mm；T2 代表第 2 种层压板，厚度可以选择，取决于结构所用层压板厚度的上限；部分情况采用 1×2×3 个试样，以便进行统计处理来得到减量的 B 基准值，并可将得到的降低系数用于其他情况。

3）含开孔（包括充填孔）层压板试验矩阵

结构典型铺层含孔（包括充填孔）层压板的试验数据反映材料体系对制造过程中常见缺陷的敏感性，推荐采用表 3-7 给出的最低限度数量试验矩阵。

表 3－7 含开孔(包括充填孔)层压板拉伸/压缩强度试验矩阵(建议)

典型铺层名称	孔径 D /mm	宽度 W /mm	W/D	拉伸(CTD)	拉伸(RTD)	压缩(RTD)		压缩(ETW)		试验数量
						开孔	充填孔	开孔	充填孔	
典型蒙皮铺层Ⅰ	4.0	24	6.0	—	1×2×3	1×2×3	—	—	—	12
		32	8.0	—	1×2×3	1×2×3	—	—	—	12
	5.0	30	6.0	—	1×2×3	1×2×3	—	—	—	12
	6.0	30	5.0	—	1×2×3	1×2×3	—	—	—	12
		36	6.0	1×2×3	3×2×3	3×2×3	1×2×3	1×2×3	1×2×3	60
典型蒙皮铺层Ⅱ	6.0	36	6.0	1×2×3	3×2×3	3×2×3	1×2×3	1×2×3	1×2×3	60
准各向同性铺层	6.0	36	6.0	1×2×3	3×2×3	3×2×3	1×2×3	1×2×3	1×2×3	60
典型蒙皮铺层Ⅲ	6.0	36	6.0	1×2×3	3×2×3	3×2×3	1×2×3	1×2×3	1×2×3	60
总计	—			18	66	66	18	18	18	288

注:(1)对拉伸试样厚度在 2.0～4.0mm 之间,对压缩试样厚度在 3.0～5.0mm 之间。
(2)部分情况采用 3×2×3 个试样,以便进行统计处理来得到减量的 B 基准值,得到的降低系数可用于其他情况。

4) 含冲击损伤层压板压缩强度试验矩阵

含冲击损伤层压板压缩强度试验反映材料体系对低速冲击损伤的敏感性,表 3－8推荐了最低限度数量的试验矩阵。

表 3－8 含冲击损伤层压板压缩强度试验矩阵(建议)

典型铺层名称	试样数量	
	RTD	ETW
典型蒙皮铺层Ⅰ	3×2×4	3×2×4
典型蒙皮铺层Ⅱ	1×2×4	
准各向同性铺层	1×2×4	
典型蒙皮铺层Ⅲ	1×2×4	
总计	72	

注:(1)试样厚度在 4.0～6.0mm 之间;
(2)部分情况采用 3×2×3 个试样,以便进行统计处理得到减量的 B 基准值,得到的降低系数可用于其他情况。

冲击能量的选取取决于结构设计准则中选取的初始冲击损伤要求,详见 3.7,冲击后压缩强度取 B 基准值。

5) 典型铺层层压板挤压强度

试验矩阵确定原则如下:

(1) 机械连接挤压强度试验反映材料体系的机械连接性能。若结构铺层厚度差在 4mm 以内,可取一种铺层厚度为主(通常取 $t=3.0\sim5.0\text{mm}$),兼顾其他铺层厚度,并采用最常用的钉孔直径 D(对航空飞行器结构一般为 5mm)对一种最常用的铺层(通常 0/±45/90 的铺层比例为 30/60/10)用 3 种厚度给出 $t/D\sim\sigma_{\text{bru}}$ 曲线;

(2) 经验表明,对于具有 0°层 20%～40%、±45°层 40%～60%的 0/±45/90 层压板族,其挤压强度基本上是常数。因此只选 2 种铺层比例,即结构中最典型的铺层比例 30/60/10 和 40/50/10;

(3) 单剪挤压试验构型要比双剪试验更能代表大多数飞机螺栓连接的实际应用情况,因此试验矩阵的选择以单剪单钉为主,同时考虑单剪双钉、双剪和液体垫片影响的试验;

(4) 对复合材料结构静强度应考虑湿热环境的影响,因此要考虑室温干态和高温(70℃和最高使用温度)湿态(85% RH 下平衡吸湿量)的组合两种状态;

(5) 对部分试验状态的试验结果进行统计处理得到 B 基准值,并认为由一种状态导出的降低系数可适用于其他状态;

(6) 试验矩阵确定思路:以复合材料与复合材料连接及复合材料与金属连接结构最典型铺层(厚度约 $t=4\text{mm}$)、孔径 $D=5\text{mm}$ 的单钉单剪试样的挤压强度作为确定机械连接设计值的基础,分别考虑单剪与双剪、多钉、层压板厚度、铺层比例、垫片、湿热环境、孔径、分散性的影响,得到不同情况对应的修正系数;

(7) 由试验得到的 $t/D\sim\sigma_{\text{bru}}$ 曲线,针对实际铺层和 t/D 比值,并考虑实际连接情况对应的修正系数即可得到适用于不同铺层形式的连接挤压强度许用值。

表 3-9 给出了推荐的机械连接挤压强度许用值试验矩阵,给出的数量是一般要求,可根据具体型号结构类型、材料种类、环境条件和研制阶段进行修改。

表 3-9 机械连接挤压强度许用值试验矩阵(建议)

<table>
<tr><th>材料</th><th>铺层
比例</th><th>板厚
/mm</th><th>孔径
/mm</th><th>环境
条件</th><th>受剪
形式</th><th>单钉或
双钉</th><th>紧固件
端头</th><th>垫片</th><th>数量</th></tr>
<tr><td rowspan="10">复合材料-复合材料</td><td rowspan="10">30/60/10</td><td rowspan="10">T1(～4)</td><td rowspan="6">5</td><td rowspan="5">RTD</td><td rowspan="4">单剪</td><td rowspan="3">单钉</td><td rowspan="2">凸头</td><td>有</td><td>1×2×3</td></tr>
<tr><td rowspan="9">无</td><td>3×2×3</td></tr>
<tr><td rowspan="8">埋头</td><td>3×2×3</td></tr>
<tr><td>双钉</td><td>1×2×3</td></tr>
<tr><td>双剪</td><td rowspan="6">单钉</td><td>3×2×3</td></tr>
<tr><td>ETW</td><td rowspan="5">单剪</td><td>3×2×3</td></tr>
<tr><td rowspan="2">6</td><td>RTD</td><td>1×2×3</td></tr>
<tr><td>ETW</td><td>1×2×3</td></tr>
<tr><td rowspan="2">4</td><td>RTD</td><td>1×2×3</td></tr>
<tr><td>ETW</td><td>1×2×3</td></tr>
</table>

（续表）

材料	铺层比例	板厚/mm	孔径/mm	环境条件	受剪形式	单钉或双钉	紧固件端头	垫片	数量
复合材料-复合材料	30/60/10	T2(～3)	4	RTD	单剪	单钉	埋头	无	1×2×3
			5						1×2×3
			6						1×2×3
		T3(～2)	5						1×2×3
				ETW					1×2×3
			6	RTD					1×2×3
				ETW					1×2×3
	40/50/10	T1(～4)	4	RTD					1×2×3
			5						1×2×3
			6						1×2×3
复合材料-金属	30/60/10	T1(～4)	5	RTD	单剪	单钉	凸头	有	1×2×3
								无	3×2×3
							埋头		3×2×3
						双钉			1×2×3
					双剪	单钉			3×2×3
				ETW	单剪				3×2×3
			6	RTD					1×2×3
				ETW					1×2×3
			4	RTD					1×2×3
				ETW					1×2×3
		T2(～3)	4	RTD					1×2×3
			5						1×2×3
			6						1×2×3
		T3(～2)	5						1×2×3
				ETW					1×2×3
			6	RTD					1×2×3
				ETW					1×2×3
	40/50/10	T1(～4)	4	RTD					1×2×3
			5						1×2×3
			6						1×2×3

注：部分情况采用 3×2×3 个试样，以便进行统计处理来得到减量的 B 基准值，得到的降低系数可用于其他情况。

典型铺层层压板挤压强度代表了材料体系的机械连接性能，取 B 基准值，同时给出不同连接参数的影响系数。严格来说，连接设计用的设计许用值还应考虑挤压/旁路载荷与紧固件拉脱强度，具体要求和试验矩阵由设计方确定。

由试验数据计算得到挤压强度许用值的例子见附录 3A。

3.5.4 试验方法和试验数据的处理方法

3.5.4.1 试验方法

通常在确定许用值时应采用规定的试验标准来进行试验，国内过去多采用相应的国标和航空行业标准；国外一些主要的飞机制造厂商，如波音公司、空客公司均采用公司内部制订试验标准，在 MIL－HDBK－17－1F《复合材料手册》中明确指出："由于完整性及其作为完全一致同意的标准的地位，只要适用，MIL－HDBK－17 就强调使用 ASTM D－30 试验方法。"

高性能纤维增强复合材料诞生自 1960 年代初，1960 年代末期开始用于飞机次承力结构，由于设计的需求，提出了复合材料力学性能的测试要求。最初这项工作主要在材料研究和飞机设计部门进行，以企业标准的形式出现。随后为了复合材料的推广使用，出现了先进材料供应商协会(SACMA)的测试标准，其中得到广泛认可的则成为 ASTM(美国材料试验学会)标准，相当于美国的国家标准，ASTM 标准通常每 5 年审查一次。最初的复合材料力学性能测试 ASTM 标准建立于 1970 年代初期。

由于对复合材料的特性和破坏机理认识很少，当时这些标准的制订主要参照相应的金属及增强塑料力学性能标准。在迄今为止的 30 多年里，对复合材料力学性能表征方法的研究有了突飞猛进的进展，特别是复合材料与金属和增强塑料的破坏机理完全不同，同时复合材料飞机构件的使用经验还发现，湿热影响和冲击损伤对复合材料性能表征有着重要的意义。此外制订试验标准的意义在于使所测得的性能数据尽可能与真实的性能一致，并保证不同测试人员采用不同测试手段能得到相同的数据，因此在这 30 多年里已经多次对复合材料力学性能的测试标准进行了修订和增添。

目前复合材料力学性能测试的 ASTM 标准大部分是在本世纪初制订和增添的，其余的也基本上是 20 世纪末期制订和修订的。附录 3B 中给出了迄今为止 ASTM D 30 委员会制订的所有有关复合材料的标准及其制订和重新审查的时间(前面是制订年代，括号内为重新审查的年代)，这些标准适用于纤维弹性模量超过 20 GPa 的复合材料体系(目前飞机结构用的纤维均符合该要求)。应该指出，在很长一段时间里，先进复合材料供应商协会(SACMA)制订了很多测试标准，但在 1994 年后该协会已不再对这些标准进行修订和更新。

国内复合材料力学性能的测试标准可以分别从国家标准(GB 体系)、国家军用标准(GJB 体系)和航空工业行业标准(HB 体系)中发现适用的标准，其中航空工业标准肯定适用于碳纤维增强复合材料，而对国家标准则需具体分析，有的只适用于增强塑料，但因标准的适用范围为纤维增强塑料，有可能被用于碳纤维增强复合材料，而引起混乱。

我国自1960年代末期开始高性能纤维复合材料的研究，1974年开始用于飞机结构。同样由于设计的需求，在1980年代初期开始提出复合材料力学性能测试要求，并制订了首批测试标准。当时虽然也开展了一些标准试验方法的研究，但基本上是对当时的ASTM标准（主要是1970年代的标准）的消化理解和国产化（主要是将度量衡单位由英制转换为公制和内容的简化），因此制订的标准基本上与1970年代的ASTM标准相当。

我国的标准制订工作没有按行业进行定期审查和更新的制度保证，在随后的20多年里只有少量标准参照更新后的ASTM标准和其他标准进行了修订和制订，特别是从1995年后该项研究基本上处于停顿状态，目前被广泛使用的标准大部分只相当于国外1970年代的水平。如果需要进行相关试验，在国内相关标准进行修订以前，建议尽可能采用ASTM D 30的标准。

总的说来，ISO标准与ASTM标准是类同的，但后者比前者要求高，测试成本相对高一些，但测得的性能也要高一些。由于航空航天产品要求性能高，一般采用ASTM系列标准，而民用产品多采用ISO标准。但随着民用产品的技术含量越来越高，对性能的要求也越来越高，相信性能要求高的民用产品也会采用ASTM标准。

3.5.4.2　试验数据处理方法

附录3C给出了试验数据的处理方法。

3.5.4.3　数据库

如前所述，复合材料许用值的内容包含材料许用值和设计许用值，每种性能包含多种环境条件，同时复合材料与结构同时形成的特点，使复合材料许用值与其工艺制造条件密切相关，从而在使用这些性能数据值的同时必须知晓与此性能数据值相关的所有信息，因此复合材料力学性能数据库与传统的金属力学性能数据库相比，对数据库中每一数据的可追溯性和数据的标准化有更高的要求，有关复合材料力学性能数据库的更多信息可参见MIL-HDBK-17-2F第1章，以及ASTM E 1309《数据库中标识纤维增强聚合物基复合材料的标准指南》、ASTM E 1434《数据库中纤维增强复合材料力学试验数据收录的标准指南》和ASTM D 1471《计算机化材料性能数据库纤维、填料和芯材标识标准指南》。

金属的材料标准和材料性能通常由供应商提供，并可供所有的用户共享。但由于复合材料的材料标准和许用值与用户使用的工艺有关，因此通常均由用户自行建立，其他用户无法与其共享。而复合材料许用值涉及材料许用值和设计许用值，特别是设计许用值涉及使用的工艺、环境条件、结构铺层以及各种缺陷等多种影响，建立许用值数据库是一项耗费巨大的工作，只有有实力的大公司才有能力去做，这就限制了复合材料在飞机结构中的应用。美国自1995年起实施先进通用航空运输实验（Advanced General Aviation Transport Experiment，AGATE）计划，开始建立共享数据库的努力，至2001年已初步建成了该数据库，并在通用航空运输器中得到应用。为把此项成果推广用于整个航空工业，并将此项工作通过常设机构来维护和发展，从2005年起，NASA又开始实施国家先进材料性能中心(National Center for Advanced Materials Performance，NCAMP)计划，为所有复合材料用户提供与金属同样无知识产权、免费使用，且获得FAA认可的NCAMP材料标准和许用值的共享数据库，这也是将复合材料在飞机乃至其他领域扩大应用的努力方向。AC 20-107B§6a)(7)中提出："在某些情况中，材料和工艺信息可以成为整个工业界可接受的共享数据库的一部分。已获鉴定共享数据库的新用户必须正确使用相关标准(或规范)来控制有关材料和工艺，并通过进行关键性能等同性取样试验，来验证该用户的认知水平。用于技术标准规定(TSO)规章或授权书中的材料和工艺，也必须经过鉴定和受控。"有关共享数据库的详细内容，参见文献[13～15]。

3.5.5 许用值确定方法

3.5.5.1 材料许用值的确定方法

(1) 工程上通常用经统计处理后的强度B基准值作为拉伸和压缩强度的材料许用值。在方案设计、初步设计(含详细初步设计)阶段，如果试验子样较小，数据分散性大，材料许用值的数值取平均值的85%(对拉伸)或80%(对压缩)和B基准值中的较大值。

(2) 工程上通常用经统计处理后的强度或1.5倍屈服强度B基准值中的较小值作为纵横(面内)剪切强度的材料许用值；当剪切强度不关键时，应取极限剪切强度(即最大剪切强度与5%剪切应变对应的剪切应力中的较小值)B基准值为材料许用值；当剪切强度是关键情况时，应取1.5倍屈服强度B基准值为材料许用值。

(3) 对弹性模量许用值，工程上通常使用每个环境条件下所有试验数据的平均值，结构分析时用的弹性模量一般采用拉伸与压缩弹性模量的平均值，稳定性分析时建议采用压缩弹性模量的B基准值。

3.5.5.2 设计许用值的确定方法

1) 无缺口层压板设计许用值

由无缺口层压板试验矩阵获得的试验数据计算得到复合材料体系无缺口层压板设计许用值的计算过程为：

(1) 获取该材料体系单层级的许用值，强度用B基准值，弹性模量用平均值；

(2) 由单层级的弹性模量用经典层压板理论直接计算得到层压板级弹性模量随铺层比例变化的毯式曲线；

(3) 选取各种不同的强度失效判据和刚度折减方法，用经典层压板理论按计算极限强度的增量法或全量法(参见文献[1]中4.2.3.2节层压板的极限强度)，计算试验矩阵所选典型铺层层压板的极限强度；

(4) 比较用不同方法计算得到的极限强度值与试验值，选择其中误差最小的方法作为该复合材料体系计算极限强度推荐的方法；

(5) 用选定的方法计算该复合材料体系层压板 B 基准极限强度与不同铺层比例的毯式曲线。

计算无缺口层压板设计许用值的实例见附录 3A.1。

2) 含缺口(包括开孔和充填孔)层压板设计许用值

由含缺口(包括开孔和充填孔)层压板试验矩阵获得的试验数据计算得到复合材料体系含缺口(包括开孔和充填孔)层压板设计许用值的计算过程为:

(1) 获取该材料体系材料许用值,强度用 B 基准值,弹性模量用平均值;

(2) 选取已经试验数据证实的含缺口层压板剩余强度估算方法(详见第 6 章),由含缺口典型铺层层压板剩余强度试验数据计算得到该估算方法所需的相关材料常数;

(3) 用选定的方法和由试验数据获得的材料常数计算该复合材料体系层压板 B 基准含缺口剩余强度与不同铺层比例的毯式曲线。

计算含缺口(包括开孔和充填孔)层压板设计许用值的实例见附录 3A.2,注意:由于试样试验得到的试验数据是有限宽板的结果,而计算给出的是无限宽板的设计许用值,在计算过程中要注意进行有限宽修正。

3) 冲击后压缩强度许用值

严格来说,冲击后压缩强度与结构尺寸、边界支持条件等因素有关,不属于材料许用值的范畴,但因设计初始阶段就需要使用冲击后压缩强度设计值,而且大量试验数据表明结构件得到的压缩强度一般均高于小试样得到的值,采用小试样得到的数据进行设计通常偏于保守,从这一意义上说,也可以把它归入设计许用值的范围。理论上可以由典型层压板试验数据确定冲击后压缩强度估算方法中需要的材料特征参数,然后计算得到冲击后压缩强度的毯式曲线,但迄今为止还没有被公认接受的估算方法,第 6 章中介绍的方法可以在一定程度上试用。

4) 机械连接挤压强度许用值

因为飞机结构机械连接形式接近单搭接连接方式,故机械连接挤压强度许用值以单钉单剪、室温干态、沉头无垫片为主,通过对应的双钉单剪、高温湿态、凸头和有垫片的试验数据获得相应的修正系数,从而得到复合材料体系机械连接挤压强度许用值,在规定的拧紧力矩下连接挤压强度许用值可用下式表示:

$$[\sigma_{br}] = K_B K_{2\%} K_{ETW} K_{SD} K_{凸头} K_{垫片} K_{双剪} \sigma_{brmax}$$

式中:K_B 为 B 基准修正系数,等于极限挤压强度的 B 基准值与平均值的比值;$K_{2\%}$ 为偏移挤压强度与极限挤压强度的比值;K_{ETW} 为环境影响修正系数,为湿热条件与室温干态下极限挤压强度的比值;K_{SD} 为双钉连接修正系数,等于双钉单剪与单钉单剪连接极限挤压强度的比值;$K_{凸头}$ 为钉头形状修正系数,等于凸头与沉头紧固件得到的极限挤压强度的比值;$K_{垫片}$ 为垫片修正系数,等于有垫片与无垫片得到的极限挤压强度的比值;$K_{双剪}$ 为双剪连接修正系数,等于单钉双剪连接与单钉单剪连接得到的极限挤压强度的比值;σ_{brmax} 为对应实际结构铺层比例、连接材料、厚度/孔径($t/$

D)的单钉单剪连接极限挤压强度。上述这些数据均由建议的试验矩阵试验得到。实际上所有这些修正系数可能与很多因素有关,但作为工程处理方法,可以简单地用特定条件下有限数据的比值来获得。

实际结构中还需考虑挤压/旁路载荷比等其他因素的影响,故建议的试验矩阵只是最低限度的试验数量。

连接挤压强度许用值的计算实例见附录3A.3。

3.5.6 不同结构研制阶段和关键程度的许用值试验要求[16]

3.5.6.1 技术验证样机阶段

(1) 试验得到单层级的静强度及刚度性能(含应力/应变曲线),包括对0°或1-轴方向的拉伸和压缩,90°或2-轴方向的拉伸和压缩,以及0°或12-轴的面内剪切试件试验。

(2) 试验得到准各向同性层压板级的静强度与刚度性能,包括对x-轴简单及开孔拉伸、压缩和面内剪切试件以及承受拉伸和压缩载荷的双剪挤压试件试验。

(3) 对试验得出的数据进行统计处理,用B基准值(90%概率,95%置信度)方法,如果试验的分散度太大,就用平均值的85%(对拉伸)或80%(对压缩)的方法得到许用值的数值,应当取二者中的较大值。

(4) 为设计/分析用的分析方法建立输入的材料许用值。通常,应当以极限强度或1.5(屈服强度中的较小值作为拉伸、压缩和面内剪切强度的临界许用值。当面内剪切强度不关键时,应当使用简化的极限剪切强度(即5%应变时或破坏时的应力)。

(5) 按规定,层压板的设计应当是由纤维控制的,即在0°,+45°,-45°和90°各方向上比例:至少要有10%的铺层。对于单向层和织物层压板,在分析方法的1-和2-轴空格中对拉伸和压缩载荷输入0°或1-轴的强度许用值。对于剪切的输入则如上所述。所有层压板应当是均衡和对称的。

表3-10中给出了一个结构类别/许用值表,表中对技术验证样机结构规定了飞机结构关键程度与许用值要求之间的关系。这样,飞机结构的关键程度就控制了数据(许用值)的可靠性。

表3-10 技术验证样机阶段结构类别所对应的材料许用值数据要求

飞机结构类别		技术验证样机设计的许用值数据要求	
类 别	说 明	初始(单向带/织物)	最终(单向带/织物)
主结构	承受主要的气动载荷	基 于	
● 断裂关键的(F/C)	● 破坏将引起飞机的损失	1. 用类似材料数据和经验估计	1批材料试验:每种试验类型5~8个重复试样(静力)
● 非关键的(N/C)	● 破坏不会引起飞机的损失	2. 销售方的数据 3. 期刊、杂志和书籍	1批材料试验:每种试验类型4~6个重复试样(静力)

（续表）

飞机结构类别		技术验证样机设计的许用值数据要求	
类　别	说　明	初始(单向带/织物)	最终(单向带/织物)
次结构	承受次要的气动及其他载荷	基　于	
● 疲劳关键(FA/C)＆经济寿命关键的(EL/C)	● 破坏不会引起飞机的损失但将造成昂贵的关键件更换	1. 用相同或类似材料数据估计	1批材料试验：每种试验类型3～4个重复试样(静力)再加上疲劳试验
● 非关键的(N/C)	● 破坏不会引起飞机的损失 ● 不是成本或疲劳关键的部件	2. 销售方的数据 3. 期刊、杂志、和书籍	使用合法、经过验证的数据库
非结构部分 ● 非关键的(N/C)	不承载或承受较小载荷 ● 零件破坏更换引起小的不便，但费用不大	基　于 1. 利用类似材料的数据估计 2. 销售方数据 3. 期刊、杂志和书籍	1. 用类似材料的数据估计 2. 销售方数据 3. 期刊、杂志和书籍

3.5.6.2　工程制造发展型和生产型阶段

(1) 试验得到单层级的静强度及刚度性能(含应力/应变曲线)；包括对0°或1-轴方向的拉伸和压缩，90°或2-轴方向的拉伸和压缩，以及0°或12-轴的面内剪切试件试验。

(2) 试验得到准各向同性层压板级的静强度与刚度性能，包括对x-轴简单及开孔拉伸、压缩和面内剪切试件以及承受拉伸和压缩载荷的双剪挤压试件试验。

(3) 对试验得出的数据进行统计处理，用B基准值(90%概率，95%置信度)方法得到许用值的数值。对工程制造发展型中的技术验证样机采用3.5.5.1所述方法。

(4) 为设计/分析用的分析方法建立需要输入的单层许用值。通常，应当对拉伸和压缩采用极限强度或1.5×屈服强度中的较小值。当剪切强度不关键时，应当使用剪切极限强度值为许用值。当剪切强度是关键情况时，应当取处理过的(1.5×屈服强度)剪切极限强度值为许用值。

(5) 按规定，即在0°，+45°，−45°和90°各方向上至少要有10%的铺层，层压板的设计应当是由纤维控制的。对于单向层和织物层压板，在分析方法的1-和2-轴空格中对拉伸和压缩载荷输入0°或1-轴的强度许用值。对于剪切的输入则如上所述。所有层压板应当是均衡和对称的。

表3-11是一个结构类别/许用值表，表中对工程制造发展型与生产型结构定义了飞机结构关键程度所对应的许用值要求。这样，飞机结构关键性就控制了(为保证其关键性所需要的)数据(许用值)的可靠性。

表 3-11 工程制造发展型和生产型飞机结构类别所对应的许用值数据要求

飞机结构类别		工程制造发展型和生产型设计的许用值数据要求	
类　别	说　明	工程制造发展型* (单向带/织物)	生产型 (单向带/织物)
主结构	承受主要的气动载荷	基　于	
● 断裂关键的(F/C)	● 破坏将引起飞机的损失	1 批材料试验 每种试验类型 8 个重复试样	5 批材料试验 每种试验类型 8 个重复试样
● 非关键的(N/C)	● 破坏不会引起飞机的损失	1 批材料试验 每种试验类型 6 个重复试样	4 批材料试验 每种试验类型 6 个重复试样
次结构	承受次要的气动及其他载荷	基　于	
● 疲劳关键(FA/C)& 经济寿命关键的(EL/C)	● 破坏不会引起飞机的损失但将造成昂贵的关键件更换	1 批材料试验 每种试验类型 4 个重复试样再加上疲劳试验	3 批材料试验 每种试验类型 5 个重复试样再加上疲劳试验
● 非关键的(N/C)	● 破坏不会引起飞机的损失 ● 不是成本或疲劳关键的部件	N/A	2 批材料试验 每种试验类型 4 个重复试样
非结构部分 ● 非关键的(N/C)	不承载或承受较小载荷 ● 零件破坏更换引起小的不便,但费用不大	基　于 1. 利用类似材料的数据估计 2. 销售方数据 3. 期刊、杂志和书籍	1 批材料试验 每种试验类型 3 个重复试样

注:* 对工程制造发展型,使用 3.5.5.1 节对技术验证样机给出的程序。

3.6 确定结构设计值的方法

3.6.1 基本原则

应根据所设计具体结构的完整性要求(通常为强度、刚度、耐久性和损伤容限,包括满足使用条件下损伤无扩展要求),在已有许用值、代表结构典型特征的试样、元件(包括典型结构件)试验结果及设计和使用经验的基础上,还应根据组合件的试验结果,规定和验证结构设计值。

由于复合材料结构设计的特点是静力覆盖疲劳,只要满足了其他强度要求,疲劳寿命的要求一般均能自动满足,所以蒙皮结构应重点考虑满足静强度(或损伤容限的剩余强度)要求,只有相对较薄的蒙皮结构和动特性关键的蒙皮结构应着重保证满足刚度要求。结构的静强度要求应考虑结构在制造中可能存在的初始缺陷，例如结构件出厂检验允许存在的孔隙率、分层等，大量试验研究表明含直径 6 mm 孔（对拉伸是开孔，对压缩是充填孔）试样相对于无损试样的强度降可以覆盖 2%孔隙率、直径 38 mm 的分层及其他划伤和含缺陷孔引起的强度降。因此可以用含直径 6 mm孔（对拉伸是开孔，对压缩是充填孔）典型结构铺层试样来得到结构典型铺层的拉伸和压缩静强度许用值。复合材料结构的静强度还必须考虑出厂检验后任何时刻都可能出现的冲击损伤，对于经常可能受到冲击的外部结构，一般初始缺陷的假设为地面巡检有可能发现的目视勉强可见冲击损伤（BVID）或出现冲击能量概率小于每次飞行 10^{-5} 次的冲击损伤；对于内部结构一般可以采用详细目检可能发现的目视勉强可见冲击损伤（BVID）或常见的 27 J 冲击能量引起的损伤。此时要求结构能承受设计极限载荷。复合材料结构的损伤容限要求必须考虑目视可见冲击损伤（VID）或出现冲击能量概率小于每次飞行 10^{-9} 次的冲击损伤，此时要求结构能承受设计限制载荷。由于复合材料结构均采用损伤无扩展设计概念，因此上述的承载能力均需在验证了损伤无扩展设计概念后仍然满足。

确定典型结构的设计值应遵循以下原则：

（1）拉伸设计值应主要考虑制造、使用和维护的影响，以典型铺层含开孔（或充填孔）试样得到的材料许用值为基础。

（2）压缩设计值与结构厚度、受到外来物冲击概率等因素有关：

① 结构厚度小于 4 mm 时主要取决于稳定性要求，应按屈曲的要求来确定，必要时还应考虑冲击损伤和缺陷的影响；

② 结构厚度在 3～7 mm 之间时主要取决于损伤容限要求，对受外来物冲击概率较小的内部结构，以典型铺层含冲击损伤（基于详细目视检测方法确定的 BVID 考虑）和含充填孔（或开孔）试样得到的材料压缩许用值为基础；对易于受到外来物冲击的外部结构，以典型铺层含冲击损伤试样得到的材料许用值为基础，损伤尺寸取决于结构设计准则中对初始缺陷（基于地面巡检方法确定的 BVID 和 VID）的规定，必要时应考虑蒙皮结构的支持条件；

③ 结构厚度大于 6 mm 时主要取决于维修性的要求，以典型铺层含孔试样的材料压缩许用值为基础。

（3）剪切设计值不必考虑缺陷/损伤的影响，以剪切许用值为基础。

（4）机械连接挤压设计值应以典型铺层单钉连接试样的挤压许用值为基础，同时应考虑连接的重要程度、结构特点、载荷类型、重复载荷和使用环境等因素的影响。

（5）重要的连接接头和细节部位的设计值，应考虑相应典型结构件的试验结果，或过去已有使用经验并证明是可靠的设计实践。

（6）结构设计值的确定要考虑最严重的环境影响，例如拉伸设计值要考虑低温干态，压缩和剪切设计值要考虑湿热环境。

3.6.2　尺寸效应和边界支持的影响

首先确定所考虑蒙皮结构的结构完整性要求，来确定其相应的许用值（即静强度、刚度或损伤容限的剩余强度许用值)，然后通过具有典型结构铺层的试样试验得到静强度和损伤容限的许用值。通常无缺陷(和开孔)拉伸与压缩试样的试验结果与边界支持条件和试样尺寸关系不大，可以在许用值的基础上，再根据设计和使用经验确定结构设计值。损伤容限许用值受试样尺寸和边界支持条件影响很大，一般小试样的试验结果总是偏于保守，因此可以在许用值的基础上确定初步的冲击损伤设计值，然后通过典型结构件(例如加筋板)和组合件试验进一步证实，最后确定用于结构校核的考虑冲击损伤的结构设计值。同样由于薄蒙皮的屈曲许用值与结构参数有关，一般采用经试验证实的计算方法计算得到，但对其中安全裕度较小的部位要有试验验证。

3.7 有关冲击损伤的研究新进展

3.7.1 结构压缩设计值和复合材料体系的抗冲击性能

3.7.1.1 CAI的由来和演变

20世纪70年代后期开始各飞机公司都在探索将复合材料用于民机机翼结构的可能性，鉴于当时的技术水平，为了满足经济性的要求，必须要有较大的减重，指出只有将压缩设计许用值由4000 $\mu\varepsilon$ 提高到6000 $\mu\varepsilon$ 后才是可行的。研究表明提高压缩设计许用值的最大障碍是冲击后压缩强度过低，并认为是由于树脂缺乏韧性所致，因此在其后20多年里根据飞机公司的这一认识，材料研制商一直致力于提高树脂的韧性，为了评定树脂的韧性，NASA于1982年制订了若干试验标准[17, 18]，其中最重要的是冲击后压缩试验方法，规定了试样铺层、尺寸和试验方法，后来将对6 mm厚的试样，用12.7 mm直径冲击头进行27 J能量冲击后得到的压缩强度被习惯地称为CAI，标准中还规定当 *CAI* 大于200 MPa时的树脂可称为韧性树脂。由于这种方法使用的试样比较大，而且制造比较复杂，波音公司制订了另一种试验方法，使用较小的试样和较简单的试验方法，并使用了两种冲击能量，一种是等同于NASA方法的4.5 J/mm，另一种是考虑到27 J是常见的冲击能量，针对较薄的试样厚度(4 mm)，为6.7 J/mm，冲击头直径改为16 mm；随后将此方法推广为SACMA行业标准[1]，但仅保留6.7 J/mm一种能量，所得到的压缩强度习惯上也被称为CAI。由于当时复合材料结构损伤容限对冲击损伤没有明确的要求，也没有提出目视勉强可见冲击损伤(BVID——即大于1.0 mm深凹坑)的概念，但对第一代复合材料体系，这样的冲击能量均能产生BVID，用CAI来评定材料体系的损伤容限性能与结构的损伤容限性能是一致的。随着纤维和树脂性能的提高，用这样的方法不再能产生BVID，因此近年来空客公司和波音公司在评定材料时均采用了更大的冲击能量，特别是空客公司明确提出了用凹坑深度为1.0 mm和2.5 mm时的CAI来进行评定的方法。

3.7.1.2 BVID和压缩设计值

复合材料冲击损伤的特点是，在冲击表面无任何征兆的情况下，内部可能会出现大范围的内部分层，而且其压缩承载能力会急剧下降，甚至不到无损结构的 40%，而危及飞机结构的安全。有鉴于此，复合材料结构损伤容限要求的关键是对冲击损伤的考虑，但如何在设计中考虑冲击损伤并没有明确的定义。1984 年颁布的 FAA 咨询通报 AC 20 - 107A 中只是“应该证明，由制造和使用中能实际预计到（但不大于按所选检测方法确定的可检门槛值）的冲击损伤，不会使结构强度低于设计承载能力。”虽然在大量研究中已提出了 BVID 的概念，但在结构设计时尚未明确。1990 年颁布的美国空军规范 AFGS - 87221A“飞机结构通用规范”中首次出现了关于 BVID 的明确定义，为“由 25.4 mm 直径半球形端头的冲击物产生的冲击损伤，冲击能量为产生 2.5 mm 深凹坑所需能量，最大不超过 136 J”。自此以后无论军机还是民机复合材料结构的损伤容限要求，其初始缺陷假设中，无一例外都规定在飞机投入使用后就可能带有目视勉强可见冲击损伤(BVID)，其标志均为凹坑深度。2009 年 9 月 8 日颁布的 AC 20 - 107B 中在前面所引的内容后增加了下列文字：“当采用目视检测方法时，可靠检出门槛值时可能的冲击损伤已被称为目视勉强可见冲击损伤(BVID)”，并在结构验证-损伤容限段落中增加了 5 类损伤的定义，明确提出了目视勉强可见冲击损伤(BVID)和目视可见冲击损伤(VID)的概念，反映了在复合材料结构设计时对冲击损伤要求的进展。目前不同飞机公司有可能采用不同的尺寸假设，例如对空客公司经大量数据统计后确定的 BVID 值是用 16 mm 直径冲击头引入 1.0 mm 深凹坑(松弛后为 0.3 mm)。而对军机，含 BVID 的结构承载能力必须能承受 20 倍寿命出现一次的载荷(通常为 1.2 倍 *DLL*)；对民机则必须能承受 DUL。在文献[8, 18]中曾详细阐述了结构压缩设计值和复合材料体系抗冲击性能的关系。设计值的定义是：“为保证整个结构的完整性，根据具体工程项目要求，在材料许用值和代表结构典型特征的试样、元件(包括典型结构件)试验结果，及设计与使用经验基础上确定的设计限制值。”为满足机翼结构的设计要求，其压缩设计值的选取必须满足含 BVID 的结构能承受剩余强度的要求，因此对材料性能抗冲击性能的表征应当是含 BVID 试样的压缩强度或破坏应变，这也是目前国外军民机复合材料机翼结构选材时的基本出发点。正因为此，虽然使用了第二代高性能纤维韧性树脂复合材料体系，但因在早期材料研制阶段没有 BVID 设计要求，也就没有提出含 BVID 时 CAI 的研制目标，使得目前所有最先进的民机和军机复合材料机翼结构压缩设计许用值均无法突破 4 000 $\mu\varepsilon$。图 3 - 4 所示为传统的 *CAI* 值(即按 6.7 J/mm 能量冲击得到的值 $CAI_{@6.7\,J/mm}$)和含 BVID 试样 *CAI* 值(即产生 BVID 后得到的值 $CAI_{@BVID}$)的差别。可能有两种情况，即 $CAI_{@6.7\,J/mm}$ 高，$CAI_{@BVID}$ 也高，但一般相差的幅度要小得多；另一种情况是 $CAI_{@6.7\,J/mm}$ 高，$CAI_{@BVID}$ 反而低，但控制压缩设计值的材料性能指标应当是 $CAI_{@BVID}$ 值，采用 $CAI_{@6.7\,J/mm}$ 来进行评价可能会得到错误的导向，这在实际工程应用中已有很多实例。随着材料性能的提高，目前国内的第二代复合材料体系，6.7 J/mm 的冲击能量一般均无法出现 BVID，仍用传统的 CAI 评价体系已与结构的损伤容限要求相悖。

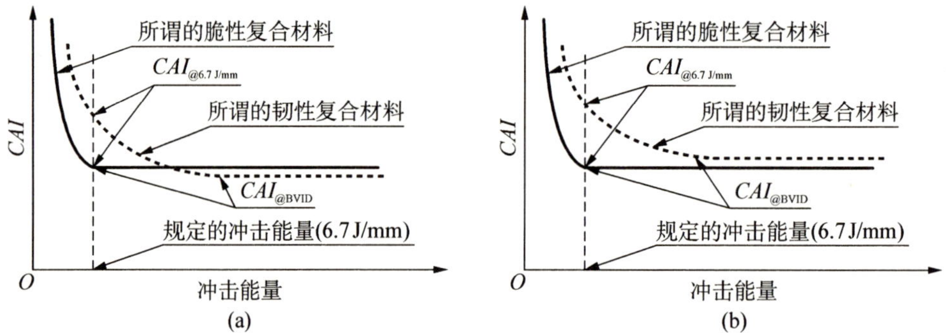

图 3-4　$CAI_{@6.7J/mm}$与$CAI_{@BVID}$的关系

(a) $CAI_{@6.7J/mm}$高，但$CAI_{@BVID}$低的情况；(b) $CAI_{@6.7J/mm}$高，$CAI_{@BVID}$也高的情况

3.7.2　复合材料层压板抗冲击行为及表征方法[20, 21]

3.7.2.1　冲击损伤阻抗性能

损伤阻抗的定义为：a. 在复合材料及其结构中，抵抗外来物冲击不产生损伤的能力；b. 某一事件或一系列事件相关的力、冲击或其他参数与其所产生损伤尺寸及类型之间关系的度量，如一定能量的冲击所产生的损伤面积或凹坑深度。因此它既是结构抵抗冲击不出现损伤能力的描述，也可以是复合材料抵抗冲击不产生损伤能力的度量。复合材料层压板的冲击损伤阻抗性能对不同的冲击能量是不同的，因此其完整的描述应是不同冲击能量与损伤尺寸的关系。实际上，对损伤尺寸的度量通常有 3 种方法，即损伤面积、损伤宽度和冲击凹坑深度。图 3-5 为分别用损伤宽度、损伤面积和凹坑深度表示的碳/环氧树脂复合材料层压板损伤阻抗性能的变化关系。从图 3-5(c)中可以看出凹坑深度与冲击能量呈现有较好的一一对应关系，并在冲击能量约 3.5J/mm(凹坑深度约 0.4mm)时呈现出明显的拐点现象。从图 3-5中还可以看出，在达到拐点以后用 C 扫描方法测量得到的损伤面积与损伤宽度相比，其分散性要大得多。附录图 3D-2 给出的只是一种复合材料体系的典型试验结果，中国飞机强度研究所用几十种材料体系，上百种铺层试样获得的几乎所有试验数据均表明所有复合材料体系所有铺层的层压板呈现相同的特性。

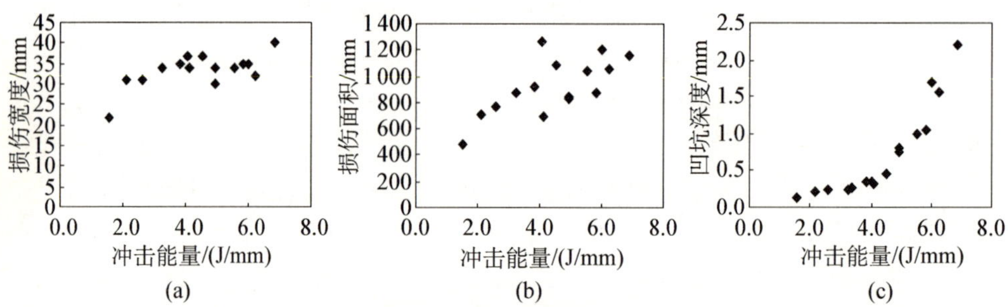

图 3-5　碳/环氧树脂层压板的抗冲击行为

(150mm×100mm，$[45/0/-45/90]_{4s}$，冲头直径 16mm)

3.7.2.2　对集中准静态压痕力的损伤阻抗性能

20 世纪 90 年代初一些研究人员开始研究用集中准静态压痕力(QSI)来替代低速落锤冲击的可能性,研究证实了它们在目前所使用的低速冲击速度的范围内,两种方法产生的损伤和含损伤的压缩剩余强度是一致的。作者通过试验研究也证实,只要产生相同的凹坑深度,其损伤面积(包括损伤宽度)和含损伤的压缩剩余强度是一致的。图 3-6 和图 3-7 给出了用两种不同损伤引入方法得到的损伤阻抗行为,可以看出,用两种方法得到的典型复合材料损伤阻抗行为都有明显的拐点。图 3-8 所示为典型的集中准静态压痕接触力-压头位移曲线,图中给出的附图是用同样的试样在达到同样接触力时卸载后得到的超声 C 扫描图像。它们也反映了落锤冲击方法在不同冲击能量时的损伤状态和损伤扩展过程:当接触力小于曲线上的第一个拐点(冲击能量小于某一门槛值)时,层压板内部无损伤;当达到第一个拐点(相当于某一冲击能量门槛值)时,层压板内部出现一定范围的分层损伤,但表面只有很小的凹坑,目视基本上观察不到;接触力(冲击能量)继续增加,凹坑深度不断增加,但深度较小,目视仍基本不可见,而损伤面积和宽度则不断增加;当接触力达到最大值时,表面出现纤维断裂,凹坑深度急剧增加,使压头位移迅速增加,而接触力则急剧下降,内部损伤面积和宽度基本上不再增加。同样当用落锤冲击方法得到的损伤阻抗行为出现拐点后,内部损伤面积和宽度也基本上不再增加。

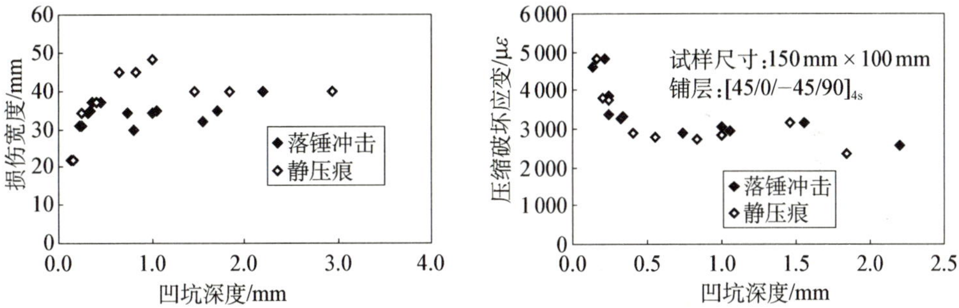

图 3-6　两种损伤引入方法得到的碳/环氧树脂层压板的抗冲击行为

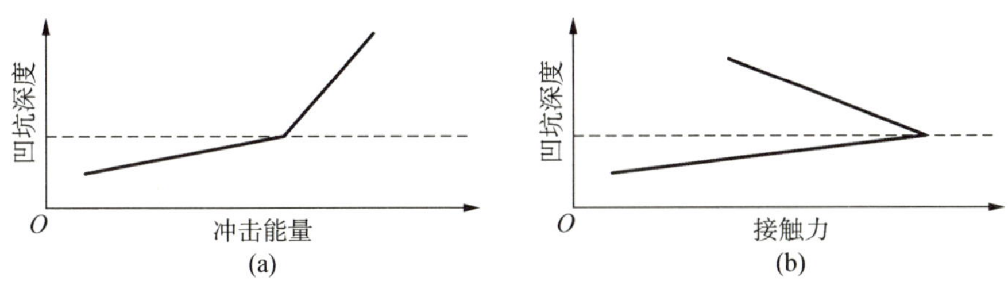

图 3-7　用不同损伤引入方法得到的损伤阻抗行为

(a) 落锤冲击; (b) 静压痕

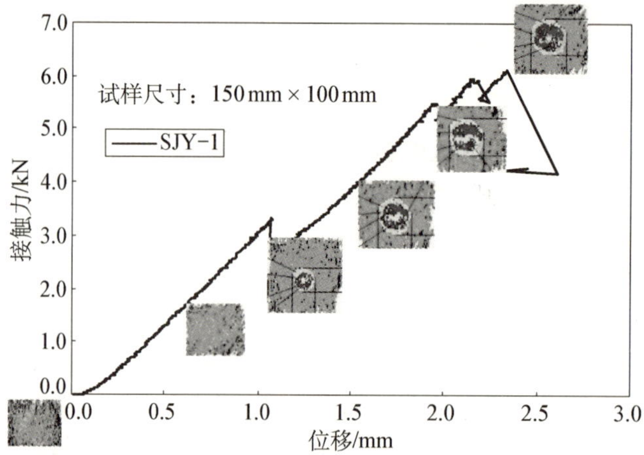

图 3-8　复合材料层压板典型的位移-接触力曲线及相应的内部损伤状态

3.7.2.3　冲击损伤容限性能

损伤容限的定义为：a. 在规定的检查门槛值所要求的服役寿命期内，复合材料结构抵抗由于缺陷、裂纹或其他损伤引起破坏的能力；b. 损伤尺寸和类型与性能参数（如强度或刚度）关系的度量。因此它既是含损伤结构抵抗破坏能力的描述，也可以是含损伤复合材料抵抗破坏能力的度量。复合材料层压板的冲击损伤容限与损伤参数（同时也与冲击能量）有关，可以用损伤参数（这里采用凹坑深度）与压缩破坏应变的关系来描述。中国飞机强度所用几十种材料体系，上百种铺层试样获得的几乎所有的试验数据表明，虽然在开始阶段，随冲击能量（或凹坑深度）增加，压缩破坏应力（或应变）急剧下降，但当冲击能量（或凹坑深度）达到某一门槛值后压缩破坏应力（或应变）基本上不再降低（见图 3-9），因此压缩破坏门槛曲线同样存在有拐点，这些复合材料体系的拐点都出现在大约 0.5 mm 处，出现拐点后其压缩破坏应变基本上保持不变，但当凹坑深度大于 1.0 mm 后其压缩强度基本不再降低。

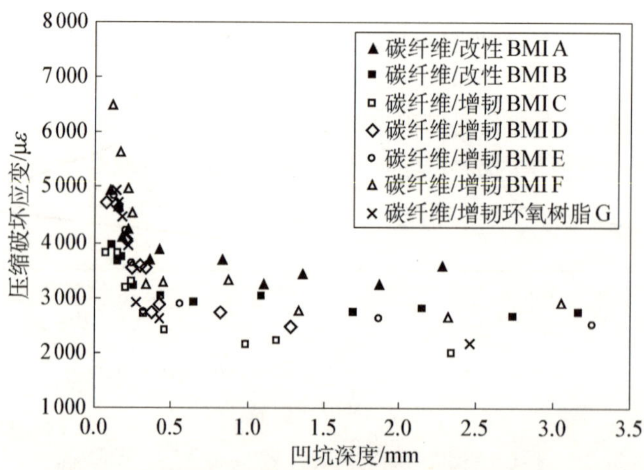

图 3-9　7 种复合材料体系的冲击后压缩破坏曲线

3.7.2.4　抗冲击行为的拐点现象

进一步研究后发现冲击损伤阻抗和冲击损伤容限的曲线拐点均对应于相同的冲击能量(从而同样的凹坑深度)，图 3-10 所示为 3 种复合材料体系以凹坑深度作为横坐标的冲击损伤阻抗和损伤容限曲线，所有的数据都证实了这一结论，因此可以充分利用复合材料层压板抗冲击行为的这一特点来得到表征它们的方法。

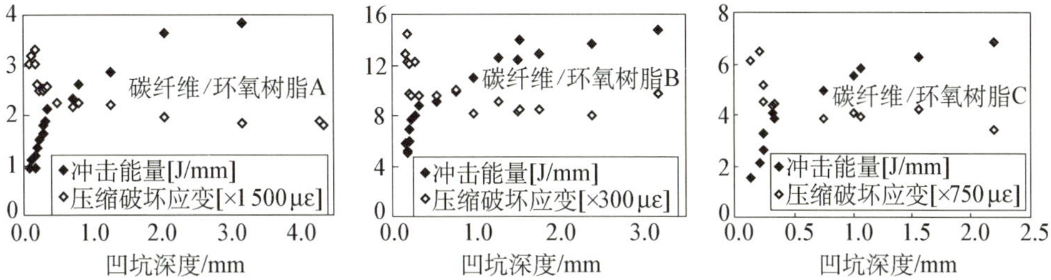

图 3-10　3 种复合材料体系的抗冲击行为

3.7.2.5　拐点的物理意义

对揭层法得到的内部损伤形貌的观察可以发现下列现象：

(1) 在拐点以前冲击和静压痕引起的损伤基本上只有基体裂纹和分层两种机制，前表面通常都完好无损；而出现拐点以后，前表面冲击点部位开始出现纤维断裂，此时前表面也只有很少的基体裂纹和分层。拐点的标志是前表面冲击点部位产生纤维断裂。

(2) 超过拐点后，初步的观察发现，随凹坑深度增加，纤维断裂由前后表面层附近逐步向中面层扩展，直至所有各层。

(3) 只要凹坑深度相同，损伤引入方式(即落锤冲击或 QSI)对损伤分布和损伤机理的影响可以忽略。

拐点现象表明复合材料层压板对冲击事件(或接触力)的抵抗能力发生了突变。在拐点以前，复合材料由树脂和纤维共同对冲击事件进行抵抗，冲击的后果只是基体裂纹和层间分层。在出现拐点，也即表面层产生纤维断裂以后，复合材料层压板基本上失去了继续抵抗冲击的能力，其后新增的损伤主要是由前后表面层开始向中间层扩展的纤维断裂，内部分层面积只有少量的增加。由于引起复合材料层压板压缩强度降低的主要原因是内部分层，而在出现拐点之后内部分层面积变化不大，所以拐点以后压缩强度基本保持不变。

3.7.2.6　复合材料层压板抗冲击行为的表征方法

(1) 针对复合材料结构的损伤阻抗和损伤容限设计要求，对复合材料抗冲击行为应包括损伤阻抗和损伤容限两个方面，并应采用抗冲击行为拐点附近的性能来表征；

(2) 考虑到复合材料结构损伤阻抗的要求主要是保证不会在经常遇到的能量冲击下出现表面目视可见凹坑，从而产生水分侵入内部结构的通道，因此可以用冲击能量-凹坑深度曲线出现拐点时的冲击能量来表征。研究已经表明，可以用简便易行的准静态压痕力（QSI）方法来模拟落锤冲击方法，因此建议用 QSI 方法得到的最大压痕力来表征复合材料体系的损伤阻抗行为；

（3）复合材料结构损伤容限设计要求是当结构存在目视勉强可见冲击损伤时仍能承受规定的使用载荷。一般来说，目视勉强可见冲击损伤通常意味着大于 1.0mm（冲击后立即测量）的凹坑深度，研究表明此时对应于压缩破坏曲线的门槛值，因此建议用凹坑深度不小于 1.0mm 时的压缩破坏应变（或强度）来表征复合材料体系的损伤容限，进一步研究后建议采用 QSI 方法引入损伤；

（4）结构用的层压板可以任意变化，作为对复合材料体系抗冲击行为的表征，建议采用有代表性的准各向同性铺层$[45/0/-45/90]_{ns}$；

（5）复合材料抗冲击行为的表征方法与冲击头（或压头）直径有关。由于损伤阻抗性能不是设计用性能，而是用于进行比较，建议采用直径为 12.5mm 的压头；虽然损伤容限性能也不能直接用于设计，但可以在初始设计阶段作为确定压缩设计值的依据，因此建议使用直径 16mm 的冲击头；

（6）为与国际接轨，试验方法应参照有关的 ASTM 标准进行。

3.7.3 关于 BVID 和 VID 对应的剩余强度要求

已有的大量冲击后压缩强度试验数据表明，当用直径 12.5～25.4mm 冲击头（对应于飞机翼面结构所遭遇的多数外来冲击物直径）进行冲击时，冲击后立即测量的冲击凹坑深度大于 1.0mm 时，其压缩剩余强度基本上保持不变。目前国外民用飞机复合材料结构的 BVID，多采用冲击后立即测量凹坑深度为 1.0mm（松弛后对应于 0.3～0.5mm）的定义，VID 为冲击后立即测量凹坑深度为 2.5mm（松弛后对应于 1.3mm）的定义。按 AC 20-107B 的规定，BVID 对应的剩余强度要求为设计极限载荷（DUL），VID 对应的剩余强度要求为设计限制载荷（DLL）。而上述的试验数据表明当凹坑深度大于 1.0mm 后，其压缩剩余强度基本上保持不变，因此只要结构设计满足了 BVID 的剩余强度要求，则 VID 的剩余强度要求一般均能自动满足。当然该结论有待进一步的试验证实和适航部门的认可。

由于机身结构经常遭受大直径外来物的冲击，有关大直径冲击头引起的冲击目视可见性，和相应的剩余强度特性有待于进一步的试验研究。

3.7.4 空客公司 CAI 的确定方法[18]

3.7.4.1 试样和试验方法概述

通常为 150mm×100mm 的矩形试样，采用准各向同性铺层（$[45/0/-45/90]_{ns}$），目标厚度为 4mm。使用直径 16mm 的钢制半球形冲击头引入损伤。

3.7.4.2 BVID 的确定

空客公司在统计的基础上，确定目视勉强可见冲击损伤（BVID）的尺寸是凹坑深度 0.3mm，目视可见冲击损伤（VID）的尺寸是凹坑深度 2.5mm。考虑冲击损伤是经历了长时间和湿热循环的影响后才发现的，期间凹坑深度会出现松弛回弹，特别是 BVID，其回弹比较明显，考虑时间、湿热循环、疲劳等因素后发现，对空客公司所用的材料体系，对应的原始深度为 1mm。

3.7.4.3 冲击能量的确定方法

(1) 确定冲击能量与凹坑深度曲线。

用 50J 能量对第 1 个试样进行冲击，测量引起的凹坑深度。根据以下情况确定使用的能量：

若凹坑深度大于 1mm，则用 10J，15J，20J，25J，30J 和 40J 能量分别冲击 1 个试样；

若凹坑深度小于 1mm，则用 20J，25J，30J，40J，60J 和 70J 能量分别冲击 1 个试样。

确定凹坑深度为 1mm 时的冲击能量。

(2) 画出冲击能量与凹坑深度的曲线，并用内插的方法得到对应于 1mm 深凹坑深度时的冲击能量。

(3) 后续的损伤引入。

用得到的对应于 1mm 深凹坑所需能量对 3 个试样进行冲击。

3.8 湿热环境影响

3.8.1 聚合物基复合材料的吸湿和平衡吸湿量

无论是以复合材料基体或以聚合物纤维形式出现的大多数聚合物材料，都能够从周围环境中吸收少量的水分。通常假设水分增加遵循 Fick 定律(水分扩散类似于热扩散)，水分的扩散速率比热流热扩散低很多数量级，然而，在潮湿环境下曝露几周或几个月之后，材料最终会吸收足够量的水分。这种被吸收的水可能造成尺寸变化(膨胀)，降低聚合物的玻璃化转变温度，并降低与基体和基体/纤维界面有关的复合材料力学性能(大大降低材料的最高使用温度)。

3.8.2 影响范围

湿热对复合材料结构的影响包括：

1) 对层压板本身

① 吸湿会降低基体控制的强度性能(如压缩、挤压、层间强度)，在高温下强度降会更加严重；

② 吸湿会降低基体的玻璃化转变温度；

③ 吸湿对刚度性能影响很小。

2) 对夹层(胶接)结构

① 水分侵入到胶缝会降低剪切和剥离强度，从而导致大范围脱胶；

② 水分进入蜂窝芯，会引起结冰产生的水蒸气压力或水体积膨胀。

3) 对与此相连的金属零件

对与碳/环氧树脂接触的铝会产生电化学腐蚀，特别是在盐雾中更危险。

3.8.3 湿热对玻璃化转变温度的影响

3.8.3.1 玻璃化转变温度

玻璃化转变温度(glass transition temperature)的定义为:“聚合物在一定升温速率下达到一定温度值时,模量-温度曲线出现拐点,在此拐点温度附近,表征聚合物的物理参数出现不连续的变化,此种现象称为玻璃化转变,所对应的温度称玻璃化转变温度(T_g)。”表 3-12 所示为目前国外民机用碳/环氧树脂复合材料吸湿前后玻璃化转变温度的变化,表 3-13 为几种复合材料体系玻璃化转变温度随吸湿量的变化。

表 3-12 几种国外民机用复合材料体系吸湿前后玻璃化转变温度的变化

材料体系	吸湿量/% (70℃/85% RH 下达到平衡)	T_g/℃	
		干态	湿态
HTA/977-2	0.85	165	150
HTS/977-2	0.85	173	147
HTA/6376	0.95	190	160

表 3-13 几种复合材料体系玻璃化转变温度随吸湿量的变化

材料体系	吸湿量/%	T_g/℃	
		干态	湿态
T300/914C	0.9	219	169
	1.6	219	153
T300/5222	1.0	245	195
T300/4211	1.0	99	84

3.8.3.2 材料体系的最高工作温度(MOL)及其确定方法

由于基体控制的力学性能(例如剪切、压缩、开孔压缩和挤压),其值随着吸湿量增大而降低,且随着温度的增加变得更严重,直到某个温度时会出现急剧的性能下降,并在超出这温度后这种下降变得不可逆。通常把性能开始急剧下降的温度规定为“特征温度”,它也被定义为材料工作极限(MOL)或最高工作温度。而对主要受纤维控制的性能(例如拉伸和开孔拉伸),这种降低在一定的温度范围内可能是相反的、或不出现或极小,如图 3-11 所示。这样,MOL 随吸湿量增加而降低。一般的做法是确定在一个“最恶劣”吸湿量下的湿态 MOL。对于某些应用,也可以确定干态的 MOL。确定 MOL 的目的是要保证在服役中材料不会在温度稍微增加就会引起重大强度或刚度损失的环境下工作,从而避免不可逆的性能改变。

目前还没有用于确定 MOL 的成熟标准。建议的方法是利用由 DMA 或相似数据确定的玻璃化转变温度(T_g),减掉某个温度裕度 ΔT。对于环氧树脂基体的

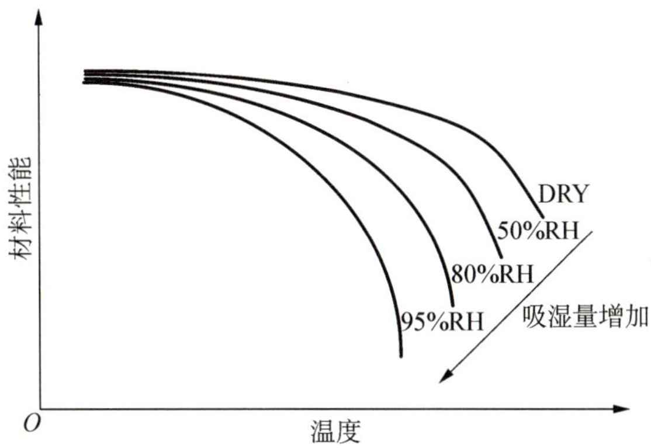

图 3-11 温度与湿度对与基体有关的破坏应变的影响

复合材料，通常取 28℃作为温度裕度，但是当用其他数据为依据时，也能证明对具体的应用使用较小的裕度是可接受的。虽然玻璃化转变温度(T_g)是一个有用的工具，但这不应当是确定 MOL 的惟一基础。玻璃化转变常常出现在一段温度区间，同时，众所共知，与试验方法有关。对确定 MOL 有用的其他数据，包括外场经验(对于已经建立了的材料)和在包括测得的 $T_g \pm \Delta T$ 区间的某一温度范围内进行的力学试验，为使 T_g 的测量有共同的基础，可以参照 ASTM D 7028-07“用动态力学分析法(DMA)测量聚合物基复合材料玻璃化转变温度的标准试验方法”来进行测量。

评定与基体有关力学性能(在适当的湿态情况下)随温度而变的行为，是用于验证(由 T_g 数据暂定的)MOL 的一个可靠方法。为此，不同研究人员已经使用了短梁强度、面内剪切强度、面内剪切模量和准各向同性板的开孔压缩强度，而后面两种是最成功的 MOL 标志。一般取 4 个或 5 个温度来提供所选性能的趋势曲线。图 3-12给出了当用力学试验来验证由 T_g 数据所确定的 MOL 时可能出现的三种情况。在第一种情况下，力学数据确证了所选取的 T_g。在第二种情况下，力学数据认为由 T_g 预计的 MOL 是保守的。在第三种情况下，力学数据并不支持由 T_g 数据确定的 MOL，并指出应当选取较低的 MOL 值。由力学性能数据确定 MOL 的一个方法是，选取性能-温度曲线偏离线性达到给定百分数时所对应的温度值。关于同时使用 T_g 和力学试验结果来确定 MOL 的专门准则的标准尚在讨论之中有待定型。不管怎样，它提供了一种定义材料 MOL 的现实方法，即由 T_g 测量值预计 MOL 值，然后用力学性能数据来验证或修正。

3.8.4 湿热对力学性能的影响

湿热对层压板力学性能的影响特点：

(1) 湿热对层压板性能的影响是可逆的；

(2) 湿热最严重的组合条件下，可能导致的复合材料层压板的力学性能降低范

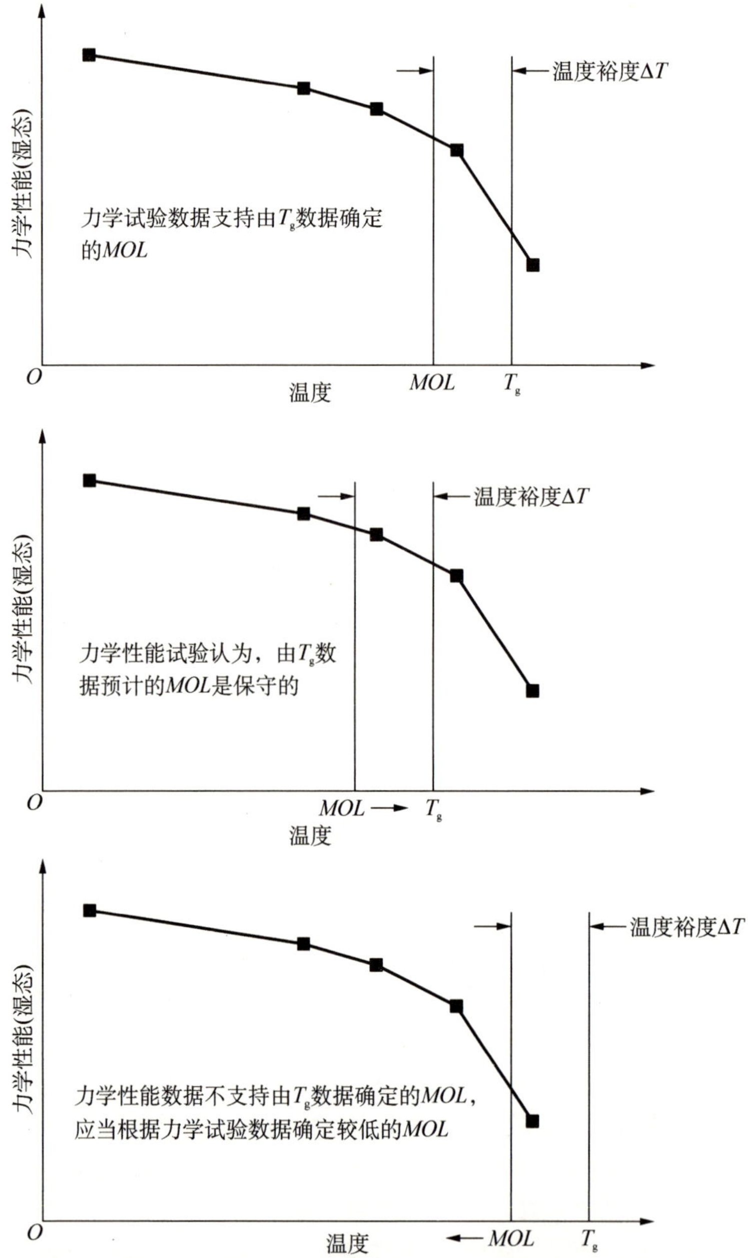

图 3－12　利用力学数据和 T_g 数据确定 *MOL*

围(对 180℃固化体系)，对亚声速飞机(假定最高温度为 75～80℃，湿态为 85% RH 下平衡)一般降低 5%～15%，但对有些性能，如横向拉伸与压缩及层间剪切强度，降低幅度要大一些；

(3) 对纤维控制的性能(如单向拉伸和开孔拉伸)，湿热引起的性能退化可以不考虑，主要考虑基体控制的性能(横向拉伸与压缩、层间与面内剪切、厚度方向性能和挤压)，有的性能在 80℃/湿态时的强度只有室温/干态的 50%。

图 3-13 和图 3-14 所示为湿热对力学性能影响的例子，可以看出湿热环境对纤维控制的性能影响不大，但明显降低了基体控制的性能。

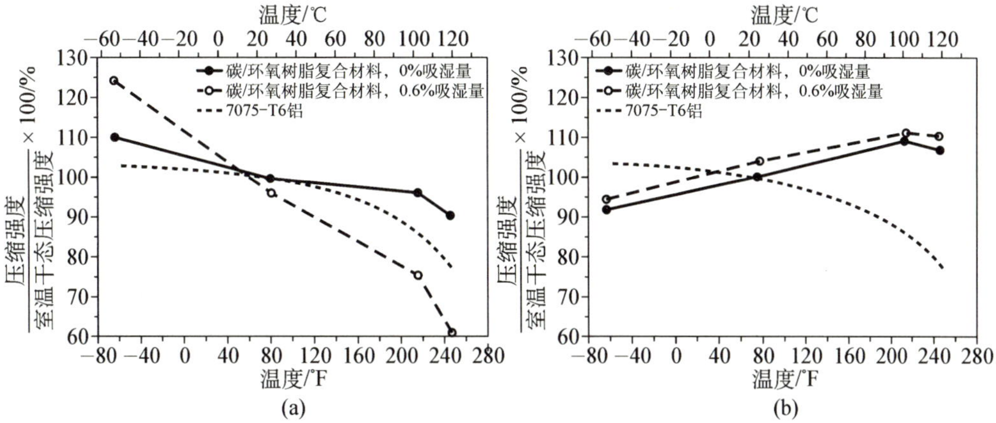

图 3-13 温度与湿度对强度的影响

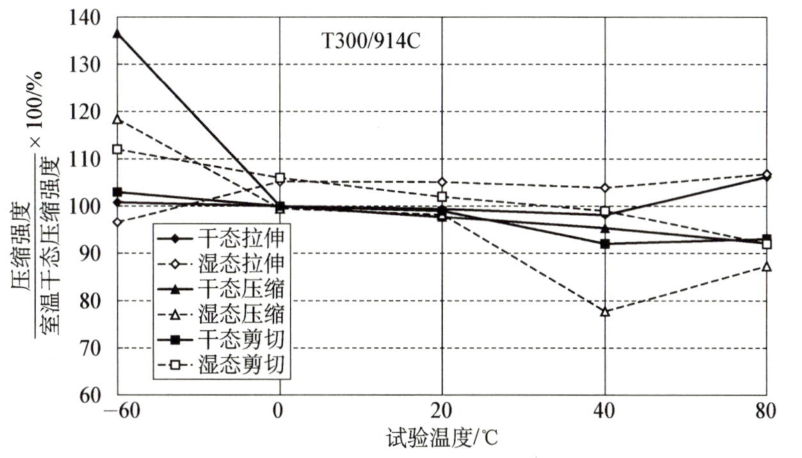

图 3-14 湿热环境对 T300/914C 力学性能的影响(湿态为吸湿量 0.9%)

附录 3A 确定设计许用值的计算范例

3A.1 层压板强度毯式曲线计算范例

表 3A-1 为某碳/双马复合材料体系的单层级室温干态力学性能(强度为 B 基准值，弹性模量为平均值)，表 3A-2 为典型层压板的拉伸强度 B 基准值。表 3A-3 为计算用方法的代码。

表 3A-1 碳/双马复合材料体系单层级力学性能

E_1/GPa	E_2/GPa	ν_{12}	G_{12}/GPa	X_T/MPa	Y_T/MPa	X_C/MPa	Y_C/MPa	S/MPa
130	9.54	0.314	4.77	1352	39	1060	136	69

表 3A-2 典型铺层层压板 B 基准室温干态拉伸强度

铺层顺序	铺层比例	B 基准强度/MPa
$[45/0/-45/90/0]_{2s}$	40/40/20	685
$[67.5/22.5/-22.5/112.5/22.5]_{2s}$	40/40/20	456
$[45/0/-45/0/45/90/-45/0/45/0]_s$	40/50/10	714
$[45/0/-45/90]_{2s}$	25/50/25	492
$[45/-45/0/45/-45/90/45/0/-45/45]_s$	20/70/10	465

表 3A-3 计算用方法的代码

第 1 个字母		第 2 个字母		第 3 个字母	
计算极限强度的方法	代码	失效准则	代码	刚度削减方法	代码
增量法	Z	最大应力准则	Y	按纤维是否破坏	1
全量法	Q	蔡-希尔准则	X	按失效模式	2
		蔡-吴准则	W	按破坏层整体失效	3
		霍夫曼准则	H		

表 3A-4 是按不同方法进行计算后计算值与试验值的比较结果，比较结果表明采用增量法、蔡-希尔失效准则和按失效模式进行刚度削减的计算方法得到的计算值与试验结果最为接近，可推荐用于这种复合材料体系极限强度的计算。图 3A-1 是采用这种计算方法得到的该材料体系层压板室温干态下拉伸强度 B 基准值与不同铺层比例变化关系的毯式曲线。

表 3A-4 计算值与试验值比较误差分布个数

计算方法	[|(计算值－试验值)|/试验值]×100%			
	≤5%	5%～10%	10%～20%	>20%
ZY1		3	1	1
ZX1	1	1	2	1
ZW1	1	1	2	1
ZH1	1	1	2	1
ZY2		1	3	1
ZX2		1	3	1
ZW2			4	1
ZH2	1		4	

(续表)

计算方法	[|(计算值－试验值)|/试验值]×100%			
	≤5%	5%～10%	10%～20%	>20%
ZY3		1	3	1
ZX3	2	1	2	
ZW3	2		3	
ZH3	3			2
QY1	3	1		1
QX1	**2**	**1**	**2**	
QW1	2	1	2	
QH1	3	1		1
QY2	1	1	2	1
QX2	2	1	1	1
QW2	1	2	1	1
QH2	1		2	2
QY3		1	4	
QX3			3	2
QW3		1	1	3
QH3	1		1	3

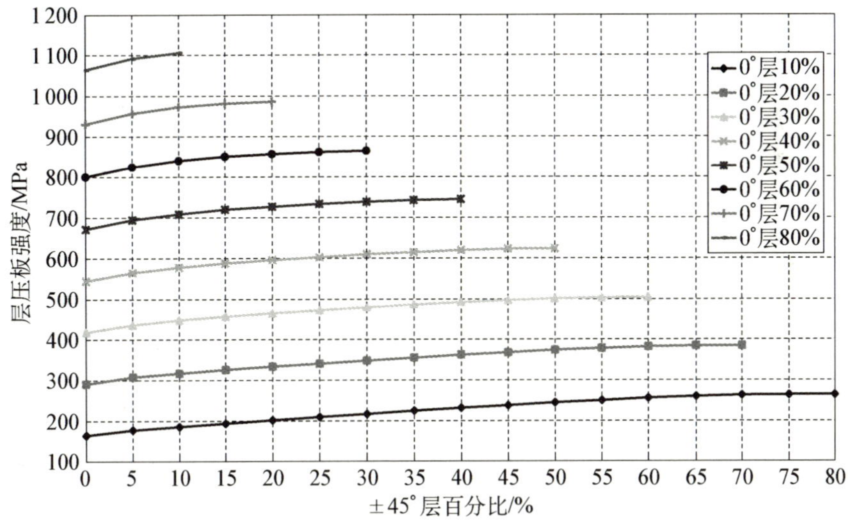

图 3A－1 碳/双马复合材料体系室温干态拉伸强度毯式曲线

3A.2 含缺口层压板强度毯式曲线计算范例

表 3A－5 为某碳/双马复合材料体系的单层级室温干态力学性能(强度为 B 基准值,弹性模量为平均值)。本实例选用以损伤区纤维失效(FD)破坏判据为基础的开孔压缩强度估算方法(详见第 6 章),表 3A－6 为由典型层压板开孔压缩强度试验

数据得到的特征长度 l_0。图 3A－2 是用 FD 破坏判据和由试验得到的特征长度计算得到的该复合材料体系室温干态开孔 B 基准压缩强度（$D=5$ mm，无限宽板）与不同铺层比例的毯式曲线。

表 3A－5 碳/双马复合材料体系单层级力学性能

E_{1C}/GPa	E_{2C}/GPa	ν_{12}	G_{12}/GPa	X_C/MPa	Y_C/MPa	S/MPa
132	10.1	0.304	5.2	1057	183	103

表 3A－6 典型铺层含开孔层压板室温干态 B 基准压缩强度和特征长度值

铺层顺序	铺层比例	孔径/mm	试样宽度/mm	压缩强度/MPa	特征长度/mm
$[45/0/-45/90/0]_{2s}$	40/40/20	5	30	321	2.42
$[\pm45/0_2/\pm45/0/90/0/\pm45/0/90/0/\pm45/0_2/\pm45/0_2/\pm45/0/90/0/\pm45/0_2/\pm45]$	40/50/10	5	30	350	2.69
$[45/0/-45/90]_{3s}$	25/50/25	5	30	277	3.55
$[45/0/-45/90/0]_{2s}$	40/40/20	6	36	313	2.73
		4	24	359	2.83
			32	348	2.44
平均值					2.78
离散系数					14.9

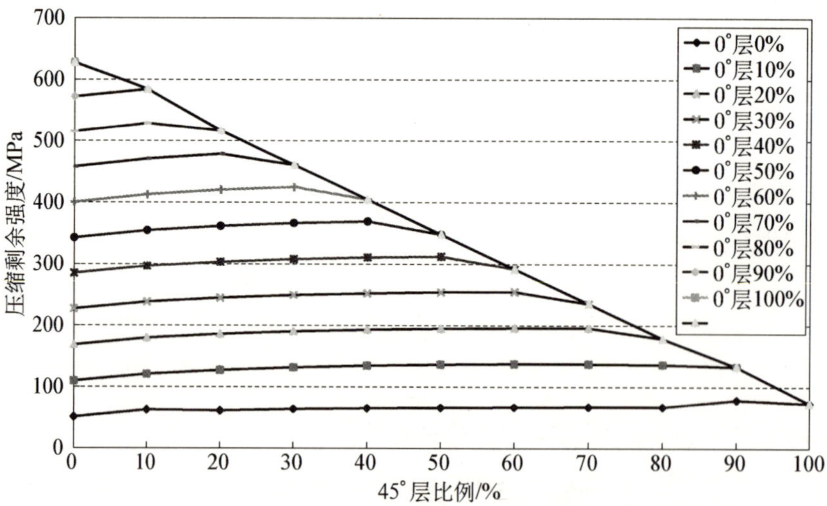

图 3A－2 碳/双马复合材料体系室温干态开孔压缩强度毯式曲线

（$D=5$ mm，无限宽板）

3A.3　机械连接挤压强度许用值计算范例

表 3A-7 为某碳/双马复合材料体系复合材料与金属在室温干态条件下单钉单剪沉头无垫片的连接挤压强度试验结果(平均值)，表 3A-8 为该材料体系复合材料与复合材料在室温干态条件下单钉单剪沉头无垫片的连接挤压强度试验结果，图 3A-3 和图 3A-4 分别是这两种情况下的极限挤压强度与厚度/孔径比(t/D)的关系曲线。试验结果表明，对连接区常用铺层比例范围内，极限挤压强度与具体铺层比例基本无关，仅与厚度/孔径比(t/D)有关。通常设计许用值应为 B 基准值，可乘以由有足够数据典型情况得到的 B 基准降低系数来处理。

表 3A-7　复合材料-金属搭接连接试验结果

铺层比例 /%	层压板厚度 t /mm	孔径 D /mm	t/D	挤压强度 /MPa
30/60/10	2.37	6	0.40	1054
30/60/10	2.37	5	0.47	1010
30/60/10	2.33	4	0.58	1026
30/60/10	4.00	6	0.67	859
40/50/10	4.08	6	0.68	807
30/60/10	3.94	5	0.79	785
40/50/10	4.02	5	0.80	792
30/60/10	3.95	4	0.99	593
40/50/10	4.01	4	1.00	579

表 3A-8　复合材料-复合材料搭接连接试验结果

铺层比例 /%	层压板厚度 /mm	孔径 D /mm	t/D	挤压强度 /MPa
30/60/10	2.37	6	0.40	940
30/60/10	2.35	5	0.47	1105
30/60/10	2.37	4	0.59	1053
30/60/10	4.03	6	0.67	878
40/50/10	4.0	6	0.67	798
30/60/10	4.09	5	0.82	766
40/50/10	4.01	5	0.80	782
30/60/10	3.96	4	0.99	664
40/50/10	4.01	4	1.00	637

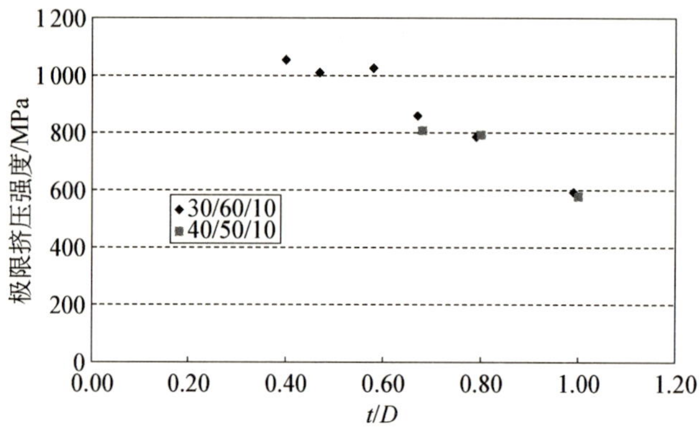

图 3A-3 复合材料-金属连接极限强度许用值

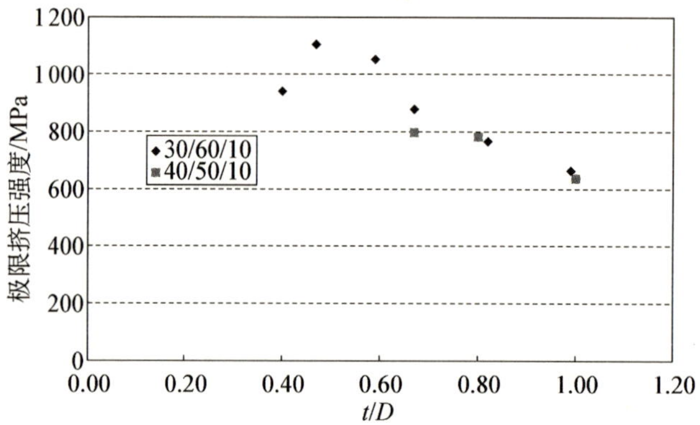

图 3A-4 复合材料-复合材料连接极限强度许用值

附录 3B ASTM D30 标准目录

序号	力 学 性 能	ASTM 标准	
		标准编号	颁布时间
	有关编辑和资源的标准		
1	复合材料标准术语	D3878	2007
2	纤维增强复合材料试验标准指南	D4762	2008
3	复合材料的纤维增强体取向编码标准	D6507	2000(05)
4	数据库中纤维增强聚合物基复合材料识别符标准指南	E1309	2000(05)
5	数据库中纤维增强复合材料力学性能记录的标准指南	E1434	2000(06)
6	计算机用材料性能数据库中纤维、填料和芯材识别符标准指南	E1471	1992(08)
	组分和前驱体性能试验方法		
7	用索氏萃取法测量复合材料预浸料组分含量的标准试验方法	C613	1997(08)
8	复合材料预浸料基体固体含量和基体含量的标准试验方法	D3529	1997(08)

（续表）

序号	力学性能	ASTM 标准	
		标准编号	颁布时间
9	复合材料预浸料挥发分含量的标准试验方法	D3530	1997(08)
10	碳纤维/环氧树脂预浸料树脂流动性的标准试验方法	D3531	1999(09)
11	碳纤维/环氧树脂预浸料树脂凝胶时间的标准试验方法	D3532	1999(09)
12	高模量纤维密度的标准试验方法	D3800	1994(10)
13	连续长丝碳和石墨纤维束性能的标准试验方法	D4018	1999(08)
14	碳纤维热氧化阻抗的标准试验方法	D4102	1982(08)
	单层和层压板试验方法		
15	聚合物基复合材料及其层压板短梁强度标准试验方法	D2344	2000(06)
16	聚合物基复合材料拉伸性能标准试验方法	D3039	2008
17	复合材料组分含量的标准试验方法	D3171	2009
18	测量段无支持通过剪切加载测量聚合物基复合材料压缩性能的试验方法	D3410	2003(08)
19	聚合物基复合材料拉-拉疲劳标准试验方法	E3479	1996(07)
20	由±45°层压板拉伸确定聚合物基复合材料面内剪切响应的标准试验方法	D3518	1994(07)
21	纤维增强金属基复合材料拉伸性能标准试验方法	D3552	1996(07)
22	由轨道剪切方法确定聚合物基复合材料面内剪切性能的标准试验方法	D4255	2001(07)
23	聚合物基复合材料吸湿性能和平衡浸润的标准试验方法	D5229	1992(10)
24	由 V 型缺口梁方法确定复合材料剪切性能的标准试验方法	D5379	2005
25	环向缠绕聚合物基复合材料圆筒面内剪切性能的标准试验方法	D5448	1993(06)
26	环向缠绕聚合物基复合材料圆筒横向压缩性能的标准试验方法	D5449	1993(06)
27	环向缠绕聚合物基复合材料圆筒横向拉伸性能的标准试验方法	D5450	1993(06)
28	用夹层梁确定单向聚合物基复合材料压缩性能的标准试验方法	D5467	1997(04)
29	带试件准备工艺指导的平复合材料板件准备的标准指南	D5687	1995(07)
30	用复合加载压缩(CLC)试验夹具确定聚合物基复合材料压缩性能的标准试验方法	D6641	2009
31	对纺织复合材料进行试验的标准指南	D6856	2003(08)
32	用动态力学分析(DMA)方法测量聚合物基复合材料玻璃化转变温度(DMA T_g)的标准试验方法	D7028	2007
33	用 V 形轨道剪切方法测试复合材料剪切性能的标准试验方法	D7078	2005
34	聚合物基复合材料弯曲性能的标准试验方法	D7264	2007
	与结构有关的试验方法		
35	聚合物基复合材料层压板开孔拉伸强度的标准试验方法	D5766	2007
36	聚合物基复合材料层压板挤压响应的标准试验方法	D5961	2008

（续表）

序号	力学性能	ASTM 标准	
		标准编号	颁布时间
37	测量聚合物基复合材料对集中准静态压痕力损伤阻抗的标准试验方法	D6264	2007
38	聚合物基复合材料层压板开孔压缩强度的标准试验方法	D6484	2009
39	聚合物基复合材料层压板充填孔拉伸和压缩试验的标准方法	D6742	2007
40	聚合物基复合材料层压板挤压疲劳响应的标准方法	D6873	2008
41	测量纤维增强聚合物基复合材料对落锤冲击事件的损伤阻抗的标准试验方法	D7136	2007
42	含损伤聚合物基复合材料板压缩剩余强度性能的标准试验方法	D7137	2007
43	纤维增强聚合物基复合材料棒材拉伸性能的标准试验方法	D7205	2006
44	用2个紧固件试件测量聚合物基复合材料层压板挤压/旁路相互作用响应的标准试验方法	D7248	2008
45	评定民用工程结构应用的聚合物基复合材料的材料性能特征值的标准方法	D7290	2006
46	测量纤维增强聚合物基复合材料紧固件拉脱阻抗的标准试验方法	D7332	2009
47	纤维增强聚合物基复合材料棒拉伸蠕变断裂的标准试验方法	D7337	2007
48	粘贴到混凝土基础结构上纤维增强塑料拉脱强度的试验方法	D7522	2009
49	确定用于增强民用建筑纤维增强聚合物基复合材料拉伸性能的试验方法	D7565	2010
	层间性能试验标准		
50	单向纤维增强聚合物基复合材料Ⅰ型层间断裂韧性标准试验方法	D5528	2001(07)
51	单向纤维增强聚合物基复合材料Ⅰ型疲劳分层扩展起始的标准试验方法	D6115	1997(04)
52	测量纤维增强聚合物基复合材料曲梁强度的标准试验方法	D6415	2006
53	单向纤维增强聚合物基复合材料Ⅰ—Ⅱ型混合层间断裂韧性标准试验方法	D6671	2006
54	纤维增强聚合物基复合材料厚度方向面内拉伸强度和弹性模量的标准试验方法	D7291	2007
	夹层结构有关标准		
55	夹层芯材密度的标准试验方法	C271	2005
56	结构用夹层结构芯材吸湿的标准试验方法	C272	2001(07)
57	夹层芯材剪切性能的标准试验方法	C273	2007
58	结构用夹层结构标准术语	C274	2007
59	夹层结构面内拉伸强度的标准试验方法	C297	2004

（续表）

序号	力学性能	ASTM 标准	
		标准编号	颁布时间
60	蜂窝芯材分层强度的标准试验方法	C363	2009
61	夹层结构侧向压缩强度的标准试验方法	C364	2007
62	夹层结构面内压缩强度的标准试验方法	C365	2005
63	测量夹层芯子厚度的标准试验方法	C366	2005
64	夹层结构弯曲性能的标准试验方法	C393	2006
65	夹层芯子剪切疲劳的标准试验方法	C394	2000(08)
66	夹层结构弯曲蠕变的标准试验方法	C480	2008
67	夹层结构实验室老化的标准试验方法	C481	1999(05)
68	受分布载荷简支夹层板二维弯曲性能的标准试验方法	D6416	2001(07)
69	夹层芯材尺寸稳定性的标准试验方法	D6772	2002(07)
70	确定蜂窝芯子泊松比的标准试验方法	D6790	2002(07)
71	用长梁弯曲测量夹层结构面板性能的标准试验方法	D7249	2006
72	确定夹层梁弯曲和剪切刚度的标准方法	D7250	2006
73	蜂窝夹层芯材静态能量吸收的标准试验方法	D7336	2007
74	蜂窝芯材中水迁移的标准试验方法	F1645	2007

附录 3C 力学性能测试数据的处理方法

3C.1 异常数据的处理

工程判断或数据处理发现异常数据时，需首先查找物理原因。若没有找到物理原因，则应按下述原则处理：对高异常数据，应考虑该异常数据是否在材料的能力范围内。若其明显超出了材料的能力范围，应从该数据集中删除；若在材料的能力范围内，则可以保留；对低异常数据，通常应予保留。若发现其会大大降低基准值而应删除时，则需分析其可能原因，并需作附加的试验，以证实删除该异常值的正确性。

3C.2 正则化

3C.2.1 概述

为直接比较力学试验的结果，需要通过正则化处理把原始的试验值调整到一个规定的纤维体积含量对应的性能值，该方法只适用于由纤维控制的无缺口和含缺口层压板的性能，包括：

(1) 0°(经向)拉伸弹性模量和强度(机织织物及单向带)；

(2) 90°(纬向)拉伸弹性模量和强度(仅机织织物)；

(3) 0°(经向)压缩弹性模量和强度(机织织物及单向带)；

(4) 90°(纬向)压缩弹性模量和强度(仅机织织物)；

(5) 典型层压板开孔拉伸强度；

(6) 典型层压板开孔压缩强度；

(7) 典型层压板冲击后压缩强度。

3C.2.2 方法

正则化值由公式(3C-1)给出：

$$X_{\mathrm{N}} = \frac{v_{\mathrm{N}}}{v_{\mathrm{T}}} X_{\mathrm{T}} \tag{3C-1}$$

式中：X_{N} 为性能正则化值；v_{N} 为纤维体积分数名义值；v_{T} 为纤维体积分数测量值；X_{T} 为性能测量值。

纤维体积分数的名义值与测量值之比($v_{\mathrm{N}}/v_{\mathrm{T}}$)可用试样厚度的测量值与名义值之比($t_{\mathrm{T}}/t_{\mathrm{N}}$)来近似。

3C.3 B基准值计算过程简述

B基准值的计算原理和有关数据表参见文献[11, 12]，其计算过程简述如下：

(1) 将所有纤维控制的性能数据进行正则化。

(2) 对每种环境条件，用 k 样本 Anderson-Darling 检验方法检查不同批次的数据(子母体)是否来自同一母体。

(3) 对于某个单独的试验条件，收集其在每种试验环境条件下的数据。在每个环境情况下的观测数为 n_j，其中下标 j 代表被汇集的环境总数。通过公式(3C-2)和公式(3C-3)计算每种环境条件的样本均值和样本标准差 s：

$$\bar{x} = \frac{1}{n} \sum_{i=1}^{n} x_i \tag{3C-2}$$

$$s = \sqrt{\frac{1}{n-1} \sum_{i=1}^{n} (x_i - \bar{x})^2} \tag{3C-3}$$

(4) 对每个环境条件组，检查有无异常数据，若在各环境组有异常数据，则应对各异常数据进行处置。

(5) 检查每种环境条件下的正态性假设是否正确。检查母体的正态性时，应采用工程判断证实没有严重违背正态性假设。若严重违背了正态性假设，则应采用其他统计模型拟合这些数据。

(6) 检查不同环境组间变异性的等同性。若任何一个环境组的变异性明显不同，则按图1的流程图进行计算。

(7) 将各单独的强度数据除以对应环境下的平均值，将每个环境组的数据进行正则化。正则化的结果使得所有数据都有1.0的平均值。对每个环境情况，把所有这些正则化的数据集合起来，形成一个数据集。若对给定环境条件的数据离散系数小于4%，则对数据进行变换，使变换后的数据具有4%的离散系数。然后用步骤8)到步骤12)对变换后的数据进行正则化。

(8) 对该集合的正则化数据集，用式(3C-2)和式(3C-3)，计算样本数 N、样本的平均值$\bar{x}$和样本标准差 s。对该集合的数据集，进行最佳正态拟合的目视比较。对于分布的正态性检查，应采用工程判断检验没有严重违背正态性假设。若严重违背了正态性假设，则用其他统计模型拟合该数据。

(9) 对于每个环境 j 的正态分布，计算 B 基准与 A 基准的单侧容限系数，计算以集合数据集中的样本数 N 和每个环境情况的样本数 n_j 为基础。B 基准容限系数 $(k_B)_j$ 可按式(3C-4)～式(3C-6)近似计算：

$$(k_B)_j = z_B\sqrt{\frac{f}{Q}} + \sqrt{\frac{1}{c_B n_j} + \left(\frac{b_B}{2c_B}\right)^2} - \frac{b_B}{2c_B} \tag{3C-4}$$

$$b_B(f) = 1.1372\frac{1}{\sqrt{f}} - 0.49162\frac{1}{f} + 0.18612\frac{1}{f\sqrt{f}} \tag{3C-5}$$

$$c_B(f) = 0.36961 + 0.0040342\frac{1}{\sqrt{f}} - 0.71750\frac{1}{f} + 0.19693\frac{1}{f\sqrt{f}} \tag{3C-6}$$

式中：j 为用于表明具体环境条件的容限系数；z_B 为标准的正态随机变量，在 B 基准计算中，z_B 取 1.28115(90%概率)；f 为变异性的自由度 ($f = N-2$)；n_j 为在所选环境下的观测数(总集合观测数 N 的一个子集)。

当 $f \geqslant 3$ 时，Q 可按式(3C-7)近似计算：

$$Q = f - 2.327\sqrt{f} + 1.138 + 0.6057\frac{1}{\sqrt{f}} - 0.3287\frac{1}{f} \tag{3C-7}$$

当 $f = 2$ 时，Q 精确值为 0.05129。

A 基准值容差系数 k_A 可按式(3C-8)～式(3C-10)近似计算：

$$(k_A)_j = z_A\sqrt{\frac{f}{Q}} + \sqrt{\frac{1}{c_A n_j} + \left(\frac{b_A}{2c_A}\right)^2} - \frac{b_A}{2c_A} \tag{3C-8}$$

$$b_A(f) = 2.0643\frac{1}{\sqrt{f}} - 0.95145\frac{1}{f} + 0.51251\frac{1}{f\sqrt{f}} \tag{3C-9}$$

$$c_A(f) = 0.36961 + 0.0026958\frac{1}{\sqrt{f}} - 0.65201\frac{1}{f} + 0.011320\frac{1}{f\sqrt{f}} \tag{3C-10}$$

式中：z_A——标准的正态随机变量，在 A 基准值计算中，z_A 取 2.32635(99%概率)。

当 $f \geqslant 3$ 时，Q 可按公式(3C-7)近似计算。当 $f = 2$ 时，Q 精确值为 0.05129。

若确定变异在统计上是相等的，则进行步骤(10)和步骤(11)。

(10) 通过式(3C-11)，用集合的平均值、标准差和容限系数，计算每个环境条件正态分布的 B 基准值与 A 基准值：

$$B_j = \bar{x} - (k_B)_j s \tag{3C-11}$$

该值本质上是小于 1 的“折减系数”。每个环境的 A 基准值可用公式(3C－12)近似计算：

$$A_j = \bar{x} - (k_A)_j s \tag{3C-12}$$

(11) 将在步骤(10)中得到的基准值，乘以在步骤(3)中为每个环境条件得到的平均强度值，这些值即为每个单独环境条件的 A 基准值和 B 基准值。若确定变异在统计上明显不同，则进行步骤(12)。

(12) 用每个环境条件分别得到的平均强度、标准差和容限系数，计算正态分布的 B 基准值与 A 基准值。首先检查每一环境条件的离散系数是否大于 4%。若小于 4%，则应重新计算该环境条件的标准差。用式(3C－13)和式(3C－14)计算基准值：

$$B_j = \bar{x} - (k_B)_j s_j \tag{3C-13}$$

$$A_j = \bar{x} - (k_A)_j s_j \tag{3C-14}$$

附录 3D　得到设计许用值的参考方法和数据

3D.1　基本思路

以含开孔多向层压板为例：

(1) 用与实际使用一致的条件下试样试验得到：包括铺层、厚度、孔径和环境条件；

(2) 对室温干态的单向无缺口试样试验结果为基础，叠加一系列覆盖具体特性和条件的系数。要注意，由于每个系数都偏于保守，这种方法得到的许用值可能比较低。这种方法的计算过程参见图 3D－1。

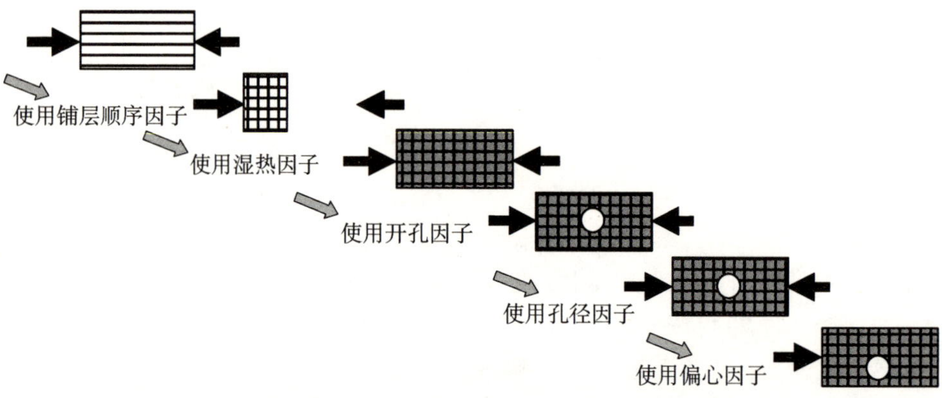

图 3D－1　得到设计许用值的参考方法

3D.2 无缺口多向层压板的性能

3D.2.1 基本方法

由单向性能得到多向层压板性能有两种方法：

(1) 经典层压板理论；

(2) Hart-Smith 的 10%法则。

3D.2.2 Hart-Smith 的 10%法则

(1) 通常 45°层的拉伸与压缩强度是 0°层强度的 12%；

(2) Hart-Smith 通过假设 45°层和 90°层强度为 0°层强度的 10%来进行简化(见图 3D-2)，层压板的强度可通过下列方法进行计算：

① 层压板中每一 0°层的指数为 1.0 点；

② 层压板中每一 45°层和 90°层的指数为 0.1 点；

③ 把所有的点数加在一起被层压板中的层数除，得到“层压板系数”；

④ 将层压板系数乘以 0°层强度得到层压板强度。

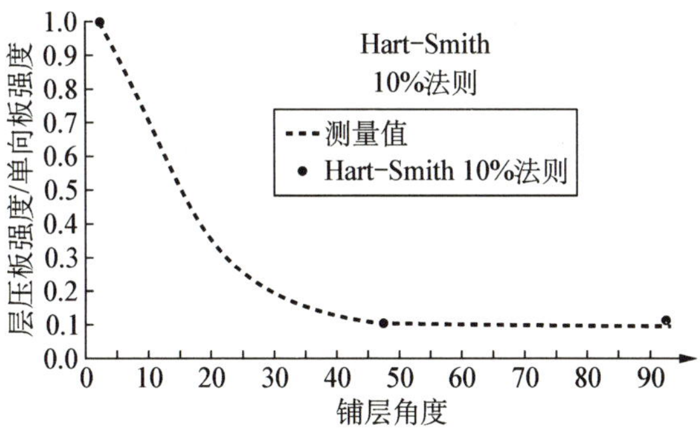

图 3D-2 10%法则得到的计算值与测量值的比较

3D.2.3 多向层压板强度的毯式曲线

多向层压板强度的毯式曲线(参见图 3D-3)可由以下三种方法得到：

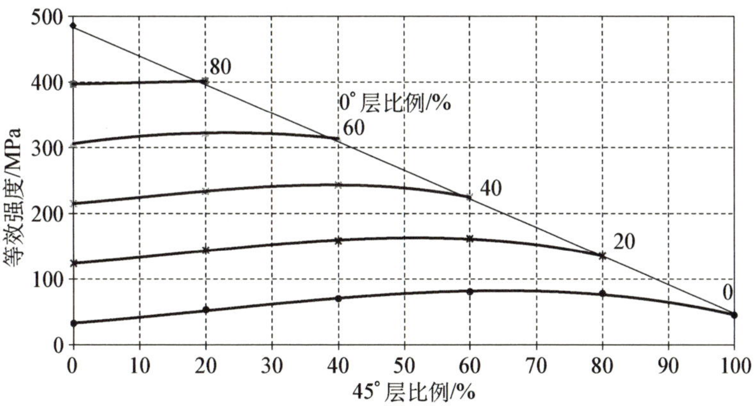

图 3D-3 典型的多向层压板强度毯式曲线

(1) 由试验结果得到;

(2) 采用经典层压板理论计算得到;

(3) 采用John Hart-Smith的10%法则计算得到。

3D.3 影响开孔强度的各种因素

3D.3.1 环境系数

温度和吸湿量会大大降低树脂控制的性能,如横向拉伸强度(参见图3D-4);但在使用温度下对纤维控制的性能一般影响不大,如纵向拉伸强度。

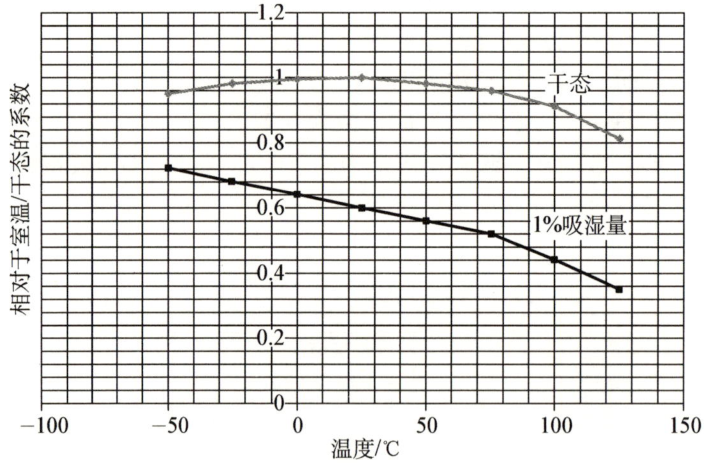

图3D-4 典型的环境系数

3D.3.2 缺口系数

图3D-5给出了开孔对拉伸和压缩强度引起的降低系数示意图,可以看出它对铺层比例非常敏感。

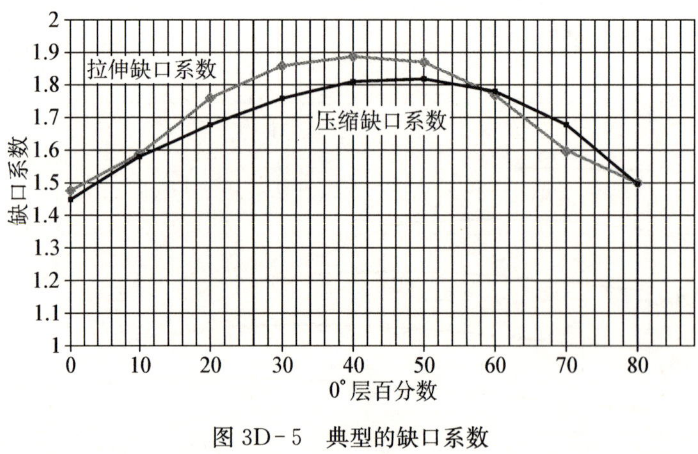

图3D-5 典型的缺口系数

3D.3.3　孔径修正系数

通常得到含 6.35 mm 直径孔的试样试验结果，需要得到不同孔径的修正系数，图 3D-6 是典型的孔径修正系数。

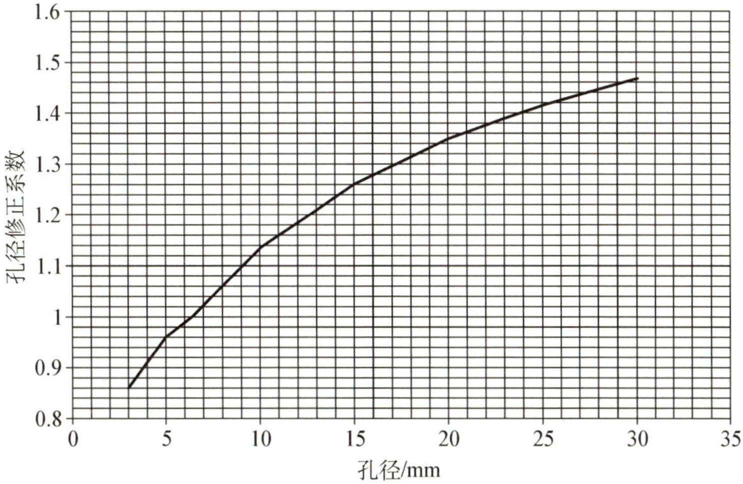

图 3D-6　典型的孔径修正系数

3D.3.4　边距修正系数

设计指南规定边距应至少为孔径的 2.5 倍。若设计时无法满足，则轴向强度必须降低，图 3G-7 是典型的边距修正系数，其他的破坏模式也应考虑，如挤压等。

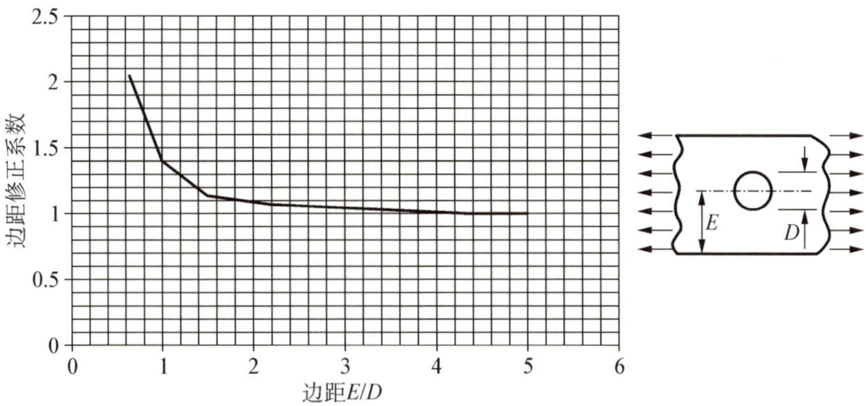

图 3D-7　典型的边距修正系数

3D.4　算例

若 0°层压缩强度在湿热条件下为 1 200 MPa，计算图 3D-8 所示含孔层压板的材料许用值。

1）铺层系数

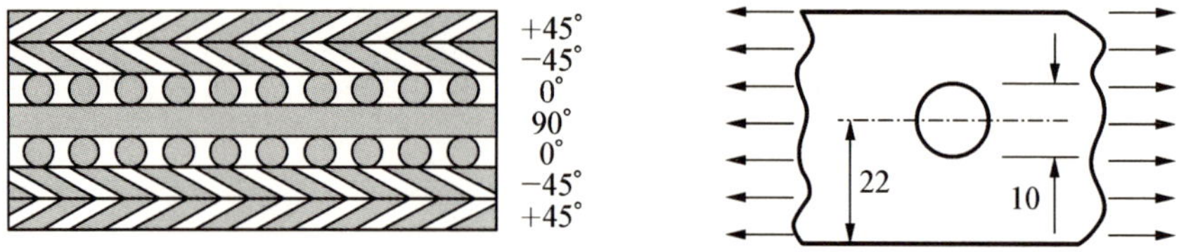

(a) (b)

图 3D-8 算例

层压板层数=7

0°层数=2 指数为 2

45 和 90°层数=5 指数为 0.5

总指数=2.5

层压板系数=2.5/7=0.36 强度=1200×0.36=432 MPa

2) 开孔/缺口系数

总共 7 层层压板中有 2 层 0°层=28%,系数=1.75

层压板开孔压缩强度=432/1.75=247 MPa

3) 孔径系数

对直径 10 mm 的孔,孔径系数=1.14

层压板开孔(10 mm)压缩强度=247/1.14=217 MPa

4) 边距系数

$E/D = 22/10 = 2.2$,系数=1.1

最后的开孔压缩强度=217/1.1=197 MPa

附录 3E 试样吸湿试验方法

3E.1 试样吸湿试验方法[23]

在复合材料应用的早期,由于对结构可能达到的吸湿量缺乏足够的统计数据,国外在很长时间里不同的材料研制商和用户采用了不同的吸湿方法,反映在 MIL-HDBK-17 数据库中不同的材料体系曾采用过不同的方法。但近年来已达成了一致意见,即在 85% RH 条件下达到平衡,采用的温度条件,对 180℃固化的环氧基复合材料体系一般不超过 82℃,对 120℃固化复合材料体系不超过 71℃。

国内过去一般采用沸水浸润加速吸湿方法(水煮 48 h),但这样处理有可能过于严酷,也很可能吸湿不足,无法正确判断复合材料的使用性能。近年来国内复合材料及其结构研制中已进行了大量考虑湿热影响的试样级力学性能试验,不同的用户提出了不同的吸湿方法,虽然有的用户采用了与国外一致的平衡浸润处理方法,即在 70℃/85% RH 环境中达到吸湿平衡,但多数采用的是 MIL-HDBK-17 委员会不同意采用的固定时间浸润处理方法,粗略统计有下列几种方法:

(1) 在 70℃水中浸润 7 天;

(2) 在 70℃水中浸润 14 天;

(3) 在(23±1)℃水中浸泡 24±0.5 h 和 100±2℃水中浸泡 120±4 min；

(4) 在 95～100℃下水煮 48～72 h。

采用不同吸湿方法造成的后果是得到不同的吸湿状态，使不同材料体系湿热状态下的力学性能数据没有可比性，而且由于结构设计考虑的最严重的吸湿状态是 85% RH 条件下达到平衡，所得到的数据也无法直接用于设计。

3E.2 有效吸湿平衡状态的定义

试样试验应采用平衡浸润处理方法，因此有必要明确有效吸湿平衡的定义，目前常用的定义有以下 3 种：

(1) ASTM D 5229 方法：在参照时间间隔内(湿扩散率常数未知时为 7 天)，当材料平均吸湿量的变化小于 0.01%时，认为材料达到了有效吸湿平衡。对用于平衡浸润处理的程序 B，只需要保证两次最终称重的平均吸湿量的变化小于 0.01%；

(2) HB 7401－96 方法：前四天对试样每天称量一次；然后每三天称量一次；当吸湿速率接近每天质量增加 0.05%时，每天称量一次。以连续三次称量得吸湿速率均小于每天质量增加 0.02%(或 0.05%)时，试样达到平衡(或饱和)吸湿状态。目前均采用 0.02%。

(3) FAA 方法：当伴随试件的平均吸湿量，在跨距 7±0.5 天内的其相继两个读数的变化小于 0.05%时，就达到了有效的吸湿平衡。

这些方法中平均吸湿量的变化定义为：

$$\frac{W_i - W_{i-1}}{W_\mathrm{b}}$$

式中：W_i 为当前时间的质量；W_{i-1} 为前一时间的质量；W_b 为在吸湿浸润前的基准质量。

用这 3 种定义来进行吸湿处理得到的结果(基准质量为制造状态的质量)会有所不同，采用 FAA 方法时达到平衡所需的时间最短，但吸湿量略低一些，大量试验数据表明这种差别对力学性能的影响可以忽略不计。FAA 方法是 FAA 技术报告 DOT/FAA/AR－03/19 中给出的方法，在 AC 20－107B 中已明确指出："现有阐明复合材料鉴定与等同性和积木式方法的参考文献(如复合材料手册(CMH－17)第 1 卷和第 3 卷，FAA 技术报告 DOT/FAA/AR－03/19)，给出了直至层压板级更详细的指南，涉及批次与试验数量，以及适用的统计分析。"因此推荐采用 FAA 的方法进行吸湿处理。

3E.3 试验标准的选用

目前国内在进行吸湿试验时有两种方法可用，即航标方法和 ASTM 方法。航标方法仅能用于确定平衡吸湿量、吸湿速率和吸湿扩散率常数，无法用于目前大量进行的在规定温度和湿曝露水平的稳态环境(例如 70℃/85%)中，达到吸湿平衡的吸湿试验。ASTM 方法有 4 种程序可选择，即用于确定平衡吸湿量、吸湿速率和吸湿扩散率常数的方法 A、用于将试样放置于规定温度和湿曝露水平的稳态环境中，直到试样达到有效吸湿平衡的方法 B、用于将试样放置于规定温度和相对湿度 50%的稳态环境中，直到试样达到有效吸湿平衡的方法C和将试样放置于规定温度的热空气循环的烘箱中，直到试样达到有效吸湿平衡(烘干)的方法D。但其中有些细节需要在试验研究的基础上进行修改，有必要从而制订出其等效并符合中国国情的国内标准。

3E.4 影响吸湿量的因素

若没有任何开裂或其他吸收的路径，通常假设水分增加的物理机制是质量扩散遵循Fick定律(水分扩散类似于热扩散)。虽然与周围环境直接接触的材料表面几乎立即产生水分吸收或排出，但水分从内部的流入或流出比较慢。水分的扩散速率比热流热扩散低很多数量级，然而，在潮湿环境下曝露几周或几个月之后，材料最终会吸收足够量的水分。由于吸湿是很多结构应用可能的设计考虑，在材料试验中应当包括在典型的吸湿曝露后进行性能评定。

Fick材料吸湿性能有两个参数:湿扩散和平衡吸湿量(水分质量百分比)。这些性能通常用测定重量的试验方法来确定，把一个初始干燥的试件曝露到潮湿的环境中，并记录水分的质量增益-时间平方根关系。在称重的开始阶段，这个质量-时间关系将是线性的，其斜率与吸湿速率相关(湿扩散)。当大部分外部材料的吸湿量趋于平衡时，重量增益-时间平方根曲线的斜率逐渐变小。最后，当材料内部达到平衡时，相继称重的差值将趋于零，而其斜率将几乎平行于时间轴。在这点的重量百分增益就是平衡吸湿量，图3E-1和图3E-2说明了这个过程。图3E-1显示了试件在吸湿曝露过程中的总质量增益与时间平方根的关系，可以看出材料的平衡吸湿量和温度关系不大，但不同温度下达到平衡所需的时间差别很大。并显示了由于温度不同其响应的差异。图3E-2中对于67℃的情况，给出了不同时间周期沿试件厚度方向的湿度剖面，表明在接近表面处吸湿迅速增加，而在试件的中间吸湿增加就较慢，表明在厚度方向湿度剖面达到均匀(即达到平衡吸湿量)需要一定的时间，在达到平衡以前厚度方向的湿度剖面是不均匀的。图3E-3表明两种材料体系平衡吸

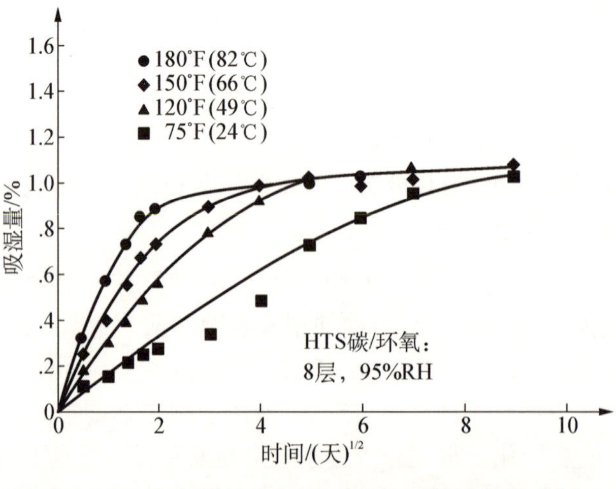

图3E-1 不同环境温度条件下吸湿量随时间的变化关系

湿量与相对湿度的关系，它随相对湿度的增加而增加。

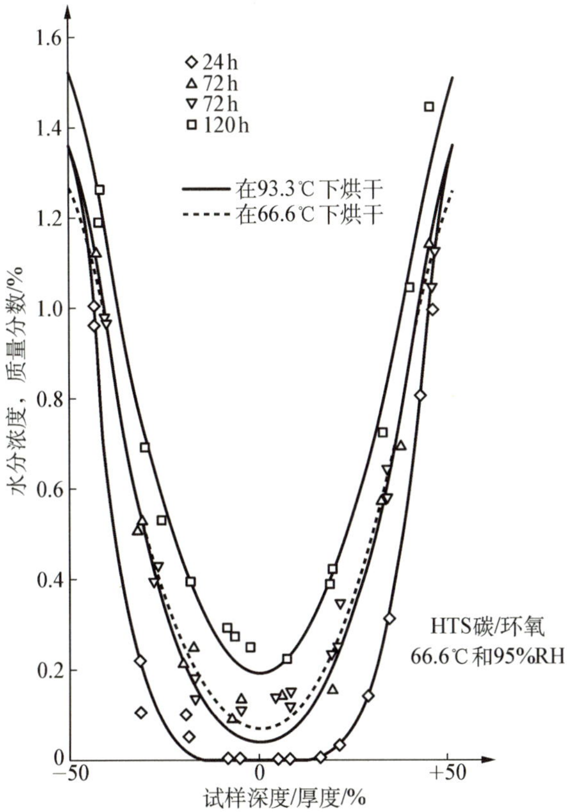

图 3E－2　厚度方向水分剖面-时间关系

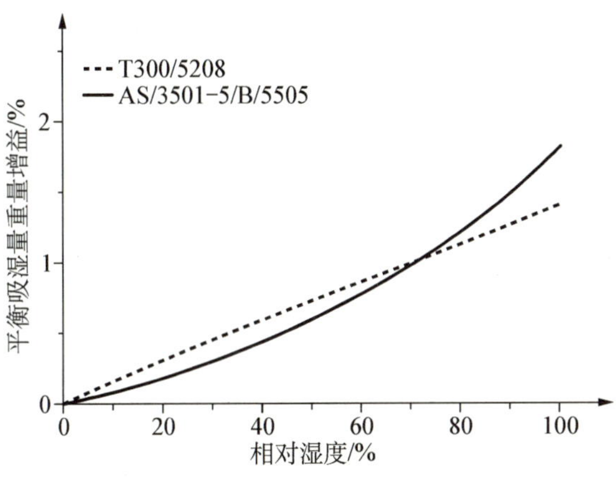

图 3E－3　平衡吸湿量与相对湿度的关系

因为材料所吸收的吸湿量与厚度及曝露的时间有关，因此 MIL－HDBK－17 中明确指出："不应当采用固定时间的吸湿方法。反之，应当采用平衡浸润吸湿方法，它考虑了扩散过程，并在厚度方向吸湿量接近均匀时再行停止。”

参考文献

[1] 陈绍杰. 复合材料设计手册[M]. 北京：航空工业出版社，1990.

[2] GJB 67.14-2008. 军用飞机结构强度规范——复合材料结构[S]，2008.

[3] FAA AC 20-107B. 复合材料飞机结构[S]. 2009.9.8.

[4] 沈真，陈普会，唐啸东，等. 复合材料结构设计值和冲击损伤容限许用值[J]. 航空学报，1993，14(12)：B575.

[5] 沈真. 复合材料飞机结构耐久性/损伤容限设计指南. 北京：航空工业出版社，1995.

[6] HB 7491-1997. 军用飞机复合材料结构强度验证要求[S]. 1997.

[7] 沈真. 复合材料结构设计手册[M]. 北京：航空工业出版社，2001.

[8] 沈真. 复合材料飞机结构设计许用值及其确定原则[J]. 航空学报，1998，19(4)：385-392.

[9] 沈真，杨胜春，陈普会，等. 复合材料抗冲击性能和结构压缩设计值[J]. 航空学报，2007，28(3)：561-566.

[10] 沈真，史有好，李国明. 复合材料许用值和结构设计值[R]. 第五届商用飞机应用国际论坛，上海，2011.9.19-20.

[11] MIL HDBK-17-1F. Composite Materials Handbook Volume 1. Polymer Matrix Composites Guidelines for Characterization of Structural Materials [M]. 2002.

[12] DOT/FAA/AR-03/19. Material Qualification and Equivalency for Polymer Matrix Composite Material Systems: Updated Procedure [G]. 2003.

[13] Freeman T, Tomblin J Ng Y. NCAMP Progress and Plans [R]. Presented in 2006.

[14] FAA PS-ACE100-2002-006. Material Qualification and Equivalency for Polymer Matrix Composite Material Systems [R]. 2003.9.15.

[15] FAA AIR 100-2010-003. Acceptance of Composite Specifications and Design Values Developed using the NCAMP Process [R]. 2010.9.20.

[16] NSP 100 (F). NCAMP Standard Operating Procedures (SOP) [R]. 2010.3.11.

[17] MIL HDBK-17-3F. Composite Materials Handbook Volume 3. Polymer Matrix Composites Materials Usage, Design, and Analysis [M]. 2002.

[18] ACEE Composites Project Office. Standard Tests for Toughened Resin Composites [R]. Revised Edition, NASA RP 1092. 1983.

[19] ACEE Composites Project Office. NASA/Aircraft Industry Standard Specification for Graphite Fiber/Toughened Thermoset Resin Composite Materials [R]. NASA RP 1142. 1985.

[20] SACMA 2R-94. SACMA Recommended Test Method for Compression after Impact of Oriented Fiber-Reinforced Composites[S]. 1994.

[21] 沈真，杨胜春，陈普会. 复合材料层压板抗冲击行为及表征方法的实验研究[J]. 复合材料学报，2008，25(5)：125-133.

[22] 陈普会，沈真等. Failure mechanisms of laminated composites subjected to static indentation [J]. Journal of Composite Structures, 2006，75(1-4): p486-495.

[23] 张立鹏，沈真. 复合材料吸湿试验的若干问题[J]. 航空制造技术 2009 年增刊，2009.12：85-88.

4 静强度设计与验证

4.1 概述

复合材料飞机结构的静强度设计要求与金属结构相同，但要求在设计极限载荷与相应于该载荷情况的最严重环境组合条件下，结构不发生破坏。复合材料结构静强度设计与金属结构的最大差别是必须考虑初始缺陷/损伤和最严重的环境条件（对拉伸一般是干冷组合，对压缩和剪切一般是湿热组合）对结构静强度的影响。只要不涉及破坏，通常金属结构的分析工具仍然适用于复合材料结构，只是由于复合材料的可设计性带来的各向异性，以及其层压结构的特点使复合材料的结构分析更加复杂，需要从单层性能开始进行计算，同时对面外载荷的后果更加重视。复合材料结构的不确定系数（过去多称为安全系数）与金属结构一样，一般仍为 1.5。复合材料结构分析与静强度校核的特点如下：

(1) 设计值（过去多称为设计许用值，详见第 3 章）确定方法与金属结构有重大的差别，一般不能直接采用无损的材料许用值进行强度校核。值得指出的是中等厚度蒙皮结构的压缩设计值，虽然主要取决于含冲击损伤结构的压缩强度，但军机结构确定时根据损伤容限设计的剩余强度（一般为 20 倍寿命出现一次的载荷）要求，而民机结构确定时根据静强度设计的极限载荷要求，它们的初始缺陷尺寸假设也不同。

(2) 由于复合材料的可设计性，一般强度校核采用应变，而不是应力表示。

(3) 由于复合材料的应力～应变关系一般直至破坏均呈线性，其机械连接分析和强度校核与金属结构有明显差别；由于层间性能是复合材料的弱点，对整体化结构的连接，必须重点考核层间强度。

(4) 结构分析必须考虑混合结构中金属与复合材料湿膨胀系数与热膨胀系数不同，以及湿度和温度分布不均匀引入的内力。

(5) 由于层间性能薄弱，复合材料结构一般不宜承受面外载荷，结构分析时必须特别注意，要当心二次效应（例如失稳）可能产生的面外载荷。

(6) 虽然已有经试验支持的结构内力分析手段，但相比金属结构，复合材料结构的破坏机理极其复杂，特别是细节部位，缺乏由试验支持、适用于各种复杂状态的失效准则，强度校核的可信程度较低，因此特别强调积木式设计验证方法。为了降低成本、提高设计效率，应大力发展由试验支持的结构分析与强度校核方法，来减少典型结构件与组合件的验证试验。

(7) 对薄蒙皮结构(通常厚度小于2 mm)，应考虑在设计限制载荷下采用允许出现屈曲的设计准则，此时应确保不会因屈曲引起的面外载荷使周围连接部位失效。有关后屈曲的设计方法参见文献[1]中的5.7.3节——压缩后屈曲和压损。

作为复合材料飞机结构强度设计概论，与金属结构静强度设计与验证的差别，特别是验证方面的内容，有关静强度分析与校核方法，可参见其他相关著作，例如《复合材料结构设计手册》[4]、《复合材料结构稳定性分析指南》[5]、《复合材料连接手册》[6]、《飞机复合材料结构分析》[7]，等。

4.2　结构静强度设计要点

结构静强度设计要点如下：

(1) 确定结构关键件和关键结构部位及可能的失效模式；

(2) 在材料许用值或典型结构件试验结果的基础上确定各关键件或关键结构部位的设计值，同时确定它们的环境降低系数。

① 确定材料许用值和环境降低系数时要通过多批次试样试验结果的统计处理考虑材料与工艺的变异性，试验件必须按成熟的材料标准采购和有代表性的产品工艺进行生产。应注意：“原材料和复合材料零件生产工艺成熟前，材料研制阶段过早导出的设计值可能满足不了相关规则的要求。应通过层压板试验，或单层级试验与经试验证实的分析方法相结合的方法，确定层压材料体系层压板级的设计值。”[8]

② 要注意生产型结构制件所用工艺可能不同于材料研制阶段的工艺，必须通过等同性评定确认原设计值的适用性；

③ 确定设计值时必须考虑“不可检缺陷或任何由质量控制、制造验收准则允许的任何缺陷以及终端产品维护文件所允许的使用损伤。”[8]

④ 确定结构分析用层压板失效准则；

⑤ 需要证明重复载荷不会对设计值有明显影响(包括已有的经验)，否则必须确定重复载荷对设计值的影响；

⑥ 湿热曝露对设计值的影响与时间无关，只取决于寿命末期达到的最大吸湿量。

(3) 对结构进行分析和强度校核，并进行典型结构件和组合件静力验证，该阶段的要求和目的是：

① 对结构进行内力分析和强度校核时要求所有的部位安全裕度为正，要考虑最严重的环境条件，即最大吸湿量和最高工作温度的组合，分析时还需使用相应温度下材料体系的弹性模量和相应环境条件下该部位的设计值。对主承力混合结构

分析需考虑结构内由于吸湿状态和温度分布不均匀，以及金属与复合材料湿膨胀与热膨胀系数不同引起的湿热应力和制造引起的残余应力。

② 应按照生产规程和工艺来制造和装配静力试验件，以使试验件能代表生产型结构（包括与按制造验收标准确定的限制值相一致的缺陷）。

③ 验证结构静力性能，说明变异性、环境、结构不连续（如接头、开口或其他应力集中处）、损伤、制造缺陷和特定的设计或工艺细节问题。

④ 识别出全尺寸结构部件试验的关键载荷情况和相关的失效模式。

⑤ 发现设计中可能会出现提前破坏的薄弱环节，并对设计进行修改。

⑥ 在许用值试验得到的环境降低系数的基础上，通过典型结构件和组合件试验确定结构关键部位的失效模式，并对相应的环境降低系数加以证实和修正，同时对用于全尺寸结构的分析方法进行验证。

⑦ 通过典型结构件或组合件试验证实重复载荷不会对结构静强度有明显影响。

⑧ 对民用飞机通过典型结构件和组合件试验证实"由制造和使用中预计很可能出现，但不大于按所选检测方法确定的可检门槛值冲击损伤，不会使结构强度低于极限载荷能力"[8]，"所用的冲击头尺寸和形状应与飞机寿命期间也许漏检的可能冲击损伤事件相一致。"[8]同时"需要正确地考虑结构细节和边界条件。"[8]此类问题也可归入损伤容限验证中的1类损伤问题验证。

(4) 进行部件试验验证复合材料设计的静强度要注意的事项包括：

① 一般均应进行部件级的设计极限载荷试验来验证复合材料设计满足静强度要求，但"若已有类似设计、材料体系和载荷状态的经验验证"[8]，则可采用"得到组合件、元件和试样试验所支持的分析方法，或可接受较低载荷水平（例如限制载荷）下的部件试验"[8]。

② 应按照生产规程和工艺来制造和装配静力试验用部件，以使试验件能代表生产型结构（包括与按制造验收标准确定的限制值相一致的缺陷）。对民用飞机应引入由制造和使用中预计很可能出现，但不大于按所选检测方法确定的可检门槛值冲击损伤，即损伤容限评定中规定的1类损伤。

③ 验证结构静力性能，说明变异性、环境、结构不连续（如接头、开口或其他应力集中处）、损伤、制造缺陷和特定的设计或工艺细节问题。

④ 如果可能，最好采用经受过疲劳和损伤容限验证的试验件进行静强度验证，可以不必另外证明重复载荷对静强度的影响，即用单个试验件完成部件级疲劳、损伤容限和静强度验证。

⑤ 原则上应模拟结构寿命末期可能达到的最大吸湿量和结构使用寿命期间可能遭遇到的最高温度组合条件下进行极限载荷试验验证，但"如果能通过积木式试验可靠地预计环境影响，并在静力试验或对静力试验结果的分析中予以考虑，则可以在大气环境下进行部件的静力试验。"[8]但要依赖于试样、元件和组合件试验数

据，来确定环境曝露对静强度的影响。这些试验表征的退化（如超载系数）应在全尺寸静强度验证试验，或在对试验结果的分析中考虑。也可采用第三种方法，即把前两种方法结合起来得到所需的结果（如全尺寸静力试验可以在严重的工作温度下，结合考虑飞机结构寿命期间所吸收水分影响的载荷系数来进行）。

4.3 结构静强度验证试验

4.3.1 试验目的和特点

4.3.1.1 试验目的

(1) 验证结构的最大承载能力大于极限载荷。

(2) 得到全尺寸结构静强度破坏模式和结构设计薄弱部位，验证结构分析方法。

4.3.1.2 特点

(1) 复合材料结构对面外载荷敏感，应尽可能弄清楚所有可能的面外载荷来源，以避免在试验时，由于试验方案不合理而产生非正常破坏。

(2) 复合材料结构有着多种可能的破坏模式，而且由于对缺口、加载方向及环境条件的敏感性，很难预计全尺寸结构的破坏模式。由于同样的原因，如果试验件结构形式、支持状态、环境条件等与实际使用状况不同时，有可能出现不真实的破坏模式，使验证试验的结果无效。

(3) 复合材料结构的薄弱环节一般通过全尺寸部件静强度验证试验来鉴别。

4.3.1.3 基本原则

(1) 如果某项设计研制试验已用于证实结构设计，则该项试验可以作为设计验证试验的组成部分。

(2) 应尽可能在较小和较简单的试验件上发现结构的薄弱环节，特别是有可能受到面外载荷的结构部位和只有在湿热联合作用下才会出现的薄弱环节。

(3) 计划在室温大气环境下的全尺寸静力试验验证复合材料部件极限强度时，应预先用足够数量适当尺寸的试验件试验，证实可以覆盖最严重环境组合条件下严重设计情况的破坏模式和得到全尺寸试验使用的环境补偿系数。

(4) 如果已有经过去全尺寸试验结果证实的分析方法，表明分析与试验测量得到的内力分布有很好的一致性，可以只进行全尺寸部件限制载荷静强度验证试验，然后通过载荷-应变关系外推法，来验证对极限载荷试验要求的符合性。

(5) 全尺寸结构静力试验是验证复合材料结构静强度积木式试验中的最高一级试验。如果必须考虑环境影响，还应补充有关试验内容，以发现环境引起的破坏模式。应判别出模拟段对结构的关键破坏模式没有重大影响，试验结构的尺寸足以满足设计要求。只有当通过分析和前期的设计验证试验证明湿热环境不会导致新的危险破坏模式时，方可在室温大气环境下进行直至用环境补偿系数放大后的极限载荷的全尺寸结构静力试验。如果不能满足破坏模式的准则，则静力试验件应在湿热条件下或采用其他措施来保证满足这一要求。

4.3.2 全尺寸部件试验件的状态

静力试验用全尺寸机体结构试验件的构型，应能代表实际使用结构，但在具体执行过程中，由于民机与军机的规范要求有所不同，对实际使用结构的理解也不完全相同，这一差别主要表现为是否在结构上预制缺陷。对军机，机体结构带有可见缺陷(包括制造和使用过程中产生的缺陷)时的完整性要求归为损伤容限要求，因此进行静强度验证的全尺寸结构不要求预制缺陷。对民机，一般必须遵循咨询通报AC20-107B中静强度验证一节规定："复合材料设计的结构静强度验证，……还应包括环境影响(包括制造过程中引起的结构残余应力)、材料和工艺的变异性、不可检缺陷或任何由质量控制、制造验收准则允许的任何缺陷以及终端产品维护文件所允许的使用损伤。"和"应证明，由制造和使用中预计很可能出现，但不大于按所选检测方法确定的可检门槛值冲击损伤，不会使结构强度低于极限载荷能力，这可通过由试验支持的分析，或用试样、元件、组合件和部件级的试验组合来证明。实际的冲击损伤评估需要正确地考虑结构细节和边界条件。当采用目视检测方法时，可靠检出门槛值时可能的冲击损伤称为目视勉强可见冲击损伤(BVID)。静强度验证中选择的冲击部位，应考虑局部结构细节的危险程度和检测该部位的能力。静强度验证所用的冲击头尺寸和形状应与飞机寿命期间也许漏检的可能冲击损伤事件相一致。"为了证实这一能力，通常需在试验件的关键结构部位预制缺陷，它们包括把聚四氟乙烯薄膜埋设在层压板的某些层间，以模拟制造时产生的分层，以及目视勉强可见的冲击损伤(BVID)。含有这些预制缺陷的试验件被认为是可能投入使用的质量最差的结构，至于BVID的具体定义取决于结构研制方，民机结构还需获得适航当局的批准。

4.3.3 重复载荷和环境条件叠加的疲劳对静强度的影响

长期使用条件下复合材料结构静强度有可能降低，它主要与环境曝露和重复载荷有关(不考虑可检损伤引起的静强度降低)，从而必须阐明复合材料结构受到环境影响和重复载荷后仍具有足够的静强度。

重复载荷对复合材料基本性能的影响通常没有金属疲劳那么严重(疲劳应力与循环数的 $S-N$ 曲线比较平坦)。受有重复载荷的复合材料性能不会出现金属的自相似裂纹扩展，复合材料结构的工作应力(谱中的最高载荷)一般低于疲劳门槛值。采用这样的设计措施后，基本上可以不考虑重复载荷引起的剩余强度降。

可以用开孔和含冲击损伤的试验件的疲劳试验来确定层压复合材料的疲劳性能，并用受有重复载荷后的静力试验来验证其对材料和结构细节静强度的影响。

会降低静强度的环境曝露通常包括高温和长期的吸湿(通常称为湿热状态)，复合材料飞机结构在服役环境中吸湿，并会在某个时间周期后达到平衡状态，它取决于设计细节(例如零件厚度)和曝露条件。湿热状态主要对基体控制的复合材料性能有影响，如压缩、剪切和挤压强度，其他的性能可能更易受到干冷状态的影响。为了解不同载荷形式最危险的环境条件，通常可通过为获取许用值进行的试样试验数据来得到。

法国图卢兹的宇航中心(CEAT)曾对A320B阻力板、F50副翼、幻影F1副翼和V10F机翼盒段等飞机小型部件进行过这样的疲劳试验，即在施加机械载荷同时施加代表飞机使用情况的湿热谱，图4-1所示分别为V10F和幻影F1飞机的湿热谱及相应的疲劳载荷谱的叠加，试验结果表明：

(1) 与湿热复合任务剖面复合的疲劳对剩余静强度没有明显的影响；

(2) 剩余静强度水平只取决于复合材料的吸湿量，而与吸湿的历程无关。

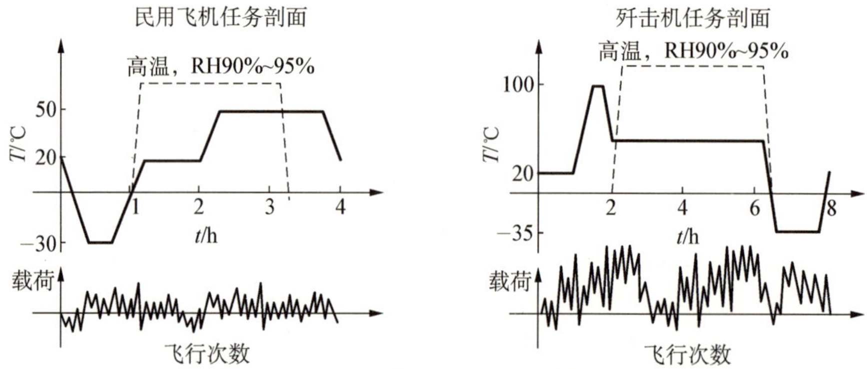

图4-1 民用飞机(V10F)和军用飞机(幻影F1)的湿热谱和疲劳载荷谱的叠加

法国适航当局在有关文献中已认同了这一结论。

美国空军进行过几百个包括从试样、元件、典型结构件、结构件及全尺寸部件结构等一系列从简单到复杂的试验件疲劳试验，其中有的给试验件叠加了严重的准实时环境循环(包括连续的热循环、严重的热冲击及有规律的吸湿/排湿循环)。对歼击机，在2倍疲劳寿命期间，所有的试验件均未出现疲劳破坏。然后在121℃/吸湿量1.2%的环境条件下，对未发生疲劳破坏的试验件进行剩余静强度试验。试验数据表明，其剩余强度与未进行过疲劳试验试验件的强度均在同一分散带内。

德国的LBF进行过类似的试验研究，研究结果表明，在目前的设计载荷水平下(即Airbus垂尾和Tornado结构)下，考虑真实环境与不模拟环境条件下试验的试样均达到了所需寿命而不出现破坏，它们的剩余强度差别也很小。

为了考虑重复载荷的影响，通常希望用同一个试验件来完成复合材料结构静强度、疲劳和损伤容限验证试验，全尺寸静力验证试验在完成全尺寸疲劳和损伤容限验证试验后进行。

4.3.4 材料分散性的考虑

严格来说，通常复合材料力学性能的分散性大于金属，因此采用与金属结构相同的1.5倍安全系数(在军机规范中称为不确定系数)所导致的安全水平原则上低于金属结构，但由于复合材料结构静力设计与验证中考虑了下列因素，从而保证了复合材料结构的安全水平最终不会低于金属结构：

(1) 在静强度校核中选用的设计值是在许用值的基础上选取的，而在许用值的确定过程中已通过多批次试样试验，考虑了材料和工艺的变异性，同时要求强度校核得到的安全裕度为正。

(2) 具体到实际结构的破坏模式，复合材料结构的分散性要小于材料性能的分散性。

(3) 由于考虑了飞机寿命期间遇到的最严重环境条件，从而给出了额外的安全裕度。

(4) 与金属结构不同，验证试验所用的试验件是代表生产线中可接受但质量最差(包括最大允许的制造缺陷、冲击损伤等)的结构件。

4.3.5　全尺寸部件试验环境影响的处理方法

4.3.5.1　环境箱模拟法

这种方法是将全尺寸部件结构，置于环境箱中进行试验，它要求在使用中可能遇到的最恶劣的环境条件(主要是湿热)下进行静强度验证(包括设计限制载荷、设计极限载荷和剩余强度试验)。这种方法的优点是可以比较真实地考虑环境影响，免去其他方法所带来的复杂性和不真实性；缺点是成本高、试验周期长，而且给试验加载系统和应变测量等带来一系列困难。采用这种模拟方法的实例如A320垂尾、Y7垂尾和海星号(Sea Star)水上轻型飞机的验证。图4-2所示为Y7复合材料垂尾在环境箱中进行试验的现场。

图4-2　Y7复合材料垂尾在环境箱中进行试验的现场

4.3.5.2　环境补偿因子法

这种方法是将全尺寸部件结构在室温大气环境中进行试验，但需将所要验证的载荷乘上环境补偿因子，通过放大试验载荷来考虑湿热环境对结构强度的影响。这种方法如图 4-3 所示，满足验证的要求是：

$$\varepsilon_{T}^{150\%} \leqslant \varepsilon_{D}^{E}，P_{FP} \geqslant P_{FR}，P_{FR}/P_{150\%} \geqslant \varepsilon_{E}^{RT}/\varepsilon_{D}^{E}$$

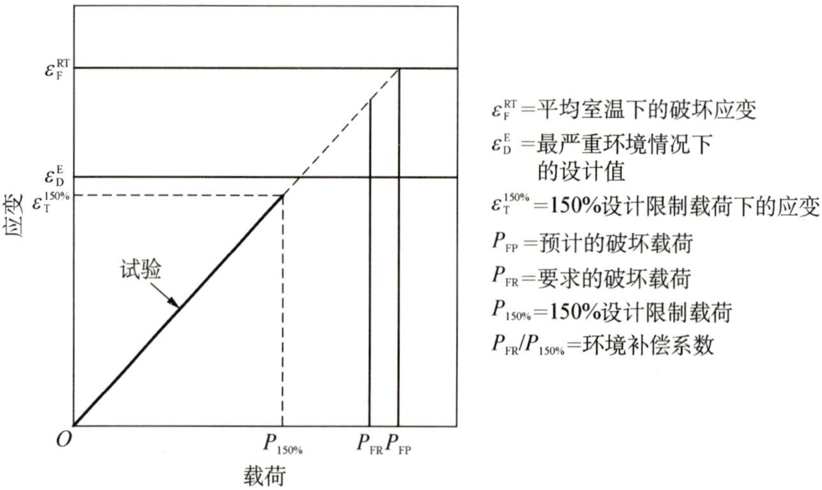

图 4-3　环境补偿系数法原理图

这种方法比环境箱模拟方法简单，除了载荷要求外，在试验条件及方法等方面均与金属结构验证试验完全一样，因此美国 20 世纪 70～80 年代研制的复合材料结构部件多采用这种方法。采用这种方法的例子为 L-1011 副翼(环境补偿系数为 1.17)、L-1011 垂尾(环境补偿系数为 1.06)、湾流Ⅲ方向舵(环境补偿系数为 1.08)及福克 100 的襟翼与副翼(环境补偿系数为 1.15)。由于下述问题，这种方法多用于按刚度设计的操纵面和次承力构件。

在实施时有三个问题需要注意：

(1) 混合结构中的金属部分有可能在达到放大的验证载荷之前破坏。

(2) 若积木式设计研制试验研究表明，由于在室温下进行的全尺寸结构验证试验无法产生环境条件下预估的破坏模式，通过局部增强来保证实现真实的破坏模式，从而带来不必要的增重。

(3) 如果用这种方法进行的全尺寸结构验证试验后得到的破坏模式与环境条件下预估的破坏模式不一致时，应评估验证试验的有效性。

4.3.5.3　载荷-应变关系外推法

这种方法是将室温条件下施加极限载荷时测得的应变数据，叠加上由有限元结构分析系统计算得到的湿度与温度产生的附加应变，再与各关键部位考虑了湿热影响的设计值相比较，要求其安全裕度大于 0。图 4-4 对此进行了具体的说明。这种方法的优点是不必对金属元件施加过大的载荷，但采用这种方法的前提条件是假设结构的应变分布不会由于湿热条件而发生变化，即假设材料体系的弹性模量在所考虑的温度和湿度范围内不发生变化，否则无法将应变数据进行叠加。考虑到复合材料结构主要使用纤维控制的层压结构，多数情况下其刚度受湿热影响比较小，可以满足这一条件。这种方法的难点在于必须进行准确的应变分析，特别是几何形状比较复杂的关键部位的应变分析要可靠，所用的分析方法必须是"已有类似设计、材料体系和载荷状态的经验验证，得到组合件、元件和试样试验支持"[8]，其次它还要求对全尺寸结构进行仔细的应变测量，尤其是一些存在应力集中的细节部位。这种方法在 B737 水平安定面、B777 尾翼和 B787 的静强度验证试验中得到了成功的应用，它是目前多数设计人员希望采用的方法。

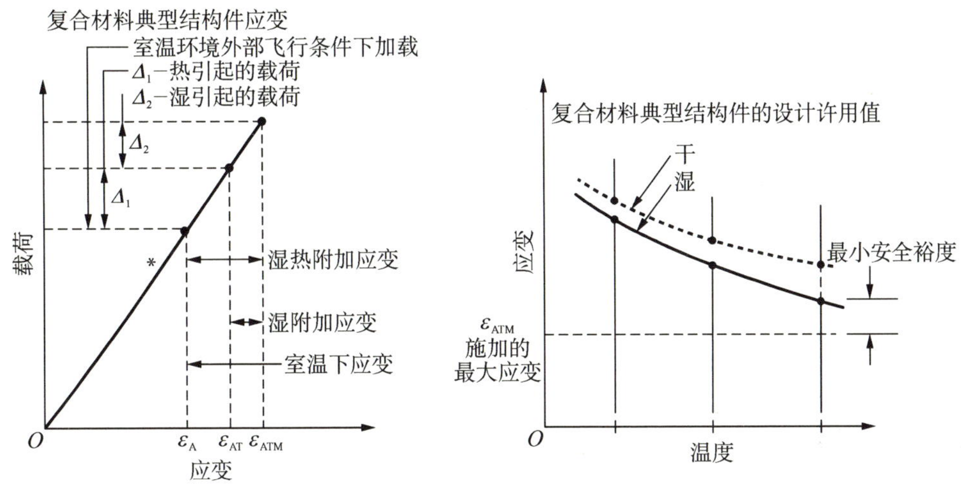

* 假设室温下外部飞行载荷引起的应变不受湿热应变的影响

图 4-4　考虑环境影响的载荷-应变外推法

4.3.6　环境补偿因子的确定方法

环境补偿因子的确定很复杂，必须通过大量的分析和试验，特别是要通过由元件、典型结构件，有时甚至要通过结构件试验才能给出。对用于全尺寸结构验证试验的环境补偿因子可从以下几种方法中选取：

(1) 选择修正室温许用值的环境补偿因子中的最大值，并用它放大严重的载荷情况；

(2) 选择承载能力对环境最敏感的元件所对应的环境补偿因子；

(3) 选择每种试验载荷情况下，结构剩余强度系数最小处所对应的环境补偿因子；

(4) 选择受环境影响最严重，或在确定许用值时环境影响难以考虑的结构区域内元件的环境补偿因子。

按照结构验证的要求，理论上环境补偿因子的确定方法概述如下：

(1) 按照上述原则选择确定静力环境补偿因子所需的结构元件或细节件；

(2) 制订适用于所研制结构的载荷/环境(主要是温度和湿度)谱；

(3) 对选定的试验件分别在该载荷/环境谱和室温大气环境载荷谱下进行疲劳试验，试验的次数应满足结构的寿命要求；

(4) 将经受过载荷/环境谱疲劳试验的试验件在结构件的最高工作温度下进行静力试验至破坏，将经受过室温大气环境载荷谱疲劳试验的试验件在室温环境下进行静力试验至破坏，比较这两种情况下的试验结果，最后得到使用于全尺寸结构试验的静力环境补偿因子。

因为大量的试验结果已经证明重复载荷(包括带与不带环境谱)对静力试验结果的影响可以忽略，因此在确定环境补偿因子时可以不进行疲劳试验。

4.3.7　结构吸湿试验方法

虽然全尺寸结构静力验证试验一般很难在湿热条件下进行，需要在室温大气条件下进行，然后采取环境因子补偿法或是应力-应变外推法来考虑湿热对强度的降低，但需要在典型结构件直至复杂的组合件试验级别上进行湿热状态下的静力试验，从而需要对试验件进行吸湿处理。严格说来结构试验要求试验件在结构寿命末期达到的吸湿量作为最严重的吸湿状态。在寿命的末期厚度方向的湿度剖面，对于厚度较小的结构件有可能达到均匀，但对厚度较大的结构件，有可能无法达到均匀。由于结构件的吸湿量无法直接测定，通常必须通过伴随件的吸湿量来测定，欧洲适航当局对在试验件(包括典型结构件和组合件等)中引入预期最大吸湿量推荐的方法是：

(1) 对所选复合材料要：

① 确定其在85% RH条件下的平衡吸湿量，该吸湿量称为“材料目标吸湿量”(MTMC)，该吸湿量计算时必须相对完全干燥的状态，它意味着要由预先烘干的试样来确定。由于该吸湿量多少受浸润温度的影响，常用的浸润温度为70℃(欧洲适航的常用值)；

② 确定在飞机寿命期间预期能达到平衡的层压板最大厚度(取决于扩散率和大气平均温度)，用于空客公司适航审定时使用的是两面曝露的8mm厚板。

(2) 要在与制造试验件同时制造代表试验件材料和铺层顺序的试样(伴随件)，典型的伴随件尺寸：100mm×100mm，每种复合材料和典型厚度需两个伴随件。

(3) 开始对试验件进行加速吸湿时，把其中一个伴随件放入同一个浸润箱中，同时立即对另一个伴随件进行烘干，来确定浸润开始时的初始吸湿量；

(4) 通过逐次称重来监控伴随件的吸湿，当厚度最大的伴随件(但不大于寿命终结前预期达到平衡的厚度)达到“材料目标吸湿量”(MTMC)时停止浸润，该值必须在上一步骤中计算出。

为减少对在试验件中引入预期最大吸湿量所需浸润时间推荐的方法是：

(1) 提高相对湿度。从 85%提高到 95%或更高。即先在较高的相对湿度环境下浸润，最后在稳态的 85% RH 下达到平衡，来使整个厚度方向吸湿量均匀；

(2) 提高浸润时的温度。对 180℃固化的环氧树脂基复合材料体系，欧洲的推荐值为 70℃，美国的推荐值为 82℃。(注意温度过高会改变材料的化学性质，引入了后固化带来的力学性能退化，从而不能代表部件的使用状态)。

4.3.8　静强度验证试验提前破坏的实例

复合材料结构一般通过静强度验证试验来曝露结构设计中的薄弱环节。由于设计中未预见到的问题，而在静强度验证试验出现提前破坏的例子很多，为了使设计人员从中吸取教训，本节列出了文献中提及的若干例子。

4.3.8.1　某飞机外翼盒段及全尺寸机翼盒段

1) 外翼盒段

该盒段由三跨组成，并带有共固化的中梁/下蒙皮接头，上蒙皮含检查孔，如图 4-5所示。总共进行了 15 件盒段试验：3 件室温大气环境(RTA)下的静力试验；3 件在 2 倍寿命疲劳试验后在室温大气环境下进行剩余静强度试验；3 件在湿热环境(ETW121℃/吸湿量 1.3%)下进行静力试验；6 件在 2 倍寿命疲劳试验后进行湿热环境下剩余静强度试验。所有的疲劳试验件均未出现疲劳破坏，试验结果如图 4-6 所示。预计在 RTA 环境下的静力试验为下蒙皮破坏模式，总共 6 件试验件有 5 件是预期的破坏模式，另一件为中梁/下蒙皮共固化接头分离，其安全裕度为 1.35。事后的破坏分析发现，它是因吊挂翼肋处传递剪切载荷的钢剪切夹板扭转刚度过低造成的，图 4-7 为该结构的载荷示意图。根据这一结果，对全尺寸机翼盒段的剪切夹板进行了重新设计。预计在 ETW 环境下的静力试验件在上蒙皮检查孔处破坏，总

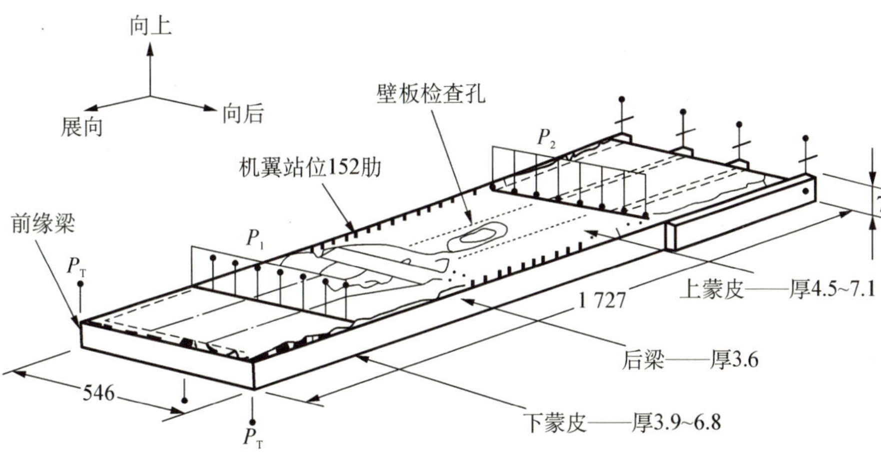

图 4-5　外翼盒段组合件示意图

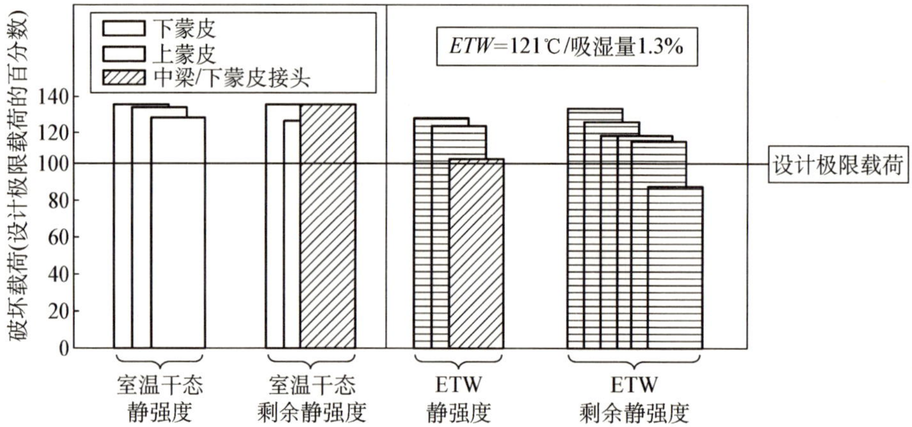

图 4-6　外翼盒段试验结果汇总

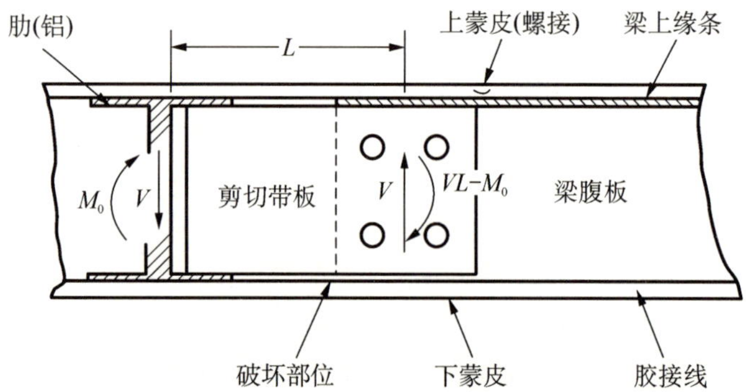

图 4-7　外翼盒段中梁/下蒙皮接头剪切夹板载荷示意图

共 9 件试验件中有 8 件是预期的破坏模式，只是其强度分散性很大(87%～132%设计极限载荷 *DUL*)，仍然有一件为中梁/下蒙皮共固化接头的分离，原因与前述相同。

2) 全尺寸机翼盒段

图 4-8 归纳了总计 4 件全尺寸机翼盒段的试验结果，其中 2 件在 RTA 下进行的试验，预计为下蒙皮破坏。尽管对连接翼梁与翼肋的剪切夹板进行了重新设计，但仍然出现中梁/下蒙皮共固化接头的分离，是未预计到的破坏。对 ETW 的试验，试验结果与预计的一样，均为上蒙皮破坏。

4.3.8.2　L-1011 垂直安定面的验证

这是 NASA 飞机能效(ACEE)计划的一部分。设计要求在弯曲载荷作用下，对垂直安定面进行 106%设计极限载荷试验，但试验加载至设计极限载荷的 98%时发生破坏。破坏方式为沿前梁蒙皮与梁的完全分离，并导致翼肋结构严重的内部损伤。研究表明，破坏由二次载荷引起，这一载荷可能主要由前梁界面附近蒙皮的局

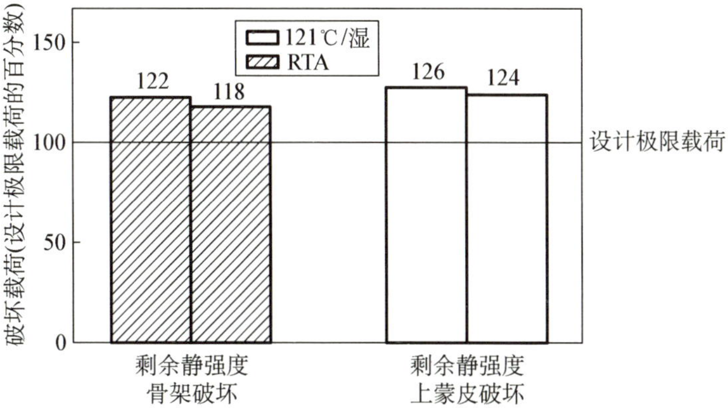

图 4-8 全尺寸机翼盒段试验结果汇总

部屈曲导致的。尽管设计时允许在超过设计限制载荷后出现屈曲，但并未预计到屈曲引起的二次载荷对结构完整性的影响。这时层间的拉力引起了翼梁顶端的分层，并导致了翼梁沿一排紧固件的完全分离，如图 4-9 所示。

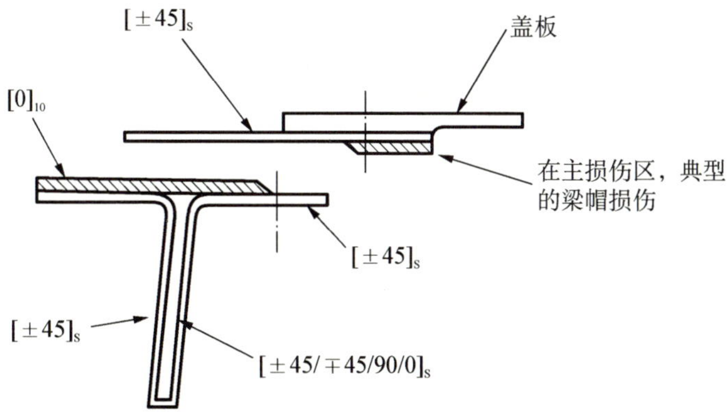

图 4-9 L-1011 垂直安定面静力试验中前梁帽破坏

4.3.8.3 DC-10 垂直安定面的验证

这也是 NASA 飞机能效(ACEE)计划的一部分。原计划施加三次设计限制载荷(分别对应于结构承受临界剪切、扭转和弯曲载荷)后，再进行 2 倍寿命疲劳试验，最后进行破损安全设计限制载荷试验。实际上在施加临界弯曲载荷情况下，结构破坏。破坏部位在后梁腹板的开口附近。后梁腹板为正弦波形层压板，含有 7 个 10 mm×13 mm 的检查孔，孔边用螺接加强框予以加强。分析发现，由于螺栓孔直径过大(比螺栓直径大 1.5～1.9 mm)，加强口框未能有效地降低孔边应变，从而发生了提前破坏。

附录 4A 一般设计准则[1]

4A.1 一般结构设计

设计准则	理由或后果
(1) 结构设计和相关的工装应能允许由于不可避免的设计载荷增大而造成的设计更改。	为了避免不合理的增强和类似地避免设计在最后一刻的失败
(2) 并不是所有的零件都适于采用复合材料结构,应在充分分析的基础上进行选材,包括性能、成本、时间周期和风险性的考虑。	材料种类对性能特性和可生产性因素有重大影响
(3) 只有通过比较研究表明可行(降低制造成本)时,才应使用单向和双向织物。如果可行,可将织物用于 45°或 0°/90°层。	织物的强度和刚度性能有所降低,同时其成本高于单向带。对复杂形状可能需要使用织物,而某些制件可能需利用织物的铺覆性
(4) 无论何时只要可能,配合面应是模具表面,以便保持尺寸控制。如果不可能,则应使用液体补偿,若间隙较大,也可联合使用预固化的和液体垫片。	为了避免若将邻接面强迫到位时产生额外的面外载荷。若间隙较大,可能需要进行试验
(5) 零件厚度公差正比于零件厚度的变化,建议 $0\,\text{mm}<t\leqslant 10\,\text{mm}$:±8%;$10\,\text{mm}<t\leqslant 25\,\text{mm}$:±6%;$t<25\,\text{mm}$:±4%。	厚度公差与层数及相关的每层厚度偏差相关
(6) 必须在接触面处使用胶层和/或薄的玻璃纤维层,将碳纤维与铝或钢隔离。	碳和铝(或钢)之间的电化学反应会引起金属腐蚀
(7) 设计时必须考虑制造和使用时结构的可检性。如果没有可靠的检测方法,设计复合材料结构时必须假定存在大的缺陷或损伤尺寸。	如果结构易检,发现问题的机会就要大得多
(8) 在进行有限元分析(FEA)时,在像开口附近、蒙皮铺层削减和加筋条削减处的高应力梯度区,必须采用比较密的网格。	不连续区附近应力确定或处理不当,会引起提前破坏
(9) 只要有可能,就要消除或降低应力集中。	通常(纤维控制的)复合材料层压板到破坏以前一直呈线性,材料不会出现局部屈服或应力重新分配,从而应力集中降低了层压板的静强度
(10) 应避免或尽量减少产生剥离应力的设计状态,例如过分突然的层压板收边或弯曲刚度相差悬殊(即 $EI_1 \gg EI_2$)的共固化结构。	剥离应力在层压板面外方向,因此是在最弱的方向
(11) 只要充分考虑了所有其他可能的破坏模式,允许薄复合材料层压板出现屈曲或起皱,一般要避免厚层压板失稳。	用后屈曲设计有可能得到明显的减重
(12) 在很多情况下,把 90°和±45°层放在外表面可改善屈曲许用值,要把 45°层放在对层压板局部屈曲最危险的外表面。	增加结构的承载能力

（续表）

设计准则	理由或后果
(13) 增加铺层时要保持均衡和对称，要加在同一方向的连续层之间。外表面层应是连续的。	尽量减少翘曲和层间剪切，提高铺层强度。连续表面层可尽量减少对铺层边缘的损伤，并有助于防止分层
(14) 决不能在紧固件分布区终止铺层。	减少对骨架的仿形要求，避免钻孔引起的分层，提高挤压强度
(15) 铺层顺序相对于层压板中面为对称均衡的；任何不可避免的非对称或非均衡的铺层应放在层压板中面附近。	避免固化后的翘曲，降低残余应力，消除"耦合"应力
(16) 只要可能就要采用纤维控制的层压板。对多数主承载结构，推荐使用[0°/±45°/90°]铺层，最少应在每个方向铺设10%的纤维。	纤维承载，树脂比较弱，这会尽量减少基体和刚度退化
(17) 对多向受载的情况，不要只对最严重的载荷情况进行优化。	只对单一载荷情况进行优化，会使得其他载荷情况下树脂或基体应力过大
(18) 如果结构采用机械连接方式，±45°铺层最少要达到40%以上。在剪切载荷为主时，±45°铺层要接近50%；在拉压载荷为主时，0°铺层要达到50%。	以提高挤压强度
(19) 只要可能，应维持分散的铺层顺序和避免成组铺设同一方向的层。如果必须成组铺设，建议最大数目不超过3层。若特殊情况必须超过3层，则最大允许的层数或厚度取下式中的较小者（取决于单层厚度）：$n_{max}=4$ 或 $t_{max}=1.0\,mm$。	增加强度和减少分层趋势，得到更均匀的层压板，减少层间应力，尽量减少使用期间和使用后的基体微裂纹
(20) 如果可能，避免将90°层成组铺设。用0°或±45°层将90°层分开，其中0°是主要的承载方向处。	尽量减小层间应力和正应力，减少多重横向断裂，减少成组的基体控制层
(21) 层压板中±θ°（例如±45°）的成对或分开铺设涉及两个相矛盾的要求，层压板结构应使层间的层间剪切最小和减少弯-扭耦合。	将±θ°分开能降低层间剪切应力，在层压板中将±θ°放在一起能减少弯-扭耦合
(22) 每个层压板表面最少要铺放一对±45°层，一层织物就够了。	尽量减少钻孔时的碎片，保护基本承载层
(23) 避免铺层的突然终止，每次铺层递减数尽量不超过2层，减掉的层在层压板中不应彼此相邻。	铺层递减会引起应力集中和载荷路径的偏心，厚度的变化会引起纤维的扭折，并在受载时可能引起分层。削减不相邻的铺层，能减小其他铺层的折曲
(24) 铺层削减的原则：在主受力方向为1∶20；在其他方向为1∶10。铺层削减时应保持层压板的对称和均衡，同时铺层削减区或接近中面，或远离中面	减小引入铺层递减产生层间剪应力的载荷。有助于产生光滑外形，减小应力集中

（续表）

设计准则	理由或后果
(25) 蒙皮铺层递减不应跨越梁、肋或框凸缘。	提供较佳的传力路线和零件之间的装配条件
(26) 在载荷引入区，应在中面两侧有等量的+45°和−45°层。	均衡对称成对的±45°层，对载荷引入区通常出现的面内剪切载荷有最强抗力
(27) 铺设时，连续层不应沿垂直载荷的方向拼接。	在载荷路线中出现薄弱环节
(28) 铺设时，如果层的拼接被至少5层任意方向铺层分开，连续层可以在沿与载荷平行的方向拼接。	消除了在层拼接处出现薄弱环节的可能
(29) 如果分开同一方向各层拼接点的其他方向层少于5层，则拼接的点至少必须交错15mm。	减少在层拼接处的薄弱环节
(30) 不允许平行的单向带搭接，但间隙不应超过2mm。	
(31) 铺设织物需要时应采用搭接，搭接距离应为12～15mm。	
(32) 铺设单向带需要时应采用拼接，两拼接接头在相邻层之间的距离必须大于2000mm；平行的预浸带同时需要拼接时，垂直纤维方向的距离必须大于300mm。若采用搭接，则搭接距离应为12～15mm。	

4A.2 夹层结构设计

设计准则	理由或后果
(1) 面板设计应尽量使操作人员在搬运和维护部件时引起的损伤减到最少。	薄蒙皮蜂窝结构非常容易因为粗暴操作产生损伤
(2) 只要可能，避免在层压板蜂窝芯一侧进行层压板装配。	尽量不对蜂窝芯进行机械加工
(3) 芯子边缘的倒角不应超过20°（以水平面为基准），大的角度可能要求芯子稳定性，柔性芯子比刚性芯子更敏感。	防止在固化循环时芯子压塌
(4) 在复合材料夹层结构组件中只能使用非金属或防腐蚀金属蜂窝芯子。	防止芯子腐蚀
(5) 蜂窝芯子密度的选择应满足其在胶接或共固化时所承受固化温度和压力的强度要求。对非行走表面，芯子密度的最小值为3.1 *PCF* ($50\,g/m^3$)。	防止芯子塌陷

（续表）

设计准则	理由或后果
(6) 对用作行走表面的夹层结构，推荐使用的芯子密度为 6.1 *PCF*（98 g/m³）。	3.1 *PCF*（50 g/m³）的芯子密度会使鞋后跟在行走时引起表面损伤
(7) 对共固化夹层结构组件，不要使用格子尺寸大于 4.8 mm 的蜂窝芯（最好用 3.2 mm 的格子尺寸）。	防止面板出现凹坑
(8) 当要求在螺栓孔周围等处充填芯子时，应采用经批准的充填剂，充填范围离螺栓中心不小于 2D。	防止安装螺栓时出现芯子塌陷和可能的层压板损伤
(9) 在芯子收边（边缘斜削）处的内模线上应额外加 2 层胶膜，胶膜长度离内蒙皮和斜坡上边缘带交界处不小于 15 mm，离这点到边缘带的距离不小于 5 mm。	固化压力会使内蒙皮在这个区域引起“桥接”，从而在胶层中产生空隙 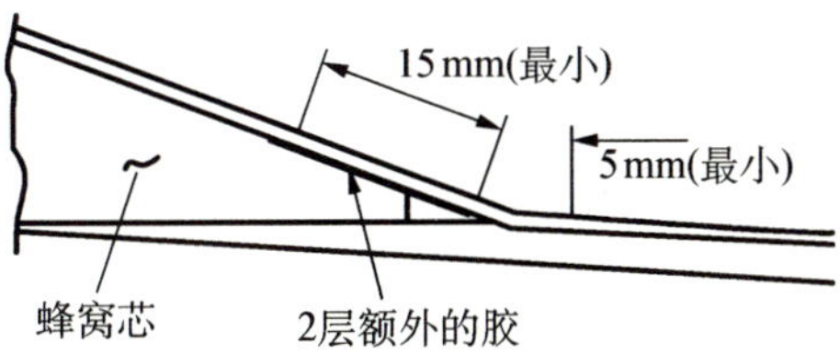
(10) 必须按预期的用途、环境、可检性、可修理性和用户能否接受这几方面来仔细地评定蜂窝夹层结构的应用。	薄蒙皮蜂窝易于受到冲击损伤、结冰/融化循环引起水的渗漏，以及很难修理

4A.3　螺接连接

设计准则	理由或后果
(1) 首先设计连接，然后扩展到基本结构。	在对“基本”结构进行优化的基础上兼顾连接设计，会使总的结构效率比较低
(2) 连接分析应包括修整到图纸允许的尺寸限制的影响。	垫补修整可能降低连接强度
(3) 连接设计要考虑容许下一级较大的紧固件尺寸。	要容许常规的维护修理大纲和修理工作
(4) 螺接连接强度随纤维分布中 0°层百分数的变化远小于无缺口层压板强度。	应力集中系数 K_t 与 0°层密切相关
(5) 单排连接的最佳强度大约是最佳四排连接的四分之三。	最佳单排连接的工作挤压应力比最佳四排连接中受载最高一排的高
(6) 复合材料螺接连接设计的常见错误是采用的螺栓太少，间距过大，螺栓直径太小。	不要使层压板强度最高
(7) 连接设计通常并不由紧固件的额定剪切强度控制。	螺栓直径通常被不超过层压板许用挤压应力的要求所控制

（续表）

设计准则	理由或后果
(8) 螺栓孔周围的环向峰值拉伸应力大致等于平均挤压应力。	要保持高层压板拉伸强度就要求保持低的挤压应力
(9) 应控制最大扭矩值，特别是对大直径紧固件。	避免压损复合材料
(10) 复合材料中的螺栓弯曲的影响比金属重要得多。	对给定的载荷复合材料要更厚些，并由于其脆性破坏模式，对非均匀挤压应力更敏感
(11) 多排螺接连接的最佳 W/D 比随连接长度而变。第一排的 $W/D=5$ 传载最小，最后一排的 $W/D=3$ 传载最大，对中间螺栓 $W/D=4$。	使连接强度最高
(12) 与碳接触的不锈钢紧固件应是永久性的，并用密封剂进行湿装配。	避免电化学腐蚀
(13) 在碳/环氧树脂壁板与铝的接触面使用一层玻璃纤维或 Kevlar（至少 0.13 mm 厚），或带 Serim 的胶。	避免铝的腐蚀
(14) 应仔细分析螺栓应力，特别是对允许的制造参数影响，例如孔的垂直度（±10°）、填隙垫片、松配合孔。	随着目前高强度复合材料的使用，螺栓破坏逐渐成为“薄弱环节”
(15) 螺栓连接数据库应包括全部允许的设计特性。	确定破坏模式保持一致，并确定设计参数间没有不利的相互作用影响
(16) 设计数据库应足以在设计允许的全部范围内，证实所有的分析方法是有效的。	为了适当地验证分析精度
(17) 机械连接连接数据库应包含有关耐久性的信息，如夹紧、界面之间的磨损和孔的伸长。也需要评定制造中允许的偏差，如孔的质量、边缘光洁度和纤维拉脱。	实际存在的问题会影响强度和耐久性
(18) 使用防止部件背面纤维拉脱的钻孔方法。	不适当的背面支持和钻孔方法会损伤背面的表面层
(19) 搭接板的应力应低于蒙皮的应力，以防止分层。	由于螺栓弯曲，搭接板所受的夹紧要小于夹在中间的蒙皮
(20) 最好的螺接连接强度可能刚刚超过无缺口层压板强度的一半。	强度降是由紧固件孔周围的应力集中引起的
(21) 传载有效的层压板百分比：0°层比例为 30%～50%；±45°层比例为 40%～60%；90°层比例为至少 10%。	是挤压和旁路强度最高的铺层范围
(22) 划窝深度不应超过层压板厚度的 70%。	划窝过深会使挤压性能退化，并增加孔的磨损
(23) 紧固件边距和间距：在主载荷方向使用边距 3.0D；其他使用 2.5D+0.06 倍边距（D 是紧固件直径）。	连接强度最高

（续表）

设计准则	理由或后果
(24) 对非结构填隙垫片，相接触零件的间隙不应超过 0.8mm。	过大的间隙引起螺栓的过度弯曲、非均匀挤压应力和载荷路线偏心
(25) 任何超过 0.13mm 的间隙都应加垫片。	使夹紧引起的层间应力最小
(26) 在阳极化铝骨架的碳/环氧树脂口盖上使用“定位成形”的垫圈，要求密封厚度至少为 0.25±0.13mm。	防止铝的腐蚀
(27) 对碳/环氧树脂只用钛，A286，PH13-8MO，蒙乃尔或 PH17-4 不锈钢紧固件。	防止电化学腐蚀
(28) 不要锤击复合材料结构中的铆钉。	锤击力能使层压板产生损伤
(29) 在设计中允许采用干涉配合紧固件之前，应仔细核实。	如果在装配干涉配合紧固件之前，不装上松配合的衬套，能使层压板产生损伤
(30) 必须评定和控制主结构连接紧固件与孔的尺寸公差。	紧配合的紧固件在单个紧固件孔中产生均匀的挤压应力，在多紧固件连接中容易得到合适的载荷分配
(31) 如果在钉尾一侧使用垫片，可用压铆。	垫片有助于保护孔
(32) 当与复合材料骨架进行盲连接时，采用盲侧大底脚的钛或 A286 紧固件。	通过锁紧紧固件的环套来防止对复合材料骨架产生损伤
(33) 对大多数结构应用情况，最好使用拉伸头紧固件，剪切头紧固件只可用在应力许可的特殊结构。	剪切头紧固件
(34) 避免使紧固件的螺纹挤压到层压板。	紧固件螺纹能使层压板出现沟槽或损伤
(35) 应采用斜削搭接板逐排对载荷传递进行剪裁，使最危险一排的挤压应力最小。	等厚元件之间的多排螺接连接，会在最靠外各排紧固件处出现高峰值挤压载荷

4A.4 胶接连接

设计准则	理由或后果
(1) 对受载较小的薄复合材料广泛采用二次胶接，限制对较厚、受载较大的结构使用机械紧固件连接方式。	降低成本；减少复合材料结构部件的孔数，消除为紧固件划窝和为提高挤压强度所需的增强，达到减重
(2) 决不能使胶接设计成为结构中的薄弱环节，胶接接头应总是强于所胶接的元件。	使结构强度最高。可用胶接作为薄弱环节保险机制，并由于局部缺陷而突然撕开
(3) 厚胶接结构需要复杂的阶梯搭接的连接来获得足够的效率。	大载荷需要很多台阶来传递载荷，并保证胶层提供被胶接件的强度
(4) 预先考虑到要降低应变水平来对厚的结构进行螺接连接修理。	除了一次性使用和用后抛弃的情况外，对厚的结构采用胶接修理是不实际的

（续表）

设计准则	理由或后果
(5) 对导弹和无人机等无需修理的情况，即使是对厚结构，也可采用胶接连接获得极高的结构效率。	传递载荷时不必钻紧固件孔
(6) 适当的表面处理是“绝对必须”的——谨防“清洗”剂和剥离层。机械打磨更可靠。	保持使用时的连接强度与胶接表面的状态密切相关
(7) 在进行胶接修理前，必须使层压板保持干燥。	在修理时对层压板加热，会使任何存在的水分变成蒸汽并引起水泡
(8) 被胶接件的搭接一定不能小于规定的最小尺寸。	胶接连接耐久性，其关键是一些胶层必须受载较低，以防蠕变
(9) 在规定胶接搭接尺寸时，通常要使其能在湿/热环境条件下不出现破坏。	高温和潮湿会使胶层的强度和刚度退化
(10) 胶接连接强度在寒冷环境下也会退化，此时胶层呈脆性。	胶的脆性限制了连接的强度
(11) 胶接搭接的斜削端应以 1∶10 的斜率减至 0.5mm。	使得所引发、会引起提前破坏的剥离应力最小
(12) 胶层受剪时最好，剥离强度差，但复合材料受层间拉伸的能力更差。	连接的设计必须使面外应力最小
(13)（对接近准各向同性的碳/环氧树脂）设计简单、等厚搭接连接是简单的，对双剪连接采用搭接长度 $30t$，对单搭接连接采用搭接长度 $80t$，对斜面搭接连接采用 1∶50 的斜率。	使胶接连接具有良好的承载能力
(14) 设计厚结构的阶梯搭接连接时，要使用非线性分析程序。	在阶梯搭接连接中存在复杂的应力状态；具有非线性的胶层特性
(15) 用厚的胶接件试样来充分表征胶层特性，得到完整的非线性剪切应力-应变曲线。	这种试验为分析连接的剪切极限提供了丰富的数据
(16) 对受高载的胶接连接，最好采用共固化、双侧、多台阶搭接形式。	是很有效的连接设计
(17) 决不能将胶接连接设计成主要承受剥离或劈裂载荷。	胶层的剥离强度很差且无法预计
(18) 最好使用韧性胶层，而不是脆性胶层。	韧性胶层有更好的适应能力
(19) 对大面积胶接最好使用胶膜，而不是糊状胶。	加热时可给出更均匀的胶层，并更易控制
(20) 均衡的被胶接件刚度可提高强度。	降低剥离应力
(21) 尽量减小连接偏心。	降低剥离应力
(22) 采用热膨胀系数相近的被胶接件。	降低残余应力
(23) 保证胶接连接的结构是 100％目视可见的。	提高可靠性和置信度。需要强调工艺控制

4A.5　复合材料与金属的斜面搭接连接

设计准则	理由或后果
(1) 最好将复合材料与钛胶接，钢是可接受的，不推荐使用铝。	使热膨胀系数的差异最小
(2) 最好使用阶梯形连接，而不是斜面搭接连接。	配合好，强度较高
(3) 只要有可能，应将45°层(主载荷方向)与胶层相邻；0°层也是可接受的。决不应将90°层与胶层相邻，除非它也是主载荷方向。	尽量减小胶层与承载层间的距离。防止表面层因“圆木滚动”机理出现的破坏
(4) 对阶梯搭接的连接，端部台阶的金属厚度应不小于0.76 mm，台阶不长于9.5 mm。	防止端部台阶的金属破坏
(5) 如果可能，在胶接阶梯搭接连接的第一和最后的台阶采用±45°层。	降低端部台阶的层间剪切峰值应力
(6) 如果可能，在任何一个台阶上不要结束2层以上的0°层(最大厚度不大于0.36 mm)。对在最后一个台阶结束的0°层(最长的0°层)，采用锯齿状的边缘可降低应力集中。	降低连接端部的应力集中
(7) 如果可能，或者应用90°层与阶梯搭接连接的第一个台阶相接触。	降低传力路线中断的值
(8) 胶接连接中应避免拉伸和剥离应力。	是胶层强度最小的方向

4A.6　复合材料与金属的连续连接

设计准则	理由或后果
(1) 最好将复合材料与钛胶接，钢是可接受的。	使热膨胀系数的差异最小
(2) 除了抗腐蚀铝蜂窝芯和受载较小的次结构外，不采用复合材料与铝的胶接结构。	尽量减小由于复合材料与铝的热膨胀系数相差悬殊而产生的层间剪应力

4A.7　复合材料与复合材料的斜面搭接连接

设计准则	理由或后果
(1) 除了薄结构的修理外，决不采用斜面搭接连接而用阶梯搭接连接。	提高连接强度
(2) 如果存在配合问题，最好采用共固化连接而不是预固化连接。	对容许的配合误差不太敏感

（续表）

设计准则	理由或后果
(3) 对预固化零件，最好采用机械加工斜面而不是铺叠成的斜面。	为了改善配合
(4) 应用维护保障性来评定共固化胶接子组合件的使用。	减少层数和装配时间，但增加了返修成本
(5) 对厚层压板，胶接修理是不可接受的。	斜削比的要求使胶接修理无法实现

参考文献

[1] MIL HDBK - 17 - 3F. Composite Materials Handbook Volume 3. Polymer Matrix Composites Materials Usage, Design, And Analysis [M]. 2002. 6. 17.

[2] Rouchon J. Certification on Aircraft Composite Structures [G]. Training Course, April 2007.

[3] 沈真. 复合材料飞机结构耐久性/损伤容限设计指南[M]. 北京：航空工业出版社，1995.

[4] 沈真. 复合材料结构设计手册[M]. 北京：航空工业出版社，2001.

[5] 童贤鑫. 复合材料结构稳定性分析指南[M]. 北京：航空工业出版社，2002.

[6] 谢鸣九. 复合材料连接手册[M]. 北京：航空工业出版社，1996.

[7] 陈业标. 飞机复合材料结构强度分析[M]. 上海：上海交通大学出版社，2011.

[8] FAA AC20 - 107B. 复合材料飞机结构[S]. 2009.

5 耐久性设计与验证

5.1 概述

结构的耐久性是指机体结构在它预期的使用寿命期间，抵抗疲劳开裂、腐蚀、热退化、剥离、分层、磨损和外来物冲击损伤，保持所要求的强度和刚度的能力。机体结构在受到预期的使用载荷和环境谱时，必须具有适当的耐久性，以在整个寿命期间不会因频繁的维护、修理和更换零件而产生高昂的成本代价。耐久性在保证规定寿命期间安全性的前提下主要是经济性考虑，在民机结构适航条例中一般不考虑与制造和运行成本有关的事项，只关心与安全相关的事项，一般只给出对给定疲劳寿命可靠性有关的内容，所以不同于军机规范，不使用耐久性的术语。但飞机结构设计不仅考虑安全性，同时要考虑经济性，采用耐久性术语对设计和生产部门更适用。

与金属结构耐久性主要考虑疲劳和腐蚀不同，复合材料结构具有优良的抗疲劳和抗腐蚀特性，疲劳和腐蚀不是复合材料结构耐久性的主要问题。而复合材料的层间性能比较低，抗冲击性能较差，特别是薄蒙皮和薄面板夹层结构在常见的低能量冲击下，容易产生表面目视可见的损伤，会给使用带来大量维护和修理问题，降低飞机出勤率和增加维护费用。对薄面板蜂窝夹层结构，表面目视可见的冲击损伤会使水分渗入内部的蜂窝，引起面板与蜂窝的大范围撕开，不仅有维护问题，还会威胁结构的安全。因此对复合材料结构耐久性应着重考虑其对经常会遇到的低能量冲击的阻抗，这就是复合材料结构对低能量冲击的损伤阻抗要求。在很多文献中薄蒙皮和薄面板夹层结构的冲击损伤一般按损伤容限问题来处理，作者认为这一类问题主要涉及维护性考虑，故在本章中讨论。

5.2 耐久性设计要点

耐久性设计要点如下：

(1) 通过含孔、冲击损伤、紧固件等结构特征的典型结构铺层层压板试样疲劳试验确定它们的疲劳特性，证实结构所用材料体系有优越的疲劳特性，在此基础上确定结构所用材料体系的疲劳分散性，统计分析得到用于随后典型结构件、组合件与部件级试验用的寿命分散系数和载荷放大系数。

(2) 对胶接连接件的疲劳特性进行试验验证。

(3) 对薄蒙皮结构和薄面板夹层结构，必须进行规定的常见小能量冲击试验，证实其有足够的冲击阻抗，从而可以降低维护费用。

(4) 编制为复合材料疲劳试验和分析目的用的重复载荷谱，应代表预期的使用用途，并针对复合材料特点进行低载截除和保留高载。对民机结构确定考虑材料与工艺变异性的载荷放大或寿命分散系数。

(5) 确定结构中的疲劳关键部位或关键件。

(6) 应按照生产规程和工艺来制造和装配试验件，使试验件代表生产型结构。结构验证用试验件应引入结构寿命期间会存在并允许的制造和使用缺陷，其中包括与所用检测方法一致的目视勉强可见冲击损伤，即损伤容限评定时规定的第 1 类损伤，使其代表质量最差的生产型结构。

(7) 需要证明环境条件不会对疲劳寿命有明显影响(包括已有的经验)，否则必须确定环境条件对疲劳寿命的影响，或在环境条件下进行疲劳试验。

(8) 进行谱载荷下代表这些关键部位或关键件的典型结构件或组合件级疲劳试验，验证其是否满足给定的疲劳寿命。

(9) 进行部件级试验件的疲劳验证试验，采用与典型结构件和组合件相同的重复载荷谱。在疲劳试验期间，要验证刚度性能的变化没有超出可接受的水平。

(10) 注意金属结构和复合材料结构疲劳试验用重复载荷谱的差别，通常不可能在同一个试验件上同时完成对金属和复合材料部分疲劳寿命的验证。

5.3 复合材料结构耐久性中经常提及的几个概念

5.3.1 静力覆盖疲劳

金属结构疲劳主要考虑拉-拉疲劳，而复合材料结构有着优异的拉-拉疲劳性能，以含孔试样的拉-拉疲劳性能为例，大量试验数据已经表明，在最大疲劳循环载荷等于其 80%剩余静强度条件下，循环次数达到 10^6 次后其剩余强度有可能还高于未经受疲劳载荷试样的静强度，这是因为疲劳载荷会引起孔边分层，降低了应力集中，因此通常可以不考虑复合材料结构在拉-拉疲劳载荷下的寿命问题，只要满足拉伸静强度的要求，其疲劳寿命可以自动满足，因为拉伸设计值取决于开孔拉伸试样的试验结果，而疲劳载荷谱中的最大载荷不会超过 67%设计极限载荷。

复合材料结构经受拉-压或压-压疲劳后其剩余强度会有所降低，通常其压缩设计值取决于冲击损伤容限的压缩剩余强度要求，为满足该设计要求，使得其压缩设计值较低(通常不高于 4 000 $\mu\varepsilon$)，而含缺陷/损伤结构在常幅载荷下的疲劳门槛值(对应于 10^6 循环数)一般均不低于含同样缺陷/损伤结构剩余强度的 60%，在承受设计使用载荷谱时，其疲劳门槛值可达相应剩余强度的 80%以上。实际上如果确定结构设计值时考虑了冲击损伤引起的强度降，使得其设计使用载荷谱对应的绝大多数(甚至所有的)结构应力水平低于疲劳门槛值。因此对民机结构,只要含缺陷/损伤结构满足设计极限载荷(对应于 BVID——详见第 6 章)及设计限制载荷(对应于 VID)要求,就能自动满足含缺陷/损伤结构的寿命要求,不存在疲劳破坏的可能。对军机结构,其重复载荷谱中的各级载荷基本上均低于疲劳门槛值,因此也能满足其疲劳寿命要求。

复合材料螺栓连接也有优异的疲劳性能,已经观察到在最大循环载荷水平高达 70%静强度的作用下,复合材料螺栓连接可以有非常长的疲劳寿命,而剩余强度减小甚微。通常复合材料结构的挤压设计值远低于挤压破坏强度,因此也能满足静力覆盖疲劳的条件。

综上所述,由于复合材料结构设计值取决于含缺陷/损伤试样的试验结果,而含缺陷/损伤试样有着优异的疲劳性能(一般不低于 60%含同样缺陷/损伤试样的静强度,包括拉伸和压缩),因此只要满足了静强度的设计要求,通常均能自动满足其疲劳寿命要求,这就是复合材料结构设计经常提及静力覆盖疲劳概念的原因。在飞机结构中,复合材料结构的疲劳寿命和日历寿命均远高于金属结构,一般来说,复合材料结构的疲劳设计与验证试验的工作量远少于金属结构;此外复合材料结构的维护周期可以大大延长,维护费用也要少得多;因金属结构的疲劳与腐蚀问题困扰而无法实现的设计,由于复合材料的这一优点会变得可能,如增加机身窗户尺寸、提高机舱内部气压和相对湿度。当然提供足够的疲劳试验证据仍是必不可少的,应提供直至全尺寸结构的疲劳试验结果给用户和适航当局,才能作为复合材料结构定寿的依据。

应指出,静力覆盖疲劳的概念是由碳纤维复合材料结构的研究与使用经验得到的,对玻璃纤维复合材料结构应慎用。

5.3.2　冲击损伤阻抗

虽然复合材料及其结构有着极为出色的抗疲劳性能,但复合材料薄蒙皮和薄面板蜂窝结构的耐久性也就是其损伤阻抗可能会难以满足要求,损伤阻抗是复合材料结构耐久性设计中提出的新问题。它们存在的问题如下:

(1) 对低能量冲击的敏感性,即会产生目视可见蒙皮损伤或芯子损伤,使吸湿过程加速,引起金属芯子腐蚀或芯子与蒙皮脱粘等问题;

(2) 检修频率高;

(3) 零件更换过多。

这些问题使得保持可维护性及保障性的费用增加,它主要是结构可靠性和经济性问题,但应列入耐久性试验计划予以验证。

提高结构损伤阻抗的主要方法是采用损伤阻抗高的材料体系或措施。对复合材料体系损伤阻抗的评定可以按 ASTM D 6264 的方法进行,具有较高最大接触力的材料体系和结构形式就意味着其结构的损伤阻抗也较高。采用织物或增加玻璃纤维表面层是提高损伤阻抗的措施之一,也可采用 ASTM D 6264 推荐的方法对这些措施的有效性进行评价。

5.3.3 胶接结构的耐久性

复合材料胶接结构的耐久性是另一值得注意的问题，因此胶接连接在主承力结构中的应用应特别谨慎。

AC 20－107B“复合材料飞机结构”中6c(1)中指出：“结构使用中出现的很多胶接失效和问题，均可追溯到生产工艺的不合格或质量控制不力。……对胶黏剂和胶接工艺鉴定，常用的力学试验是搭接剪切刚度与强度的检查。剪切试验无法可靠地量度与胶接不良(即缺胶)相关的长期耐久性和环境退化；某种剥离试验已被证实能更可靠地评定胶接质量。……在着手鉴定试验前，要解决导致胶层失效的材料或胶接工艺问题”。对军机结构也存在同样的要求。

5.4 耐久性设计要求

5.4.1 概述

耐久性要求包括疲劳寿命(包括日历寿命)和损伤阻抗两方面内容，前者是民用飞机制造商从市场竞争要求提出的，主要取决于金属结构的设计水平，复合材料结构只要满足了静强度要求，一般都能自动满足，但需通过足够的试验，直至全尺寸结构验证试验来证实。后者是复合材料结构从经济性和维护性要求出发特有的，特别是薄蒙皮和薄面板夹层结构应考虑满足低能量冲击的损伤阻抗要求，避免带来过多的维护和修理问题。

5.4.2 工具坠落

按结构制造和使用中受到工具坠落的概率将结构分为两类，对这两类结构区域采用的损伤阻抗要求如表5－1所示。

表5－1 低能量冲击损伤阻抗设计要求(工具坠落)

区 域	损伤源	损伤水平	要 求
1区 易受冲击区	12.7mm直径 冲击头 低速 垂直于表面	不超过8J的冲击能量或冲击能量不低于5.5J时产生的目视可见损伤(2.5mm深凹坑)	2倍设计寿命期内无功能性障碍或不需要结构修理，且不渗水； 不会由于一次5.5J的冲击，产生目视可见损伤； 无明显损伤扩展(除分层在重复载荷下特有的“变圆”外，所有其他的扩展均视为明显扩展)
2区 不易遭受 冲击区	与1区相同	不超过8J的冲击能量或目视可见损伤(2.5mm深凹坑)	2倍设计寿命期后无功能性障碍；若损伤目视可见，外场修理后不渗水； 无明显损伤扩展(除分层在重复载荷下特有的“变圆”外，所有其他的扩展均视为明显扩展)

5.4.3　冰雹和跑道碎石冲击

停机时受到的冰雹冲击和地面滑行时跑道碎石的冲击同样是对结构耐久性可能有重要影响的冲击损伤源。对飞机承受的冰雹尺寸选择，应保证其代表了可能遇到冰雹的概率为90%以上；而跑道碎石尺寸的选择也应代表常遇到的碎石，其速度则取决于飞机性能。表5-2和表5-3给出了对这两类冲击源适用的损伤阻抗要求。

表5-2　低能量冲击损伤阻抗设计要求(冰雹)

区　域	损伤源	损伤水平	要　求
所有的垂直表面和水平上表面	冰雹： 直径　20.3mm 密度　0.9g/cm^3 速度　27.4m/s 垂直于水平表面 与垂直表面成45°	均匀分布 冲击点中心间距20mm	2倍设计寿命期内无功能性障碍，或不需要结构修理； 无目视可见损伤； 无水分侵入，如滴水，否则会产生要求进行维护的不可接受的结构退化； 无明显损伤扩展(除分层在重复载荷下特有的“变圆”外，所有其他的扩展均视为明显扩展)

表5-3　低能量冲击损伤阻抗设计要求(跑道碎石)

区　域	损伤源	损伤水平	要　求
位于常规起飞和着陆掀起的碎石路径上的下表面	跑道碎石： 直径12.7mm 密度3g/cm^3 与飞机速度相当	冲击点中心间距300mm	2倍设计寿命期后无功能性障碍；如果损伤目视可见，外场修理后不渗水； 无明显损伤扩展(除分层在重复载荷下特有的“变圆”外，所有其他的扩展均视为明显扩展)
位于垂直起落掀起的碎石路径上的下表面	跑道碎石： 直径待定 密度待定 速度待定	冲击点中心间距300mm	2倍设计寿命期后无功能性障碍；如果损伤目视可见，外场修理后不渗水； 无明显损伤扩展(除分层在重复载荷下特有的“变圆”外，所有其他的扩展均视为明显扩展)

5.4.4　操作和踩踏

应特别考虑制造和使用环境中会遇到的正常操作和踩踏的损伤阻抗要求。

5.4.5　可拆卸的夹层结构要求

对可拆卸的夹层结构，在受到0.5～0.7J的冲击时应不产生外表面目视可见损伤。

5.5 复合材料及其结构的疲劳特性

5.5.1 层压板的疲劳特性

复合材料层压结构一般都显示有优异的疲劳性能。

(1) 对于常用的纤维控制多向层压板(包括含孔试样),在拉-拉疲劳下,它能在最大应力为 80%极限拉伸强度的载荷下经受 10^6 次循环。

(2) 在拉-压或压-压疲劳下,其疲劳强度略低一些,但 10^6 次循环对应的疲劳强度一般约为相应静强度的 50%。特别是含冲击损伤试样在压-压疲劳下 10^6 次循环对应的疲劳强度,一般不低于相应静强度的 60%,对热塑性复合材料更高达 65%。

(3) 由于目前复合材料结构设计值主要取决于损伤容限许用值,在这样的应变水平下,通常复合材料结构具有无限寿命,这就是习惯上所说的“静力覆盖疲劳”的含义。

(4) 胶接结构,如果设计不当,有可能出现疲劳破坏。

图 5-1 和图 5-2 分别是复合材料典型结构元件在拉伸和压缩载荷下的疲劳特性。所有的试验结果均表明复合材料层压板有着优异的抗疲劳性能。

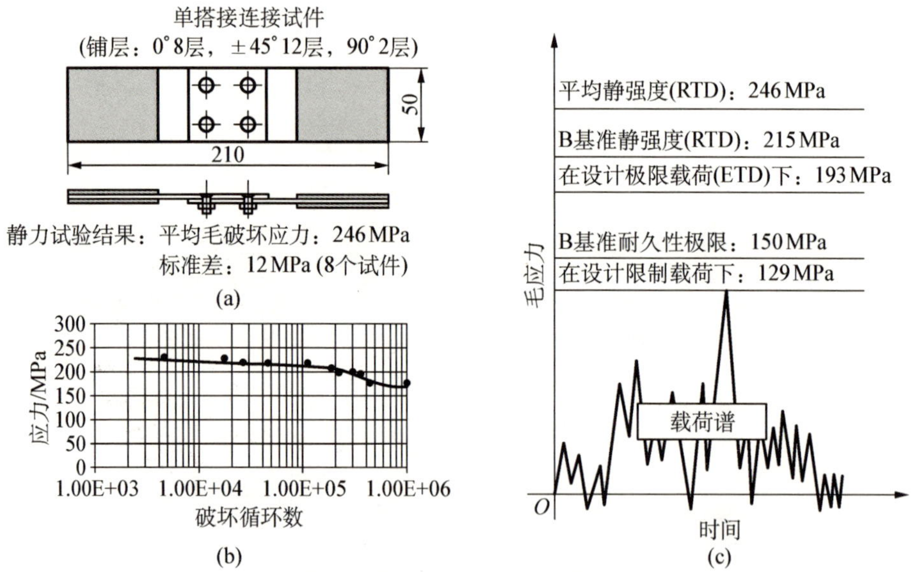

图 5-1 单搭接接头在拉伸载荷下的疲劳特性

(a) 单搭接连接试件；(b) 0°拉伸 $S-N$ 曲线；(c) 拉伸疲劳特性

5.5.2 结构件的疲劳特性

国内外的大量研究和使用经验证实,不仅复合材料本身,而且复合材料结构也有着优异的抗疲劳性能。美国空军曾对此做了大量系统的研究,他们在相当严重的环境及疲劳载荷条件下,进行了几百个试验件的试验,其中包括从试样、元件、典型结构件、结构件及全尺寸部件结构等一系列从简单到复杂的试验件,疲劳试验后的

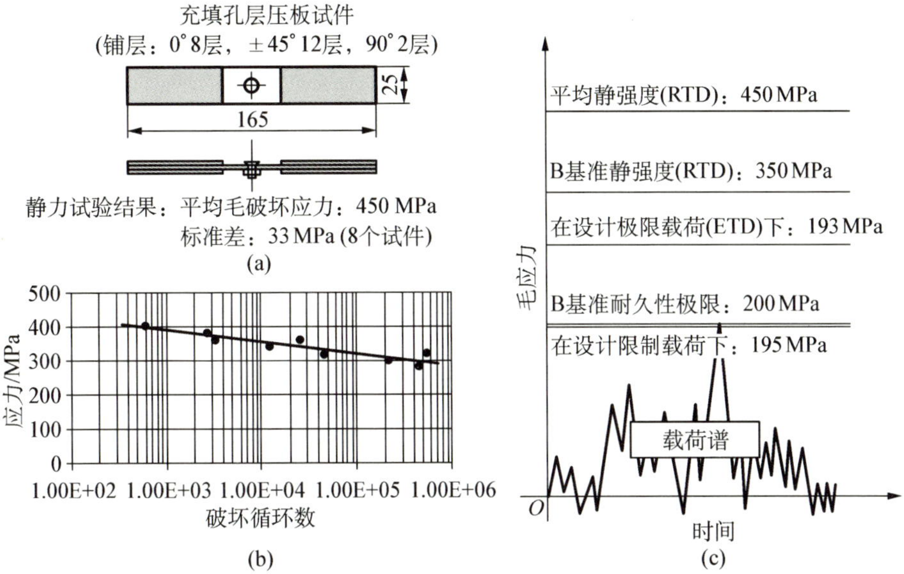

图 5-2 充填孔层压板在压缩载荷下的疲劳特性

(a) 充填孔层压板试件；(b) 0°压缩 $S-N$ 曲线；(c) 压缩疲劳特性

剩余静强度试验结果如图 5-3 所示。所用疲劳载荷比实际使用的谱载荷还要严重，有的试验谱中最大一级载荷达到了平均静力破坏载荷的 72%。还有的试验给试验件叠加了严重的准实时环境循环(包括连续的热循环、严重的热冲击及有规律的吸湿/排湿循环)。对歼击机，在 2 倍疲劳寿命期间，所有的试验件均未出现疲劳破坏。然后在 121℃/吸湿量 1.2%的环境条件下，对未发生疲劳破坏的试验件进行剩余静强度试验。试验数据表明，其剩余强度有一定的分散性，但仍在静强度的分散性之内。还应指出，即使基体控制的破坏模式，例如压缩及层间剪切对疲劳也不敏感。

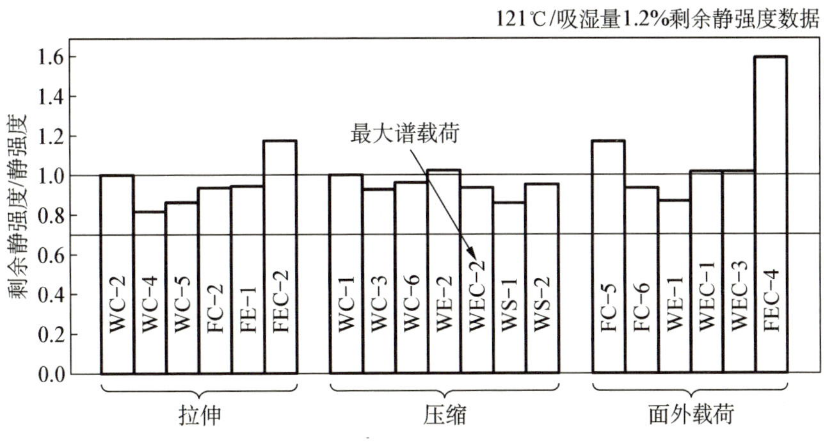

图 5-3 2 倍疲劳寿命环境/疲劳试验后结构件的剩余静强度试验结果

迄今为止国内外飞机复合材料结构的疲劳验证试验表明，在 2 倍疲劳寿命期间未出现过由于疲劳而产生的破坏，也未见有明显的损伤扩展；近 40 年的使用经验也表明，未见飞机复合材料结构因疲劳而引起的事故。

5.6 耐久性分析

5.6.1 概述

复合材料结构的耐久性分析，主要是指在设计载荷谱以及化学/湿热环境条件下的寿命估算。由于复合材料的破坏机理与金属不同，金属结构使用的方法和程序基本上不能用于复合材料结构。迄今为止复合材料层压板和层压结构疲劳破坏不是设计的关键问题，因此目前还没有较为成熟的耐久性分析方法。满足耐久性要求通常的方法是采用考虑冲击损伤时剩余强度要求的设计值来进行设计，并通过复合材料结构良好的抗疲劳性能与耐腐蚀性能来保证。

5.6.2 疲劳寿命估算方法

5.6.2.1 概述

在交变载荷下，复合材料的疲劳损伤随循环次数增加而加剧，其剩余强度和刚度也随之下降。当剩余强度下降到交变载荷的峰值载荷或剩余刚度下降到限定值，或损伤累积到一定量时层压板发生破坏。由此原理，已经提出了许多疲劳寿命估算模型，其中以剩余强度降模型和累积损伤模型较为成功。复合材料层压结构在循环载荷下的刚度降不明显，但是对有些飞机结构件，如直升机复合材料旋翼，采用刚度降模型估算疲劳寿命则比较实用。

复合材料层压板的疲劳性能目前仍采用 $S-N$ 曲线来表征，通常假设层压板的疲劳应力和寿命的关系遵循经典的幂指数规律，寿命服从 Weibull 分布，$S-N$ 曲线表示为

$$KS^bN = 1 \tag{5-1}$$

式中：b 和 K 是由试验数据用最小二乘法拟合得到的。在计算 b 和 K 时，将式(5-1)取对数，并对每一个应力水平 S_i 下的疲劳寿命 N_i 用 Weibull 分布下的疲劳特征寿命 β_i 代替，得到

$$\ln \beta_i = -b\ln S_i - \ln K \tag{5-2}$$

5.6.2.2 剩余强度降模型

由疲劳试验可以得到复合材料层压板的剩余强度-寿命曲线，它表征了层压板强度的退化，如图 5-4 所示。当剩余强度和外加交变载荷的最大值相等，也就是达到图中 A 点时发生疲劳破坏，相应的寿命就是使用寿命。

假设试样经过 n 次疲劳循环后的剩余强度

$$X(n) = X(0) - f(S,\ \omega,\ R)n \tag{5-3}$$

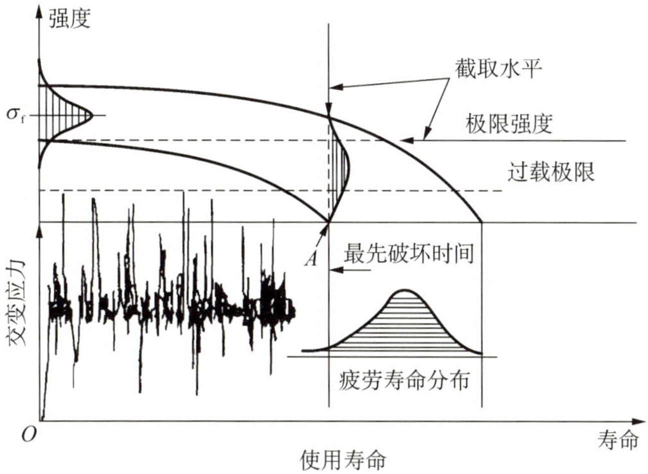

图 5-4　剩余强度降模型

式中：$X(0)$是初始强度；S 是试验最大循环应力；ω 和 R 是频率和应力比。为了简化，考虑 ω，R 不变，式(5-3)变成

$$X(n)=X(0)-f(S)n \tag{5-4}$$

假定初始静强度 $X(0)$为一随机变量并服从双参数 Weibull 分布，形状参数为 α_0，尺度参数为 β_0。考虑式(5-3)可得到剩余强度的分布。另外由图 5-4 的原理，当剩余强度下降到 S 时，试样发生疲劳破坏，此时的疲劳寿命

$$N=\frac{X(0)-S}{f(S)} \tag{5-5}$$

N 的分布函数可由剩余强度的分布得到。在低应力长寿命情况下，疲劳寿命 N 的分布为

$$R(N)=\exp\left[\frac{-N}{\beta_0/f(S)}\right]^{\alpha_0/c} \tag{5-6}$$

显然它服从双参数的 Weibull 分布，其形状参数为

$$\alpha_f=\alpha_0/c \tag{5-7}$$

特征寿命为

$$N=\beta_0/f(S) \tag{5-8}$$

考虑到层压板的 $S-N$ 曲线为式(5-1)，将式(5-8)代入，可得到

$$f(S)=\beta_0 KS^b \tag{5-9}$$

将此式分别代入式(5-4)和式(5-5)，可以得到，在上述假定条件下，与 $S-N$

曲线描述的层压板具有相同组分和铺层的层压板或层压结构，拉-拉疲劳下的剩余强度和疲劳寿命的估算公式分别为

$$X(n) = X(0) - \beta_0 K S^b n \tag{5-10}$$

和

$$N = (X(0) - S^b)/(\beta_0 K S^b) \tag{5-11}$$

式中：S 是层压板所受最大循环应力，常数 $c = \alpha_0/\alpha_f$ 从式(5-7)得到，α_0 和 α_f 由试样材料的初始静强度分布和疲劳寿命 N 分布得到。

5.6.2.3　剩余刚度降模型

复合材料层压板或层压结构在循环应力作用下，随着循环次数的增加，材料性能下降，应力-应变曲线也在变化，反映其刚度的主要参数弹性模量亦随之下降，图5-5即是一种复合材料层压板在三点弯曲时的刚度降的试验结果。由此表明复合材料的疲劳寿命估算可以采用剩余刚度来描述。剩余刚度降模型提出了疲劳模量和累计应变的概念。假设第 n 周时的疲劳模量为

$$F(n) = \frac{\sigma_a}{\varepsilon(n)} \tag{5-12}$$

式中：σ_a 是疲劳应力；$\varepsilon(n)$是第 n 周累计应变，如图 5-6 所示。疲劳模量的初始值，$F(0) \approx E_0$；第 N_f 周破坏时 $F(n) = F_f$。为了简化还可假设应力 σ_a 和疲劳时的累计应变有线性关系

$$\sigma_a = F(n)\varepsilon(n) \tag{5-13}$$

这样疲劳模量的下降率可以表示成

$$\frac{dF}{dn} = ACn^{C-1} \tag{5-14}$$

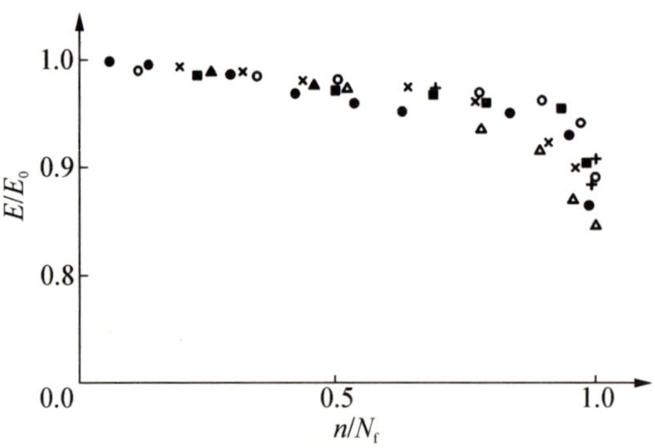

图 5-5　复合材料的刚度降曲线

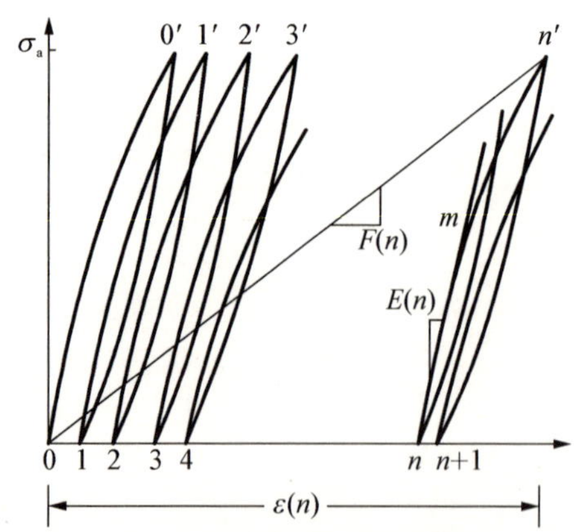

图 5-6　疲劳模量和累计应变

式中：A，C 为试验拟合系数。

疲劳累计应变 $\varepsilon(n)$ 达到材料的极限应变 ε_u 时，疲劳破坏发生。对式(5-14)积分就可以得到破坏时的循环数 N_f，

$$N_f=\left[\frac{F_0}{A}\left(1-\frac{F_f}{F_0}\right)\right]^{1/C} \tag{5-15}$$

式中：F_0 和 F_f 分别为初始和破坏时的疲劳模量。

已有的研究表明以纤维控制破坏的层压板或结构，交变载荷下刚度变化很小。因此刚度降模型一般不适用于这类板或结构的疲劳寿命预测。

5.6.2.4 疲劳寿命估算的累积损伤模型

累积损伤理论是提供在程序加载或随机加载下进行构件疲劳寿命估算方法的理论。其中最为典型的是 Miner 理论和相对 Miner 理论。

1) Miner 累积损伤理论

复合材料构件疲劳寿命分析目前基本上仍采用绝大多数飞机疲劳/耐久性分析所采用的 Miner 线性累积损伤理论，因为这个理论相对比较简单。复合材料和金属采用同一累积损伤理论，会给结构，特别是复合材料/金属混合结构试验和寿命分析带来方便。

对复合材料，Miner 理论数学表达式为

$$\sum_{i=1}^{k}\frac{n_i}{N_i}=a \tag{5-16}$$

式中：n_i 为第 i 级载荷(应变)P_i 在谱载荷中发生的次数；N_i 为第 i 级载荷(应变)P_i 单独作用下的破坏循环数；k 为交变载荷的应力(应变)水平级数。

对复合材料，损伤度累积总和达到 $a=0.75\sim0.8$ 时发生破坏，金属材料一般 $a=1$。

2) 相对 Miner 累积损伤理论

相对 Miner 理论仍然采用损伤线性累积，但不采用累积损伤度等于 1 或 a 代表破坏这一定确定假设，而以相似谱的寿命结果作为预测依据。这样，预测结果更可靠，相对 Miner 理论认为寿命与累积损伤度的乘积应为常值，即

$$N_A\sum_{i=1}^{k}\left(\frac{n_i}{N_i}\right)_A=N_B\sum_{i=1}^{k}\left(\frac{n_i}{N_i}\right)_B \tag{5-17}$$

则

$$N_A=N_B\sum_{i=1}^{k}\left(\frac{n_i}{N_i}\right)_B\Big/\sum_{i=1}^{k}\left(\frac{n_i}{N_i}\right)_A \tag{5-18}$$

式中：N_A 为计算谱 A 的预估寿命；N_B 为相似谱 B 的试验寿命；$\sum_{i=1}^{k}\left(\frac{n_i}{N_i}\right)_A$，$\sum_{i=1}^{k}\left(\frac{n_i}{N_i}\right)_B$ 分别为计算谱 A 和相似谱 B 的计算累积损伤度。

相对 Miner 理论的特点是以相似谱 B 的试验寿命为依据。问题关键是相似谱 B 的确定和试验寿命 N_B 的确定。相似谱 B 应较好地模拟计算载荷谱，两者主要载荷峰谷值(特别是压缩载荷)相同或接近，且两者主要载荷峰谷次序相同。对确定试验寿命 N_B 的试验，要求试验件能反映出结构几何特征、铺层顺序和支持情况，以使试验件发生能反映结构危险部位实际情况的破坏。

5.7 耐久性试验验证

5.7.1 基本原则

(1) 对复合材料结构的耐久性应采用积木式试验来验证。

(2) 应尽可能在较小和较简单的试验件上发现结构耐久性的薄弱环节，特别是有可能受到面外载荷的结构部位和只有在湿热联合作用下才会出现的薄弱环节。

(3) 除了胶接结构外，在耐久性验证试验时，一般可以不考虑湿热环境组合的影响，但如果证实吸湿的影响应考虑，则应对试验件进行吸湿处理(吸湿处理的方法参见第 4 章)。

(4) 耐久性验证试验除验证与金属结构同样的重复载荷与环境介质(包括自然老化)因素外，还应验证损伤阻抗的要求，特别是薄蒙皮和薄面板夹层结构。

(5) 应研究重复的低能量冲击对复合材料结构耐久性的影响。应根据可能会遇到的损伤类型对结构划分区域；并应在验证试验大纲中，评定此区域的耐久性对这些损伤源的敏感性。评定所用的冲击幅值和频率应能代表其在整个使用寿命期的情况。如果证明某个区域的耐久性对重复损伤源是敏感的，则应考虑在积木式验证试验更高级别的试验件上模拟此损伤，以验证损伤的影响。

(6) 耐久性试验的目的主要是发现静力试验没有发现的有害应力集中区域，和通过试验验证设计给定的寿命目标。

5.7.2 载荷/环境谱

5.7.2.1 载荷谱

金属结构的设计使用载荷谱基本适用于复合材料结构，但在编制试验谱时应考虑下列复合材料结构的特点：

(1) 由于复合材料无高载迟滞效应，所以在编制试验载荷谱时，高载的截取水平应高于金属结构，一般取到一倍寿命出现一次的载荷级。

(2) 一般金属结构的低载截除水平所保留的低载并不影响复合材料结构的疲劳寿命，所以为了缩短试验周期，低载截除的水平通常应高于金属结构，通常可取限制载荷的 30%，若高于 30%时需经试验支持的分析论证。

(3) 压缩应力对复合材料结构损伤扩展的影响比拉伸应力大，编制载荷谱时，应予以重视。

(4) 加载顺序的影响小于金属结构。

5.7.2.2　环境谱

复合材料结构试验用的环境谱主要指湿热环境谱。湿热环境谱应为飞机预期使用中较严重地区的平均湿热谱，它应计入地面停放的影响。必要时可采用加速吸湿的环境条件，其吸湿量应为使用寿命末期达到的平衡吸湿量。目前通常不考虑。

5.7.3　环境影响的处理方法

5.7.3.1　一般原则

在对复合材料结构进行耐久性（疲劳）验证时，同样需要考虑环境影响，主要是湿热的影响。飞机结构的湿热历程包括三个方面，即对于每一任务剖面的结构表面温度、飞机的载荷/温度关系以及吸湿量。为了获得这些数据，首先要编制出使用过程中对应于每一任务的实时载荷-温度剖面。它对疲劳试验环境有显著影响，并且在很大程度上取决于飞机类型、结构形式及任务要求，因此必须逐个情况地研究这些关系。

如果试样和元件研制试验的结果表明，环境谱对结构的耐久性有影响，则必须在全尺寸结构件和部件的耐久性验证试验中予以考虑，有下列两种处理方法：

1）环境箱方法

这种方法与静强度验证时所用方法类似，即将试验件置于环境箱中，在施加机械载荷的同时，施加代表飞机使用情况的湿热谱，这是最真实的方法。例如在法国图鲁兹的宇航中心（CEAT）曾对 A320B 阻力板、F50 副翼、幻影 F1 副翼和 V10F 机翼盒段等飞机小型部件进行过这样的试验。但是这种试验太复杂，成本太高，很难在大型结构部件上进行。

2）环境因子法

通过积木式试验方法，用结构关键部位的元件或典型结构件进行叠加有湿热谱的疲劳试验，将其结果与常规的疲劳试验结果进行比较和分析后确定谱中各级载荷的放大系数，并将其用于全尺寸部件（或结构件）结构的室温大气环境条件下的疲劳试验。这是目前对全尺寸部件结构可行的方法。

5.7.3.2　目前使用的方法

由于复合材料有着优异的疲劳性能，以及静力覆盖疲劳的特点，迄今为止，即使考虑了环境影响的疲劳试验后的剩余静强度结果，也未发现由于载荷/环境谱而引起的退化。德国的 LBF 进行过疲劳验证试验中环境影响的试验研究，认为用全尺寸结构在湿热条件下进行疲劳试验太昂贵且耗时，所以主要将试样试验发现的环境影响加到结构上。研究结果表明，在目前的设计载荷水平（即 Airbus 垂尾和 Tornado 结构）下，考虑真实环境与不考虑模拟环境条件下疲劳试验的试样均达到了所需寿命而不出现破坏，它们的剩余强度差别也未超出分散性的范围。但在更高的疲劳载荷下，考虑真实环境时的寿命有明显降低。有关的试验概况参见4.3.3节。

迄今为止，所有全尺寸复合材料结构的疲劳试验均在室温下进行，而不再考虑湿热环境对结构疲劳寿命的影响。

5.7.4 疲劳寿命分散性

对于使用寿命较短的歼击机复合材料结构，由于静力覆盖疲劳的特性，通常可以不必在验证试验时考虑疲劳寿命的分散性，但对使用寿命较长的民用飞机和运输机复合材料结构，在验证试验时必须考虑其分散性。已有的数据表明，复合材料的疲劳分散性比金属材料大，为了保证复合材料结构的疲劳验证在统计上有效，下列方法可供选择。

5.7.4.1 寿命分散系数法

这是金属结构常用的方法，寿命分散系数 N_F 是平均疲劳寿命 $N_{平}$ 与 B 基准疲劳寿命 N_B 之比，可由下式推出

$$N_F=\frac{N_{平}}{N_B}=\frac{\Gamma\left(\frac{\alpha_L+1}{\alpha_L}\right)}{\left[\frac{-\ln(p)}{\chi_\gamma^2(2n)/(2n)}\right]^{\frac{1}{\alpha_L}}} \tag{5-19}$$

式中：Γ 为 Γ 函数；α_L为疲劳寿命 Weibull 分布的形状参数；n 为试验件数；p 为存活率，对 B 基准为 0.9；$\chi_\gamma^2(2n)$为置信度 γ 及自由度为 $2n$ 时的χ^2分布，B 基准时$\gamma=0.95$。

该公式的推导可参见本章附录。国外在 20 世纪 80 年代对大量复合材料元件疲劳数据统计分析后确定$\alpha_L=1.25$，如果采用 1 个试验件进行验证，为保证复合材料结构 1 倍寿命具有 B 基准可靠性时，至少需要做 13.3 倍寿命疲劳试验。这种做法是无法接受的。

5.7.4.2 载荷放大系数法

这种方法是将疲劳试验载荷放大某一倍数后用于验证试验，从而可在较短的试验周期内，同样可保证结构寿命具有 B 基准可靠性，图 5-7 即是这种方法的图示说明，即将疲劳试验应力 P_F 增加到 1 倍寿命时的平均疲劳强度 P_T，则结构的 B 基准疲劳强度就会等同于设计的疲劳应力，从而用 P_T 进行疲劳试验到 1 倍寿命，或用 P_F 疲劳试验到 N_F 倍寿命，均可保证结构的 1 倍寿命具有 B 基准可靠性。载荷放大系数 F_{LE}可由下式推出：

$$F_{LE}=\frac{\left[\Gamma\left(\frac{\alpha_L+1}{\alpha_L}\right)\right]^{\frac{\alpha_L}{\alpha_R}}}{\left[\frac{-\ln(p)\ N^{\alpha_L}}{\chi_\gamma^2(2n)/(2n)}\right]^{\frac{1}{\alpha_R}}} \tag{5-20}$$

式中：p 为存活率，对 B 基准为 0.9；α_R为剩余强度 Weibull 分布的形状参数；α_L为疲劳寿命 Weibull 分布的形状参数；n 为试验件数；N 为试验周期数（一倍寿命的倍数）；$\chi_\gamma^2(2n)$为置信度 γ 及自由度为 $2n$ 时的χ^2 分布，B 基准时 $\gamma=0.95$。

该公式的推导参见附录 5A，式中的α_L和α_R需由足够的复合材料元件与结构的静强度和疲劳试验数据统计给出。

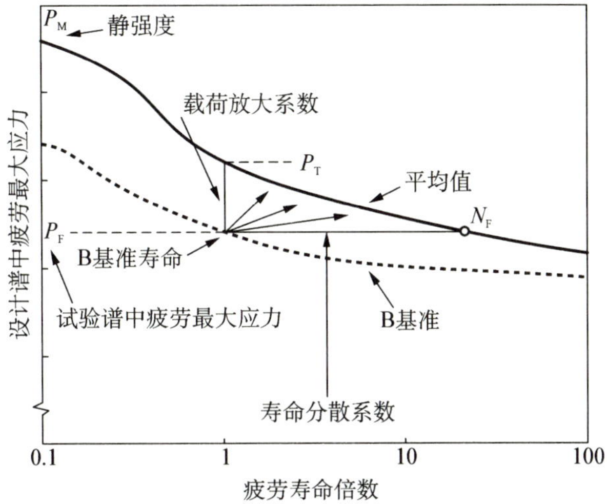

图 5-7　载荷放大系数法原理示图

5.7.4.3　实际飞机复合材料结构疲劳验证试验中所用的方法

如上所述，为了考虑试验结果的分散性，可以采用寿命分散系数法，也可采用载荷放大系数法，或采用二者的组合，但在确定寿命分散系数 N_F 和载荷放大系数 F_{LE} 时，均需确定寿命与剩余强度分布的α_L和α_R。国外于 20 世纪 80 年代中期进行了这方面研究，研究的数据取自 40 多个试验室，试验件总数约 8 000 件，其中大部分是 AS/3501-6 和 T300/5208 复合材料体系制造的。这些数据主要是静强度性能数据，有 264 组约 1 300 个疲劳数据。为了进行统计分析，每组数据均不少于 5 个。研究主要是为了确定各种因素对复合材料分散性的影响，这些因素包括：层压板铺层、试验件类型、加载形式、破坏模式和试验环境，对于疲劳数据还研究了应力水平、应力比、谱变化和谱形的影响。所有这些影响均通过 Weibull 分布的形状参数 α 值来体现。如果缺乏现成的数据，可参见附录中给出的国外数据。实际上经常使用的是寿命分散系数与载荷放大系数的组合。国外的统计结果给出，对复合材料 $\alpha_L=1.25$，$\alpha_R=20.0$，则由上式可以计算得到为保证结构的 1 倍寿命具有 B 基准可靠性时，用 1 个试验件进行疲劳试验验证的寿命分散系数与载荷放大系数的组合，这些组合可参见表 5-4 和图 5-8。

表 5-4　保证结构 1 倍寿命具有 B 基准可靠性的试验参数（N=1）

寿命分散系数 N_F	1.0	1.5	2.0	3.0	13.3
载荷放大系数 F_{LE}	1.177	1.148	1.127	1.099	1.0

采用这种方法应当注意一点，即载荷谱中的载荷放大（包括分散性和环境影响）后不能超过设计限制载荷，而且一般谱中最高一级载荷不应放大。

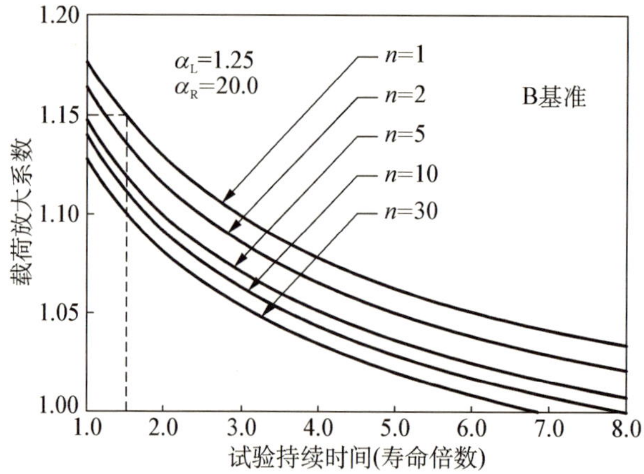

图 5-8　B 基准载荷放大系数与寿命分散系数的关系

这种方法已用于民用飞机复合材料结构，也得到了适航部门的认可，A320 垂尾，B777 水平安定面和星舟号复合材料飞机的疲劳验证试验，均采用了这一方法。

最近几年国内对国产复合材料体系的疲劳试验数据进行了类似的研究，共收集了 46 组共 324 件试样的疲劳试验数据，其中包括专门为研究分散性而进行的 35 件试件的试验数据。这些试样包括不同材料体系，单向和多向铺层，光滑、含孔和含冲击损伤以及连接件试样，载荷包括拉-压、拉-拉及压-压等不同载荷形式及不同应力比，还包括了湿热环境条件。通过对疲劳寿命 Weibull 分布的形状参数α_L的分析，给出了疲劳寿命 Weibull 分布形状参数的众位数、平均值及 B 基准值。所得结果与国外同类结果比较(见表 5-5)，Weibull 分布形状参数的众位数偏低，平均值及 B 基准值偏大，说明国产材料疲劳的分散性要大一些。这个结论只是初步的，而且主要基于 20 世纪 80 年代得到的数据，因为国内可用于进行分析的疲劳数据还较少，国外统计用了 264 组疲劳数据，远大于国内统计用的 46 组。图 5-9 给出了疲劳寿命数据的统计分析结果。

表 5-5　疲劳寿命 Weibull 分布形状参数的众位数、平均值及 B 基准值

	众位数	平均值	B 基准值	数据组数
国外数据统计结果	1.25	2.17	0.18	264
国内数据统计结果	1.12	2.34	0.33	46

5.7.4.4　今后可采用的方法

由适航部门认可的这些数据是 20 多年前得到的，目前复合材料性能稳定性和制造工艺水平已取得了明显的进步，材料与工艺分散性应比当初要小，因此采用基于这些数据得到的寿命分散系数和载荷放大系数来进行疲劳试验偏于保守。若飞机制造商希望采用较小的寿命分散系数和载荷放大系数组合来进行疲劳试验，可以

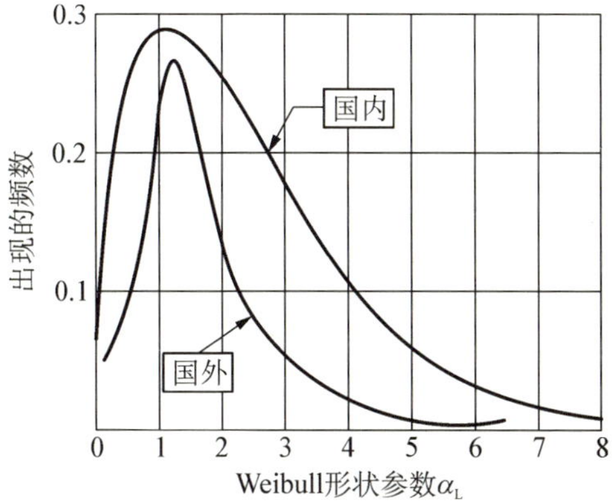

图 5-9 疲劳寿命数据的统计分析结果

安排若干典型元件与结构件的疲劳试验，通过试验得到具体型号复合材料结构用的疲劳试验数据 Weibull 分布的形状参数，再进一步得到疲劳验证试验用的寿命分散系数和载荷放大系数的组合。

5.7.5 试验件的状态

与用于静强度验证试验的试验件一样，它在结构上应代表实际使用的构型。具体地说，它应该是根据生产图纸，用按材料标准控制的材料，按生产规范规定的制造和装配方法，并在实际产品生产线上生产出的产品，同时经过产品检验用的检测手段无损评定后，确认符合验收标准。由于冲击损伤可能产生于飞机结构制造和使用的任何时候，例如投入使用以前，而且可能在长期使用过程中均未发现，带损伤飞行。为了保证飞机结构的耐久性，在试验之前要在试验件上按规定预制缺陷/损伤。

对民机，无论它是采用一个全尺寸试验件完成全部验证内容的情况，还是采用组合件进行复合材料结构验证的情况，因为适航验证要求它在含有现有的检测手段可能漏检的缺陷/损伤时，仍能承受设计极限载荷，因此当然也要求同样的结构能满足耐久性要求。为此需在试验之前，除了预埋人工分层缺陷外，还要预制目视勉强可见的冲击损伤(对厚蒙皮结构，即使目视不可见也要引入高能量的冲击损伤)。

5.7.6 复合材料/金属混合结构的耐久性验证

由于复合材料结构与金属结构具有不同的疲劳特性，难以在同一个试验件上同时验证这两种材料结构的耐久性，为此应选用下述方法之一：

(1) 采用带关键结构特征的组合件试验件和必要的试样和元件(包括典型结构件)相结合的方法对复合材料结构部分进行耐久性验证，而全尺寸结构试验件则以验证金属结构部分的耐久性为主。

(2) 采用两个相同的全尺寸结构试验件分别验证金属结构部分和复合材料结

构部分的耐久性。

(3) 采用已被应用并经证实是合理的其他方法。

实际上目前多数复合材料结构部件是复合材料/金属混合结构。由于这两种材料呈现出不同的疲劳载荷和环境的敏感性以及疲劳寿命的分散性，因此这两种材料对试验载荷谱的简化与编制、试验方案的拟订和试验实施方法等提出了不同的、有时甚至是互相矛盾的要求。已有的使用经验表明，满足结构完整性要求的复合材料结构往往具有无限寿命，而金属结构一般是有限寿命的。因此，在一个试验件上很难同时验证这两种材料结构件的耐久性和损伤容限。

为解决这一难题，建议在进行复合材料/金属混合结构部件耐久性/损伤容限验证试验时，采用金属结构件适用的载荷谱和试验持续时间进行验证，可不考虑环境影响；对未能完全或未充分验证的复合材料结构件，应采用组合件、典型结构件或元件试样的补充试验来完成。组合件的复杂性应足以代表并正确模拟全尺寸部件中复合材料结构的破坏模式。用组合件来验证复合材料结构疲劳性能具有下列优点：

(1) 可只以考察复合材料结构为试验目的而选择组合件；

(2) 如果需要在湿热环境下进行试验，用组合件比较容易实现且成本较低；

(3) 有可能对多个相同的组合件进行试验，以增加数据的可信度；

(4) 所得到的结果可用于全尺寸结构耐久性验证试验结果的分析。

若混合结构中的金属部分不是疲劳关键件，或虽然属于疲劳关键件，但已经过验证并可通过加强或定期更换来保证试验正常进行，则此混合结构可以直接按复合材料结构验证要求进行试验。

附录 5A 复合材料的分散性和载荷放大系数法

5A.1 Weibull 分布

在验证过程中很多环节都存在着分散性，例如在确定飞机的使用载荷和疲劳载荷谱时存在分散性，试样、结构元件和结构件的静强度及疲劳特性也存在着分散性。本章讨论的分散性主要指后者，在统计上考虑这一分散性的方法是采用 B 基准的概念。B 基准的处理方法取决于数据的概率分布形式，对复合材料被普遍认可的是双参数 Weibull 分布。用概率密度函数形式给出的双参数 Weibull 分布为

$$f(x,\ \alpha,\ \beta)=\frac{\alpha}{\beta}\left(\frac{x}{\beta}\right)^{\alpha-1}\mathrm{e}^{-(x/\beta)^{\alpha}} \tag{5A-1}$$

它也可用累计存活率函数给出

$$p(X\leqslant x)=\mathrm{e}^{-(x/\beta)^{\alpha}} \tag{5A-2}$$

式中：x 为随机变量；α 为形状参数；β 为尺度参数(或特征值)。

双参数(Weibull)分布的平均值 μ，标准差 σ 和变异系数 CV 可用 α，β 表示为

$$\mu=\beta\Gamma\left(\frac{\alpha+1}{\alpha}\right) \tag{5A-3}$$

$$\sigma=\beta\sqrt{\Gamma\left(\frac{\alpha+2}{\alpha}\right)-\Gamma^{2}\left(\frac{\alpha+1}{\alpha}\right)} \tag{5A-4}$$

$$C.V.=\frac{\beta\sqrt{\Gamma\left(\frac{\alpha+2}{\alpha}\right)-\Gamma^{2}\left(\frac{\alpha+1}{\alpha}\right)}}{\Gamma\left(\frac{\alpha+1}{\alpha}\right)} \tag{5A-5}$$

式中:μ 为分布的母体平均值;σ 为分布的母体标准差;CV 为分布的变异系数;$\Gamma(x)=\int_0^\infty e^{-t}t^{(x-1)}\mathrm{d}t$ 为伽玛函数。

描述 Weibull 分布的两个参数 α 和 β 分别表示分布函数的形状和宽度,特别是形状参数 α 反映了数据分布的分散性,α 越大意味着分散性越小,这一影响如图 5A-1所示。

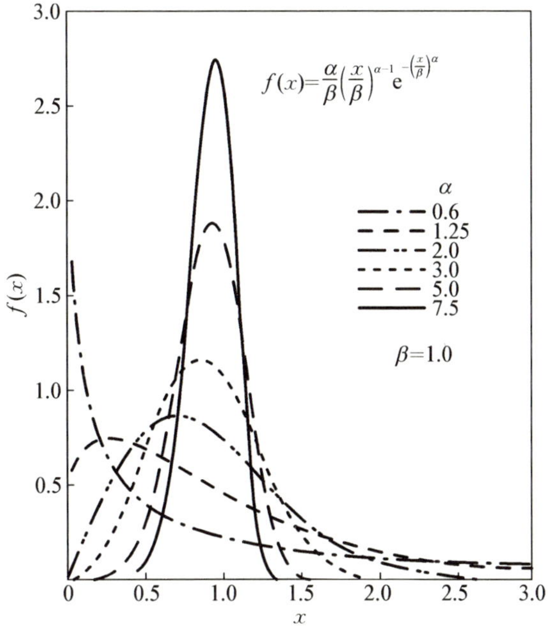

图 5A-1 α 对双参数 Weibull 分布形状的影响

5A.2 Weibull 分布的 B 基准

Weibull 分布中的参数 α 和 β 可以用诸如最大似然估计法(MLE)和线性回归分析等进行估计。用最大似然估计法得到的形状参数$\hat{\alpha}$和尺度参数$\hat{\beta}$为

$$\hat{\alpha} = \frac{(n\sum_{i=1}^{n} x_i^{\hat{\alpha}})}{n\sum_{i=1}^{n} x_i^{\hat{\alpha}} \ln x_i - \sum_{i=1}^{n} x_i^{\hat{\alpha}} \sum_{i=1}^{n} \ln x_i} \tag{5A-6}$$

$$\hat{\beta} = \left(\frac{1}{n}\sum_{i=1}^{n} x_i^{\hat{\alpha}}\right)^{\frac{1}{\hat{\alpha}}} \tag{5A-7}$$

式中 n 为子样大小，可利用迭代法由式(5A－6)求解$\hat{\alpha}$，并将结果代入式(5A－7)得到$\hat{\beta}$。

双参数 Weibull 分布的 B 基准推导如下。

当形状参数 α 取值最大似然估计形状参数$\hat{\alpha}$，尺度参数 β 取值最大似然估计尺度参数$\hat{\beta}$时，随机子样的尺度参数构成具有 $2n$ 自由度的χ_γ^2 分布函数。于是可用相应的χ_γ^2 分布得出估计值的置信度。相应于置信水平 γ 的尺度参数$\breve{\beta}_\gamma$ 可表示为

$$\breve{\beta}_\gamma = \frac{\hat{\beta}}{[\chi_\gamma^2(2n)/(2n)]^{\frac{1}{\hat{\alpha}}}} \tag{5A-8}$$

由式(5A－2)可得 Weibull 分布置信度为 γ，存活率为 p 的许用值或许用统计值(N)为

$$\breve{N} = \breve{\beta}_\gamma(-\ln p)^{\frac{1}{\hat{\alpha}}} \tag{5A-9}$$

或

$$\breve{N} = \hat{\beta}\left[\frac{-\ln p}{\chi_\gamma^2(2n)/(2n)}\right]^{\frac{1}{\hat{\alpha}}} \tag{5A-10}$$

式中：p 为期望的存活率（对 B 基准 $p=0.9$）；γ 为期望的置信度（对 B 基准 $\gamma=0.95$）。

5A.3 寿命分散系数

如上所述，复合材料疲劳寿命分布可用双参数 Weibull 分布描述。令α_L，β_L 为疲劳寿命分布的形状参数和尺度参数，$N_平$ 为平均疲劳寿命，N_B 为 B 基准疲劳寿命，代入式(5A－3)和式(5A－10)可得到。

$$N_平 = \beta_L \Gamma\left(\frac{\alpha_L + 1}{\alpha_L}\right) \tag{5A-11}$$

$$N_B = \beta_L\left[\frac{-\ln(0.9)}{\chi_\gamma^2(2n)/(2n)}\right]^{\frac{1}{\alpha_L}} \tag{5A-12}$$

寿命分散系数 N_F 定义为平均疲劳寿命 $N_平$ 与 B 基准寿命 N_B 之比，则

$$N_F = \frac{N_平}{N_B} = \frac{\Gamma\left(\frac{\alpha_L + 1}{\alpha_L}\right)}{\left[\frac{-\ln(0.9)}{\chi_\gamma^2(2n)/(2n)}\right]^{\frac{1}{\hat{\alpha}}}} \tag{5A-13}$$

5A.4 载荷放大系数

由于复合材料的分散性比较大，按前述的寿命分散系数法算出的 N_F 进行试验是无法接受的，因此提出了载荷放大系数法。这种方法的基本思路是放大疲劳试验中所施加的每一级载荷，使试验件在较短的试验周期内，可达到与寿命分散系数法有着同样置信度和可靠性（B 基准）的寿命值。图 5－7 中所示为中值 $S-N$ 曲线和相应的 B 基准 $S-N$ 曲线，载荷放大系数法就是要利用这两条曲线之间横向差距（寿命倍数之差）和纵向差距（施加的最大疲劳载荷之差）的等效性来推导施加载荷的放大系数。也就是说，如将载荷 P_F 增大到 P_T，则只要进行一倍寿命的试验就相当于在 P_F 作用下进行 N_F 倍寿命的试验，二者均可保证一倍寿命有着 B 基准可靠性。载荷放大系数 F_{LE}的定义为最大试验疲劳载荷（应力）P_T 与最大设计疲劳载荷（应力）P_F 之比，其表达式的推导过程如下。

前面已经指出，复合材料的力学性能一般均用双参数 Weibull 分布来描述，因此其给定疲劳寿命下的剩余强度（指破坏前的最后一级载荷，或 $S-N$ 曲线的纵坐标值）的分布也符合这一规律。令α_R，β_R 为剩余强度分布的形状参数和尺度参数，$P_{平}$ 为平均剩余强度，P_B 为 B 基准剩余强度，从而可以得到

$$P_{平} = \beta_R \Gamma\left(\frac{\alpha_R + 1}{\alpha_R}\right) \tag{5A-14}$$

$$P_B = \beta_R \left[\frac{-\ln(0.9)}{\chi_\gamma^2(2n)/(2n)}\right]^{\frac{1}{\alpha_R}} \tag{5A-15}$$

载荷放大系数 F_{LE}定义为最大试验疲劳载荷（应力）P_T 与最大设计疲劳载荷（应力）P_F 之比（见图 5－7），而 $P_T = \mu P_{平}$，$P_F = P_B$，其中 μ 为 $F_{LE} = 1$，要求试验持续时间为 N_F 倍寿命，就是使载荷放大系数与寿命分散系数等效时所需的系数，从而得到

$$F_{LE} = \frac{P_T}{P_F} = \frac{\mu P_{平}}{P_B} = \mu \frac{\Gamma\left(\frac{\alpha_R + 1}{\alpha_R}\right)}{\left[\frac{-\ln(0.9)}{\chi_\gamma^2(2n)/(2n)}\right]^{\frac{1}{\alpha_R}}} \tag{5A-16}$$

置信度为 95%，试验持续时间为 N 倍寿命时的存活率为

$$p = \exp\left[-\left(\frac{N}{\check{\beta}_L}\right)^{\alpha_L}\right] \tag{5A-17}$$

式中：$\check{\beta}_L$——置信度为 95%的尺度参数

由 1 倍寿命是 B 基准寿命的要求，得到

$$\breve{\beta}_{\mathrm{L}} = \frac{1}{(-\ln 0.9)^{\frac{1}{\alpha_{\mathrm{L}}}}} \tag{5A-18}$$

式(5A-17)变为

$$p = \exp[\ln(0.9) N^{\alpha_{\mathrm{L}}}] \tag{5A-19}$$

根据 μ 的定义，把式(5A-19)及 $F_{\mathrm{LE}} = 1$ 时 $N = N_{\mathrm{F}}$ 的已知条件带入式(5A-16)，从而求出

$$\mu = \frac{\left[\dfrac{-\ln(p) M_{\mathrm{F}}^{\alpha_{\mathrm{L}}}}{\chi_{\gamma}^{2}(2n)/(2n)}\right]^{\frac{1}{\alpha_{\mathrm{R}}}}}{\Gamma\left(\dfrac{\alpha_{\mathrm{R}}+1}{\alpha_{\mathrm{R}}}\right)} \tag{5A-20}$$

或更一般的形式

$$\mu = \frac{\left[\dfrac{-\ln(p) N_{\mathrm{F}}^{\alpha_{\mathrm{L}}}}{\chi_{\gamma}^{2}(2n)/2n}\right]^{\frac{1}{\alpha_{\mathrm{R}}}}}{\Gamma\left(\dfrac{\alpha_{\mathrm{R}}+1}{\alpha_{\mathrm{R}}}\right)} \tag{5A-21}$$

式中 N_{F} 为保证一倍寿命存活率为 p，置信度为 γ 的寿命分散系数，将式(5A-13)代入得到

$$\mu = \frac{\left[\Gamma\left(\dfrac{\alpha_{\mathrm{L}}+1}{\alpha_{\mathrm{L}}}\right)\right]^{\frac{\alpha_{\mathrm{L}}}{\alpha_{\mathrm{R}}}}}{\Gamma\left(\dfrac{\alpha_{\mathrm{R}}+1}{\alpha_{\mathrm{R}}}\right)} \tag{5A-22}$$

因此 μ 仅是 α_{L}，α_{R} 的函数，与寿命分散系数和子样大小无关。将式(5A-22)代入(5A-16)，便可导出载荷放大系数的通用公式。

$$F_{\mathrm{LE}} = \frac{\left[\Gamma\left(\dfrac{\alpha_{\mathrm{R}}+1}{\alpha_{\mathrm{R}}}\right)\right]^{\frac{\alpha_{\mathrm{L}}}{\alpha_{\mathrm{R}}}}}{\left[\dfrac{-\ln(p) N^{\alpha_{\mathrm{L}}}}{\chi_{\gamma}^{2}(2n)/(2n)}\right]^{\frac{1}{\alpha_{\mathrm{R}}}}} \tag{5A-23}$$

式中：p 为置信度为 γ 时要求的存活率(对 B 基准 $\gamma=0.95$，$p=0.9$)。

参考文献

[1] 沈真. 复合材料飞机结构耐久性/损伤容限设计指南[M]. 北京：航空工业出版社，1995.

[2] 沈真.复合材料结构设计手册[M].北京:航空工业出版社,2001.

[3] 中华人民共和国国家军用标准 GJB 67.14 - 2008.军用飞机结构强度规范——复合材料结构[S].2008.

[4] Lame'ns J. Use of Load Enhancement Factors in the Certification of Composite Aircraft Structures [R]. NLR TP 90068U (PB92 - 202217),1990.

[5] Rouchon J. Certification on Aircraft Composite Structures [G]. Training Course, April 2007.

6 损伤容限设计与验证

6.1 概述

损伤容限的定义是：机体结构在给定的不做修理的使用期内，在存在缺陷、裂纹或其他损伤时，仍能实现它的使用功能的能力。损伤容限考虑的是，在定期的检测发现损伤并进行修理以前，或如果损伤不可检则在飞机的剩余寿命期间，含损伤结构具有足够的剩余强度和刚度来保证飞机安全。损伤容限的主要目标是安全性。

飞机结构损伤容限设计包括三方面内容，即：

(1) 与制造能力、出厂时质量控制及无损检测手段相关的初始缺陷尺寸假设。

(2) 缺陷/损伤在被检出以前的损伤扩展，从而确定检测间隔。

(3) 与损伤可检性(从而决定了临界缺陷/损伤尺寸)相关的含损伤结构剩余强度要求。金属结构损伤容限主要考虑结构细节应力集中或制造缺陷处在拉伸疲劳载荷下疲劳裂纹的产生和扩展，特别是多数结构部位的疲劳裂纹在使用载荷条件下均表现为稳定的裂纹扩展，因此很多研制试验将重点放在评定缺陷和损伤相关的裂纹扩展速率，以及缺陷/损伤尺寸达到临界值(其值取决于与可检性相关的剩余强度要求)所需的时间。通常其关键的载荷模式是拉伸，即使应力幅度比较低，裂纹扩展也很明显。一般来说金属的裂纹扩展速率对特定的结构构型是材料的属性，因而在得到了试验数据以后，就能够满意地预计很多不同飞机结构构型的裂纹扩展速率，只要知道预计的飞机应力历程，就能确定裂纹的检查间隔，在破坏以前可靠地检出裂纹。

复合材料结构的缺陷/损伤形式不同于金属结构，通常不会出现疲劳裂纹，也不会出现自相似的裂纹扩展，其最严重的缺陷/损伤形式是外来物冲击损伤(见图6-1)。复合材料结构冲击损伤的特点是：从外表面可能无法观察到任何迹象，其内部可能会存在大面积的分层，并使其压缩强度降至只有无损状态的40%。考虑到飞机外场维护的成本，通常只能采用目视检测的方式来发现损伤，也即只有产生目视可见的冲击凹坑，才有可能采取维修和防范措施，因此对初始缺陷/损伤的假设变成了目视可见冲击凹坑深度的定义。复合材料的缺陷/损伤在疲劳载荷作用下往往呈现"突然死亡"的模式，即无法确定和利用其损伤扩展性能，通常在设计时采用"损伤无扩展"特性。复合材料结构的剩余强度主要是含不同目视可见程度冲击损伤时的压缩强度问题。

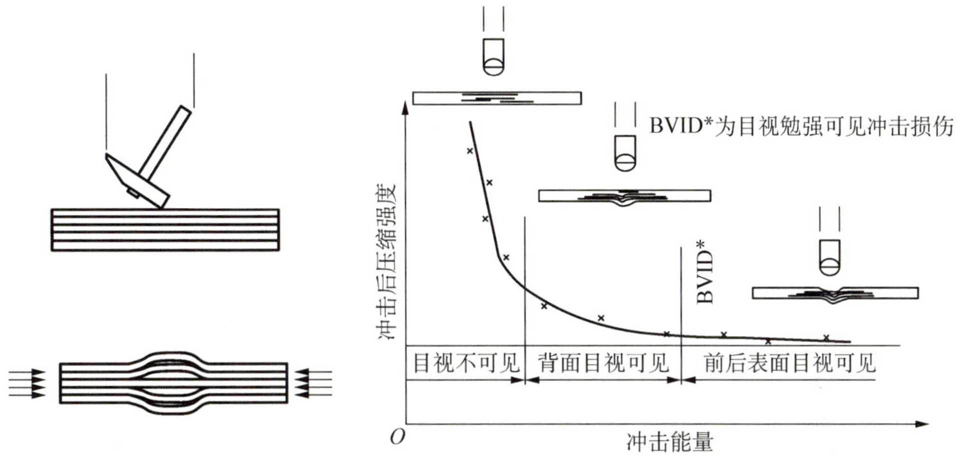

(a)　　(b)

图 6-1　可见性不同的冲击损伤形式及其相应的剩余强度能力

6.2　损伤容限设计要求

6.2.1　复合材料飞机结构损伤容限设计要求的演变

复合材料在飞机结构中的应用始于 1970 年，而损伤容限设计概念基本上也是在同一时期形成并提出的。由于军机结构的研究处于领先地位，因此损伤容限设计要求的内容，最初出现在 1974 年 7 月 2 日颁布的美国空军规范 MIL-A-83444"飞机损伤容限要求"，它的编制主要基于金属结构的经验，该规范没有复合材料结构的内容。为了保证所研制的复合材料结构的安全性不低于同类金属结构，对这一时期研制的复合材料结构，也要求在设计时满足损伤容限要求。当时对复合材料损伤、断裂和疲劳的研究很不充分，缺乏使用经验，在设计时基本上是套用金属结构的方法，例如主要考虑拉伸载荷下的裂纹问题，采用断裂力学的方法进行分析等。

从 20 世纪 70 年代中期开始到 80 年代初，随着使用经验的积累和研究的深入，设计人员逐渐认识到，复合材料的损伤、断裂和疲劳性能与金属有很大差别，金属结构的设计与验证方法往往不能直接用于复合材料结构。同时使用经验还发现冲击损伤是影响复合材料结构性能的重要因素，并需在损伤容限设计中加以考虑。在此基础上，美国空军 1985 年 2 月 28 日颁布的规范 MIL-A-87221"飞机结构通用规范"中明确指出"损伤容限要求适用于所有结构材料体系"，并指出："对有机基复合材料，当对结构进行分类、定义可检度和建立初始缺陷尺寸假设时，必须考虑使用中引起的缺陷(外来物损伤、操作损伤等)。与低能量冲击源有关的损伤尺寸,是在常规目视检查不易检测出的尺寸。对结构的每一区域,设计中假定的冲击能量水平,应为使结构产生目视勉强可见前表面损伤的能量水平。由于达到这一损伤所需的能量值,通常是结构厚度的函数,故对于结构的不同区域,应按可能的损伤源,确定一能量水平上限截止值。”

由于这些要求仅是定性的描述,具体设计时很难操作,美国空军于 1982 年～1987 年赞助波音公司军机分部和诺思罗普公司,完成了一项复合材料主结构损伤容限要求与设计方面的研究计划。这些成果构成了美国空军 1990 年 6 月 8 日颁布的 AFGS-87221A“飞机结构通用规范”中损伤容限要求。在该规范中首次明确提出了对冲击损伤初始尺寸采用目视可见截止值(凹坑深度 2.5 mm)和能量截止值(136 J)的建议(参见图 6-2),在 1998 年颁布的美国空海军联合规范 JSSG-2006 “Joint Service Specification Guide — Aircraft Structures”中仍然保留了这些建议,只是在军机复合材料结构的设计中,有的公司将目视可见截止值定为 1.3 mm。

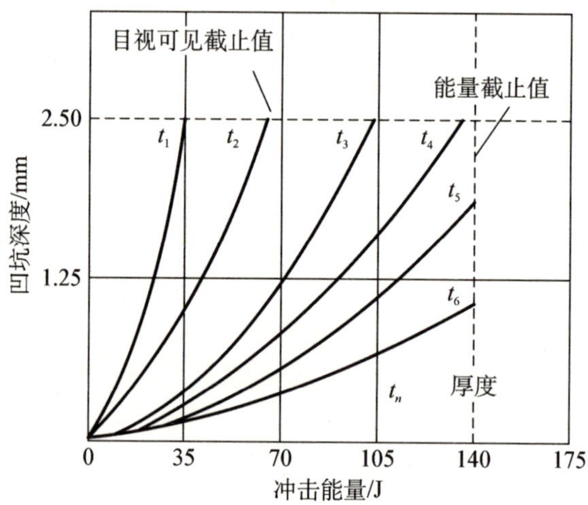

图 6-2 AFGS-87221A 中对冲击损伤初始尺寸假设的建议

20 世纪 70 年代中期,美国联邦航空管理局(FAA)于 1978 年颁布的咨询通报 AC 20-107“复合材料飞机结构”是第一个适用于民机复合材料结构的适航审定文件,其中对损伤容限验证内容中,只是抽象地要求至少不低于同类金属结构的安全水平,即“试验应验证,当含有尺寸与初始可检性和随后在重复载荷下扩展一致的损伤时,结构的剩余强度应能承受规定的限制载荷(认为是极限载荷),同时要包括湿度和温度的影响。”在同期研制的民机复合材料适航审定时,有关损伤容限的设计要求基本上参照金属结构。

1984 年 4 月 25 日重新修订颁布的 AC 20-107A“复合材料飞机结构”中,对 10 多年来军机和民机复合材料结构研制的经验教训进行了总结,大大丰富了有关损伤容限的内容,相关条款为:

“6. g. 应该证明，由制造和使用中能实际预计到(但不大于按所选检测方法确定的可检门槛值)的冲击损伤，不会使结构强度低于设计承载能力。”

“7. a. 损伤容限(破损-安全)评定

(1) 应该对结构危险区域的结构细节件、元件和结构件进行重复载荷试验，以确定结构对损伤扩展的敏感性。这种试验是证实损伤容限要求中无扩展方法的基础。这种试验应该评定环境对缺陷扩展特性的影响和无扩展的有效性。试验用的环境应适合于预计的使用情况。重复载荷也应能代表预计的使用情况。重复载荷试验还应包括一些在制造、装配和使用时可能出现的、并与所用检测技术一致的典型损伤水平(包括冲击损伤)。应按照生产规程和工艺来制造和装配损伤容限试验件，以使试验件代表生产型结构。

(2) 应确定初始可检损伤的大小，并与制造和使用时所用的检测技术相一致。应该用对固有缺陷或用机械方法制造的损伤施加重复载荷循环的办法，来获得缺陷/损伤扩展数据。为证实无扩展概念所要施加的循环数应是统计上有效的，并可根据对载荷和/或寿命的考虑来确定。对扩展或者无扩展的评定，应由试验数据支持的分析，或由试样、元件或结构件级的试验来完成。

(3) 应确定剩余强度评定用的损伤大小。用部件或结构件试验，或用试验数据支持的分析来完成剩余强度评定时，应考虑这种损伤。这一评定应证明，结构的剩余强度等于或大于规定的设计载荷(认为是极限载荷)所需的强度；还应证明，刚度特性的改变未超出可接受的水平。对于无扩展概念应在重复载荷循环后进行剩余强度试验。

(4) 应编制包括检查频率、范围和方法在内的检查程序，并在维护计划中包括这些内容。检查间隔的确定，应使得损伤在从初始可检尺寸扩展到所要求剩余强度对应的极限尺寸的这段时间内能被检测出来。对无扩展设计概念的情况，应把检查间隔定为维护计划的一部分。在选择这样的检查间隔时，要考虑带有假定损伤时所对应的剩余强度水平。

(5) 结构带有明显的离散源(例如非包容发动机破坏等)引起的损伤时，应能承受在完成一次飞行期间合理预计的静载荷(认为是极限载荷)。损伤大小应基于对飞行任务以及与每一离散源有关的可能损伤的合理估计。

(6) 在损伤容限评定中，应考虑可能引起材料性能退化的温度、湿度和其他环境因素的影响。”

上述条款与军机要求的最大差别是：a. 要求含有由制造和使用中能实际预计到(但不大于按所选检测方法确定的可检门槛值)冲击损伤的结构能承受设计极限载荷；b. 没有给出可检门槛值的具体数据。在 20 世纪 80 年代研制的民机复合材料结构损伤容限验证中有关初始缺陷尺寸假设基本上采用两种方法：美国(包括波音和麦道公司)基本上采用军机规范中的建议，即目视可见冲击损伤截止值为 2.5 mm 深凹坑，能量截止值为 136 J。具体的例子是 B737 水平安定面和 ACT

计划研制的缝合/RFI机翼结构；而欧洲基本上采用由试验和统计数据基础上确定的冲击损伤面积和相应的冲击能量，通常小于美国军机规范给出的值。具体应用的例子包括A320尾翼结构，我国研制的Y7垂尾结构采用的损伤容限要求与A320垂尾结构相同。这一阶段民机复合材料结构的损伤容限要求的符合性均采用确定性方法。

从20世纪90年代开始，以波音和空客两大公司为主，对“由制造和使用中能实际预计到(但不大于按所选检测方法确定的可检门槛值)的冲击损伤”进行了大量研究，明确提出了目视勉强可见冲击损伤(BVID)和目视可见冲击损伤(VID)的概念，并分别对这两种损伤的剩余强度和损伤扩展要求作出了明确规定。经过ATR72外翼和A380复合材料结构适航审定的经验，空客公司基本形成了以概率方法为基础的损伤容限要求符合性方法，波音公司在B777和B787复合材料结构研制过程中也逐步摒弃了军机的2.5mm深凹坑深度作为BVID的标准。在这些研究成果和使用经验基础上形成了目前AC 20-107B(2009年颁布)中的损伤容限设计与验证要求(参见附录B)。

6.2.2 军用飞机复合材料结构

军机复合材料结构损伤容限剩余强度要求的基础是损伤的目视可见度，并包括在国内外军机规范中。这些强度要求与含有(可检度相当时)临界缺陷的金属结构是一致的，对试验部件进行剩余强度试验前进行循环加载的要求也是一致的。

6.2.2.1 缺陷尺寸假设

缺陷包括初始缺陷和使用损伤。应将使用中外来物低速冲击源产生的损伤归入初始缺陷，用于损伤容限分析和验证：

(1) 初始缺陷尺寸假设：初始缺陷通常包括冲击损伤、分层和划伤3种类型，其尺寸根据实际的检测能力、足够的统计数据和具体型号设计要求确定，表6-1中的初始缺陷假设可供参考。对冲击损伤的初始假设基本上采用冲击凹坑深度来描述，过去多规定为：用25.4mm直径冲头产生2.5mm深凹坑，在很多情况下也可以采用12.7mm直径冲头产生1.3mm深凹坑。由于冲击形成的凹坑深度与结构厚度有关，对较厚的结构，即使产生较小的凹坑也需要很高的能量，在军机结构中认为实际结构在使用寿命期间超过136J的冲击能量可以不予考虑。关于这两个截止值的概念见图6-2。

表6-1 初始缺陷假设

缺陷/损伤类型	缺陷/损伤尺寸
划伤	长100mm，深0.50mm的表面划伤
分层	分层面积当量于直径为50mm的圆，并具有相对所在位置最危险的形状
冲击损伤	由12.7mm直径半球形端头的冲击物产生的冲击损伤，冲击能量为产生1.3mm深凹坑所需能量，最大不超过136J

(2) 使用损伤尺寸假设:使用损伤系指鸟撞等高能量外来物冲击及雷击产生的目视易见损伤,这种损伤尺寸假设应由试验或由试验支持的分析方法确定。

考虑到凹坑深度的测量值随冲击和测量的时间间隔增加而减小,用凹坑深度作为目视勉强可见的标准在执行时有一定的难度;而冲击表面产生的纤维断裂现象可以用目视观察到,不会随时间间隔增加而变化,同时损伤面积与所观察到的纤维断裂程度无关,不同的检测人员和不同的检测时间均可得到同样的结论,因此也可以采用冲击部位表面出现纤维断裂作为目视勉强可见的冲击损伤类初始缺陷尺寸标准。

对于在出厂检验后一般不会受到外来物冲击的内部结构,可以采用 27J 能量冲击产生的损伤作为假设的初始冲击损伤。

6.2.2.2 损伤扩展要求

理论上有两种设计概念,即损伤无扩展设计概念和损伤扩展设计概念:

(1) 损伤无扩展设计概念。损伤无扩展应通过由试验支持的分析或由试样、元件或结构件的疲劳试验来验证。损伤无扩展循环数应考虑复合材料的疲劳分散性,试验还应考虑环境的影响。若采用损伤无扩展设计概念的结构,在规定的检查间隔内出现明显的缺陷/损伤扩展时,必须重新设计。

(2) 损伤扩展设计概念。采用损伤扩展概念设计的前提条件是:对可能出现的每种缺陷/损伤类型,存在使用载荷谱下可靠的扩展特性数据。同时给出这一扩展规律的统计变异性,并能证实所给出的检测方法足够可靠。

由于含缺陷/损伤的复合材料层压板在疲劳载荷下的损伤扩展没有明确的规律性可循,特别是在疲劳破坏前往往很难发现其损伤扩展,一般呈现"突然死亡"的特征,因此复合材料结构无法采用损伤扩展设计概念。

根据前述设计值的确定原则,其压缩设计值往往取决于冲击损伤容限许用值,同时含缺陷/损伤复合材料层压板具有优异的抗疲劳性能,即使最严重的含孔层压板,在拉-压($R=-1$)常幅疲劳载荷下的疲劳门槛值(10^6 次载荷循环时的疲劳破坏载荷)也不低于含相应缺陷/损伤试样静强度的 50%,其他含缺陷/损伤(包括含机械连接)层压板的疲劳门槛值均不低于含同样缺陷/损伤层压板静强度的 60%。这样只要按上述原则得到的设计值进行设计的结构,一般都能满足损伤无扩展要求。

6.2.2.3 剩余强度要求

结构的剩余强度应满足下列要求:

(1) 含初始缺陷的结构:含有前面规定的初始缺陷尺寸的结构在规定的不修理使用期内的剩余强度要求与不可检金属结构基本相同,即带缺陷结构满足规范的剩余强度要求。若设计研制损伤扩展试验采用上限载荷不截除的载荷谱和与耐久性试验相同的环境条件进行,则剩余强度载荷(P_{xx})不受在 1 倍寿命期内最大载荷的 1.2 倍的限制。剩余强度试验可不考虑湿热环境的影响;

(2) 含使用损伤结构的剩余强度要求与金属结构相同。

6.2.3 民用飞机复合材料结构

对民用飞机的损伤容限设计要求见 CCAR25 § 25.571 中的有关条款，对复合材料结构的要求则参见 2009 年颁布的咨询通报 AC 20 - 107B 第 8 节结构验证——疲劳和损伤容限(参见附录 B)。图 6 - 3～图 6 - 5 说明了不同类别损伤的扩展和剩余强度要求。

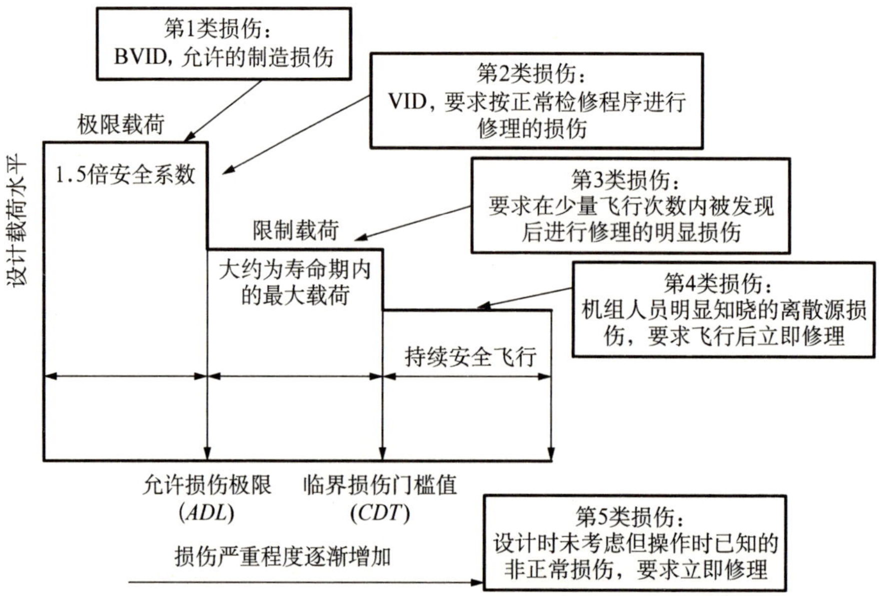

图 6 - 3 表明设计载荷水平与损伤严重性类别关系的简图

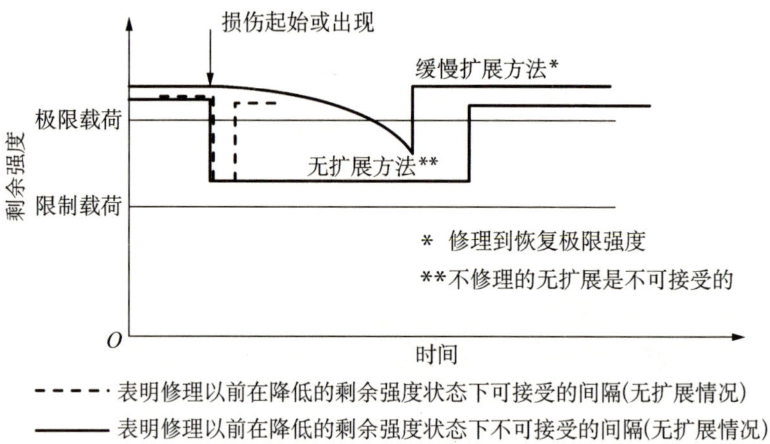

图 6 - 4 不经修理的“无扩展”严重意外损伤不应长期留在结构中的剩余强度简图

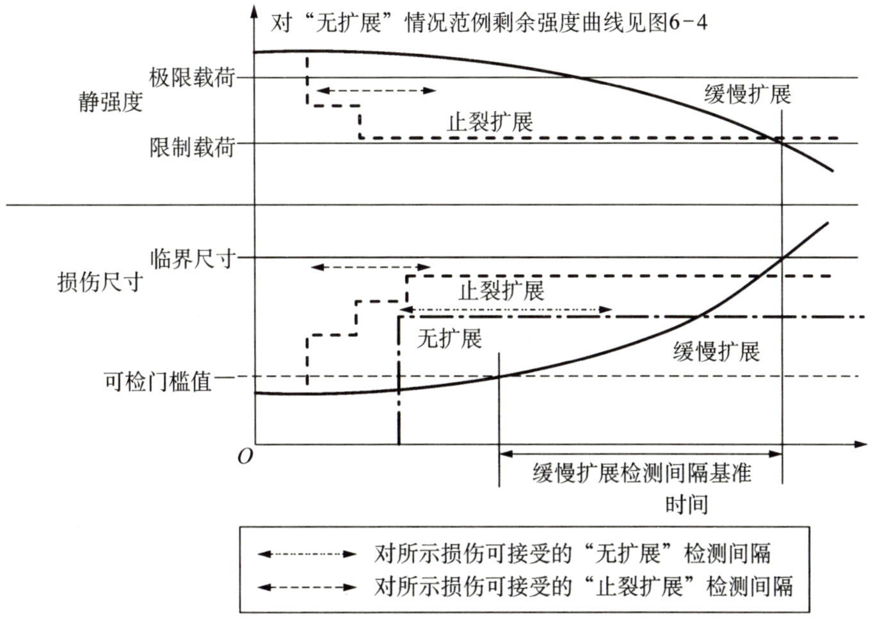

图 6-5 对三种复合材料结构损伤容限验证用的不同方法剩余强度与损伤尺寸关系示意图

图 6-6 进一步说明了上述的损伤容限要求，图中的术语定义如下：

BVID(目视勉强可见冲击损伤)——用来确定分析用静强度设计值的损伤，以证明结构设计符合 CCAR §25.305 规定的极限载荷要求。在进入设计阶段之前把

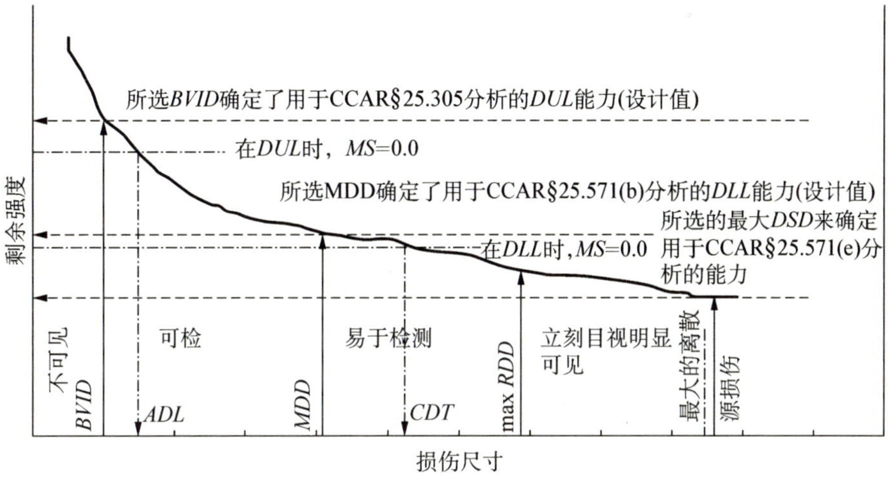

BVID：目视勉强可见冲击损伤
DUL：设计极限载荷
MDD：最大设计损伤
ADL：允许损伤极限
CDT：临界损伤门槛值
DLL：设计限制载荷
DSD：离散源损伤
RDD：易于检测的损伤
MS：安全裕度

图 6-6 复合材料结构静强度和损伤容限要求符合性的示意图

确定这类损伤的范围作为设计准则的一部分。之所以用术语“目视可见”，是因为现行的主要检查方法是目视观察。

ADL（允许损伤极限）——使剩余强度降低到 CCAR §25.305 所规定极限载荷要求的损伤，它被确定来支持维护文件。假定在设计极限载荷（DUL）下，带 BVID 损伤的结构强度具有正的裕度，ADL 损伤相应的裕度应大于 BVID（见图 6-6）。要有文件证明描述 ADL 可检测性的特征以及这种损伤的类型与范围，以支持维护大纲。

MDD（最大设计损伤）——用来确定分析用损伤容限强度设计值的损伤，以证明结构设计遵循 CCAR §25.571(b) 规定的损伤容限要求。在进入设计阶段之前就应确定这类损伤的范围。

CDT（临界损伤门槛值）——使剩余强度降低到 CCAR §25.571(b) 所规定要求的损伤。假定在设计限制载荷（DLL）下，带 MDD 尺寸的损伤的结构强度具有正的裕度，那么带 CDT 损伤相应的裕度应大于 MDD 损伤。要有文件证明描述 CDT 损伤可检测性的特征以及这种损伤的类型与范围，以支持要求的检查方法与间隔的确定。对于小于相应 CDT 尺寸的实际损伤，如果它有任何扩展，所选用的检测技术应该保证在该损伤超过 CDT 尺寸之前具有高的检出概率。

RDD（易检损伤）——在少量的飞行次数期间，能在飞机例行维护中被发现的损伤。对于非易检损伤，它们在结构中的任何扩展机理都应得到评估。易检而非显而易见的损伤的最大范围应该得到明确。关于损伤容限的咨询通报 AC §25.571(a) 允许 RDD 损伤的剩余强度低于 CCAR §25.571(b) 所指明的规定载荷水平。

比易检损伤更大的损伤就认为是明显可见的。除了飞行中离散源（如发动机叶片爆裂、鸟撞等）所引起的损伤，对于其他明显可见的损伤不必进行剩余强度分析。

上述要求可归纳为下列几点：

(1) 含 BVID（对厚蒙皮结构包括受到极不可能遇到的能量冲击，且产生目视不可见损伤的情况）和允许的最大制造缺陷时，应具有承受设计极限载荷的能力，并在整个寿命期间损伤无扩展；

(2) 含 VID（包括大 VID）时，应具有承受设计限制载荷的能力，并能在规定的检测间隔内可靠地检出，同时在检出前无扩展，或即使出现扩展也有能可靠阻止扩展的设计措施；

(3) 出现在设计时已预计到，且立即可以发现的离散源损伤时，应具有承受返回载荷的能力（一般为 70% 设计限制载荷）；

(4) 出现设计时未预计到的意外损伤时，应立即报告制造商，等待处理。

6.2.4 关于 BVID 和 VID 对应的剩余强度要求

已有的大量冲击后压缩强度试验数据表明，当用直径 12.5～25.4 mm 冲击头

(对应于除机身结构外多数飞机部件所遭遇的外来冲击物直径)进行冲击时,冲击后立即测量的冲击凹坑深度大于 1.0mm 时,其压缩剩余强度基本上保持不变。目前国外民用飞机复合材料结构采用的 BVID 定义多为冲击后立即测量凹坑深度为 1.0mm(松弛后对应于 0.3～0.5mm)的冲击损伤,VID 的定义为冲击后立即测量凹坑深度为 2.5mm(松弛后对应于 1.3mm)的冲击损伤。按 AC 20-107B 的规定,BVID 对应的剩余强度要求为设计极限载荷(DUL),VID 对应的剩余强度要求为设计限制载荷(DLL)。而上述的试验数据表明当凹坑深度大于 1.0mm 后,其压缩剩余强度基本上保持不变,因此只要结构设计满足了 BVID 的剩余强度要求,则 VID 的剩余强度要求一般均能自动满足。当然该结论有待进一步的试验证实和适航部门的认可。

由于机身结构经常遭受大直径外来物的冲击,有关大直径冲击头引起的冲击目视可见性,和相应的剩余强度特性有待于进一步的试验研究。

6.3 对民机复合材料结构的损伤容限评定策略

6.3.1 复合材料结构的损伤类别

(1) 第 1 类损伤(图 6-7)是周期检测或有指导的外场检测可能漏检的允许损伤和允许的制造缺陷,包括 BVID 和在制造或使用中引起的允许缺陷(如小的分层、孔隙率、小的划伤、沟槽和较小的环境损伤)。它应小于允许损伤极限(ADL),包括目视勉强可见冲击损伤(BVID)和允许的制造缺陷,要求在飞机结构寿命期间无扩展,同时要保持设计极限载荷能力。在飞机结构寿命期间对第 1 类损伤可不予修理。

在蒙皮冲击点BVID的剖面　　在桁条与蒙皮过渡区BVID的剖面

图 6-7 第 1 类损伤的例子

(2) 第 2 类和第 3 类损伤(图 6-8 和图 6-9)均应小于临界损伤门槛值(CDT)。第 2 类损伤是在规定的检测间隔期间进行定期或有指导的外场检测能可靠检测出的损伤,包括目视可见冲击损伤(VID),目视易见损伤(尺寸从小到大)、深的沟槽或划伤、在工厂不明显的制造失误、可检的分层或脱胶以及大的局部灼伤或环境退化。第 3 类损伤是可由并无复合材料检测专业技能的机组或外场维护人员在其出现后少量飞行次数期间能可靠检出的损伤,包括在地面巡回检测期间或正常的工作项目检测(如油箱渗漏、系统故障或客舱噪声)期间能发现的大 VID 或其他明显可见损伤。

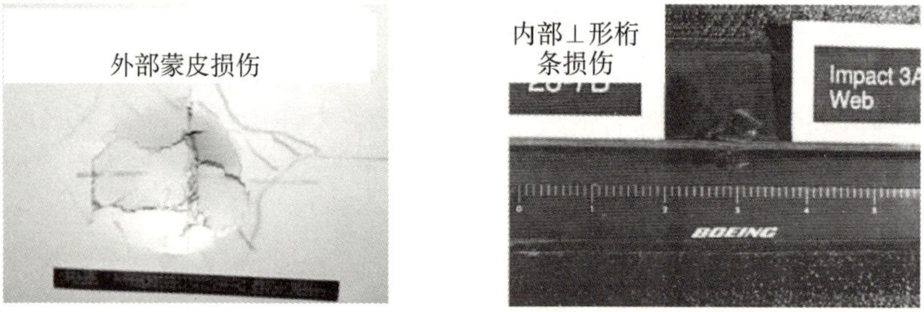

图 6-8　第 2 类损伤的例子

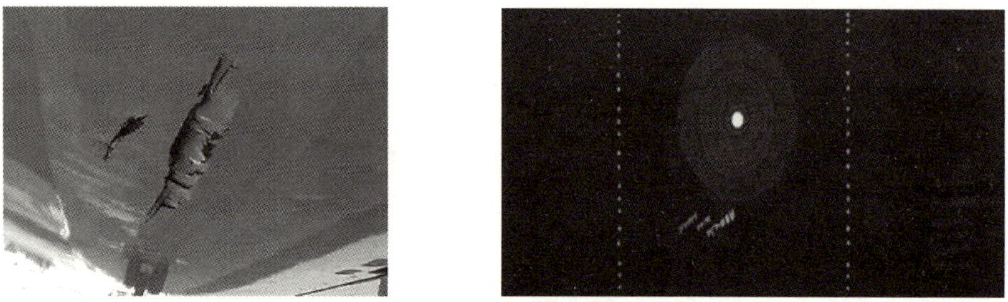

图 6-9　第 3 类损伤的例子

第 2 类和第 3 类损伤均要求在被检出以前不应扩展，或若是出现缓慢扩展能被可靠地阻止，同时结构能承受设计限制载荷。对这两类损伤要求的差别是检测间隔的差别，第 2 类损伤要求在正常的检测周期内能可靠地检出，而第 3 类损伤则要求在出现损伤后的少量飞行次数期间能可靠地检测出，其间隔比第 2 类短得多，检测间隔的确定取决于这种损伤的出现概率。在复合材料结构中，必须用设计的细节特征来阻止损伤扩展，或者必须使损伤扩展是可预计和稳定的(例如类似于金属的裂纹扩展)，但后者通常无法实施。第 2 类和第 3 类损伤一旦被检出，必须对部件进行修理使其恢复到设计极限载荷能力，或将其更换。

(3) 第 4 类损伤(图 6-10)是由已知偶发事件引起限制飞机机动性的离散源损伤，包括发动机叶片破裂、鸟撞(按规章规定)、轮胎爆裂和严重的飞行中冰雹。它的要求是按 CCAR §25.571 规定的剩余强度，充压结构第 4 类损伤的剩余强度要求通常更高；这种损伤通常被当作是明显可见的，或假设在使用中出现离散源事件时，机组成员是知晓的，这两种情况都没有重复载荷的要求。对明显可见损伤通常没有专门的损伤尺寸要求，但将其归类为无需指定的要求必须检出的损伤(即大的穿透损伤或零件失效)。使用数据库已经表明，这种损伤确实出现过，并有可能在一个短的时间内被漏检，因而，好的破损安全设计实践应能保证，带有明显可见损伤的结构可承受设计限制载荷。用于满足离散源损伤的分析与试验数据库通常用剩余强度曲线进行表征，也能用它作为明显可见损伤的设计准则。对胶接结构，有另外的要求来保证大脱胶情况时的破损安全，这种要求与二次胶接的不可靠性有关。

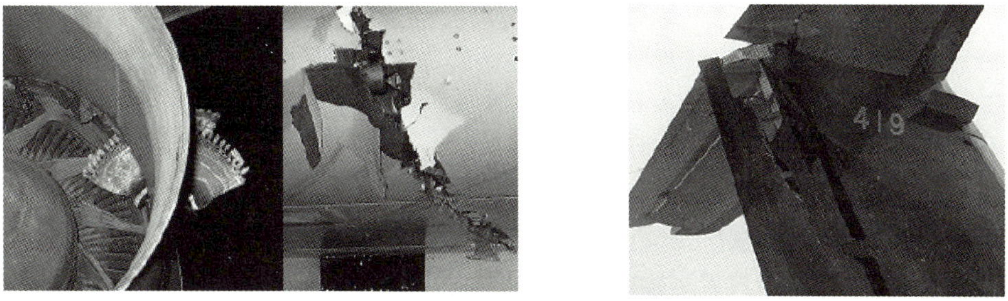

图 6-10 第 4 类损伤的例子

(4) 第 5 类损伤(图 6-11)是设计准则或结构验证程序未包括的,由异常的地面或飞行事件引起的严重损伤,包括勤务车辆与飞机的严重撞击、异常的飞行超载状态、非正常硬着陆、维护用千斤顶操作失误以及飞行中的零件失落,包括随后可能与相邻结构的高能量、大面积(钝头)冲击。它的要求是一旦出现必须立即修理。

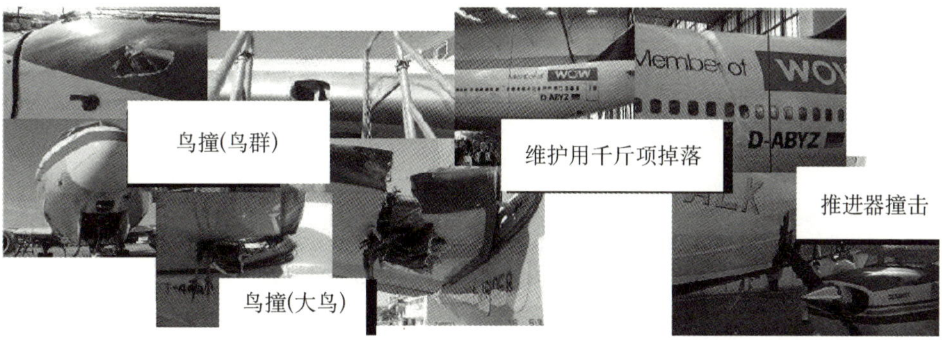

图 6-11 第 5 类损伤的例子

6.3.2 对 AC 20-107B 有关条款的理解

6.3.2.1 引言部分

包括了疲劳和损伤容限评定的目的是:必须表明,在飞机的工作寿命期间要避免由于疲劳、环境影响、制造缺陷或意外损伤引起的灾难性破坏。对复合材料结构评定的特殊性在于:

(1) 复合材料损伤容限和疲劳性能与结构设计细节密切相关;

(2) 除非有过去的经验,必须进行部件试验来证实;

(3) 用单个部件完成最终静强度、疲劳和损伤容限验证的条件需有足够的积木式试验证实;

(4) 对有限数量部件疲劳和损伤容限试验验证时,对其中的金属结构要有附加的考虑,即对混合结构要特别予以注意。

6.3.2.2 损伤容限评定部分

(1) 损伤容限评定的起点是识别出损伤容限关键件，并进行损伤威胁评估；

(2) 为建立损伤容限评定的设计准则和研究方案，必须首先对具体结构进行损伤威胁评估，而为此需要进行冲击调查，并在调查的基础上把损伤分为5类。

(3) 剩余强度要求。对第1类损伤要求承受设计极限载荷；对第2类和第3类损伤要求承受设计限制载荷；对第4类损伤要求承受“返回”载荷；第5类损伤属于设计未能预计的损伤，需要单独处理。

(4) 损伤扩展的要求。对第1类损伤要求采用损伤无扩展方法，第2类和第3类损伤的尺寸较大，允许有一定的扩展，但必须有抑制损伤扩展的措施，确定检测间隔的依据是特定损伤的出现概率。

(5) 在损伤威胁评估的基础上，确定不同类别初始可检损伤的大小，应通过部件或组合件试验进行剩余强度评定。

(6) 对疲劳和损伤扩展试验用重复载荷谱的简化要求及分散性考虑。

(7) 给出制订检查程序的要求。

(8) 对离散源损伤的要求。

(9) 在损伤容限评估中必须考虑环境和老化因素。

6.3.3 损伤容限评定

6.3.3.1 设计与验证原则

(1) 识别主结构元件(PSE)；

(2) 确定可能的缺陷/损伤类型和部位；

(3) 确定初始可检缺陷/损伤的范围；

(4) 评估重复载荷对主结构元件的敏感性；

(5) 确定用于剩余强度评估的损伤范围；

(6) 表征缺陷/损伤扩展；

(7) 验证剩余强度；

(8) 确定检测间隔；

(9) 只要合适，包括多部位损伤；

(10) 包括温度和湿度影响；

(11) 评估飞机结构承受能明显感知损伤的能力。

损伤容限评估流程图见图6-12。

6.3.3.2 评定要点

(1) 进行冲击调查，确定损伤容限关键部位和损伤容限关键件，同时确定不同损伤容限关键部位的损伤威胁，冲击损伤威胁调查包括冲击凹坑深度目视勉强可见(BVID)和目视可见(VID)的标准和外来物冲击能量的出现概率统计。

(2) 在完成了损伤威胁评估的基础上，把损伤分为5类，并分别确定这5类损伤的损伤扩展和剩余强度要求。

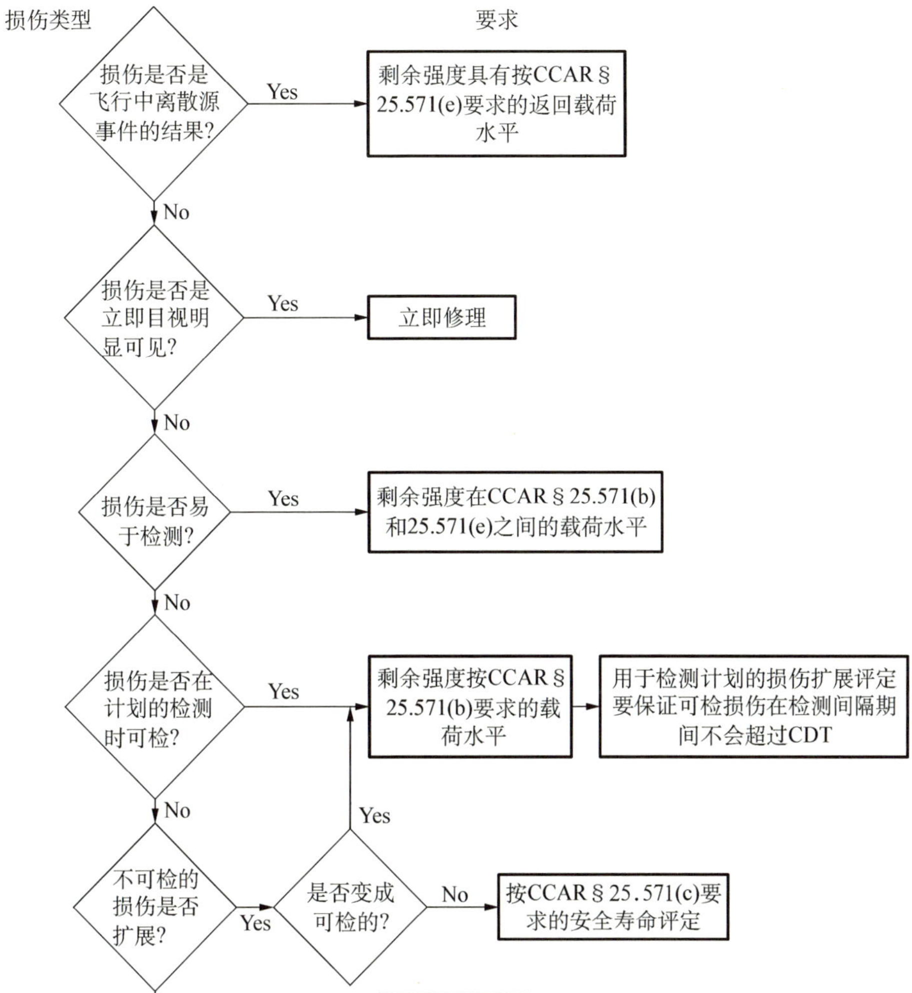

图 6-12 损伤容限评估流程图

(3) 采用试样和元件级许用值基础上得到的初步设计阶段设计值，对损伤容限关键部位和关键件进行损伤容限评估，若没有足够多关于重复载荷与环境曝露影响的试验数据，应采用较为保守的损伤度量。

(4) 用典型结构件和组合件进行不同损伤类别损伤容限的试验验证，应注意下列问题：

① 应按照生产规程和工艺来制造和装配试验件，以使试验件代表生产型结构。

② 引入的损伤应与所验证部位或零件的可检性一致。

③ 损伤容限试验包括对损伤扩展和剩余强度要求的验证。

④ 损伤扩展试验所用的重复载荷应代表预期的使用情况。可以忽略(截除)能

证明对损伤扩展没有贡献的低载荷水平；通常不允许降低最大载荷水平（高载截除）。重复载荷行为的变异性应通过适当的载荷放大或寿命分散系数来覆盖，这些系数应计及所试验的试验件数量。损伤扩展试验要求与损伤类别有关，分别是损伤无扩展、损伤缓慢扩展或损伤止裂。

⑤ 损伤容限验证试验应评定湿热环境对缺陷扩展特性和无扩展有效性的影响，所用试验环境应符合预计的使用情况。由于热膨胀不同，要确定设计中复合材料与金属间界面处产生的残余应力，这部分应力取决于重复载荷循环期间的使用温度，并要在损伤容限评定时予以考虑。除非在环境条件下进行试验，否则应导出适用的环境补偿系数，并在剩余强度试验中施加。

⑥ 第 2，3，4 和 5 类损伤均与修理有关，应按维护大纲中规定的同样方法进行修理，相关的典型结构件和组合件试验应在修理后进行疲劳和修理后静强度验证。

(5) 除非有类似设计、材料体系和载荷的经验，证明由试样、元件和组合件试验所支持的分析适用（通常是可以接受的），否则必须进行部件试验证实复合材料损伤容限的评定要求，除与(4)相同的注意事项外还需注意：

① 应通过考虑特定损伤的出现概率和与此损伤相关的剩余强度能力，来确定检测间隔。当没有给定损伤尺寸出现概率的统计数据时，可能需要保守地假设在几次飞行期间检测出大损伤尺寸的能力。一旦检出损伤，或者对部件进行修理使其恢复到极限载荷能力，或将其更换。

② 在混合结构的损伤扩展试验中要注意金属与复合材料性能的差别，要防止金属结构提前出现疲劳破坏。

6.4 民机复合材料结构损伤容限符合性方法

6.4.1 确定性符合性方法

为了使复合材料成本对航空公司是经济可行的，允许损伤极限（ADL）必须尽可能大，同时仍满足极限载荷要求。为实现这一目标，需要有包括所有可能损伤类型与尺寸范围的试验数据和分析方法。

金属结构的损伤容限通过采用断裂力学来表征疲劳载荷下的裂纹扩展、预计结构在预期使用载荷下的裂纹扩展速率以及基于实际损伤检测可靠性考虑确定的检测间隔来证实。由于一般碳纤维增强复合材料的 $S-N$ 曲线比较平坦，而且这些损伤在飞机机翼/尾翼使用载荷谱下不会扩展，通常不能用上述方法来确定检测计划。对目前使用的复合材料结构，采用了无扩展概念来证实复合材料主结构对损伤容限要求的符合性。

应在试验数据和分析基础上，确定检测方法和损伤扩展机理，以保证能在使用中出现的意外损伤使结构承载能力低于限制载荷水平以前，将其发现并进行修理。目视检测是首选的损伤检测方法。对于新的复合材料主结构应用，要对这些方法进行重新确认。

图 6－13 确定了为满足主要结构元件(PSE)损伤容限要求所需的检测位置、要求、分析和措施。

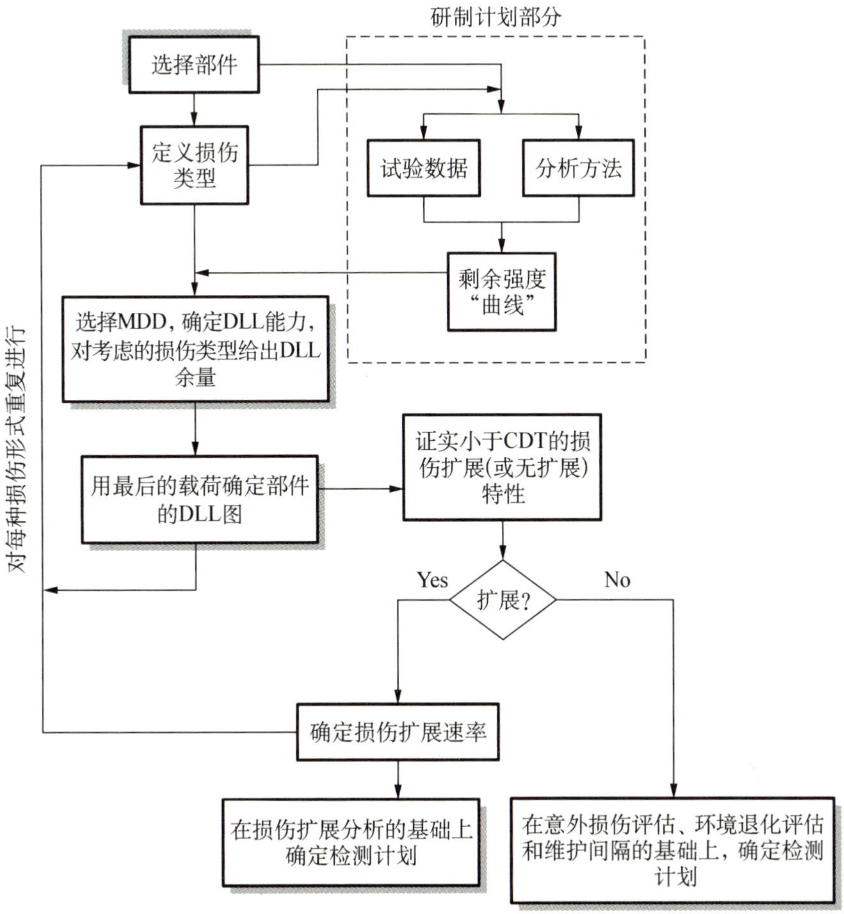

图 6－13　用于破损安全载荷的损伤容限评定流程图

确定性符合性方法基于两组试验与分析的最小值。第一组用于证明含 BVID 尺寸损伤时结构在设计极限载荷下具有正的安全裕度，这个试验主要包括含 BVID 的试样和组合件。第二组用于证明含大损伤时在设计限制载荷下具有正的安全裕度；这个试验所用试验件包括含穿透厚度损伤、蒙皮-桁条脱胶和大的冲击损伤等的组合件(如 5 桁条壁板)和部件；认为这些损伤是最大设计损伤(MDD)。要用试验来证明 MDD 损伤是易于检出的，还要用试验来证明，在限制载荷下 MDD 或更小的损伤不会扩展。

虽然这种方法满足 CCAR 25 部的损伤容限要求，但可能无法提供足够的数据来支持结构修理手册中 ADL 的精确定义。因此，允许的损伤尺寸将设置为较小的值。

为了获得支持验证的数据和能够降低复合材料飞机结构的维护成本，推荐如下方法：

(1) 应该用分析和/或试验确定每一主要结构元件对每种主要损伤形式的剩余强度曲线。

(2) 应该用文件描述 CDT 可检性的特性和损伤的类型与范围，来支持维护计划的制订。

(3) 对易检损伤，类似 CCAR § 25.571(e)，需要考虑的威胁大小应当包括以下冲击损伤：地面运输车辆和地面操作设备的冲击、跑道碎石和甩出的轮胎碎片等。使用经验已经表明，在检出与这类事件有关的损伤并对结构进行修理以前，可以坚持少量飞行次数。确定应该考虑的损伤范围时必须考虑对每种意外事故的敏感度。

为降低使用中损伤出现的概率和修理成本，应把结构损伤容限设计和飞机修理计划编制相结合。试验证实和分析应同时考虑复合材料结构的设计极限强度、损伤扩展、剩余强度和维护问题。如果没有中等载荷水平的数据和分析，单独研究设计极限载荷或设计限制载荷的强度就无法提供平衡的设计以支持低成本的维护。按严重程度覆盖各种损伤情况的数据库，将使民用飞机的复合材料结构使用成本更低。

6.4.2 概率或半概率符合性方法

6.4.2.1 *方法概述*

概率或半概率方法首先认为定期检测计划必须考虑损伤严重程度。当它们遵从咨询通报 AC 20-107B 中的条款 8a(2)时，民航部门采用这些方法适航是可接受的，该条款提出：“应通过考虑特定损伤的出现概率和与此损伤相关的剩余强度能力，来确定检测间隔。其目的是要保证，结构不要在剩余强度低于极限载荷，以致安全水平低于典型缓慢扩展状态下的时间过久。……当没有给定损伤尺寸出现概率的统计数据时，可能需要保守地假设在少量飞行次数期间检测出大损伤尺寸的能力。”因此强度降越大，损伤检测应该越频繁。此外，对检测的需求必须考虑损伤的出现概率。损伤出现概率越大，损伤的检测应该越频繁。这样，这些方法就取决于使用数据。图 6-14 显示了“特定损伤的出现概率和与此损伤相关的剩余强度能力”是如何受检测间隔与损伤概率控制的。

因为这些方法需要一些概率的输入数据，所以称为概率或半概率方法。它们最初是由 Aerospatiale 为 ATR72 外翼的验证而开发的，后来又用于 A330/340 的副翼，随后由 ALENIA 公司在对 ATR 的复合材料尾翼进行验证时完成。

概率方法的基础，是要证明检测计划将保证下列组合出现的概率是可接受的：即载荷具有“$k \times DLL$”水平，同时存在的漏检意外冲击损伤使结构强度降低到“$k \times DLL$”载荷水平。术语“$k \times DLL$”指的是限制载荷的倍数。对主结构出现灾难性破坏的情况，这一组合出现概率必须特别小(概率小于等于 10^{-9}/fh[①])；对不太关键的

① fh——flight hour，飞行小时。

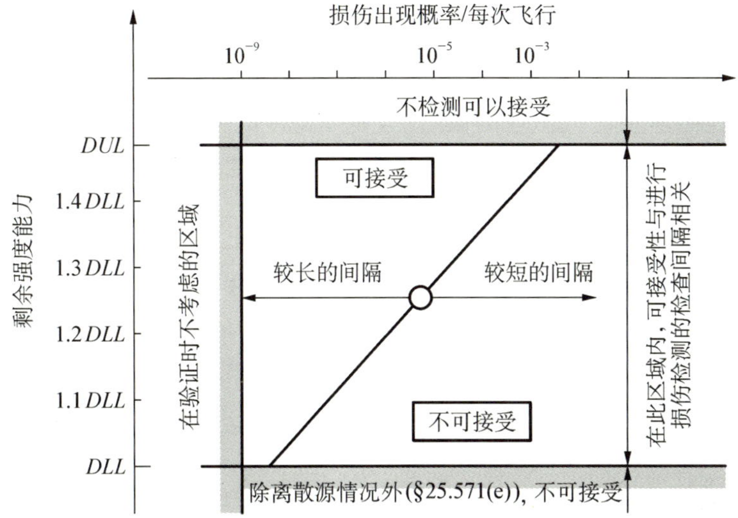

图 6-14　确定可接受剩余强度水平的概率方法示意图

零件，可以接受更高的概率。

除了冰雹冲击以外，可以考虑把载荷和损伤出现概率作为独立的现象，然后应证实：

$$概率_{载荷(k\times DLL)}\times 概率_{漏检损伤(k\times DLL)}\leqslant 10^{-9}$$

在所有的概率方法中都含有下列要素：

(1) 对结构中的所有关键零件，采用积木式方法得到强度-能量曲线。

(2) 研究冲击损伤情况来得到冲击威胁概率规律。

(3) 对小于 VID 门槛值的所有损伤，一般通过全尺寸疲劳试验来证实无扩展概念，或证实其阻止损伤扩展的能力。

(4) 进行剩余静强度试验来校核含损伤结构具有所假设的强度。

有关概率性符合性方法的详细内容参见文献[16]第 6 章。

6.4.2.2　*一般方法*

概率损伤容限评定的第一步，是按低速冲击损伤容限来鉴别结构中所有的关键零件。主要考虑会受到使用中意外冲击，并承受高压缩应力的飞机外蒙皮。对每个关键区域采用下列步骤：

(1) 由试验数据支持的分析得到冲击能量-剩余静强度曲线；

(2) 按能量-概率曲线确定意外冲击威胁；

(3) 在每个定期检测间隔内，计算结构上出现这种意外损伤的概率；

(4) 确定载荷(或应力，或应变)出现次数-概率曲线；

(5) 校核在超出概率目标以前，定期检测程序是否能高概率地检出损伤。

因为在引用的这些方法中所用的输入参数并不全是用概率规律表示的，例如冲击能量-剩余静强度关系，所以这些方法是半概率的。

这些方法的输入参数定义如下：

冲击威胁：这种方法考虑了由各种损伤源所构成的复杂威胁，其中包括只可能在两次定期详细检测之间出现的偶然源，和可能在每次飞行中出现损伤的连续源。每种损伤源都用概率函数模型来描述所涉及的冲击能量(对数正态定律)。

在分析中考虑的典型冲击源是：

(1) 连续冲击源：工具掉落、脚踏、服务车辆的碰撞和跑道碎石的打击。

(2) 偶然冲击源：在维护操作时可拆卸部件的坠落。

检测程序：这种方法考虑采用几种检测方法、具有不同周期的复杂维护程序。每种检测方法的效率用概率分布模型来描述，检测概率是损伤凹坑深度的函数。这意味着所要考虑的损伤不仅是检测水平会忽略的那些损伤(假设在两次详细检测之间有直至“目视可见”的冲击损伤)，而且也包括已经存在，但在检测时未被检测人员注意到的损伤。后者在下一检测周期时仍然必须要加以考虑。

对复合材料结构，通常不用复杂的无损检测方法来发现损伤。一旦发现就用其他的方法(如超声)来更好地表征它的范围。用于初始发现损伤的三种检测方法包括：一般目视检测(GVI)、从外部的详细目视检测和从内部的详细目视检测。检测概率的数学模型以统计研究为基础，可得到每种检测方法概率分布(对数正态分布)。

静载荷出现次数：(限制载荷和极限载荷之间)静载荷出现次数的概率用对数线性分布来描述。静载荷出现次数的概率随载荷均匀变化(按对数线性)，载荷范围从 10^{-5}/fh(对应于限制载荷的静载荷)到 10^{-9}/fh(对应于极限载荷的静载荷)。

受冲击结构的剩余强度：假设一条冲击能量-剩余静强度的 B 基准曲线，用最恶劣环境条件下得到的剩余强度值来考虑环境的影响。

能量、损伤尺寸和凹坑深度之间的关系：目前通常通过大量的试验数据分别建立冲击能量～分层面积～凹坑深度的经验公式，用于分析计算。(应注意，很多情况下，特别是对增韧树脂增强复合材料，对同样的冲击能量，用目前的超声 C 扫描获得的分层面积分散性非常大，建立这样的经验公式很困难。)

评定破坏概率的分析(即在飞机寿命的最后一刻计算出的最大值)以冲击源描述时所涉及能量范围的划分为基础。该方法的两个主要步骤是：

(1) 计算飞机寿命最后一刻存在给定尺寸损伤的概率，这个计算考虑了不同损伤源(连续和偶然使用源)以及复杂的维护计划(每次检测的日期和类型)。

(2) 计算最后一个飞行小时的破坏概率，它必须小于 10^{-9}/fh(见图6-15)。

专门使用这种概率方法也能确定含 VID 损伤的结构所能承受的载荷水平 $k \times DLL$，$k \times DLL$ 载荷水平下的静力试验意味着采用这种检测计划的结构有着可接受的使用风险水平。

原理：

统计分析基于对受冲击损伤部件因疲劳破坏的风险估计。

确定的检测间隔和检查方法，应该使得累积的破坏风险低于 10^{-9}/fh。

方法：专门程序包括下列参数

破坏风险 $= f(P_{at}P_{rat}(1-P_{dat}))$

	计算	选择的冲击	相关的能量	冲击能量分层面积和凹坑深度	
P_{at}	所定义的损伤尺寸的出现概率	-由于工具坠落 -由于跑道碎石冲击 -由于边缘或棱角冲击（维护工具）	对每种所选的冲击： 平均能量（$P_{at}=0.5$）和 S_d→能量 E 出现概率定律	$S_d=f(E,a,b,t)$ $l=f(E,a,b,t)$	用于损伤出现概率的安全系数 2
P_{rat}	损伤尺寸/剩余强度	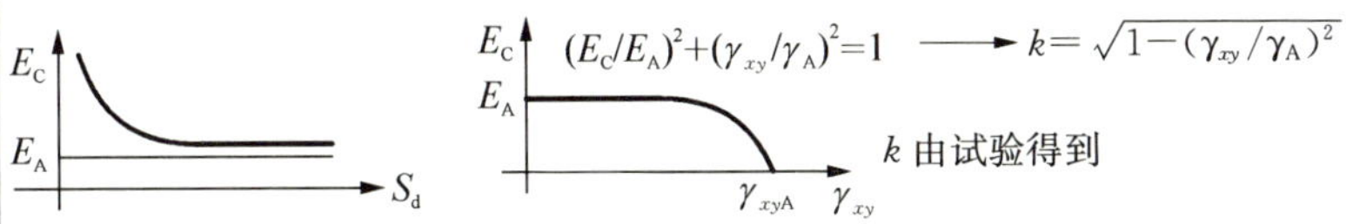			
	载荷水平出现概率	● 限制载荷为 10^{-5}/fh ● 极限载荷为 10^{-9}/fh } $\bar{\varepsilon}$/fh 和其 S_{dev}（概率 0.5）			
P_{dat}	损伤检出概率	检测类型 ● 巡回和目视检测 ● 外部详细目视检测	凹坑深度 对每种凹坑深度检出的平均值+λ值	对能被检出的凹坑深度有高安全系数	

图 6-15 确定检测间隔的概率方法

6.4.2.3 简化方法

由于离散和连续损伤源之间没有任何区别，因此，在检测间隔期间对所有的损伤都是同样对待。其次，这种方法不包括任何检测凹坑的概率——BVID 能量和凹坑深度的选取必须足够高以防止任何疏漏。

两个假设允许用下列方式来简化计算：

令 P_a = 在一架飞机使用的最后时刻（例如一个飞行小时，一次飞行……）意外损伤的概率；

n = 用一架飞机使用（n 个飞行小时，n 次飞行）所表示的检测间隔；

P_r = 飞行载荷（如阵风）出现的概率，其强度与意外损伤的概率 P_a 相组合会导致灾难性破坏。

则在检测前最后一次飞行时至少出现一个意外损伤的概率（此时损伤结构的概率比较大）满足式（6-1）：

$$1-(1-P_a)^n \approx (n)(P_a) \tag{6-1}$$

则式（6-1）取下列的简化公式：

$$(P_r)(n)(P_a) < 10^{-9} \tag{6-2}$$

图 6-16 给出的损伤容限评定的步骤如下：

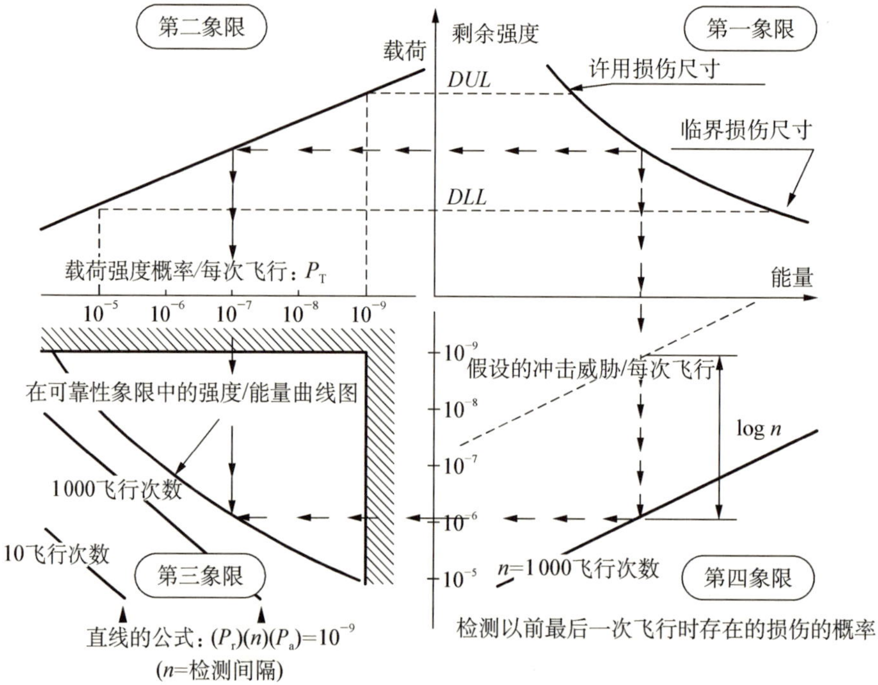

图 6-16　确定检测间隔的简化概率方法

(1) 冲击能量-剩余静强度曲线在图中的第一象限，推荐采用 B 基准曲线。

(2) 结构在 n 次飞行后的损伤状态在第四象限。为简化此图，假设概率定律为对数线性的，这一定律近似于对数线性。根据式(6-2)，对每次飞行的损伤威胁进行简单变换，可以很容易得到这条曲线。该图是 $n=1000$ 次飞行的假设情况。

(3) 载荷(或应力，或应变)的出现概率定律表示在第二象限。假设这个定律在限制载荷和极限载荷的范围内是对数线性的，水平轴上的数字代表典型民用飞机的情况。

(4) 能量-强度曲线(第一象限)上的每一点对应于：

① 与在检测前的最后一次飞行时，结构上至少出现一个这种严重程度(或更高)能量水平损伤的概率相对应的能量水平。

② 与每次飞行遇到一次同样大小的载荷的概率相对应的剩余静强度。

(5) 第三象限画出了这两个概率的乘积，在这里能够画出第一象限所有的曲线，在同一象限中代表式(6-1)的线把图分成了两个区：

① 右上部是可接受的值(概率小于 10^{-9})；

② 左下部是不可接受的值(概率大于 10^{-9})。

如果整个曲线在边界线的上方，就证实检测间隔等于 n 的损伤容限是可接受的。该图表明，当检测间隔(n)增加时，能量-强度曲线向下移动，而定义了概率目标 10^{-9} 的直线向上移动。当两条曲线相交时，损伤容限不可接受。

很厚的层压板极不可能出现 VID，此时，用 n 等于整个飞机寿命来进行计算。对预期会出现 VID 的较薄的层压板，则在整个强度-能量曲线在边界线上方的所有检测间隔中，取其最高值为可接受的最大检测间隔。

6.4.3 确定性方法和概率方法的比较

确定性方法的核心思想是在分析与试验的基础上来证实：

(1) 含有任何不超过与检测计划(方法)有关的可检性门槛值(BVID)损伤的结构对于设计极限载荷具有正裕度，即含 BVID 损伤的结构至少必须具有极限载荷能力；

(2) 含有任何大的 VID 损伤的结构对于限制载荷具有正裕度，即含 VID 损伤的结构至少必须具有限制载荷能力。

概率方法的核心思想是通过证实如下情况来保证结构安全：检查大纲应使得 $k\times DLL$ 载荷水平的发生与存在使结构强度低于 $k\times DLL$ 水平的漏检意外损伤的组合出现概率是可接受的，即该组合必须是极不可能的(其概率小于 10^{-9}/fh)。

(1) 在确定性方法中，对极限载荷(静强度要求)采用了高的能量截止值(例如波音采用136 J)，而在概率方法中则根据概率损伤容限评定方法的原理，采用了较低的能量水平(例如空客的 35J)。由计算可知，对应于波音的 136J 的冲击事件，其冲击威胁概率为 $P_{at}=10^{-12}$/fh(取冲击发生的概率为 $P_e=10^{-3}$)。因此，对用于损伤容限验证的冲击威胁概率更小的能量水平(高于 136J)并考虑到载荷发生的概率 $P_{rat}\leqslant 10^{-5}$/fh 以及民机的寿命量级(几万飞行小时，即 10^4 量级)，则无论检测频率 n 取多大(不超过飞机寿命)，其冲击威胁概率均小于 10^{-9}/fh，说明在波音的确定性方法中，设置检测间隔时没有考虑损伤的严重程度或者说损伤的发生概率(冲击威胁)。因此确定性方法比概率方法保守，结构重量代价高。

(2) 在确定性方法中，限制载荷分析时没有给出冲击能量水平的上限，考虑的能量水平仅到损伤易见(即最小易见损伤)为止；而在概率方法中，则依据冲击威胁概率为 10^{-9}/fh 来设置限制载荷分析时的冲击能量水平上限。

(3) 在确定性方法中，检测间隔是依据定性的分级方法来设定的，它的推导是基于结构的承载能力以及意外损伤和服役环境对结构性能影响的使用经验；而在概率性方法中，最大检测间隔则是根据损伤和载荷发生概率 ($10^{-9}\leqslant P_{at}\leqslant 10^{-5}$，$10^{-9}\leqslant P_{rat}\leqslant 2\times 10^{-5}$) 导出的。

6.5 缺陷/损伤类型及其对强度的影响

可按产生时机和物理异常两种分类来讨论缺陷/损伤。按产生的时机可以把损伤分为两类，即在零件制造过程中出现的结构异常称为制造缺陷，在使用过程中出现的结构异常称为使用损伤。

6.5.1 按产生时机表征的缺陷/损伤

6.5.1.1 制造缺陷

制造缺陷包括工艺偏差产生的异常，像孔隙率、微裂纹和分层，以及由于疏忽产生的边缘缺口、表面沟槽和划痕、紧固件孔的损伤和冲击损伤等问题。在装配、运输或使用期间,也会在细节零件或部件中出现这种由于疏忽产生的(非工艺过程)损伤。

多数制造缺陷如果超出了可接受的范围,都能在常规的质量检验中检出。对每一个复合材料零件,应该有零件检测时使用的拒收标准。在验证分析和试验安排中要包含可接受的缺陷,以证实存在这种缺陷时的极限强度能力。可能会漏检一些超出规范限制的"严重"缺陷或损伤,因此,作为损伤容限设计的一部分,必须假设它们的存在。确定"严重"或漏检缺陷的尺寸是设计准则建立过程中的一部分内容。

在制造时出现严重缺陷的例子包括受污染的胶层表面,或是在铺贴时因为大意而遗留在铺层之间的预浸料背衬纸或分离膜等夹杂物,目前的检测方法可能还检测不出这样的缺陷。因此,目前的设计实践在损伤容限准则中包括了大尺寸脱胶的影响,这样会使重量大大增加。今后先进的检测技术和工艺控制有可能使这准则得到放宽,如果没有合适的检测技术,就必须严格工艺质量控制以预防这种缺陷。

6.5.1.2 使用损伤

使用损伤的主要特征是它在使用中随机出现,只能统计地预计其损伤特征、位置、尺寸和出现频率,它涉及大量的数据积累。使用损伤通常分为不可检的和可检的(常常称为目视不可见和可见的),零件设计必须保证,结构寿命期内在极限载荷下能容许出现不可检的损伤(按所选的检测方法)。对使用中损伤的统计表明,出现最多的是操作和维护中出现的机械损伤。

6.5.2 用物理缺陷表征的损伤

复合材料和结构中可能出现不同尺度的损伤,其范围由基体和纤维的损伤到元件断裂以及胶接与螺接接头的破坏。损伤的程度控制了重复载荷寿命和剩余强度,因此是损伤容限的关键。

6.5.2.1 纤维断裂

由于结构一般被设计成纤维控制的(即纤维承受大部分载荷),所以这种缺陷是关键的。幸运的是,通常纤维破坏只限于冲击点附近的区域,并受到冲击物尺寸和能量的限制。前一节所列出的使用事件中只有少数会导致大面积纤维损伤。

6.5.2.2 基体缺陷(裂纹、孔隙率、气孔等)

这些通常出现在基体-纤维的界面上,或出现在平行于纤维的基体中。这些缺陷会少许降低某些材料性能,除非基体大范围退化,它对结构通常不是关键的。基体裂纹的累积可能使基体控制的性能退化。当基体严重受损时,对设计成用纤维传递载荷的层压板(纤维控制的),其性能只有轻微的降低。基体裂纹又称为微裂纹,能大大降低依赖于树脂或纤维/树脂界面的那些性能,如层间剪切和压缩强度。对高温树脂,微裂纹对性能有很大的负面影响。基体缺陷有可能发展为分层这种比较关键的损伤形式。

6.5.2.3 分层和脱胶

分层在层压板的铺层之间形成界面。分层可能来源于扩展到层间的基体裂纹,或是低能量冲击。脱胶也会来源于沿两个元件之间胶层的未粘接处，并在相邻层压板的单层之间引起分层。在某些条件下，分层或脱胶会在受到重复载荷时扩展，并在层压板受压时引起灾难性破坏。

6.5.2.4　组合损伤

通常冲击事件会引起组合损伤。由大物体(即涡轮叶片)引起的高能量冲击会导致元件断裂和接头破坏，所产生的损伤包括大量的纤维断裂、基体裂纹、分层、紧固件断裂和元件脱胶。低能量冲击引起的损伤会好一些，但也会包括纤维断裂、基体裂纹和多个分层的组合。有一些实验证明，对尺寸小于 50 mm 的损伤，冲击损伤比其他缺陷更严重；对大于 50 mm 的损伤，大孔或大的穿透损伤至少与同样尺寸的冲击损伤一样严重。

6.5.2.5　含缺陷的紧固件孔

在制造时会出现钻孔不当、紧固件安装不好和漏装紧固件的情况，使用中的重复载荷会使孔拉长。这些因素都会显著增大孔的尺寸，并导致认为该孔是开孔或充填孔(取决于哪一个具有较大的缺口敏感性)的假设。

6.5.3　缺陷/损伤影响的强度评定

根据对多种复合材料体系(主要是碳/环氧树脂体系，并包括碳/双马来酰亚胺体系)、多种缺陷/损伤类型、在不同环境条件下(室温干燥、湿热、干冷)对静强度和疲劳强度影响的试验数据，可以得到下述的缺陷/损伤影响的强度评定。

6.5.3.1　拉伸载荷

多数对拉伸载荷是危险的缺陷形式，如缺口和沟槽，某种程度上都是可检的，含缺口层压板的剩余强度主要取决于它们的宽度，而基本上与它们的形状无关(见图 6-17)。在确定结构设计值时可以用含 6.35 mm 开孔的试验结果来考虑同一尺寸缺口引起的强度降。

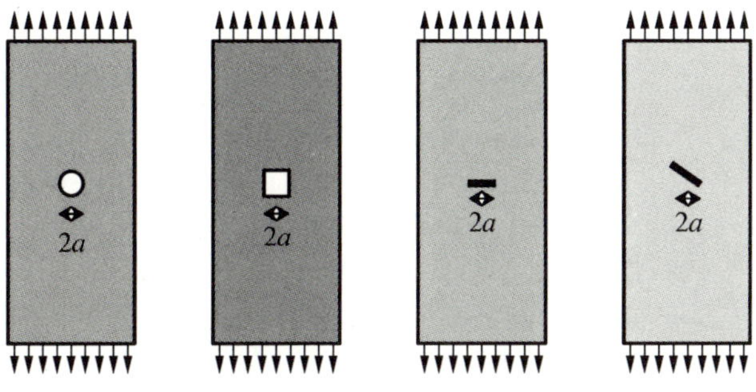

图 6-17　拉伸试样的不同缺口形状

6.5.3.2　压缩载荷

由试验表明：

(1) 与制造和使用中可能出现的缺陷(包括直径达 50 mm 的分层、含制孔缺陷的孔、划伤及高达 2%的孔隙率等)相比，由 12.7～25.4 mm 直径半球形冲击头产生的低速冲击损伤是最严重的损伤形式。

(2) 直径 6.35 mm 充填无载孔引起的压缩强度降可以覆盖除冲击损伤外的其他缺陷(直径达 38.1 mm 的分层、含制孔缺陷的孔、划伤及高达 2%的孔隙率等)产生的影响。

(3) 前表面目视勉强可见的冲击损伤(BVID)有可能使其静压缩强度降低约 60%。

(4) 含缺陷/损伤试样的压缩 $S-N$ 曲线相当平坦,它们的条件疲劳极限(10^6 循环对应的疲劳强度)一般为含相应缺陷试样静剩余强度的 60%左右。当承受飞机随机疲劳载荷谱时,其疲劳门槛值则还要高一些。

(5) 含冲击损伤的试样在疲劳载荷下的损伤扩展没有明确的规律性可循。

图 6-18 至图 6-22 基本上概括了上述结论。

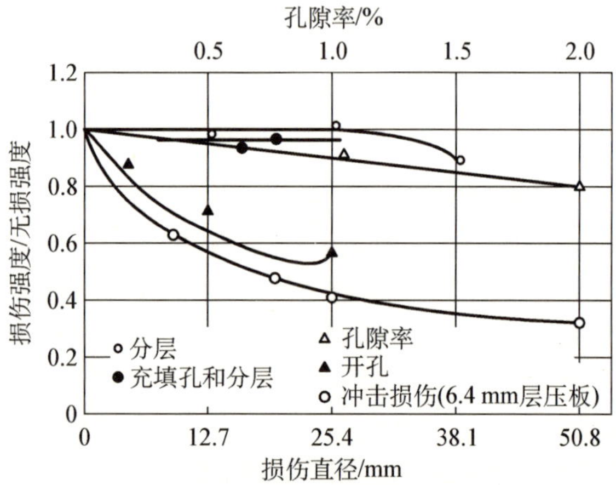

图 6-18　缺陷损伤对于静压缩强度的相对严重性

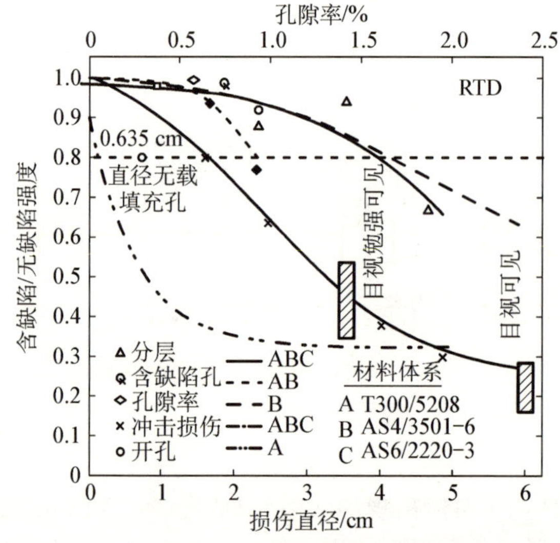

图 6-19　各种缺陷/损伤形式对静压缩强度的影响比较

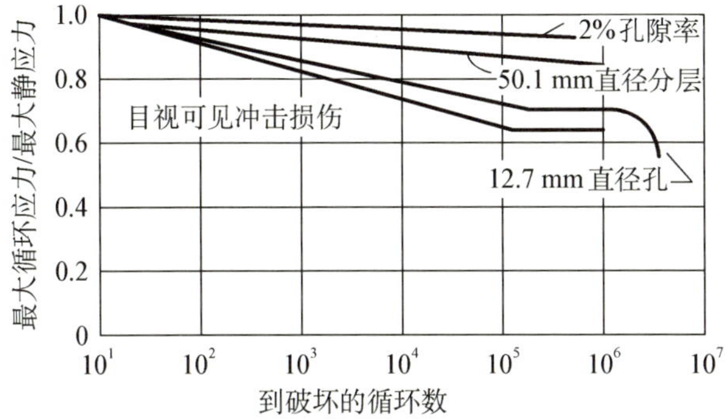

图 6-20 缺陷损伤对压缩疲劳强度($R=10$)的相对严重性

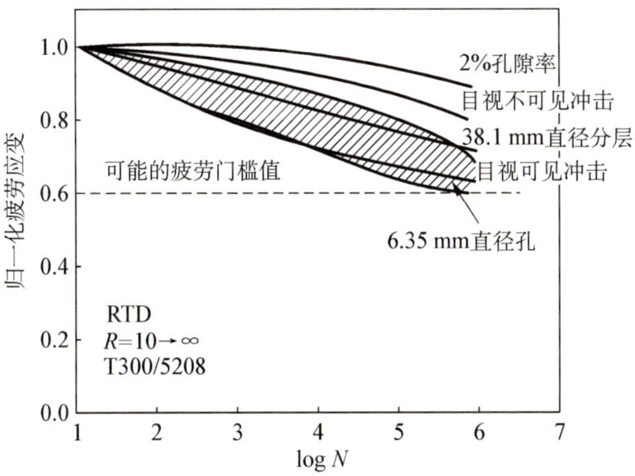

图 6-21 各种缺陷/损伤形式对压缩疲劳性能的影响比较

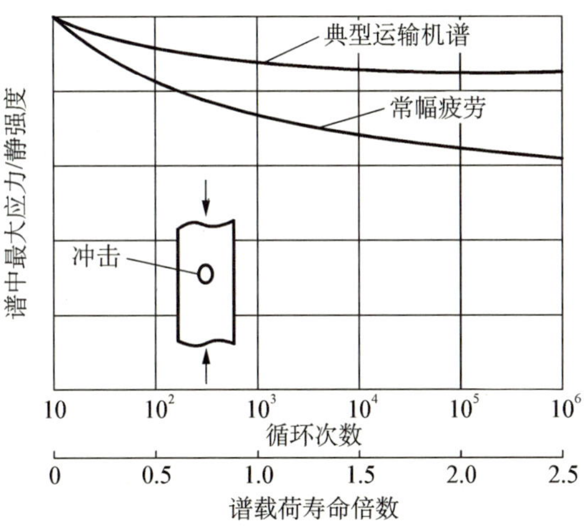

图 6-22 含冲击损伤试样在常幅压缩($R=10$)和谱载荷下疲劳性能的比较

6.5.3.3 冲击损伤在疲劳载荷下的行为

文献[3]介绍了由涉及 CEAT，Aerospatiale，DASA Munich 和 WIM（在 Erding）几个机构共同完成的法-德合作计划的研究结果。

在该计划中采用的试样代表了实际结构的铺层顺序，用几种不同能量进行冲击，这些能量不高于产生目视可见冲击损伤所需能量，因为对含目视可见冲击损伤的结构不必证明它们需经受长期使用中遇到的疲劳载荷循环。用这些试样在压-压疲劳（$R=10$）下进行试验目的是要：

(1) 绘制几个能量水平的 $S-N$ 曲线；

(2) 监控损伤扩展和剩余强度随时间的变化。

图 6-23 给出了受到不同能量冲击后 IM7/977-2 和 T800H/F-655-2 两种材料体系的 $S-N$ 曲线，10^6 循环对应的耐久性极限和初始静强度之间的比值大约在 0.50～0.75，这意味着能承受极限载荷要求的结构使疲劳载荷成了含低能量冲击损伤的疲劳问题。

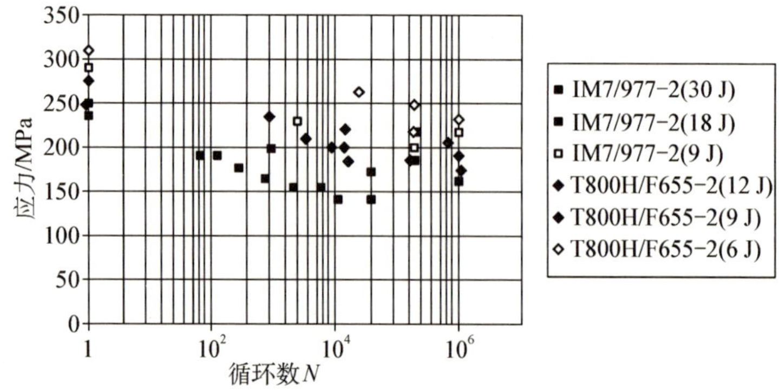

图 6-23 两种材料体系受不同能量冲击试样的 $S-N$ 曲线

图 6-24 所示为 T800H/F-655-2 材料试样用 C-扫描测量得到的损伤面积与疲劳循环数的关系，可以看出只有当疲劳载荷远高于实际可能遇到的载荷（高于

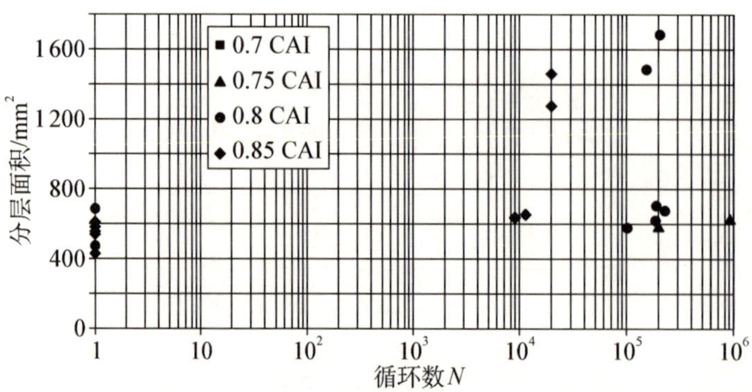

图 6-24 T800H/F-655-2 材料体系含冲击损伤试样的损伤面积与疲劳循环的关系

静强度的 75%)时才会出现扩展,同时损伤扩展只有在接近寿命终结时(在该计划中对所有的试验均在寿命的 85%～95%)才会出现,且斜率很大。

大量试验数据已经证明,对低速冲击损伤问题,采用稳定(或缓慢)扩展方法的可能性基本上为零。此外,缺乏预计冲击损伤扩展的分析手段也是很难采用缓慢扩展概念的原因。结论是:除了易检损伤和结构设计提供了损伤抑制能力外,在疲劳下不应接受冲击损伤的扩展,并推荐采用无扩展方法。由于受冲击复合材料对疲劳不敏感,无扩展方法应能覆盖多数情况。

6.6 目视检测在损伤容限设计中的地位及相关的定义

6.6.1 目视检测在损伤容限设计中的地位[12]

FAA 报告中的两段文字概述了损伤容限设计概念并说明了损伤容限原理中目视检测的意义:

"损伤容限保证了尽管飞机可能包含亚临界的裂纹与缺陷,但仍能保持适航状态。该原理承认了不可能确定整个飞机完全的结构冗余,因此损伤容限飞机的持续适航严重依赖于裂纹和缺陷在达到其临界尺寸前能够被检出的检测程序的执行。"[13]

"大型运输类飞机 80%的检测是目视检测,小运输机和通用航空飞机比大运输机更加依赖目视检测技术,这样,目视检测是防备与飞机安全有关破坏的第一道防线,并提供了评估飞机及其零件状态最廉价且最为快捷的方法。因此精确与熟练的目视检测是机群持续安全使用的关键。"[14]

6.6.2 目视检测的定义和类型

6.6.2.1 目视检测的定义

在 FAA 咨询通报 AC 43 - 204 中给出的定义是:"单独用眼睛或与各种辅助工具联合使用作为感觉手段来判断被检测单元状态的方法。"在后面的研究[14]中也有人将其扩展为:"目视检测是用人的感官系统来考察和评定系统和部件的方法,并只辅以像放大镜、牙医用签子、听诊器等这样对感官输入的机械增强工具。检测方法可用看、听、摸、闻、摇晃和转动这样的行为来做,它包括一个认知的成分,其中观察与对结构的了解有关,也和从使用文献得到的描述与图有关。"有 4 类与其难度和有效性有关的目视检测方法,即巡回检测(Walkaround Inspection, WA)、一般目视检测(General Visual Inspection, GVI)、详细目视检测(Detailed Visual Inspection, DET)和特别详细目视检测(Special Detailed Visual Inspection, SDVI)。

6.6.2.2 巡回检测

巡回检测能由飞机维护人员完成,也可由飞机操作人员完成,它一般用作对明显损伤的快速检查,多数维护说明书都要求周期进行这种检查。应考虑飞机历程(如多次发生的问题或硬着陆)。在文献[15]中的定义为:

"巡回检测是在地面进行的一般检查,以检出异常和确定一般状态和安全性。

注：这是4种检测中惟一一种可以由飞行或维护人员完成的方法。重点和观察方法将随检测与飞行或维护操作间的关系而变。

(1) 检测的基础。多数维护指令要求周期进行巡回检测，总的目的是用于快速检查来确定是否存在影响飞机性能的可检异常。

(2) 对检测的准备。应采用飞机履历来得到检测飞机时有用的信息(如是否有多次出现的问题或出现过硬着陆)。此外飞机应足够清洁以便进行有效的检测，并应有必需的工具和设备(如手电筒、抹布、笔记本)，并可能需要其他的辅助手段、工具和方法。”

6.6.2.3 一般目视检测(GVI)

GVI常常要求在周期基础上进行，但当对特定问题有所怀疑时也可以定期进行。在文献[15]中的定义为：

“一般检测要通过所选的舱口盖和检查口盖了解外部或当要求时了解内部情况，来检测损伤、失效或不规则的状态。

(1) 检测基础。当具体问题有悬念时，进行一般检测来识别该难点。当壁板对正常维护是开放时，也要进行例行的一般检测。

(2) 对检测的准备。要保证飞机的清洁，要求的必要工具和设备可以包括手电筒、镜子、吊灯、升降椅、拆卸壁板的工具、工作梯或工作台；需要了解具体飞机的结构。

(3) 执行。一般地看是不够的，作为检测人员，应该不断地问：这个图像有什么问题？要尽可能移动、摇动、拉、扭和压所有的零件；要对承载部件施加压力，并比较两侧；要知道在检测区域的其他系统；调节照明源，检测时从不同的视角看；检查加载和应力点的状态和安全；搜寻松动或漏掉的紧固件、使用适当的密封剂、显而易见的裂纹、腐蚀的迹象和封闭区中的碎片；观察损伤的铆钉；搜寻冒烟的铆钉和漆层的变色等。”

6.6.2.4 详细目视检测(DET)

当对特定问题有所怀疑，且一般目视检测要求附加检测时，进行详细目视检测。详细目视检测也要求周期进行来保证损伤容限飞机的适航性。在文献[15]中的定义为：

“详细目视检测是对特定区域、系统或装配件的集中目视检查，来检测损伤、失效或不规则。应使用现有的检测辅助手段。可以要求表面制备和精心制作的进入方法。

(1) 检测基础。若指定这种检测时，进行详细目视检测来识别提出的疑点。对按损伤容限设计的飞机，也要求定期进行详细目视检测来保证关键结构的适航性。

(2) 对检测的准备。工具和设备包括三棱镜、辅助光、镜子、放大镜、手电筒、染色剂、笔记本、吊灯、升降椅以及标准或专用的手工工具；要求的文件应包括在工作卡片中描述的步骤中和方法；要评估飞机履历和事故报告。即使检测卡片未提出，可能还需要其他的辅助信息如具体飞机的结构和经常可能出现的问题。

(3) 执行。应考虑原来要求的理由。若是因为发现了一些腐蚀,则要求更深入的检查。若检测针对裂纹,则要仔细地检测周围的区域来排除附加发生的事情或裂纹引起的应力。在详细检测中,你通常要搜寻失效、损伤或不规则。检查锁线的状态和安全性和载荷与应力点。搜寻磨蚀。观察由一个零件到另一个零件附近的区域;搜寻紧固件的松动或缺漏、是否使用了适当的密封剂、明显的裂纹、腐蚀的迹象和封闭区内的碎片。"

6.6.2.5 特别详细目视检测

特别详细目视检测可能要涉及专用的检测辅助工具,要求对损伤容限飞机周期进行专用的详细检测,来保证关键结构的适航性。基于来自较低级别的建议,也可以要求采用这种方法。在文献[15]中的定义为:

"特别详细检测是对特定项目的集中考察、安装或装配来检测损伤、失效或不规则。可能要使用专门的技术和设备,还可能需要复杂的拆卸和清洁。

(1) 检测基础。由于系统和结构已变得更复杂,已涉及采用特殊技术和设备的特殊检测来保证适航。为此在针对专门详细检测的说明书中要覆盖这些内容。对损伤容限结构也要求定期进行专门的详细检测来保证关键结构的适航性。若较低级别的检测建议,也可以提出该级别的检测。

(2) 对检测的准备。可以包括手电筒、镜子、录像用镜头、专门的手段和工具、升降椅、影像放大和记录装置、辅助光线、放大镜、着色渗透剂,以及标准与专用手动工具。需要的文件对工作卡片中每一步骤所述的方法是专用的,若有,则还要评估飞机履历表,并参见原来的或涉及的差异。

(3) 执行。在专门的说明书方法中对方法有详细定义。要检测的部位各不相同,但可以包括若不进行大的拆卸无法接近的飞机段,如机翼蒙皮的内表面、短舱对接接头和搭接接头。其中有些情况,可以通过使用 NDI 技术既实用又经济地实现检测目标。"

6.7 波音复合材料主结构的损伤容限原理

6.7.1 一般原理

已经用于审定复合材料主结构部件损伤容限的两种方法如下:

1) 确定性方法

这种方法基于两组试验与分析。第一组试验与分析设计用于表明含 BVID 损伤结构在设计极限载荷下具有正的安全裕度。试验主要包括含 BVID 的试样与组合件。第二组试验被设计用来表明含大损伤结构在设计限制载荷下具有正的安全裕度。试验包括带穿透厚度损伤、蒙皮-筋条脱胶、大冲击损伤等的组合件(如五筋条壁板)与部件。这种损伤视为最大设计损伤(MDD)。用试验来表明 MDD 尺寸损伤是易检的,而且小于等于该尺寸的损伤在工作载荷下不会扩展。

2）半概率方法

这种方法涉及发生给定冲击能量水平冲击损伤、某一载荷水平的出现概率以及给定冲击损伤检出概率的统计评估。在检查间隔与方法明确的前提下，每个飞行小时的破坏风险的累积概率应低于 10^{-9}。除了方法一所描述的极限载荷与限制载荷试验外，这种方法还要求进行中间损伤尺寸的试验。对于从 BVID 到 MDD 的损伤范围，不仅需要详细了解各类损伤威胁及其出现的概率，而且还要详细了解损伤可检性特征。这种方法包含 DUL 与 DDL 间不同载荷水平下的一系列分析，目的是为了验证基于给定损伤及其相应可检概率的破坏概率。

这两种方法都能满足 FAA 关于损伤容限的要求，但它们还无法提供足够的数据来支持结构修理手册中的大的允许损伤极限。因而，允许损伤尺寸被定为偏于保守的较小值。这导致了商用飞机薄蜂窝夹层壁板在役修理成本的提高。

图 6－25 所示为由方法 1 和方法 2 产生的用于商业飞机结构设计与审定的典型数据范围。图中可以看到，只对剩余强度曲线的其中一小段作了详细的说明。因为没有使用中所产生损伤尺寸的剩余强度，因此在结构修理手册中常用 BVID 尺寸代表 ADL 尺寸。这些尺寸是保守的，并且会导致维护成本的提高。

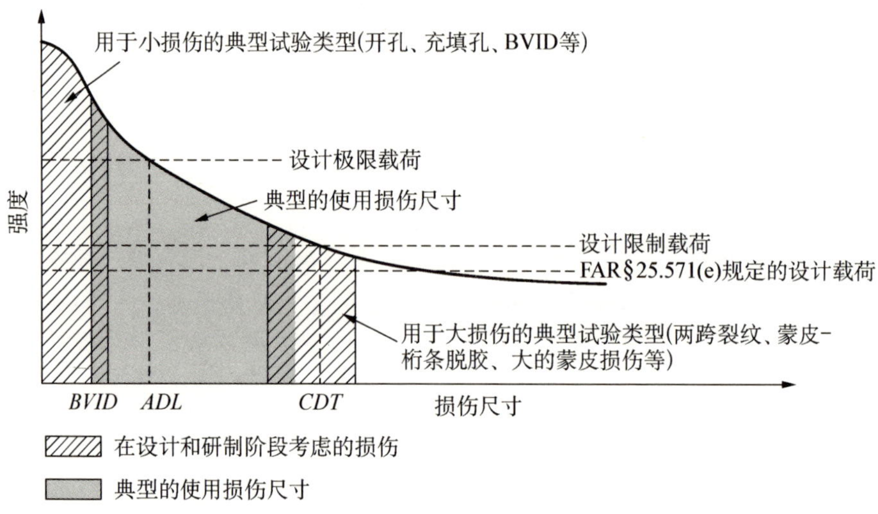

图 6－25　剩余强度与损伤尺寸关系

为了形成用于支持复合材料飞机结构审定的数据，并且顾及维护成本的降低，推荐采用如下方法：

（1）应该通过分析和/或试验来确定每个主结构元件上每一重要潜在损伤的剩余强度曲线；

（2）为了支持维护计划编制工作，应有文件说明描述 CDT 可检性的特征，以及损伤的类型与范围；

（3）对于易检损伤，类似于 CCAR §25.571(e)所述，考虑的威胁等级应该包括下列物体引起的冲击损伤：地面车辆、地面操作设备、发动机舱门的冲击、跑道碎片和抛起的轮胎碎片。使用经验表明，与这些事件相关联的损伤，在被检出和得到修理以前可能会持续存留若干次飞行。必须通过计及对每种意外事件的敏感性来确定所考虑损伤的范围。

6.7.2 冲击损伤假设和剩余强度要求

6.7.2.1 BVID 定义和剩余强度要求

用一般的照明条件从 1.5 m 远处进行仔细的维护检查时不可能发现的小损伤，或在检测期间不可能发现的损伤。

通常的定义是：

(1) 通常的凹坑深度为 0.25～0.5 mm(松弛后)；

(2) 试验表明通常的凹坑尺寸直径小于 12.7 mm。

损伤扩展和剩余强度要求为：

(1) 要求设计极限强度；

(2) 在设计使用目标(DSO)期间无有害的损伤扩展；

(3) 要通过试验证实。

6.7.2.2 VID 损伤和剩余强度要求

(1) 用一般的照明条件从 1.5 m 远处进行仔细的维护检查时可能发现的损伤；

(2) 破坏或严重受损的蒙皮壁板或腹板，伴随有相连桁条、加筋条、框或肋的损伤；

(3) 试验指出一般的凹坑深度大于 1 mm(松弛后)，并包括所有与损伤事件相关的损伤(目视可见与不可见)；

(4) 机体必须能支持设计限制载荷而不发生破坏；

(5) 在代表结构检测间隔的疲劳循环期间无有害的损伤扩展：假设漏检一次(2 倍检测间隔)且必须由试验证实；

(6) 机体必须能支持剩余强度载荷直至损伤被发现和进行修理：损伤状态包含目视可见和与此相关目视不可见的损伤。

6.8 空客的损伤容限原理

6.8.1 概述

目前空客公司的损伤容限符合性方法以概率性或半概率性方法为主。对不同类型损伤的要求分别是：

(1) 对第 1 类损伤的要求：明确提出了需要有两个门槛值的定义，首先是使用中所选检测方法的可检性门槛值，其次是在制造和使用中实际能预期的最大冲击能量，假设的该实际能量出现概率是 10^{-5}/fh(即类似于限制载荷的出现概率，相当于一倍寿命出现一次的事件)。要用这两个门槛值(可检性和实际预期的能量)来描述代表最低质量的新结构受到的意外损伤，低于这两个门槛值时，受损结构必须保持极限载荷能力(见图 6－26 中的内层矩形框要求——对应于第 1 类损伤)。

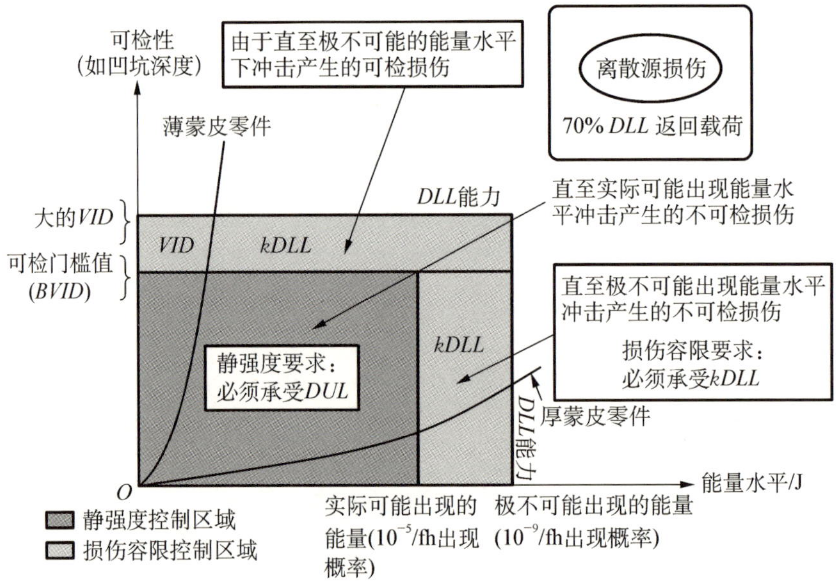

图 6－26 门槛值定义

(2) 对第 2 类和第 3 类损伤的要求：意味着超出静强度要求范围的损伤不得导致灾难性破坏，该灾难性破坏必须是极不可能的事件(概率小于 10^{-9}/fh)。这些损伤可分为两类：

① 对较高能量的冲击，它们是比较容易检出的；

② 即使能量高到与极不可能事件相关时，它们仍保持不可检。

为此必须要定义另外两个门槛值，第一个是“能量门槛值水平限于在风险分析中假设的最大值，它应相应于极不可能的事件”(小于 10^{-9}/fh，类似于极限载荷的发生率)；第二个是损伤变得容易检出的“可检性门槛值”，称为“大的 VID 门槛值”。在进行极限载荷能力的评定和(若受损结构承载能力低于 *DUL*，则要求修理)修理前，处于这种情况下的飞机不允许起飞。这两个新的门槛值(极不可能的冲击能量和“大的 VID 门槛值”)确定了结构必须至少保持限制载荷能力。要考虑可检尺寸与地面巡检检测程序的一致性，和极不可能能量水平的代表性(见图 6－24 中的外层矩形框要求——对应于第 2 类和第 3 类损伤)。

(3) 对第 4 类损伤的要求：需要定义超出损伤容限范围的门槛值，它对应于事件一旦发生，机组能立即察觉的情况，这种情况称为“离散源”损伤。

6.8.2 符合性流程图

为符合上述的要求(静强度、损伤容限和无扩展)，图 6－27 所示的流程图中概述了采用的损伤容限原理。

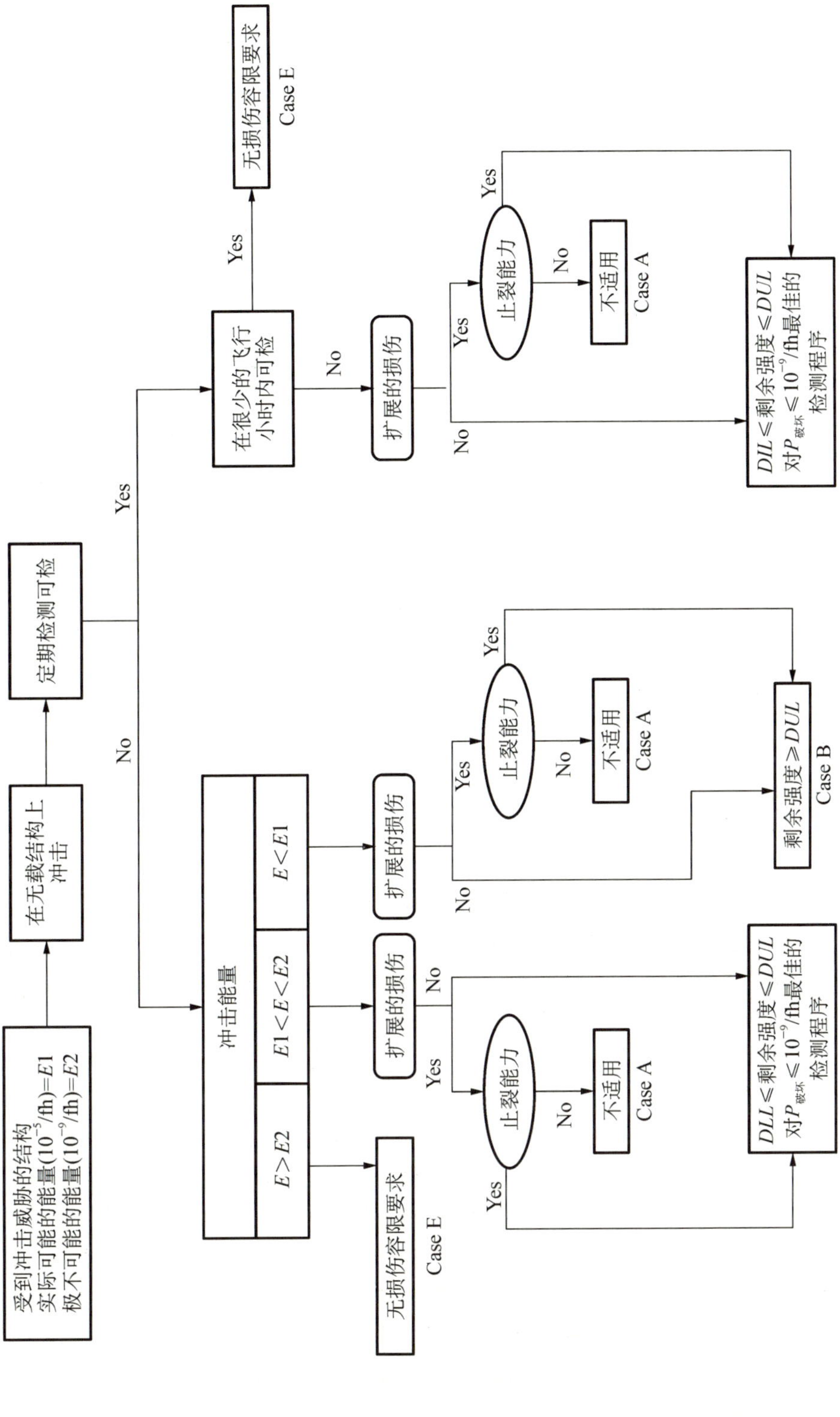

图 6-27 空客的损伤容限原理

Case A 说明在使用载荷下损伤扩展但无任何止裂能力，损伤容限的验证是不适用的。事实上，目前无法预计冲击损伤扩展，不能采用考虑扩展的方法。

Case B 说明了静强度要求的情况。带有这种损伤的结构（用所选的检测方法和由于冲击能量低于结构实际可能出现的水平）必须验证 DUL 能力，应通过试验模拟代表整个设计使用目标（DSG）的疲劳循环来验证无扩展的概念，通常允许疲劳试验后的极限载荷试验在取得 TC（型号合格证）后进行。

Case E 说明了超出损伤容限要求范围以外的损伤、易检损伤（用能从地面检测的外部零件的地面巡检）或由于对结构极不可能遇到的冲击能量水平的情况。

Case C 和 D 说明损伤容限要求的情况。空客采用概率方法来验证，对给定结构执行的定期检测程序（包括检测类型、间隔）在飞机寿命终结时其破坏概率是极不可能的（小于 10^{-9}/fh）。对这两种情况必须验证无扩展概念：Case C 中的一倍检测间隔和 Case D 中整个 DSG。无扩展概念依赖于损伤在重复载荷下不扩展和在疲劳后要求的剩余强度不降低。无扩展概念的验证可基于试样、典型结构件、元件和组合件或全尺寸试验，或基于以前得到的类似设计情况的经验。这些情况中的概率分析也可用于计算结构必须承受符合目标的载荷（$k \times DLL$）：飞机寿命终结时的破坏概率等于 10^{-9}/fh。

若具有止裂能力，则要考虑损伤在损伤止裂能力终止时出现的最大损伤扩展来导出其剩余强度。

6.8.3 损伤可检性

6.8.3.1 可检性定义和对应的剩余强度要求

关于可检门槛值，广泛采用的是用凹坑深度作为度量，这种选择对薄层压板可能有问题，因为在穿透前只有很窄的能量带可以用凹坑深度来描述，但损伤容限主要对中厚层压板（一般为 3～7 mm）而言的，中厚板可能有大量的内部损伤而外部几乎没有可见的迹象，凹坑深度可以用作可检性的度量。

空客目前的复合材料零件，损伤容限分析用的相关冲击源自维护操作，即工具掉落、可拆卸壁板的坠落以及少量源自跑道碎石。损伤的形状可只考虑较小的冲击头直径（对复合材料试验和损伤容限验证采用的直径通常在 6～25 mm 之间）；但对复合材料机身则可能要考虑较大的冲击头直径，因为机身经常会遭受如地面维护车辆那样的钝冲头，如 320 mm 直径冲击物的冲击。得到的损伤主要是凹坑深度（对边缘是裂纹长度），这取决于冲击能量。要说明的是对横向冲击用于可检性的损伤度量是凹坑深度，对边缘冲击是凹坑深度和/或裂纹长度如图 6－28 所示。

BVID 的定义是：由定期检测保证检出的最小冲击损伤。对此要说明的是：

(1) 对复合材料广泛采用凹坑深度作为损伤的度量（若由适当的试验证实，则在建立可检限制值时采用附加的准则（不只是凹坑深度）也是可接受的）；

(2) 它对应于置信度 95%时的检出概率为 90%；

(3) 它对结构设计提供了合理的鲁棒性（目的是含 BVID 时承受 *DUL*）。

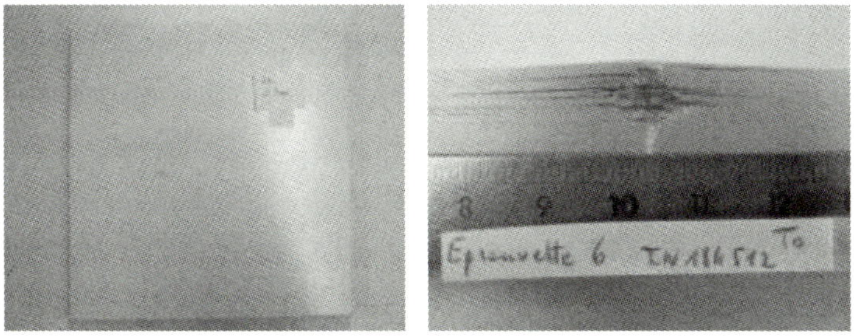

(a) (b)

图 6-28 对不同方向冲击采用的损伤度量

(a) 横向冲击；(b) 边缘冲击

同时要说明的是要建立两个取决于目视检测种类(即 DET 和 GVI)的 BVID 准则。

大的 VID 定义取决于检测技术和结构。与地面巡检相联系的损伤尺寸一般认为是“穿透”损伤。

6.8.3.2 确定 BVID 的支持试验和分析

为尽可能降低维护的负担和改善耐久性，制造商希望通过支持性试验和分析及使用调查来提出可被适航当局接受的可检门槛值，空客公司进行了相关的试验，图 6-29 所示为试验概况，采用的试验方法和要求分别为：

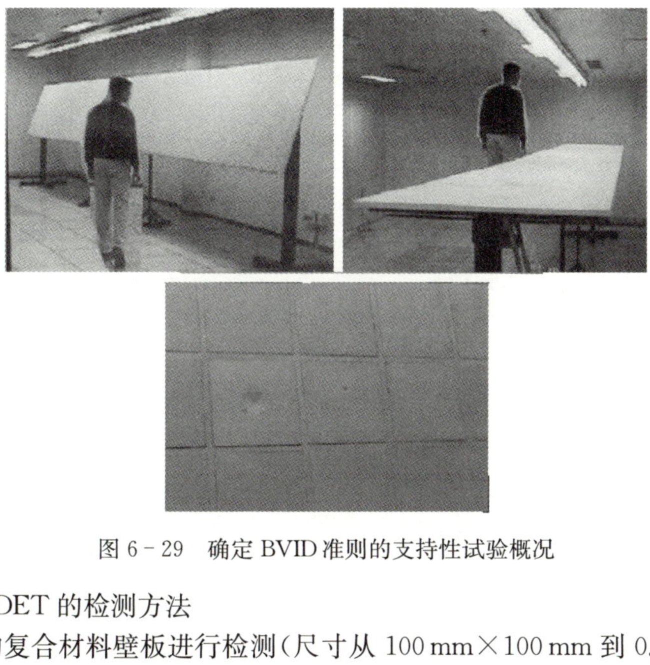

图 6-29 确定 BVID 准则的支持性试验概况

1) 基于 DET 的检测方法

对不同的复合材料壁板进行检测(尺寸从 100 mm×100 mm 到 0.8 m^2，表面涂漆或不涂漆，表面光滑或粗糙，白、灰、蓝或绿漆、底漆)。总共进行了 902 次检测，进行检测研究时采用的条件为

(1) 检测持续时间:没有限制;

(2) 检测距离:50 cm;

(3) 照明条件:已有的照明加上辅助灯光(若需要);

(4) 几种冲击头直径:6 mm 和 16 mm。

2) 基于 GVI 的检测方法

使用大壁板(8 m×1.2 m)进行检测研究,用了两种构型:水平和垂直放置壁板,在涂漆壁板上引入了若干个从 0.3 mm 深到穿透的冲击损伤:总共进行了 240 次检测。检测条件为:

(1) 检测距离:1 m;

(2) 检测持续时间:30 秒/每块壁板;

(3) 代表自然光的人工照明;

(4) 几个冲击头直径:从 6~120 mm。

3) 对凹坑深度检测结果的统计分析

对凹坑深度检测的结果进行统计处理,统计处理的结果如图 6-30 所示,所用的分析 POD(检测概率)函数是对数正态累积分布。

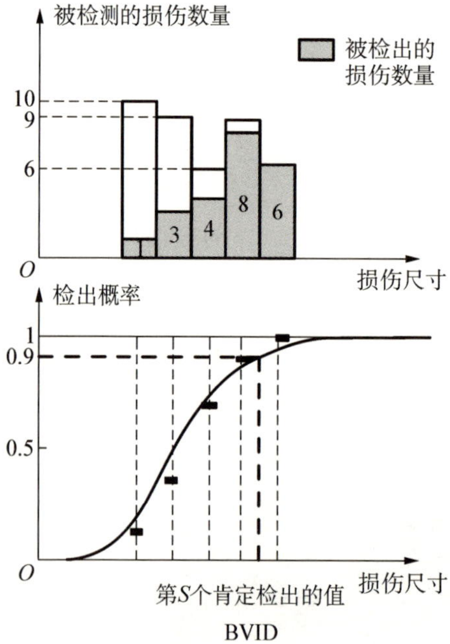

图 6-30 对凹坑深度可检性检测数据的统计处理

4) 外场检测结果的验证

在欧洲航空公司通过 GVI(A 和 C 检,日检,周检等)检测得到的冲击损伤检测数据(约 1 000 个记录)的 85%均高于空客公司确定的可检门槛值,如图 6-31 所示,表明空客确定的 BVID(GVI)与航空公司的检测结果是一致的。

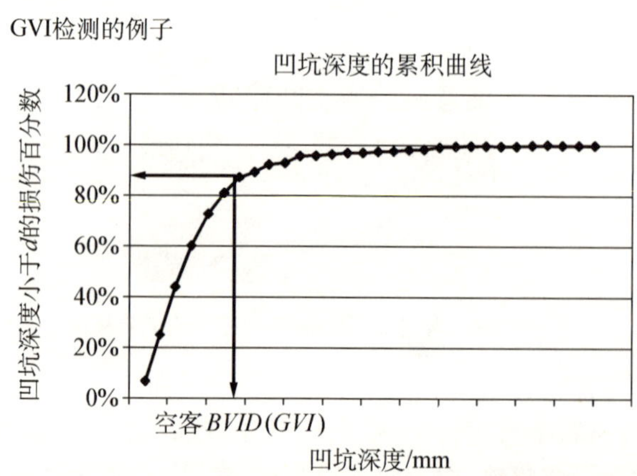

图 6-31 航空公司检出的冲击损伤数据

5）冲击凹坑的松弛特性

冲击损伤凹坑深度会随时间而变化，这是复合材料的特性，冲击后立即检测可能是可检的，但随着时间流逝会变得不可检，因此空客公司对冲击凹坑深度的松弛现象进行了试验研究。对冲击损伤的松弛特性考虑了飞机寿命期间所有的环境和机械影响，包括机械和热循环、大气环境与湿热环境下的老化等因素，特别是要考虑结构在环境条件下的影响。典型的试验数据如图 6-32 所示。

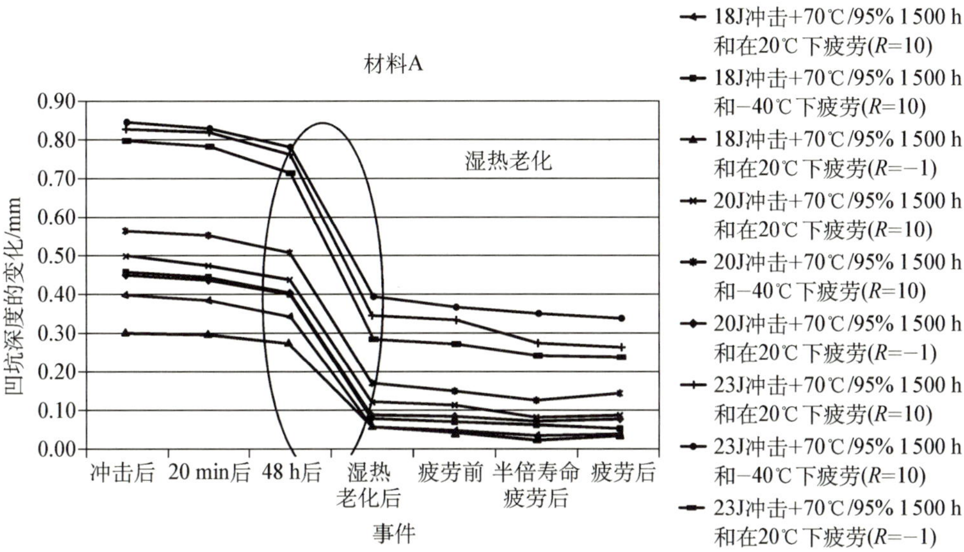

图 6-32　对冲击损伤凹坑深度松弛现象的试验研究

Aerospatiale 已经表明，通过详细的目视检测在 0.3～0.5 mm 之间的深度是可检的，其概率超过 0.9，这被称为 BVID。后来他们又发现冲击凹坑会随着时间同时伴随疲劳与老化而衰减，这个结论也得到了加拿大的研究支持。凹坑随时间的衰减可能与材料有关，在缺乏数据的情况下应选择至少 1 mm 的初始凹坑来保证在最长的定期检测间隔末期可检。

6.8.4　对飞机实际可能遇到的冲击能量威胁

飞机复合材料结构的验证需要确定用于极限载荷考虑的实际冲击能量截止值。图 6-27 中的静强度控制区域代表结构能够承受极限载荷而不需要进行修理的区域，该要求不仅在结构刚刚出厂时需要满足，而且在寿命终结时也需满足。在这期间，复合材料部件可能已积累了多次意外损伤，但都低于可检门槛值。这意味着在矩形以外的区域必须可检，同时需要进行修理，至于是装饰性修理还是结构性修理则取决于结构承受极限载荷的剩余强度能力。

一个保守的假设是设置在 90%概率时的能量水平，这类似于处理 B 基准强度值的办法。这就意味着，实际能量截止值是按这样的方式选择的：在飞机寿命结束时，其中不超过 10%的飞机受到冲击事件的能量会等于或高于这一截止值。对这些相应于更严重损伤情况、并可能无法符合极限载荷条款的这个10%，损伤容限考虑将证实其符合规定的安全水平。

令E_{co}为能量截止值，每次飞行遇到能量$E \geqslant E_{co}$的冲击概率为P_a，则$(1-P_a)$是飞机在飞行中未遇到或只遇到较低能量冲击的概率。事实上，在实际飞行时不太可能出现低速冲击损伤风险，但会出现在与这次飞行有关的各种操作中，如飞机维护以及与定期检测有关的部分风险。则它遵从：

$(1-P_a)^n$是在n次飞行后不会遇到能量为$E \geqslant E_{co}$的冲击的概率，则至少由于遇到一次能量$E \geqslant E_{co}$的冲击而产生损伤的概率为：

$$P = 1-(1-P_a)^n$$

假设：　$n = 50\,000$次飞行(短程/中程民用飞机)

$$P = 0.1$$

则

$$P_a = 2.1 \times 10^{-6}$$

在这种情况下，所允许的实际能量相应于每次飞行出现概率为2×10^{-6}的值。如果P的目标为0.01，P_a则为2.1×10^{-7}，它显然对应于更高的能量水平(尽管由于假设概率-能量是对数线性关系，这个值相差还不是很大)。

对于固定翼结构的情况，P_a的这两个值小于通常相应于限制载荷的概率，可以假设它在每一飞行小时为10^{-5}的范围内。说这种所谓“实际”能量水平出现的次数要比限制载荷事件更“实际”，这情况可能是不合理的。因而，对于大约平均持续1小时的一次飞行情况，限制每一飞行小时的这个概率值为10^{-5}应是可以接受的。

实际上，由于假设相关的事件是独立的，P_a是两个概率的乘积：

$$P_a = \text{概率(冲击能量出现次数)} \times \text{概率(损伤能量} \geqslant E_{co}\text{)}$$

有关文献从对1644次冲击事件的分析，给出了对第二项概率的统计结果。虽然这些记录代表了美国海军军用飞机(F-4，F-111，A-10和F-18)的使用情况，但由于维护工具和使用状态应该与这项研究没有很大差别，可以把它们推广到运输类飞机的研究。在这个研究中，通过用F-15机翼上得到的标定曲线，把在金属结构上观察到的1644个冲击凹坑转换成能量水平，如图6-33所示。根据该文献，对所调查的飞机，冲击能量的上限大约为48J。

因为这个报告没有提到与每一个损伤相关的飞机寿命和冲击部位，不可能得出每一飞行小时的冲击威胁。然而该调查提供了：

(1) 如果出现冲击，其预期能量的数量级；

(2) 超越数(Ne)-能量曲线的形状。可以假设曲线在该能量范围内是对数线性的，其斜率为$-15\,\text{J}/\log Ne$。若出现意外冲击时，就能够很容易通过以下关系式，从这一曲线画出超过给定能量水平的概率(P_e)

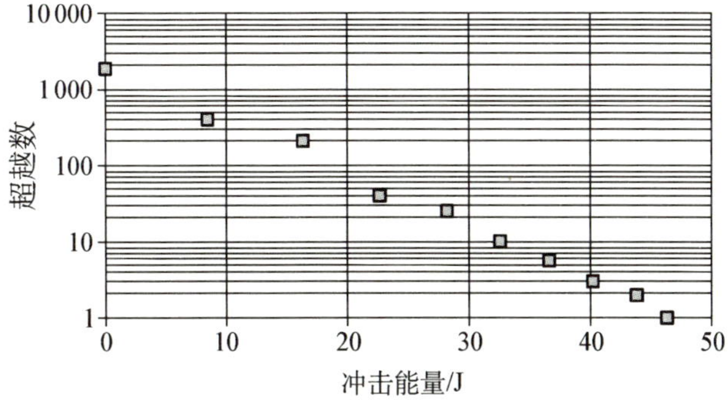

图 6-33　对 1 倍飞机寿命的超越数-冲击能量水平

$$\log P_e = -x(j)/15$$

由这一外场调查还得到了一个更精确的双参数 Weibull 分布，其形状和尺度参数分别等于 1.147 和 8.2。

从这些数据可以估计低速冲击的出现概率是 3.9×10^{-4}/fh。显然这个数字所涉及的是整个飞机，而对与所关注的零件，如方向舵蒙皮，则相应的概率应该低一些。根据原 ACJ 25 1309 提供的定义，应认为事件概率的范围在每小时 $10^{-3}\sim10^{-5}$ 之间是合理的。

把这些外场统计数据联合在一起，图 6-34 表明对于各种损伤出现概率(按飞行小时)，P_a 值-冲击能量在合理可能的区间。按在飞机寿命结束时，飞机总数的 90%出现的"实际"能量水平目标($P_a=2.1\times10^{-6}$)，假设损伤出现概率在合理可能区域的上限，以及每次飞行持续 1 小时，则结果是：

E_{co}应不低于 40J。假设 $P_a=10^{-5}$，则相应的能量是 30J。

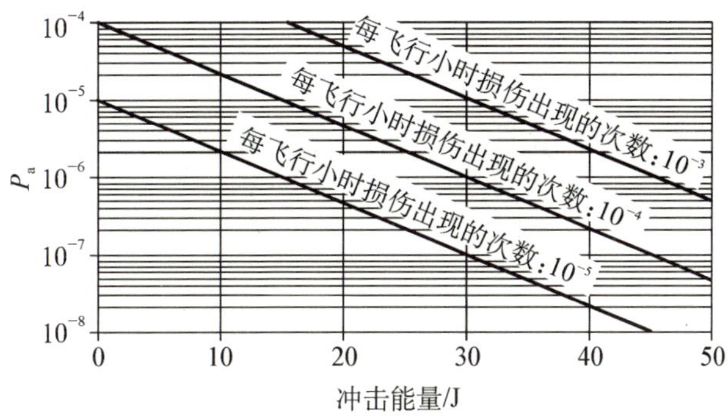

图 6-34　不同水平冲击事件的概率

除了水平尾翼的内侧部件采用 140J 的截止值以外，空客的计划(从 A320 型飞机验证开始和其以后的计划)选择的能量截止门槛值是 50J。由于反映了美国空军要求和公司的设计准则，波音对民用飞机验证计划采用的能量截止值是 136J。

由于在 ATR 72 CFRP 外翼的损伤容限验证中采用概率性方法，为了得到这种方法所需的数值，Aerospatiale 公司研究了意外冲击情况，通过研究，采用 36J 为其结构验证的能量截止门槛值。

6.9　损伤容限分析方法

6.9.1　缺口敏感性和适用的失效判据

层压板的铺层形式不同时，其缺口敏感性不同，所用的失效判据也不同。表 6-2 列出了不同层压板的缺口敏感性和适用的失效判据。另外失效判据还同层压板的破坏模式有关，表中列出的判据主要适用于纤维控制破坏模式的层压板。

表 6-2　层压板缺陷敏感性和适用的失效判据

层压板类型	载荷形式	缺陷形式	缺口敏感性	适用的失效判据
0°单向层压板	拉伸	穿透缺陷	不敏感	净截面失效判据
$[\pm45]_{ns}$	拉伸	穿透缺陷	不敏感	净截面失效判据
多向层压板	拉伸	穿透缺陷	敏感	DI 判据，FD 判据，AS 判据，PS 判据
	压缩	穿透缺陷	敏感	FD 判据
		分层		DI 判据
		冲击损伤		DI 判据，FD 判据

注：压缩载荷下的失效判据仅适用于失效前不出现失稳的情况。

研究表明，随载荷增加，缺口附近会形成由分层和基体裂纹构成的损伤区，损伤区内的应力分布呈均匀化的趋势，同时降低了缺口引起的应力集中，因此所有含缺口层压板剩余强度的失效判据均含有反映这一现象的附加参数。

6.9.2　含缺口层压板剩余强度估算方法

6.9.2.1　拉伸载荷情况

1) 损伤影响(Damage Influence, DI)判据

损伤影响失效判据可表述为：当缺口(或损伤)附近特征点处的加权法向应力达到层压板的破坏强度时，含损伤层压板出现破坏(见图 6-35)，其数学表达式为

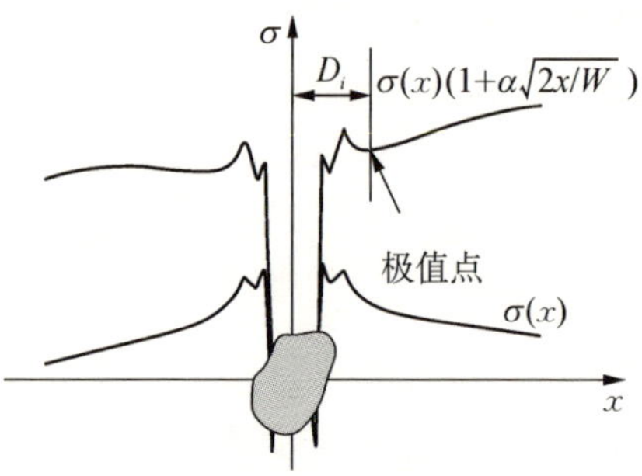

图 6-35　DI 判据示意

$$\sigma_y(x,\ 0)(1+\alpha\sqrt{2x/W})\big|_{x=D_i}=\sigma_b \qquad (6-3)$$

D_i 为满足下式的 x 值，

$$\frac{\mathrm{d}}{\mathrm{d}x}(\sigma_y(x,\ 0)(1+\alpha\sqrt{2x/W}))=0 \qquad (6-4)$$

式中：σ_b 为层压板的无损强度；$\sigma_y(x,\ 0)$ 为损伤附近的法向应力分布；W 为试样宽度；α 为与损伤形式(孔、裂纹、分层、冲击损伤等)、载荷形式及性能有关的常数。

对圆孔拉伸：

$$\alpha = \left|\frac{A_{11}+A_{12}}{2A_{22}(1+(K_T^{\infty}-3)^2)}-\nu\right| + K_T^{\infty}\left(\sqrt{\left(\frac{2R}{W}\right)^3}-\left(\frac{2R}{W}\right)^2\right) \quad (6-5)$$

式中：A_{ij} 为层压板的面内刚度系数；ν 为层压板的泊松比；K_T^{∞} 为层压板的孔边应力集中系数。

2) 损伤区纤维断裂(Fiber breakage in Damage zone, FD)失效判据

损伤区纤维断裂(FD)失效判据可表述为：当缺口(或损伤)附近特征长度 l_0 范围内 0°层的平均法向应力(见图 6-36)达到单向板的极限强度时，含损伤层压板出现破坏，其数学表达式为：

$$\frac{1}{l_0}\int_a^{a+l_0}\sigma_y^0(x,\ 0)\mathrm{d}x = X_t \quad (6-6)$$

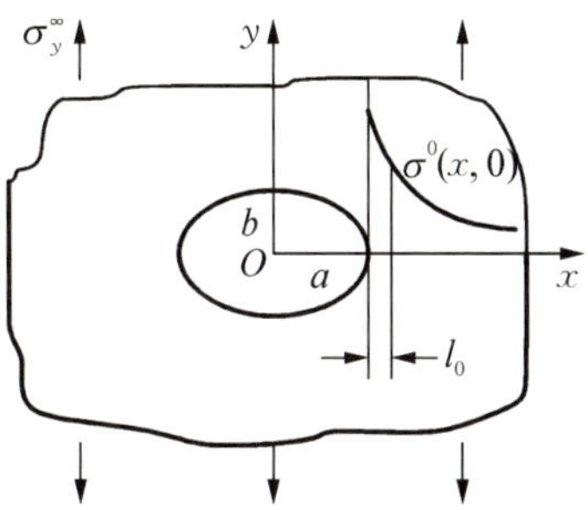

图 6-36 含孔层压中缺口附近0°层的应力分布

式中：$\sigma_y^0(x,\ 0)$为不考虑损伤区影响时，缺口截面上0°层的法向应力分布，表示为：$\sigma_y^0(x,\ 0)=\alpha_1\int_a^{a+l_0}\sigma_x(x,\ 0)\mathrm{d}x+\alpha_2\int_a^{a+l_0}\sigma_y(x,\ 0)\mathrm{d}x+\alpha_3\int_a^{a+l_0}\tau_{xy}(x,\ 0)\mathrm{d}y$；$l_0$ 为材料体系常数，与铺层形式、缺口形状及尺寸无关；a 为缺口在 x 轴向的半长；$\alpha_j(j=1,\ 2,\ 3)$ 为层压板常数；X_t 为单向板的纵向拉伸强度。

$\sigma_x(x,\ 0)$，$\sigma_y(x,\ 0)$，$\tau_{xy}(x,\ 0)$为层压板沿 x 轴的应力分量。

3) 平均应力(AS)判据和点应力(PS)判据

(1) 平均应力判据。该判据假定距离孔边某一特征长度 a_0 之内的平均应力达到无缺口层压板的极限强度 σ_b 时，层压板失效(图 6-37)，即

$$\frac{1}{a_0}\int_R^{R+a_0}\sigma_y(x,\ 0)\mathrm{d}x = \sigma_b \quad (6-7)$$

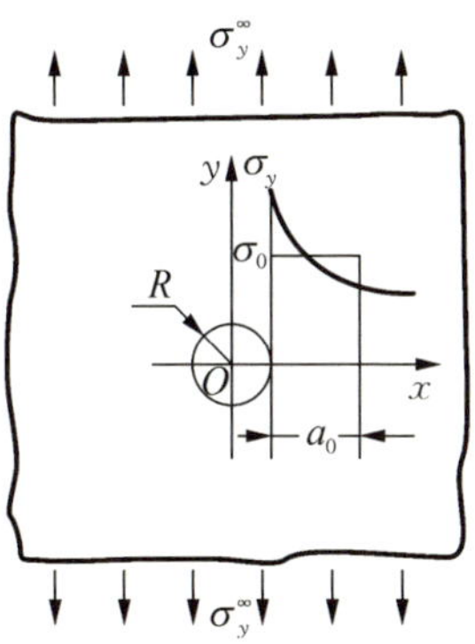

图 6-37 平均应力判据

式中：$\sigma_y(x,\ 0)$为含孔的最小截面上的 y 方向应力分布；R 为孔的半径，对中心裂纹为裂纹半长；a_0 为特征长度，由试验确定。

对受单向拉伸带圆孔的正交各向异性无限大板将孔边应力分布代入平均应力判据的式(6-7)得到剩余强度计算公式，即

$$\sigma_c^{\infty} = \frac{2\sigma_b(1-\xi_2)}{2-\xi_2^2-\xi_2^4+(K_T^{\infty}-3)(\xi_2^6-\xi_2^8)} \quad (6-8)$$

式中：$\xi_2 = \dfrac{R}{R+a_0}$。

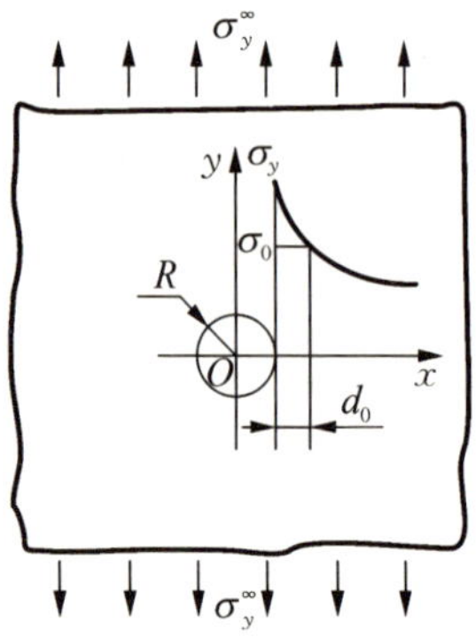

图 6-38 点应力判据

(2) 点应力判据。该判据假定距离孔边某一特征长度 d_0 处的应力 σ_y 达到无缺口层压板极限强度 σ_b 时，层压板破坏(图 6-38)，即

$$\sigma_y(x,\ 0)\ |_{R+d_0} = \sigma_b \tag{6-9}$$

式中 d_0 为特征长度，由试验确定。

对受单向拉伸带圆孔的正交各向异性无限大板将孔边应力分布代入点应力判据的式(6-9)得到剩余强度计算公式，即

$$\sigma_c^\infty = \frac{2\sigma_b}{2+\xi_4^2+3\xi_4^4-(K_T^\infty-3)(5\xi_4^6-7\xi_4^8)} \tag{6-10}$$

式中：$\xi_4 = \dfrac{R}{R+d_0}$。

(3) 特征长度 a_0 和 d_0。平均应力判据和点应力判据中的特征长度 a_0 和 d_0 是由试验测得的。它是用若干件含不同孔径或裂纹长度的试件做拉伸破坏试验，得到一组相应的剩余强度试验值$(\sigma_c^\infty)_T$。将$(\sigma_c^\infty)_T$ 代回由平均应力判据或由点应力判据表示的带孔板的剩余强度计算公式(6-8)和式(6-10)，考虑试件的有限宽度修正和无缺口试件的拉伸强度 σ_0，便得到一组与孔径或裂纹长度对应的 a_0 和 d_0，取平均值即可得到特征长度 a_0 和 d_0。

4) 有限板宽修正

以上(2)和(3)节得到的带孔或裂纹板的剩余强度 σ_c^∞ 是无限宽板的应力，对有限宽板应作修正。设 σ_c 为有限宽板的剩余强度，则有

$$\sigma_c^\infty = \eta\sigma_c \tag{6-11}$$

式中：η 为有限宽修正系数，当缺陷宽度与板宽之比小于或等于 1/3 时(板宽为 W)时，对含半径为 R 的中心圆孔板：

$$\eta_1 = \frac{2+(1-2R/W)^3}{3(1-2R/W)} \tag{6-12}$$

对含椭圆孔(长轴为 $2a$，短轴为 $2b$)板：

$$\eta_2 = \frac{\lambda^2}{(1-\lambda)^2} + \frac{1-2\lambda}{(1-\lambda)^2}\sqrt{1+(\lambda^2-1)\left(\frac{2a}{W}M\right)^2} - \frac{\lambda^2}{1-\lambda}\left(\frac{2a}{W}M\right)^2\left[1+(\lambda^2-1)\left(\frac{2a}{W}M\right)^2\right]^{-1/2} \tag{6-13}$$

其中 $M^2 = \left(\sqrt{1-8\left[\dfrac{3(1-2a/W)}{2+(1-2a/W)^3}-1\right]}-1\right)\Big/2(2a/w)^2$，$\lambda = \dfrac{b}{a}$。

对含长为 $2a$ 的中心裂纹板：

$$\eta_3 = \sqrt{(W/\pi a)\tan(\pi a/W)} \quad (6-14)$$

6.9.2.2　压缩载荷情况

可采用 6.9.2.1(2)中 FD 失效判据的方法进行估算，如式(6-6)所示，只是需将式中的 X_t 改为单向板的压缩强度 X_c，特征长度 l_0 采用对应压缩载荷情况的值。

6.9.3　含冲击损伤层压板压缩剩余强度估算方法

本节给出两种可供设计使用的含冲击损伤层压板剩余强度估算方法。

6.9.3.1　基于 FD 判据的估算方法

这种方法的主要步骤为：

(1) 实测或估算冲击损伤；

(2) 按图 6-39 所示的原则将冲击损伤简化为椭圆孔，其长轴等于分层区投影图的宽度，分层区投影图可由无损检测给出或用上节所述的方法计算得到；其短轴等于表面凹坑的宽度，表面凹坑的宽度可以直接测出或简单假设为长轴的 0.3；

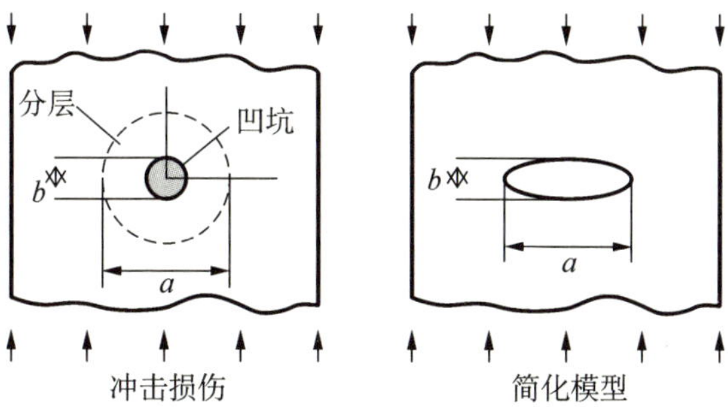

图 6-39　冲击损伤的分析模型

(3) 用复变应力函数法或有限元方法计算得到含椭圆孔层压板缺口附近 0°层的法向应力分布；

(4) 利用 6.9.2.1 节中给出的 FD 判据(见式(6-6))和含孔层压板受压试验给出的特征长度 l_0 值估算压缩剩余强度。

6.9.3.2　基于 DI 判据的估算方法

基于 DI 判据的估算方法进行冲击后压缩剩余强度估算的主要步骤为：

(1) 用 6.9.3.1 节所述方法确定冲击损伤的特征损伤状态(通常包括分层、基体裂纹和纤维断裂)或直接用适当的无损检测方法确定，然后用损伤数据结构(DDS)存储损伤信息；

(2) 把冲击分层处理为具有一定厚度的子层，进行多子层的屈曲分析；

(3) 利用多子层屈曲的分析结果对分层区域进行刚度折减。如果 DDS 内包括纤维断裂或基体裂纹等信息，则还需要对相应损伤单元进行刚度退化处理，把损伤区处理为软化夹杂。分层及分层区域的规定如图 6-40 所示；

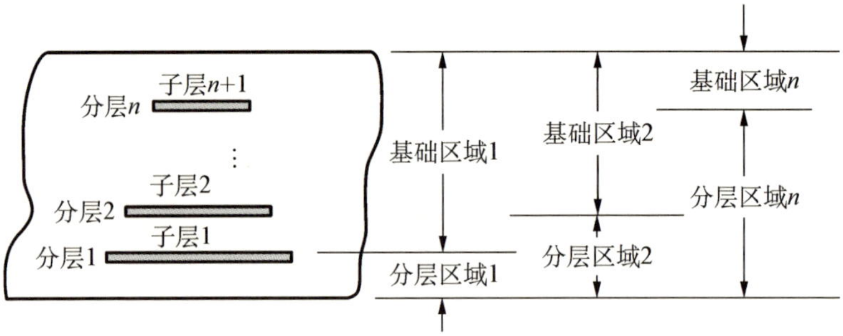

图 6-40 冲击损伤区剖面示意图

(4) 利用有限元计算含软化夹杂层压板的应力分布；

(5) 利用DI失效判据(式(6-3))估算压缩强度。损伤影响距离 D_i 的含义见图 6-35。对含冲击损伤的层压板，α 为计及分层沿层压板厚度方向分布的影响系数，定义为

$$\alpha=\left(2\left(1-\frac{t_{d_{\max}}}{h}\right)\right)^{\left(1-\frac{t_{d_{\max}}}{h}\right)} \tag{6-15}$$

式中：$t_{d_{\max}}$ 是具有相同刚度退化系数的连续排列的铺层(组)的总厚度(见图 6-41)；h 是层压板的厚度。

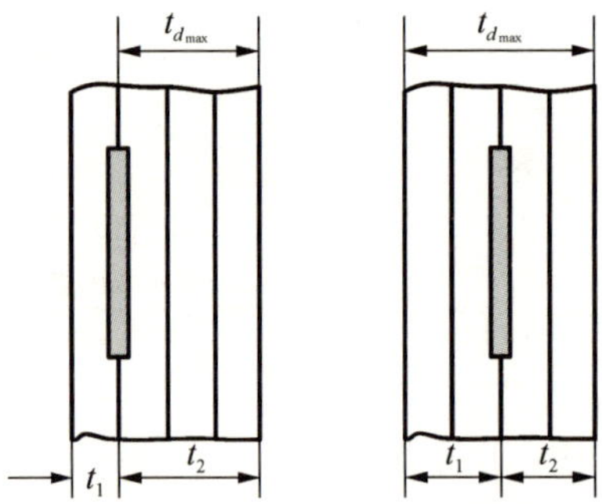

图 6-41 $t_{d_{\max}}$ 的计算方法

6.9.4 含分层层压板剩余强度估算方法

计算步骤与 6.9.3.2 节一样。

6.9.5 含缺陷/损伤层压加筋板剩余强度估算方法

6.9.5.1 层压加筋板冲击损伤估算

与层压板冲击损伤估算一样，为了分析层压加筋板受冲击后的剩余强度特性，一般首先需要获得加筋板冲击损伤的具体形状、面积大小及沿厚度的分布信息，这些信息可以通过无损试验获得，也可以通过分析进行估算。

6.9.5.2 含损伤层压加筋板剩余强度估算

分为两种情况，即含穿透缺陷（孔或裂纹）加筋板在拉伸载荷下的剩余强度估算，和含孔或冲击损伤加筋板在压缩载荷下（不出现屈曲）的剩余强度估算。该软件采用了类似于计算金属加筋板中裂纹尖端应力强度因子所用的铆钉力法，得到了各向异性层压加筋板中缺口（包括裂纹和椭圆孔）附近板中的应力分布，同时采用6.9.3.1节中提出的将冲击损伤简化为椭圆孔的处理方法和 FD 失效判据。

6.10 损伤容限试验技术

6.10.1 冲击损伤引入技术

积木式验证试验往往需在试验件上预制冲击损伤，对于不同类型的损伤，可以分别使用不同的冲击损伤引入装置。

1) 空气枪式冲击装置

它主要模拟高速小质量物体，如冰雹，砂石等的冲击。所用的冲击物主要是直径 12.7mm 的铝球，动力源通常为高压空气。用它制造冲击损伤时，试验件可以受载，也可以不受载。

2) 落锤式冲击装置

它主要模拟低速大质量物体，如工具坠落和维护装置的撞击等，动力源来自物体的自重。

3) 便携式冲击装置

它主要模拟低速大质量物体的冲击，既可以垂直也可以水平冲击，既可以用于小试件也可以用于全尺寸结构。试验件可以受载，也可以不受载。该装置适合于在试验现场制造冲击损伤，图 6-42 和图 6-43 分别是在 Y7 复合材料垂尾结构和带整体油箱机翼结构损伤容限试验引入冲击损伤时的照片。

图 6-42 Y7 垂尾结构引入冲击损伤时的现场

图 6-43 带整体油箱机翼引入冲击损伤的现场

6.10.2 雷击损伤的模拟

在很多情况下，雷击产生的损伤是严重的，因此需要在验证试验件上模拟这种损伤，并进行破损安全试验以证实结构在遭受到这种损伤后，飞机仍能安全返回。在试验件上模拟雷击的方法是：用具有一定能量的冲击物在可能遭受雷击的结构部位进行多点冲击，以产生较大面积的分层区，然后再用焊接电弧在分层区内烧洞，并用乙炔火焰烧烤分层区的表面。

6.10.3 结构验证试验的无损检测(NDI)

6.10.3.1 无损检测要求

1) 静强度(包括剩余强度)验证试验的要求

(1) 试验件承制方提交试件时应随带无损检测报告，必要时试验承担方应在验收试件时进行无损检测，以确认承制方提供的检测报告；如果试验件按试验提出方的要求在制造时制有预埋缺陷，也应同时确认。

(2) 如果静强度试验验证件在进行验证试验前，要求试验承担方按试验大纲预制冲击损伤或其他损伤，预制损伤后，应进行无损检测，给出预制损伤的位置和尺寸。

(3) 必要时，试验承担方应在对试验件施加 67%设计极限载荷后，进行无损检测，确认是否出现因加载而引起的新损伤，并确定预制损伤是否扩展，同时给出扩展后的损伤尺寸。

(4) 试验件承受 100%设计极限载荷仍未破坏，卸载后，试验承担方可应试验提出方的要求进行无损检测，确认是否出现因加载而引起的损伤，并确定预制损伤是否扩展，同时给出扩展后的损伤尺寸。

(5) 试验件按试验提出方的要求，加载至 100%设计极限载荷以上的某一载荷仍未破坏，卸载后，试验承担方可应试验提出方的要求进行无损检测，确认是否出现因加载而引起的损伤，并确定预制损伤是否扩展，同时给出扩展后的损伤尺寸。

2) 疲劳试验的要求

(1) 试验件承制方提交试件时应随带无损检测报告，必要时试验承担方应在验收试件时进行无损检测，以确认承制方提供的检测报告；如果验证试验件按试验提出方的要求在制造时制有预埋缺陷，也应同时确认。

(2) 如果疲劳试验验证件在进行验证试验前，要求试验承担方按试验大纲预制冲击损伤或其他损伤，预制损伤后，应进行无损检测给出预制损伤的位置和尺寸。

(3) 如果按试验大纲的要求需在试验的不同阶段引入新的冲击损伤，试验承担方应在引入后进行无损检测给出预制损伤的位置和尺寸。

(4) 疲劳试验过程中，试验承担方应按试验大纲的要求定期进行无损检测，确认是否出现因疲劳载荷而引起的新损伤，并确定预制损伤是否扩展，同时给出扩展后的损伤尺寸。

(5) 试验件在完成预定寿命的疲劳试验后仍未破坏，试验承担方应按试验大纲的要求进行无损检测，确认是否出现因疲劳载荷而引起的损伤，并确定预制损伤是否扩展，同时给出扩展后的损伤尺寸。

6.10.3.2 无损检测技术

1）目视法

目视检查快速、方便并且随时都可应用，是飞机复合材料结构试验中必不可少的检测手段。该方法的主要适用范围是：

（1）试件验收时的表面外观检查；

（2）试验前的表面外观检查，主要检查试件、加载装置和测控系统安装过程中对试件是否造成划伤、擦伤或表面防护涂层脱落，是否有工具、连接件和螺钉等跌落造成冲击损伤；

（3）试验过程中可采用“地面巡检”的目视检查方法；

（4）试验结束后对初始缺陷/损伤或其他损伤的最后状态首先进行目视检查。

2）敲击法检测

敲击检查是和目视检测结合的最常用的声学检测方法。敲击检查时，以约 4 Hz 的速率轻轻敲击被检测结构的表面，如果无内部缺陷/损伤，将产生均匀的振动，发出的声音尖锐而清脆；若内部有气孔、分层或脱粘存在时，则发出较低的空洞声。沿面板连续敲击就能听到声调的突变，根据声调的变化能大致确定缺陷/损伤的范围。

该方法主要适用于检测复合材料层压板表面附近的分层、脱粘和薄蒙皮与其下部结构的胶接缺陷。对于厚度小于 1.0 mm 的薄蒙皮检测时需防止敲击形成新的损伤。敲击检查前，检测人员必须详细了解被检结构的内部构形。

3）超声检测

在复合材料结构的无损检测中，超声检测技术是应用最为广泛的方法。它不但能检测分层、脱粘、气孔、裂缝、夹杂等重要的缺陷/损伤，而且在判别疏松、密度变化、弹性模量、厚度等材料特性和几何形状的变化方面也有一定的能力。超声检测仪器和计算机图形分析系统的结合，可以明显提高超声检测能力。

4）超声频谱法

该方法也是一种超声技术。它检测的是从受检构件反射的超声脉冲的频率分量或频谱，用频谱分析仪分析，并将波形显示在 CRT 上，对无缺陷/损伤和有缺陷/损伤试件的反谐振频率进行比较，即可确定缺陷/损伤的大小和位置。

5）声发射检测

声发射技术不是无损检测技术，由于它能够在试验加载过程中对复合材料结构内部损伤的形成和扩展进行实时跟踪检测，提供完整信息，并能及时预报结构破坏，受到了设计和应用部门的相当重视。声发射检测的主要适用范围是：

（1）可以连续监测复合材料的主要受力部位，检测出试验过程中出现的纤维断裂、开裂、层间脱粘、纤维、基体脱粘等损伤的产生及其扩展；

（2）可以连续监测初始缺陷/损伤在试验过程中的变化情况；

(3) 可测定结构的应力集中和环境引起的微损伤;

(4) 根据检测信息来指导试验程序的修改或修订。

声发射检测的主要局限性是:

(1) 由于复合材料破坏过程是大量微损伤的积累过程,所以分析声发射信号比较困难;

(2) 声发射技术是一种对比技术,要求积累大量"相同"结构的检测数据;

(3) 试验过程中会伴随有大量的噪声,正确区分损伤信息和噪声比较困难。

6) 红外热像检测

红外热像检测是以试件损伤区和无损伤区具有不同的热传导、热扩散或热容量的变化特点为基础,绘制试件表面等温线,获得试件损伤信息的一种检测方法。红外热像检测的优点是:

(1) 可以作为快速、大面积检测的初始检测方法;

(2) 特别适用于多层胶接和蜂窝结构的脱粘、分层、夹杂等缺陷/损伤的检测。

红外热像检测的主要局限性是:

(1) 设备投资大;

(2) 受试件表面辐射率不均匀、背景辐射和环境空气流动等影响。

6.10.3.3 无损检测方法的比较

(1) 没有任何一种检测方法能识别各种复合材料构件的所有类型的缺陷/损伤,实际检测中通常要用两种或两种以上的不同检测方法,以便互相验证和补充;

(2) 超声和声振检测已被广泛应用,特别是超声C扫描技术已被广泛用于复合材料的无损检测;

(3) 声发射技术可用于试验过程中的跟踪检测,其动态检测功能是其他方法所不能替代的;

(4) 对有经验的检测者来说,目视法和敲击法仍是现场检测的有效手段;

(5) 红外热像、全息照像干涉和激光散斑干涉等新技术目前尚处于发展阶段。

参考文献

[1] Roland Thévenin. Composites@Airbus Maintenance & Repairs Validation. FAA Workshop for Composite Damage Tolerance and Maintenance, July 19 - 21, 2006.

[2] Lufthansa Perspectives on Safe Composite Maintenance Practices. FAA Damage Tolerance Workshorp, Amsterdam, May 9 - 11, 2007.

[3] Chantal Fualdes. Composites@Airbus Damage Tolerance Methodology. FAA Workshop for Composite Damage Tolerance and Maintenance, July 19 - 21, 2006.

[4] Rouchon J. Effects of Low Velocity Impact Damage on Primary Composite Aircraft Structures [C]. MIL-HDBK 17 1999 Fall meeting in Boston, 1999.

[5] 沈真. 复合材料飞机结构耐久性/损伤容限设计指南[M]. 北京:航空工业出版社,1995.

[6] 沈真. 复合材料结构设计手册[M]. 北京:航空工业出版社,2001.

[7] Composite Materials Handbook Volume 3. Polymer Matrix Composites Materials Usage, Design, and Analysis [S]. MIL HDBK-17 - 3F, 2002. 6. 17.

[8] Kan H P, Whitehead R S and Kauts E. Damage Tolerance Certification Methodology for Composite Structures [C]. NASA CP 3087 Part 2. Proceedings of the 8th Conference on Fibrous Composites in Structural Design. Norfolk VA. 1989.

[9] Development of Probabilistic Design Methodology for Composite Structures [R]. Report DOT/FAA/AR - 95/17, August 1997.

[10] Fisher P, Greenberg C. 787 Basics: Composite Structure [R]. 2005.

[11] Fawcett A, Oakes G D. Boeing Composite Airframe Damage Tolerance and Service Experince [R]. 2007.

[12] Baaran J. Visual Inspection of Composite Structures (Final Report) [R]. EASA-Research Project/2007/3. 2007. 7.

[13] Ansley G, Bakanas S, Castronuovo M, et al. Vichi F: Current Nondestructive Inspection Methods for Aging Aircraft. DOT/FAA/CT - 91/5, 1992.

[14] Spencer F W. Visual Inspection Research Project Report on Benchmark Inspections. DOT/FAA/AR - 96/65, 1996.

[15] FAA. Visual Inspection for Aircraft [S]. FAA AC 43 - 204, 1997.

[16] 沈真等. 民用飞机结构强度与刚度设计与验证指南——复合材料结构[M]. 北京:航空工业出版社,2011.

7　积木式结构设计验证试验

7.1　概述

飞机结构在投入使用前均需通过全尺寸结构验证试验，来证实其满足结构完整性要求。为了保证全尺寸结构验证试验能顺利通过，除了进行大量的分析计算外，在进行全尺寸结构验证试验前，还必须通过各种由小及大，由简单到复杂的一系列试验验证。由于对复合材料及其结构的了解还很浮浅，缺乏甚至没有足够有试验数据支持的分析方法，因此往往需要更多的试验验证。因此特别针对复合材料结构研制，提出了“积木式设计验证试验”方法。该过程通常从小试样开始，经过结构细节、元件、组合件和部件，直至最后到完整的全尺寸产品，每个层次都建立在以前各不太复杂层次所积累知识的基础上。这种按照复杂程度渐增，同时利用试验和分析进行结构证实的过程，被称为“积木式”的方法，如图 7－1 所示。使用这种方法的主要考虑之一是要在满足所有技术、条例和用户要求的同时，降低研制计划的费用与风险。其原理是，使设计研制过程能在计划早期更有效地评定技术风险。在制订计划时采用大量低成本的小试件试验，而只需要少量较贵的部件和全尺寸试验件。即使如此，完成所有的积木式验证试验仍然耗时费钱，是复合材料在飞机结构中大量使用的很大障碍。随着对复合材料的深入了解，有可能更多采用由试验数据支持的分析方法来代替试验，从而降低费用并节省时间，这是今后的发展方向。

积木式设计验证试验原理和实施方法对军机和民机结构都是相同的，只是它们的结构完整性要求和对安全性及成本的目标有所不同。

虽然积木式方法的概念在复合材料工业界得到广泛的认可，但其应用的严格程度各异，而其细节也远未达到通用的程度。不管具体积木块计划的细节如何，每个层次或块(除了最低层)均取图 7－2 的一般理想化形式。前一层次分析和试验所积累的知识将与结构的要求相结合，用来确定和实施下一级的设计和分析。如果没有得到可以接受的分析结果，则进行结构重新设计和/或修正分析，直至得到满意的结果。一旦得到了可以接受的分析结果，则用试验来加以验证。在试验结果不符合分析的预期情况时，若发现失效模式不对，则需重新设计试验；否则要修改设计和/或

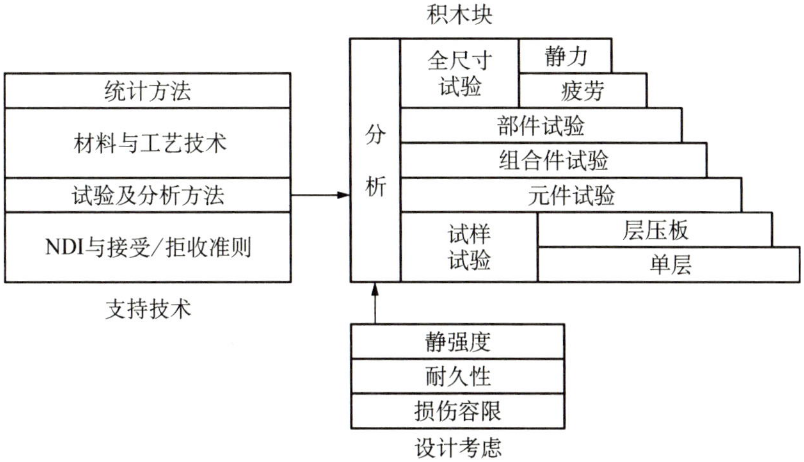

图 7－1 积木块的集成

分析方法。此外，可能要重复前一级的试验或分析以进行验证。要采取适当的措施，直到试验验证了可接受的分析预计结果。完成了这个任务，就进入到下一级计划。重要的是要认识到不同计划有不同的需要、要求和约束，并非所有积木式方法都采用相同的复杂级别，或用同样的方法来定义这些等级。

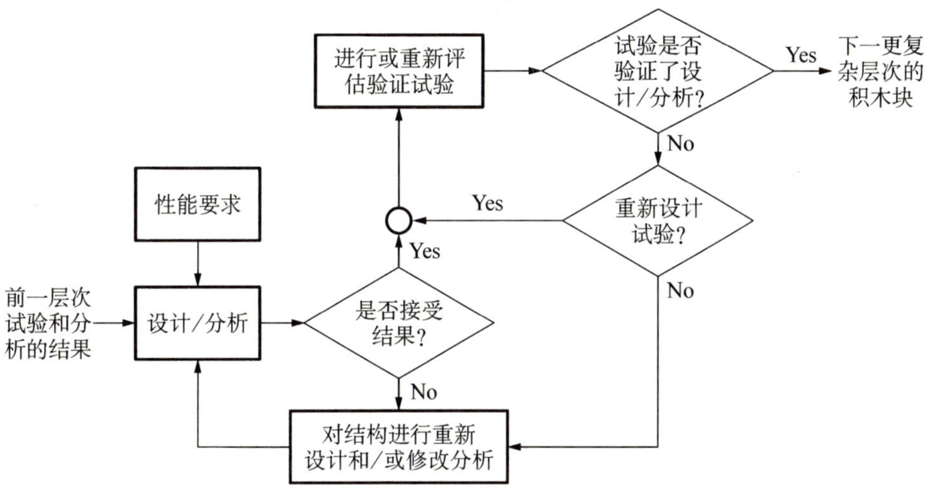

图 7－2 理想的一般积木式方法示意(1 层)

图 7－1 和图 7－2 所传递的概念是，积木式过程是一系列纯粹按序从一块到下一块进展的步骤，但在实践中这个过程并不是这样笔直的。在现实中，由于计划的进度和资源的可能性，有可能出现不同块在局部时间上的交叉，甚至同时进行的情况。图 7－3 显示了一个典型的积木式计划流程，本章将针对这个理想化模型，进行以下有关积木块级别的讨论。

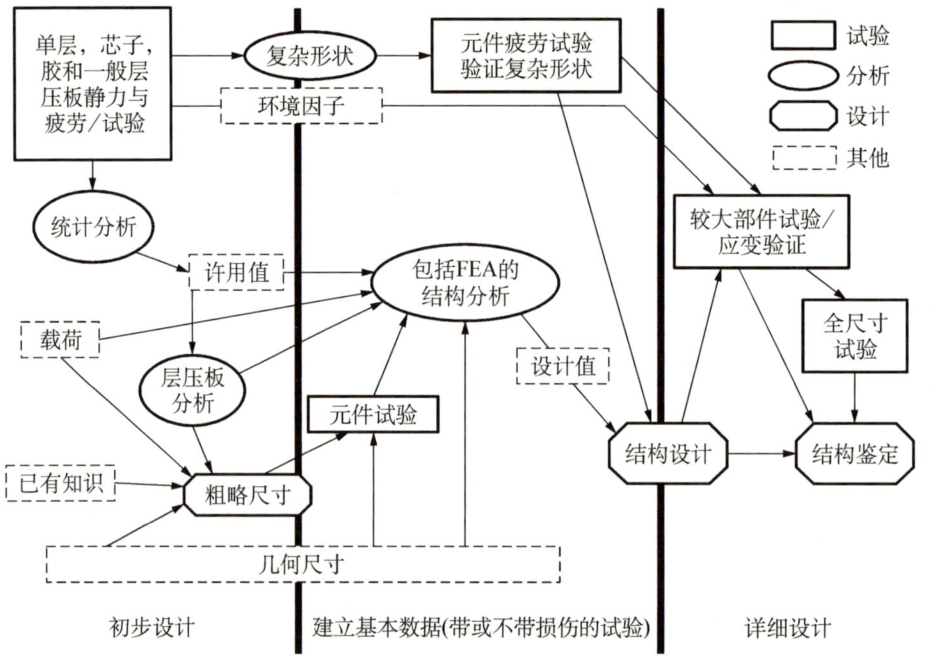

图 7-3 积木式计划的典型流程

在最低的积木块层广泛使用小试样和结构细节试验来确定许用值(包括材料许用值和设计许用值)，来表征基本的材料性能和提供第 1 轮设计和分析的数据，这是复合材料结构特有的组成部分。与此同时确定结构外载和给出初始尺寸。

在第 2 层的分析中，使用从第 1 层获得的基本信息来计算内力、识别危险区域，并预计危险的失效模式。设计更复杂的元件和组合件试验，来证实单一的失效模式和验证分析预计的结果。在随后的各层，将分析并验证更加复杂的静力与疲劳载荷情况，特别关注对面外载荷的评定及识别未预期的失效模式。积木块的最后一级包括全尺寸的静力与疲劳试验(按需要)。这个试验用来证实所预计的整个结构内力、变形和失效模式；还要证实不存在未预计的变形引起的面外载荷。

在整个积木式过程中，要不断跟踪制造质量的控制，以保证在计划早期建立的性能数据仍然有效。这可能会包括对工艺周期的巡检，来核实较大部件所经历的工艺历程与小元件及试样是相似的。此外，通常采用无损检测如超声波 C 扫描，来评定层压板的质量(孔隙率和空隙)。也可能用破坏性试验来检验纤维体积含量、纤维排列等。

虽然对最底层的试样试验已明确定义了试样数量与材料基准值之间的关系(见第 3 章)，但目前没有标准化的积木式实施方法。在比较复杂的高层次积木块，所用的试件数量多少有些随意性，并且大多基于经验、结构的关键性、工程判断以及对成本的考虑。此外，对分析或试验种类也没有通用的方法，它们对具体的设计细节、载荷和结构的关键程度有很高的依赖性。

7.2 基本原理与假设

有可能存在多种失效模式，是采用积木式方法进行复合材料结构证实的原因之一。复合材料结构的多种失效模式，主要来源于材料对缺陷、环境和对面外载荷的敏感性。

复合材料的层间强度低，使其对面外载荷敏感。面外载荷可能直接发生，也可能由面内载荷所引发。对设计和分析最困难的载荷，是全尺寸组合结构中无法预计的那些载荷。因此，非常重要的是通过精心策划的积木式试验计划来模拟所有可能的面外失效模式，并获得其试验数据。

模拟正确的失效模式在积木式试验计划中有重要的作用。因为失效模式常常与试验的环境及存在的缺陷(制造缺陷、不好的设计细节或者意外损伤)有关，因此仔细选择能够模拟所需失效模式的正确试件就很重要，应当特别关注对基体敏感的失效模式。在选择了关键的失效模式之后，设计一系列的试件，每种试件模拟某个单一的失效模式，它们通常是不太复杂的试件。

由于目前的分析方法能力有限，不可能始终使用较低层次的试验数据，来精确预计较复杂结构元件及部件的行为。分析结果的精度还因材料性能的变异、含有缺陷和结构的尺寸效应而更复杂难定，因此，需要用逐级的积木式试验，以便：

(1) 揭示在低层次试验中未出现的那些失效模式；

(2) 验证或修正已经在低层次试验中验证过的那些分析方法；

(3) 允许在成形的结构中包含常常不同于试样和元件中的缺陷形式(例如由冲击引起的意外损伤)。

这个方法所根据的假设是，由复杂程度低的试件所得到的结构/材料对外载的响应，可直接转换到复杂程度较高的试件。因此，由(许用值)试样试验所确定的 B 基准降低系数，在结构部件级上有同样的置信度。

因此，在成功的积木式试验计划中，可以这样设计试件，即用验证过的设计/分析方法，在较复杂的试件中消除不太复杂结构试件的失效模式。这样，在下个结构复杂程度较高的层次上，就可以出现新的失效模式，从而能用较复杂试验的结果进一步修正/验证分析的方法。最后，验证适当的分析方法并得到最终的设计。

7.3 积木式验证试验的要求

7.3.1 一般方法

在实际飞机的“积木式设计验证试验”计划中，这种方法各阶段的开始和结束有可能会搭接，或不按这里所讨论的顺序。例如，实际的研制计划中，可能会采用初步的或估计的设计值，来完成零件、元件以及组合件的初步设计/分析，并在得到设计值以前，就已经开始或完成了元件和/或组合件的试验。但在开始进行全尺寸部件试验前，必须确定强度校核用的设计值。

第一步是对准备使用的每种复合材料，拟订并开始实施一个适当的复合材料的许用值试验计划。每种类型和环境所需要的材料批数和重复试样数，将取决于要研制的飞机是技术验证样机、工程制造发展型还是生产型的产品。此外，飞机结构的关键程度，将影响到每种试验类型和环境所需要的材料批数和重复试样数。

来料检验、验收要求以及材料标准与工艺规范的要求，与飞机结构关键程度有关。对于复合材料的物理、力学、热力、化学、电力以及工艺性能，其试验的数量与类型也都与结构关键程度有关。

试验元件、组合件以及飞机真实部件所需质量保证的数量和等级，与那些部件的结构关键程度以及在结构证实和维护时对缺陷的考虑有关。此外，除了所选择的试验类型，所需的试样重复数和检测装置也与部件结构关键程度有关。

由于用户的要求、成本以及对安全性与耐久性的关注，在进行分析预计验证之外，还要规定全尺寸试验的要求。积木式验证试验的流程图参见图 7-4。

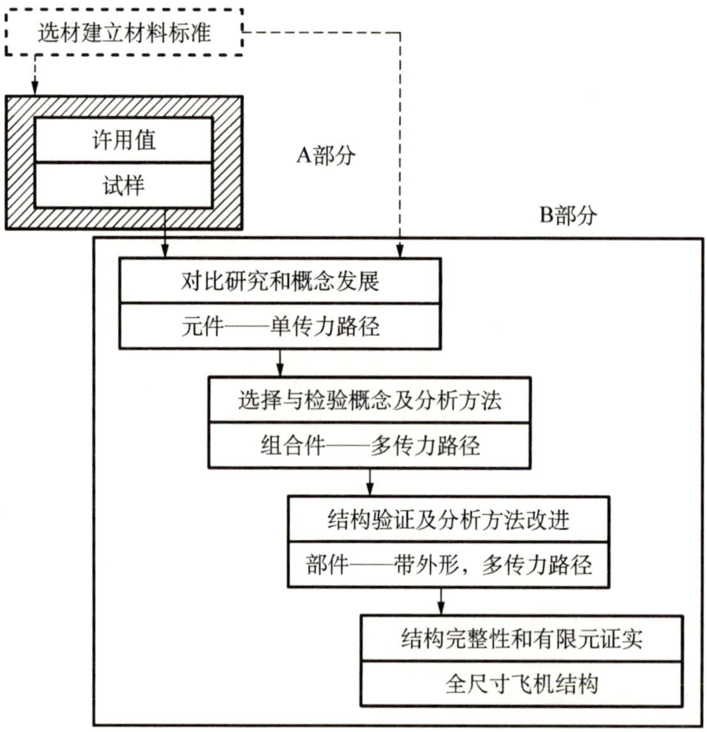

图 7-4 使用积木式方法的飞机结构研制目标

7.3.2 技术验证样机

7.3.2.1 建立技术验证样机的复合材料许用值

图 7-4 中的 A 部分用于得到许用值；具体的试验矩阵和统计处理方法参见第 3 章。

7.3.2.2　技术验证样机的复合材料积木式结构研制

图 7-4 中的 B 部分定义了以下一般类别的积木式试验工作：

(1) 比较研究与概念发展(元件——单传力路径)；

(2) 选择、检验概念和验证分析的方法(组合件——多传力路径)；

(3) 结构验证与改进分析方法(具有轮廓外形的复合材料——多传力路径)；

(4) 结构完整性和有限元(FEM)证实(全尺寸飞机结构试验)。

图 7-4A 部分得到的许用值，用于 B 部分的积木式试验。在表 7-1 和表 7-2 中，按结构类别详细定义了上面的四类问题；结构类别越高，需要的试验和分析就越多。这里的关键是，它们都是进行结构研制试验的指南。对于具体的结构类别，真实需要的结构试验取决于飞机的任务。流程图中的每一步，都需要有限元及闭环的分析方法，这些方法用适当的力学与物理性能以及许用值作为输入数据。必须监控失效模式、载荷(应力)以及应变与变形的测量数据，并和预计情况相互对比，以降低风险。仅仅使用 FEM 或其他分析方法(不做试验)，或者采用了不适当的试验(试验不能适当地提供失效模式、应力(应变)及变形以与预计情况比较)，都是不可接受的。

表 7-1　技术验证样机结构类别和目标所对应的积木式研制试验之一

飞机结构		积木式结构研制试验任务	
飞机结构研制目标		比较研究和概念研究分析	选择概念与检验试验及开发分析方法
类　别	说　明	元件-单传力路径	组合件-多传力路径(包括接头)
主结构	承受主要的气动载荷	概念和分析方法研究-静力与疲劳试验(可选)	检验概念和分析方法-静力与疲劳试验(剩余强度)
● 断裂关键的(F/C)	● 破坏将引起飞机的灾难性破坏	每种加筋结构 3 件 每种接头形式 3 件	1 个盒形梁/圆筒：静力，极限 1 个盒形梁/圆筒：疲劳和剩余强度
● 非关键的(N/C)	● 破坏不会引起飞机的灾难性破坏	每种加筋结构 1 件 每种接头形式 1 件	1 个盒形梁/圆筒：静力，极限
次结构	承受次要的气动及其他载荷	概念和分析方法发展-静力与疲劳试验	检验概念和分析方法-静力(DLL/疲劳/剩余强度试验)
● 疲劳关键(FA/C)与经济寿命关键的(EL/C)	● 破坏不会引起飞机的灾难性破坏，但将造成昂贵的关键件更换	每种加筋结构 2 件 每种接头形式 2 件	2 个盒形梁/圆筒：静力(DLL/疲劳/剩余强度试验)

（续表）

飞机结构		积木式结构研制试验任务	
● 非关键的（N/C）	● 破坏不会引起飞机的灾难性破坏 ● 不是成本或疲劳关键的部件	每种加筋结构1件 每种接头形式1件	不需要试验-用元件试验证实
非结构部分	不承载或承受较小载荷	概念发展/静力试验/分析方法检查	检验概念：元件试验加分析
● 非关键的（N/C）	● 零件破坏更换引起小的不便，但费用不大	每种最关键的结构1件	不需要试验-用元件试验和分析来证实

表 7-2 技术验证样机结构类别和目标所对应的积木式研制试验之二

飞机结构		积木式结构研制试验任务	
飞机结构研制目标		用于分析方法的结构验证试验	验证FEM的结构完整性试验
类　别	说　明	有真实轮廓外形的构件——多传力路径	全尺寸飞机结构： 模拟气动载荷 & 传力路径
主结构	承受主要的气动载荷	结构验证：静力、耐久性与损伤容限试验	结构完整性验证——静力应变测量与验证试验；静力试验到DUL/破坏或疲劳试验，取决于预算和进度要求
● 断裂关键的（F/C）	● 破坏将引起运载工具的灾难性破坏	1个大结构段：静力损伤容限到DUL/破坏 1个大结构段：损伤容限与耐久性加剩余强度	1件验证试验——最大飞行载荷情况；应变/变形测量以及疲劳与剩余强度到DLL，如果需要，到DUL和破坏
● 非关键的（N/C）	● 破坏不会引起飞机的灾难性破坏	1个大结构段：静力和耐久性临界损伤容限到DLL，然后，剩余强度试验到DUL/破坏	1件验证试验——最大飞行载荷情况；应变/变形测量以及静力试验到DLL，如果需要，耐久性试验和静力剩余强度到DUL和破坏
次结构	承受次要的气动及其他载荷	结构验证和改进分析方法：静力和耐久性与损伤容限试验（DUL/破坏）	结构完整性验证——静力应变测量和验证试验；如果需要，静力试验到DUL和破坏
● 疲劳关键（FA/C）与经济寿命关键的（EL/C）	● 破坏不会引起飞机的灾难性破坏，但将造成昂贵的关键件更换	1个大结构段：静力损伤容限到DUL/破坏	1件验证试验——极限飞行载荷情况；应变/变形测量以及静力试验到DLL，如果需要，到DUL

（续表）

飞机结构		积木式结构研制试验任务	
● 非关键的（N/C）	● 破坏不会引起飞机的灾难性破坏 ● 不是成本或疲劳关键的部件	不需要试验-用元件试验和分析来证实	不需要试验——用元件试验来证实
非结构部分	不承载或承受较小载荷	用验证试验/分析进行结构验证	用以前的试验和分析验证结构完整性
● 非关键的（N/C）	● 零件破坏更换引起小的不便，但费用不大		

7.3.3 工程制造发展型和生产型的飞机

7.3.3.1 建立用于工程制造发展型和生产型飞机复合材料结构的许用值

图 7-4 中的 A 部分用于得到许用值；具体的试验矩阵和统计处理方法参见第 3 章。

7.3.3.2 工程制造发展型和生产型飞机的复合材料积木式结构研制

图 7-4 中 B 部分的研究内容和方法与 7.3.2.2 相同，工程制造发展型和生产型飞机 B 部分的积木式试验任务见表 7-3 和表 7-4。

表 7-3 工程制造发展型* 和生产型飞机结构类别、目标所对应的积木式研制试验之一

飞机结构		积木式结构研制试验任务	
飞机结构研制目标		比较研究和概念研制分析	概念选择与检验试验及分析方法的研制
类　别	说　明	元件-单载荷路径	组合件-多载荷路径（包括接头）
主结构	承受主要的气动载荷	概念和分析方法研制-静力与疲劳试验（指令性的）	检验概念和分析方法-静力与疲劳试验（剩余强度）
● 断裂关键的（F/C）	● 破坏将引起飞机的灾难性破坏	每种加筋结构 6 件 每种接头形式 6 件	4 个盒形梁/圆筒：静力，极限 6 个盒形梁/圆筒：疲劳和剩余强度
● 非关键的（N/C）	● 破坏不会引起飞机的灾难性破坏	每种加筋结构 4 件 每种接头形式 4 件	1 个盒形梁/圆筒：静力，极限
次结构	承受次要的气动及其他载荷	概念和分析方法发展-静力与疲劳试验（指令性的）	检验概念和分析方法-静力（DLL/疲劳/剩余强度试验）
● 疲劳关键（FA/C）与经济寿命关键的（EL/C）	● 破坏不会引起飞机的灾难性破坏，但将造成昂贵的关键件更换	每种加筋结构 3 件 每种接头形式 3 件	3 个盒形梁/圆筒：静力（DLL/疲劳/剩余强度试验）

（续表）

飞机结构		积木式结构研制试验任务	
● 非关键的（N/C）	● 破坏不会引起飞机的灾难性破坏 ● 不是成本或疲劳关键的部件	每种加筋结构 2 件 每种接头形式 2 件	需要 2 个疲劳/剩余强度试验
非结构部分	不承载或承受较小载荷	概念研制/静力试验/分析方法检查	检验概念：元件试验加分析
● 非关键的（N/C）	● 零件破坏更换引起小的不便，但费用不大	每种最关键的结构 1 件	1 个疲劳/剩余强度试验

注：* 对工程制造发展型，使用 7.3.2 节对技术验证样机给出的程序。

表 7-4 工程制造发展型* 和生产型飞机结构类别、目标所对应的积木式研制试验之二

飞机结构		积木式结构研制试验任务	
飞机结构研制目标		用于分析方法的结构验证试验	验证 FEM 的结构完整性试验
类　别	说　明	有真实轮廓外形的构件——多载荷路径	全尺寸飞机结构：模拟气动载荷 & 载荷路径
主结构	承受主要的气动载荷	结构验证：静力、耐久性与损伤容限试验	结构完整性验证——静力应变测量与验证试验；静力试验到 DUL/破坏或疲劳试验，取决于预算和进度要求
● 断裂关键的（F/C）	● 破坏将引起运载工具的灾难性破坏	3 个不同的大结构段：静力损伤容限到 DUL/破坏 6 个大结构段：损伤容限与耐久性加剩余强度（3 种构型）	3 个不同的验证试验——最大飞行载荷情况；应变/变形测量以及疲劳与剩余强度到 DLL，如果需要，到 DUL 和破坏
● 非关键的（N/C）	● 破坏不会引起飞机的灾难性破坏	2 个大结构段：静力和耐久性临界损伤容限到 DLL，然后，剩余强度试验到 DUL/破坏	2 个验证试验——最大飞行载荷情况；应变/变形测量以及静力试验到 DLL，如果需要，耐久性试验和静力剩余强度到 DUL 和破坏
次结构	承受次要的气动及其他载荷	结构验证和改进分析方法：静力和耐久性与损伤容限试验（DUL/破坏）	结构完整性验证——静力应变测量和验证试验；如果需要，静力试验到 DUL 和破坏
● 疲劳关键（FA/C）与经济寿命关键的（EL/C）	● 破坏不会引起飞机的灾难性破坏，但将造成昂贵的关键件更换	3 个大结构段：静力损伤容限到 DUL/破坏	1 件验证试验——最大飞行载荷情况；应变/变形测量以及静力试验到 DLL，如果需要，到 DUL

（续表）

飞机结构		积木式结构研制试验任务	
● 非关键的(N/C)	● 破坏不会引起飞机的灾难性破坏 ● 不是成本或疲劳关键的部件	不需要试验——用元件试验和分析来证实	不需要试验——用元件试验来证实
非结构部分	不承载或承受较小载荷	用验证试验/分析进行结构验证	用以前的试验和分析验证结构完整性
● 非关键的(N/C)	● 零件破坏更换引起小的不便，但费用不大	不需要试验-用元件试验和分析来证实	不需要试验-用组合件试验证实

7.4 积木式验证方法

7.4.1 鉴定方法

结构鉴定（对军机通常称为合格鉴定，而对民机则是适航取证）的方法影响着所用的分析方法和许用值要求。可以选择的方法有两类：通过试验来鉴定或通过分析来鉴定。虽然这两者有很多共同的特征，要强调的是它们在设计过程中的不同处。也可以使用组合的方法，来满足单独飞机的独特需要。

7.4.2 积木式方法

积木式方法可以分为图 7-5 所示的三组。需要有一个综合的试验计划，来实现计划中所包含的复杂结构细节强度估计及鉴定要求。一旦得到了任何给定材料的数据，对材料或工艺的任何变更，都可能需要对积木式计划的不同级别进行重复试验，以维持鉴定的有效。

在这个复合材料的积木式方法中，共确定了七个块。这七块可组合成三组：即材料性能评定（A 组）、建立设计值（B 组）和分析验证（C 组）。

无论采取什么方法，必须处理每一个积木块。每个计划要承担的风险度取决于使用哪些积木块和跳过哪些块。对于目前已有的材料和方法，可能已经完成了全部的积木块；而对新材料，则需要按每一积木块进行评价。

7.4.2.1 A 组，材料性能的确定

该组处理的各块主要用于确定材料的一般性能，如图 7-6 所示。因为一般要包含众多的试验，常常采用小而不太复杂的试件进行试验。计划可能要求进行数量有限的较大、较复杂的试验，以确定在材料筛选过程中需要研究的关键性能，保证在材料选择时作出正确的选择。具体内容可参见第 3 章和附录 A。

1）第 1 块——材料筛选与选择

第 1 块的目的是搜集备选材料的数据，并对给定的项目决定要选择哪些材料。在这个阶段，也许还不能很好地遵照规范定义或控制材料与工艺。因为涉及大量的

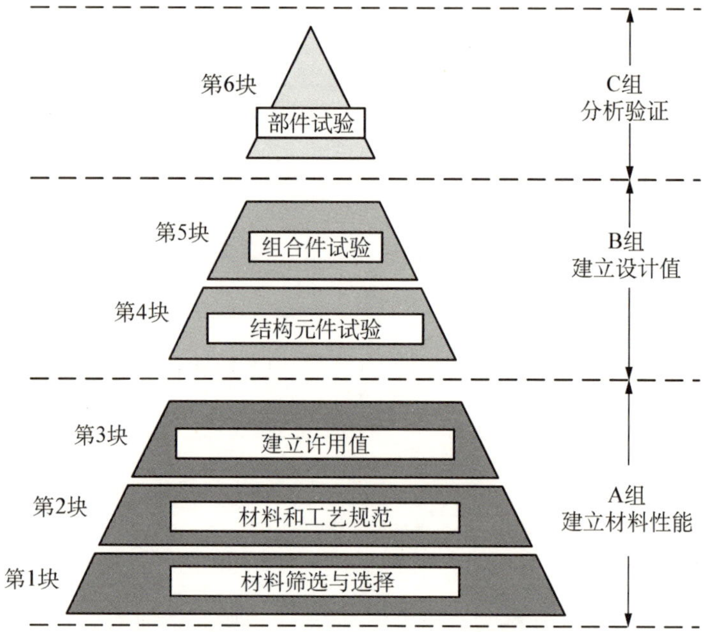

图 7-5 典型的积木式设计验证试验组合关系示意图

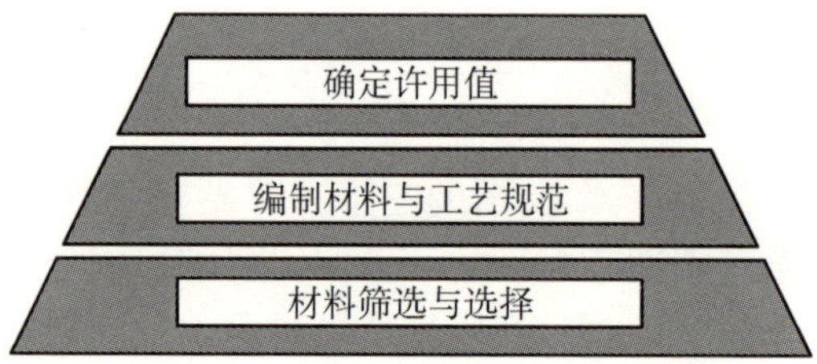

图 7-6 材料性能评定的积木块

备选材料，这个早期的试验通常局限于基本试件。另外，如果必须根据构型特有的试验进行最终的选材，计划中可能还需要较复杂的试验。因为此时对材料的控制很有限(没有标准)，不能只依据有限的数据建立稳定的许用值；可以提供基本许用值的估计值，用于比较研究和初步设计。随着对材料体系的认识趋于成熟，很有可能要对这些值进行调整。

2) 第 2 块——材料标准与工艺规范的制定

进行第 2 块时假定所选的材料体系已有了初步的材料标准与工艺规范；这阶段的试验目的是验证标准(或规范)，从而对工艺变量如何影响材料行为有进一步的认识，以便能够进行材料的鉴定。重要的是，在该阶段要识别出支持设计所需的关键力学性能，以便在批量生产所用材料采购时经济地检验这些性能。因为有了初步的规范，可以用这一级的试验导出初步的许用值；然而，由于还没有研究所有的材料变量，所以还不能得出稳定的许用值。对于获得稳定许用值时所需的数据库，所得数据可能是有用的，但材料标准和工艺规范则不可修改。由于试验件制造以后可能出现的规范变化，有可能使试验结果和由此导出的设计值变得无效。

3）第3块——确定许用值

在第3块中采用材料标准和工艺规范对材料进行了充分的控制，目标是提供适合于设计使用的“稳定的”许用值（包括材料许用值和设计许用值）。通常，对准备使用的新材料，所作的大多数试验是在这个研制阶段进行的。如果从鉴定试验以后没有改变过材料标准，则所产生的鉴定用数据可以作为这个许用值数据库的一部分。只有按照材料标准采购和现工艺规范制造材料，所确定的许用值数据才是鉴定机构可接受的。

这些试验的主要特点和目的归结如下：

（1）建立统计有效的数据——所建立的数据库应能足以确定“A”或“B”基准许用值。所获得的数据集中包括由几个原材料生产运转过程（批次）、和由几个代表性零件制造过程得出的信息。

（2）确定环境的影响——试验数据应当覆盖所设计结构必需的全部环境范围，包括吸湿试件试验。这个数据库将提供与室温大气条件（RTA）有关的环境“补偿”系数。这将有助于解释组合件级试件及更复杂试件情况的RTA试验结果。

（3）确定缺口的影响——通过充填孔和开孔试件的试验，在许用值中包括了缺口敏感度。紧固件扭矩的影响也必须考察。

（4）确定由于铺层影响产生的性能变化——应当用覆盖结构所用全部层压板构型的试件，来导出这些数据。构型中包括铺层取向的比例、铺层顺序、层压板厚度、单向带/织物混杂等情况。

（5）了解因制造引起异常对结构的影响（“缺陷影响”）——需要在结构元件级对允许缺陷进行评估，以便建立工艺规范，并为维修审查委员会（MRB）作出有关拒收缺陷的决定提供数据。

（6）了解结构对制造工艺的敏感程度。需要用结构元件的试验，来评估任何工艺变化对结构响应的影响。

应当用单向受载的试件，获得为确定面内、拉伸、压缩许用值所需的性能。试验矩阵中所使用的层压板，应当覆盖设计中所包含的全部结构构型。应当对无缺口和带缺口两种类型，得出许用值。带缺口的试验将包括开孔和/或充填孔试验所用的试样，这取决于具体计划的设计准则。推荐用真实结构的典型紧固件和/或类型。对与几何形状相关的这些特性（开孔和充填孔试件）所导出的许用值，虽然不是经典意义上的材料性能，但常常是设计所需要的。

因为许用值试验用的是小试样，得到统计有效的足够试验在经济上是可行的。基本材料性能就是在这一级得到的。但实际上所得到的数值是与构型有关的。在结构设计使用的分析方法中，常常直接使用了开孔压缩、充填孔拉伸、挤压、冲击损伤和某些面外强度试验的数值，但构型对这些试验会有很大影响，要设计一些标准的试件构型，以提供可以直接用于分析方法的数据。

7.4.2.2 B组，确定设计值

如图7-7所示，B组的目标是建立反映真实结构的设计值。这种试验可能与确定许用值的试验有所重叠；所不同的是，在确定设计值的试验中需要具有初步构型的一般尺寸。设计值的试验可能变得很特殊，因而，除非所设计的结构相似，否则不适用于其他的计划。当使用其他计划所确定的设计值时，必须小心。

图7-7 确定设计值的积木块

1) 第4块——结构元件试验

第4块由结构内重复出现的一些局部结构细节构成；目的是确定设计值，与前面建立的许用值相比，与结构的关系更密切。(注意：挤压强度可以看成是结构也可以看成是材料的性能。)典型的元件有接头、框段(例如，圆弧零件)以及标准的加筋条零件。

这些试验的主要特征和目标归结如下：

(1) 确定与结构构型相关的设计值，这不同于在第3块所确定的、适用于大多数构型的基本材料许用值。

(2) 了解制造异常对结构的影响("缺陷影响")——需要在结构元件级了解对允许缺陷的评估，以便建立工艺规范，并为维修审查大纲(MRB)对有关拒收缺陷的决定提供数据。

(3) 了解结构对制造工艺的敏感程度。需要用结构元件的试验，来评估工艺变化对结构响应的影响。

通常，这些因素与典型的局部结构细节密切相关，同时是由积木式计划中被称为"元件"的这些典型结构件试验得出的。所建立的数据本质上可能是通用的，并且常常用来支持各种分析技术；这些技术用于确定复合材料结构的安全裕度，而且通常有着很强的半经验性质。以下给出了几个典型的例子。

(1) 螺接接头。

需要确定的螺接接头强度性能有：

① 挤压：这个性能是多种可能失效模式(压缩挤压、剪豁、劈裂、净截面破坏、紧固件拉脱等)的组合，它和接头几何特征与构型、铺层百分比、铺层顺序、紧固件类型以及其他变量密切相关。在挤压设计值中，必须考虑所有上述因素。目前的分析能力不能考虑螺栓接头中的紧固件转动(倾斜)。必须用实际接头构型(通常是单剪接头)试验得到挤压设计的数据。

② 旁路：材料相关的许用值数据库包括了基本的开孔和充填孔强度。这些是

用真实结构中典型的紧固件和孔尺寸得出的。可以用它们来表示净旁路强度，然而，常常有必要得到其他紧固件的数据，以及评估紧固件样式的影响。应当特别注意紧固件的拧紧问题。对充填孔拉伸的细节情况，通常按完全拧紧的情况进行试验；而充填孔的压缩则按不完全拧紧的情况进行较保守的试验。

③ 挤压-旁路：这个交互作用的强度是个可预计的性能。然而，目前的分析技术还需要依赖一些由真实接头构型试验所获得的交互作用试验曲线。

④ 紧固件拉脱：为了可靠地验证结构完整性，必须对实际的结构细节进行试验。

⑤ 紧固件强度：虽然本身不是复合材料的性能。但紧固件强度将影响到所连接复合材料的行为，因而在螺栓接头的分析和确定设计值时必须加以考虑。紧固件本身的强度受到接头构型和搭接板材料的影响。相对金属材料，典型复合材料层压板具有较低的层间刚度与强度，使得复合材料接头中出现紧固件失效模式的几率大得多。已经发展了利用经验紧固件系数的分析方法，来预计复合材料搭接板接头中的紧固件失效模式的强度。

(2) 加筋条零件。

加筋条是整个结构中重复使用的标准部件，需要能支持加筋条强度分析的数据。典型失效模式需要的数据如下：

① 局部失稳破坏性能：对承受任何形式压缩和/或剪切载荷的大多数结构，需要建立局部失稳破坏的强度数据库。可以用这个数据库来支持后屈曲的强度方法；

② 加筋条拉脱：当设计中使用了任何共胶接或共固化形式的加筋条时，就涉及这个失效模式。目前的分析能力还不能可靠地预计这种失效模式，因而，有必要建立典型结构件的试验数据。

(3) 梁与夹式凸缘。

需要分析曲梁面外破坏的数据。可以在线性基础上用许用值数据库来预计其性能。面外方向的强度预计需要由典型零件试验得到的破坏数据。通常用曲层压板零件的弯曲试验来建立数据。所得到的数据应当与层间剪切数据一道，归类到面外性能栏下。这些性能对工艺特别敏感，可以用来评价工艺敏感性。

(4) 夹层结构。

分析夹层结构强度时通常需要试验数据。这数据计及了各种影响，如共固化、芯子和面板厚度、袋侧边波纹度及在层压板试验件中未发现的冲击损伤等。

2) 第 5 块——组合件试验

第 5 块的结构是典型的部件/段，要比第 4 块时更复杂。用这些试验能评定由于局部损伤带来的载荷重新分配。比起元件试验，其试件的边界条件和载荷的引入状态更能代表真实结构情况，能够施加双向载荷，试件的复杂程度允许加入典型的结构细节。组合件构型的典型例子包括对角拉伸剪切、深梁剪切以及单向拉伸和压缩壁板，试件的复杂程度允许进行带多筋条壁板、含大开口壁板以及带损伤壁板的试验。组合件必须具有足够尺寸，以允许缺陷和损伤周围有适当的载荷重新分配。

这种复杂程度的试件应当能发现变形引起的面外载荷的效应；所形成的载荷分布和局部弯曲效应变得明显可见，同时，面外失效模式也更能代表全尺寸的结构。

在许用值试验中可以采用典型结构铺层矩形试样试验（例如 150 mm×100 mm）得到典型铺层结构初步的冲击后压缩强度，由于在特定条件下冲击产生的损伤与支持条件和尺寸有关，通常小试样得到的结果偏低，在此基础上得到的冲击损伤许用值偏于保守，需要采用典型结构件（如模拟实际结构支持状态和尺寸的加筋板）来验证和修正。

在这些试验中，环境试验可能仍然是有意义的。如果存在重大的多轴加载及可能的不同失效模式，将使试验结果的解释变得复杂，各种失效模式的不同环境敏感度其根源就在这里。例如，与 RTA 条件相比，高温湿态（ETW）环境增大了对压缩控制破坏的敏感度，但同时可能降低了对拉伸控制破坏的敏感度。应当调整用 RTA 试验得到的结果，以考虑所得失效模式的环境敏感度。其特征与目标可归结如下：

（1）设计值和分析的适用性：评估结构复杂程度和比例放大对基本许用值数据和数据分析方法的影响。

（2）损伤的影响（静力）：通过确定构型特有的设计值来考虑损伤。

（3）损伤的影响（疲劳）：在使用疲劳载荷下证实“无有害损伤扩展”。

7.4.2.3 C组，分析验证

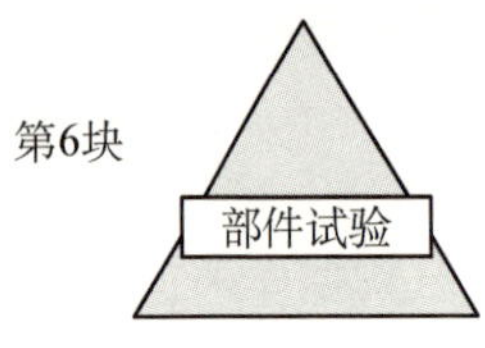

图 7－8 分析验证涉及的积木块

代表鉴定过程最后阶段的静力及疲劳试验如图 7－8 所示。其成功与否对项目/用户的准则极其敏感。在这一层次上，希望进行大量的分析和计算机建模验证。由于典型复合材料结构不存在与典型金属结构相同程度的载荷重新分配能力，而具有静力缺口敏感性，这个要求是必需的。这些试验的主要目标是：

（1）验证内力模型及所得到的应力、应变和变形预计结果。

（2）设计和分析方法的大尺寸验证。

第 6 块的试验包括一些代表真实结构的大型复杂试件构型。很多情况下，这些试验只进行到设计限制载荷，以验证由分析得出的应变与变形预计值。

更多情况下，用户或管理当局可能要求把试验进行到设计极限载荷并直至破坏。在这些情况下，由于破坏试验所产生的数据仅与特定的失效模式有关，而该失效模式可能不是在所有环境范围内都是关键的，所以仔细选择载荷情况就很重要。例如，拉伸控制的破坏通常不像压缩破坏那样对环境敏感（即拉伸环境补偿系数一般小于压缩时的系数)。其结果,用放大的拉伸控制破坏载荷,有可能得不出结构在全部环境范围的最小或最大承载能力。

为了成功验证对部件结构行为的分析预计,必须在部件上粘贴足够的应变计和位移传感器,因此必须仔细选取应变计类型、仪器设备和布片位置。必须对照所采集的数据与分析方法的预计结果,分析解释其偏差。

7.5 B777飞机复合材料主结构的积木式方法[1,4]

7.5.1 引言

这里给出的方法,概括了支持B777-200复合材料尾翼设计与取证所用的方法。尾翼的水平和垂直安定面采用复合材料主扭力盒结构;扭力盒是双梁多肋结构,主要的连接使用了机械紧固件。该结构的设计环境温度范围从-54~71℃。取证采用试验数据支持的结构分析来完成,而试验数据则由一系列不同尺度的试验件得出,"积木块"的方法包括了试样、元件、组合件和部件级的试验。虽然组合件和部件的试验结果在数量上少得多,但在确认分析方法和验证结构达到所需静强度与损伤容限水平方面,构成了试验数据的重要部分。

取证时需要验证结构达到所需的静强度、耐久性与损伤容限水平,以及能够达到预计的刚度性能。复合材料结构符合性的证实,包括当带有BVID条件下能够承受设计极限载荷,并在带有VID时能够承受设计限制载荷。此外,还必须证实,当损伤水平小于使剩余强度低于设计限制载荷能力的那种损伤程度时,在限制载荷条件下不会出现有害的损伤扩展。

复合材料结构的适航审定基础是FAR 25部和原JAR 25部,以及AC 20-107A和原ACJ 25.603"复合材料飞机结构"。典型的复合材料结构取证方法,主要是在试验数据支持下的分析方法,试验数据包括试样、元件、组合件和部件级以及大气环境下的全尺寸限制载荷试验。复合材料结构的环境影响,在试样、元件和组合件级加以表征,并在结构分析时予以考虑。支持的证据是"积木式"方法试验结果,包括材料表征、许用值和分析方法发展、设计概念验证和最后的结构验证。图7-9说明了这个方法。

在编制B777取证计划时,采用了相似结构的经验。在B7J7水平安定面和B777的预生产水平安定面计划中,证实了用于B777尾翼结构的分析方法、设计值、制造和装配工艺,在表征复合材料飞机结构性能方面,积累了大量的知识与经验。由于B737复合材料安定面的机群经验,和对操纵面、固定的次结构、整流罩和舱门等其他众多的生产应用,这个经验数据库已经得到扩充。

7.5.2 试样和元件

用包括设计空间中一系列铺层情况的试样和元件级试验,得到包含每个失效模式和环境条件在内的层压板级设计许用值。按照MIL-HDBK-17第一卷第8章的统计分析方法,对这些值进行了材料变异性的修正。采用考虑了环境影响的典型

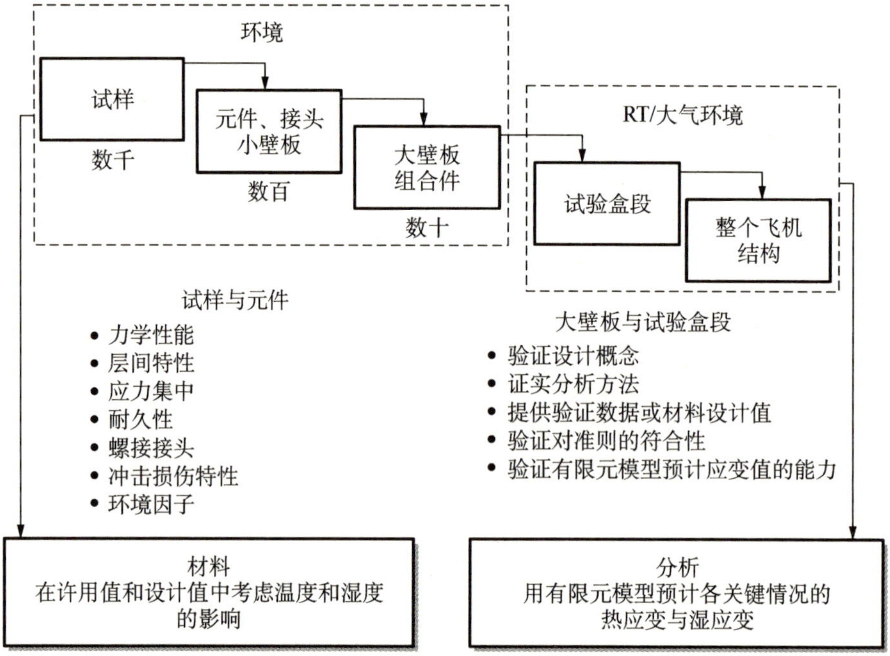

图 7-9　B777 主结构的积木式方法

组合件试验，对设计值进行了验证。

对面内层压板级许用值，进行了无缺口、开孔和充填孔构型的试样级试验。用回归分析和室温试验数据，导出了统计的许用值曲线。用较少的数据确定了考虑环境影响的系数。用附加的试样级试验确定层间性能，并评定耐久性、制造异常、胶接修理和环境影响。用元件级的试验，如螺接接头、圆弧典型结构件和局部失稳的试件，对所试验的构型范围提供了专用的设计值。把这些值连同许用值，应用于结构能力的分析预计。

在支持新的 B777 复合材料结构应用中，实施了一个广泛的试样和元件级试验计划。进行这些试验以建立材料刚度性能、许用值和设计值，以及验证分析方法。按照 MIL-HDBK-17 推荐的方法，对无缺口和带缺口的情况，建立了层压板级的许用值。在建立许用值的试验中，包括多达 16 个不同批次的材料，并包括来自两条碳纤维生产线和 3 个预浸料生产设施的预浸料。在许用值数据库中，包括大约 25 种不同的层压板铺层，其 0°纤维百分比从 10%～70%，而±45°纤维的百分比从 20%～80%。

试验中包括 B777 尾翼中典型的层压板、接头和结构构型、温度由－54～71℃、吸湿的层压板，以及工艺规范中所允许的制造变化与缺陷的影响。在元件级只进行了数量有限的冲击损伤试验。试验件构型的范围，从简单的矩形试样到螺接接头、角形零件、I 型截面和剪切壁板元件试验。

7.5.3 组合件

进行了组合件试验以建立点设计值，并证实一些设计细节的分析方法，这些细节包括蒙皮面板、梁、肋、水平安定面的中心线连接接头或垂直安定面的根部连接结构。这些设计值考虑了环境影响，带有 BVID 和大损伤情况。考虑冲击损伤影响的设计值，主要是从组合件试验得出的，这是因为，关键的冲击损伤位置通常不在普通的部位，而在应力集中的地方(例如检查孔的边沿)或在骨架元件的上面(例如在加筋条中线上面的蒙皮处)。在证实分析方法和验证 B777 尾翼达到所需静强度和损伤容限水平的过程中，组合件的试验结果构成了试验数据的重要部分。

在试验以前对很多组合件试验件进行了吸湿处理，在 60℃和 85%相对湿度的环境箱内进行吸湿处理，把试验件留在箱内，直至至少达到平衡吸湿量的 90%。

用组合件试验的结果，证实以下的关键设计值和分析方法：

(1) 加筋蒙皮壁板的极限压缩强度设计值曲线；

(2) 加筋蒙皮壁板的极限剪切-压缩强度相关曲线；

(3) 加筋蒙皮壁板的压缩及拉伸损伤容限分析；

(4) 加筋蒙皮壁板螺接和胶接修理设计的强度；

(5) 蒙皮壁板与后缘肋接头的螺接接头分析与设计值；

(6) 水平安定面中心线接头的静力压缩与拉伸强度，以及拉伸疲劳性能；

(7) 梁应变分布、腹板和缘条稳定性，以及开口处峰值应变的分析方法；

(8) 肋剪切带和缘条强度与刚度的分析方法；

(9) 肋剪切带开口处的峰值应变设计值。

采用了多种试验类型来验证在使用重复载荷下的小损伤无扩展。这些试验补充了全尺寸部件疲劳试验的结果，包括：

(1) 轴向受载的平板；

(2) 剪切受载的带开口平板；

(3) 有胶接修理的加筋板；

(4) 有腹板开口的剪切梁；

(5) 中心线接头加筋板。

表 7-5 B777 尾翼组合件试验汇总

试验类型	试验数量	试验类型	试验数量
螺接接头(主要接头)	110	蒙皮/桁条修理壁板	6
肋典型件	90	蒙皮接头壁板	2
梁缘条局部失稳	50	桁条结束段	4
蒙皮/桁条压缩壁板	26	剪切梁	6
蒙皮/桁条拉伸壁板	4	总计	304
蒙皮/桁条剪切/压缩	6		

7.5.4 部件

FAR 和原 JAR § 25.571 以及咨询通报中描述了两类主要的损伤容限要求：损伤扩展特性和剩余强度能力。如同静强度情况那样，对损伤容限的验证是基于元件和组合件级试验支持下的分析。考虑到作用的应变、材料和设计概念，对 B777 的尾翼选择了损伤容限的无扩展方法，与先前的复合材料结构采用的方法相似，这个方法基于对任何目视不可见损伤在限制载荷下将不扩展的验证。带有目视不可见损伤的结构必须能承受飞机使用寿命期间的极限载荷。

复合材料结构的这种无扩展行为，已在很多组合件试验中和 B7J7 水平安定面及 B777 的预生产水平安定面等两个全尺寸循环载荷试验中做过验证。在每种情况下，都在承受谱载荷的试验件上制造了目视可见的损伤。在试验过程中，检查损伤处的扩展情况。此外，这个全尺寸的试验还验证了损伤容限符合性所需的以下特征：

(1) 在相当于两倍设计使用寿命的期间或以后，工艺规范所允许的制造异常不会扩展。

(2) 在两倍主检查周期(考虑为两个“C”检，对 B777，每个“C”检为 4 000 fh)之内，因为外来物冲击造成的目视可见损伤将不会扩展。

(3) 带有使用中可以预期的合理损伤时，结构能承受规定的剩余强度载荷。

(4) 遭受飞行中的离散源损伤后，结构能承受规定的静力载荷(“继续安全飞行载荷”)。

7.5.5 B777 预生产型安定面试验

启动了 B777 复合材料预生产型安定面试验计划，以提供支持 B777 尾翼结构构型的早期试验数据。这个试验件是具有部分翼展的翼盒，与生产型的部件几乎一样。出于成本考虑，去掉了外侧盒段，代之以加载夹具。试验件中包括了规范允许的典型制造异常，以及达到并超过目视门槛值的低速冲击损伤。这个试验计划的目的是：

(1) 验证“无有害损伤扩展”的设计原理；

(2) 证实结构的强度、耐久性和损伤容限能力；

(3) 证实复合材料安定面设计和分析所使用的分析方法和材料性能；

(4) 评定在飞行中尾翼结构可能经历的剪切、弯曲和扭转联合载荷作用的影响；

(5) 证实预计应变分布的能力；

(6) 证实机械修理；

(7) 对这类结构的制造提供成本验证数据。

这个预生产型安定面试验计划包括 12 个试验序列，如表 7-6 所示。

试验目的之一是要证实损伤“无扩展”的设计原理。为此，在试验盒段上制造了目视勉强可见的冲击损伤。按代表两倍设计使用寿命的载荷循环进行了疲劳试验。

表 7-6 预生产试验盒段的载荷与损伤序列

试验序列	损伤类型和试验载荷
1	引入所有的小损伤(BVID)
2	设计限制载荷静应变测量
3	一倍寿命疲劳谱,50000 次飞行,包括 1.15*LEF*(载荷放大系数)
4	设计限制载荷静应变测量
5	一倍寿命疲劳谱,50000 次飞行,包括 1.15*LEF*(载荷放大系数)
6	设计限制载荷静应变测量
7	设计极限载荷静应变测量(选择情况)
8	两倍"C"检疲劳谱(8000 次飞行),带目视可见的小损伤,包括 1.15*LEF*
9	"破损-安全"试验;100%设计限制载荷静应变测量,带目视可见的小损伤
10	"继续安全飞行"载荷试验;70%设计限制载荷静应变测量,带目视可见的小损伤和元件损伤
11	修理过的目视可见损伤与元件损伤。设计极限载荷静应变测量
12	破坏试验,直到破坏的应变测量

定期的超声检查没有发现有害的损伤扩展。这个试验中包括了 1.15*LEF*(载荷放大系数),考虑典型复合材料平坦 $S-N$ 曲线中可能的疲劳分散性。

限制载荷应变测量和初始的极限载荷试验结果,证明了用有限元方法预计内力的能力。

为了验证剩余强度能力,再对试验盒段进行冲击,制造目视可见损伤(即在定期维护检查中能够容易发现的损伤)。再次进行代表两倍检查间隔的疲劳试验,验证无扩展方法。用限制载荷试验,验证结构在带有这些损伤时仍然能承受所需的载荷(FAR§25.571(b))。然后,进一步在试验盒段上制造大损伤,在前梁和后梁的缘条上锯出口子,并锯掉一个完整的桁条/蒙皮段,证明其承受继续安全飞行载荷(对安定面结构,约为 70%的限制载荷)的能力(FAR§25.571(e))。再次对故意制造的损伤进行超声检查,并证明无有害的损伤扩展。剩余强度试验证实了分析预计的结果,并证实了根据组合件试验表征所得到的经验性结果。

完成损伤容限试验后,用螺接钛金属板,对切割的元件损伤和穿透性大冲击损伤进行修理。所选择的构型代表了 B777-200 结构修理手册中所计划的机械修理。所有的修理都设计得将结构恢复到有能力承受设计极限载荷。进行修理时只模拟使用中的修理条件,从外部接近。对修理过的试验件加载到设计极限载荷(DUL)。

按对称的下弯载荷情况将试件加载到破坏,最终破坏载荷高于所需的载荷水平。采用分析方法和由 5 桁条压缩壁板组合件试验导出的设计值,预计了蒙皮壁板的破坏值。

7.5.6 安定面根部接头试验

进行了两个大组合件的试验，评价 B777 垂直安定面与机身的根部接头。试验目的是：

(1) 检验垂直安定面复合材料蒙皮壁板和钛接头传递设计极限拉伸和压缩载荷的能力；

(2) 检验接头的耐久性，并确定疲劳敏感的细节部位；

(3) 证实此结构设计中使用的分析方法。

这两个试验件包括四跨复合材料蒙皮壁板和两个根部钛接头。第一个试验件进行了一系列拉伸和压缩限制载荷与极限载荷情况下的静力试验，最终在拉伸载荷下作破坏试验。

疲劳试验的目的，是找出潜在的疲劳关键区，并研究裂纹扩展行为。第二个试验件做等幅循环载荷试验，接着做拉伸剩余强度试验。按 4 倍寿命 B777－200 垂直安定面疲劳载荷进行疲劳试验。疲劳试验后再做剩余强度试验，压缩至限制载荷，并拉伸到破坏。

7.5.7 B777 水平安定面试验

用 B777 水平安定面和升降舵试验证实其限制载荷能力，并检验应变和变形分析的计算精度。因为与机身的连接是静定的，试验与飞机分开进行。试验件是结构完整的生产件，略去了对结构性能或对安定面传载并不重要的非结构件和系统。试验中包括了三种关键的静载荷情况：向上、向下弯曲和非对称弯曲；加载的顺序与预生产型的翼盒相似。用限制载荷时的应变测量结果，检验了有限元模型的分析预计能力。

进行了取证时并不要求的附加试验，包括疲劳、极限载荷和破坏试验。为满足计划目标，对水平安定面施加了 120000 次飞行的疲劳谱载荷，没有任何载荷放大系数。主要试验目的是验证安定面金属部分的疲劳特性；复合材料结构则已在前面介绍的预生产型试验盒段进行了验证。极限载荷试验和破坏试验是取证计划的一部分，补充采集数据，并检验进一步发展的能力。施加了三种代表性载荷：向上、向下和非对称弯曲。用临界的向下弯曲载荷情况进行破坏试验；试验盒段带有目视可见的冲击损伤，一直试验到破坏。

7.5.8 B777 垂直安定面试验

B777 垂直安定面(包括方向舵)试验是飞机全尺寸试验的一部分，目的也是证实其限制载荷能力，并检验对应变和变形的分析计算精度。在室内大气条件下试验了三种危险情况，包括最大弯曲(发动机停车)、最大扭转(铰链运动)和最大剪切(侧向阵风)。

用另外一个生产型机体结构进行完全单独的试验，以检验 B777 的疲劳行为。作为试验的一部分，对垂直安定面和方向舵施加了 120000 次飞行(认为是 3 倍设计使用目标)疲劳谱载荷。因为主要试验目的是检验金属结构零件的疲劳性能,没有限制载荷放大系数。

7.6 ATR72 复合材料外翼的适航取证

7.6.1 概述

Aerospatiale 在 1978 年启动了 Falcon 10 复合材料机翼(称为 V10F)项目的研制,带有复合材料机翼的 Falcon 10 于 1985 年投入使用,至 1993 年已飞行了 4100 h,复合材料机翼没有出现任何问题。从 1989 年起,公司决定在几个产品系列中用复合材料外翼盒段装备 ATR72,从而 ATR72 成为第一个使用复合材料机翼的民用飞机(图 7-10),空客公司目前所用疲劳/损伤容限验证原理即以此为基础。

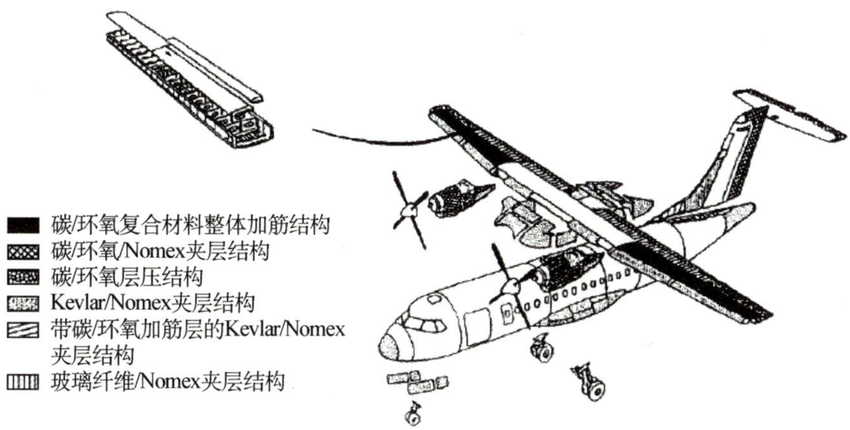

图 7-10 复合材料在 ATR72 上的应用

ATR72 外翼结构由整体加筋的复合材料壁板连接到含有两根复合材料梁和金属肋的骨架上组成(图 7-11),复合材料盒段长 8.5 m,宽 1.1 m,油箱部分超过 4 m。在盒段(图 7-12)中有:芳纶复合材料前缘、碳-芳纶混杂的后缘和活动面(复合材料的副翼、扰流板和襟翼)。ATR72 外翼采用 T300/Ciba 914 单向带,与 V10F 相同,采用的设计原理是:

(1) 整体加筋壁板;

(2) 加筋条在变厚度蒙皮上以 U 形元件并排放置,蒙皮与桁条共固化(图 7-13);

(3) 一般肋、主肋和传力接头采用轻合金;

(4) 部件间的所有接头都用机械紧固件连接;

(5) 外翼与中央翼盒段通过梳状接头连接(图 7-14)。

适航审定基础是原 JAR 25 和原 ACJ 25.603。

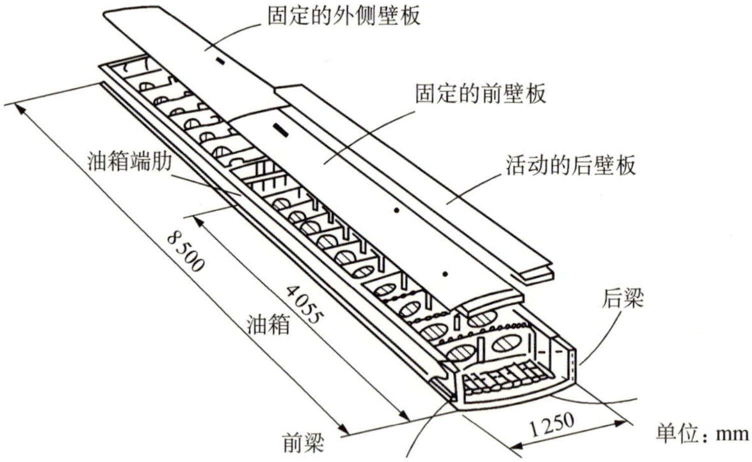

图 7-11 ATR72 外翼盒段

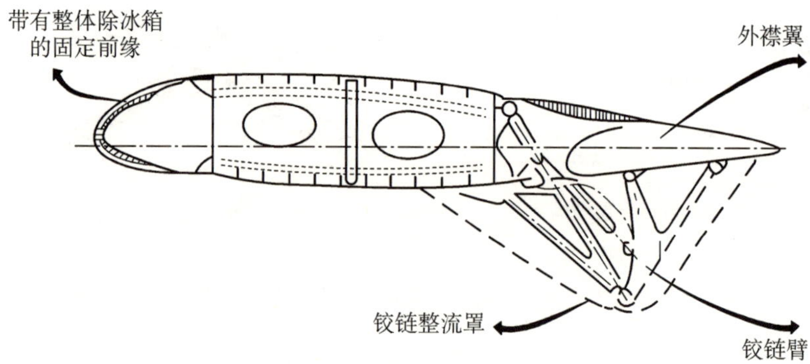

图 7-12 机翼盒段和周围结构

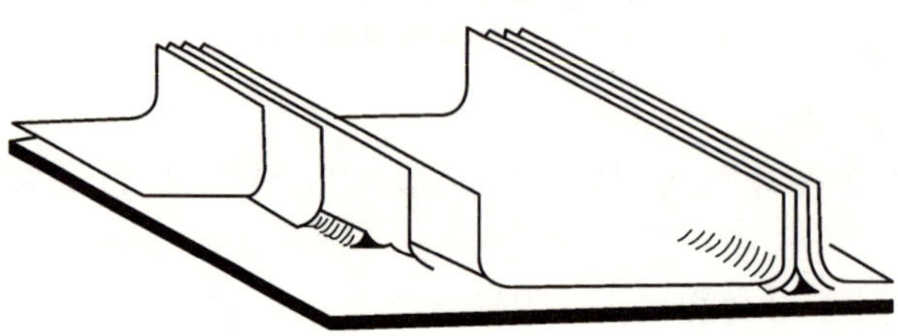

图 7-13 壁板段

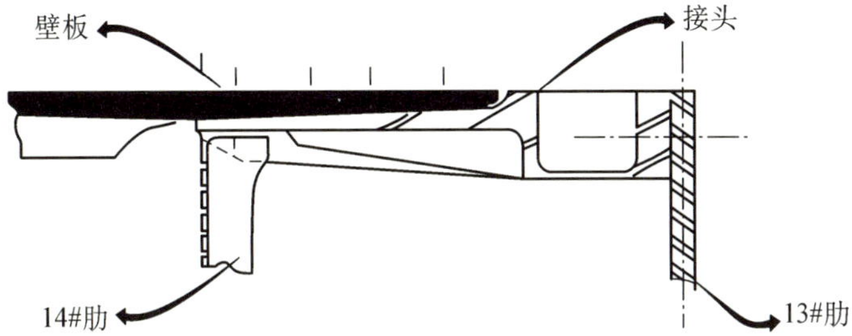

图 7-14 多个拉伸螺栓的梳状接头

7.6.2 ATR72 外翼的适航取证

在 ATR72 取证期间，公司对下列问题进行了研究：

(1) 许用值和设计值；

(2) 冲击损伤准则；

(3) 疲劳/损伤容限证实；

(4) 使用中检测；

(5) 第二来源材料的鉴定。

7.6.2.1 许用值和设计值

对 ATR72 外翼用的 T300/914 的研究已经表明，普通层压板及含孔层压板的力学性能与其单向板(UD)性能并不密切相关，含孔层压板的批内和批间分散性明显低于单向带(UD)(见表 7-7)，结构设计中安全裕度最低的主要是像紧固件孔这样的典型特性，而不是目前关心的区域(除冲击损伤外)。因此主要验证含孔构型的计算值，这样，采用的方法如下：

(1) 用 SBMP17 统计处理程序对几种典型情况的大子样试验结果(试样数大于 15)确定统计值，并推广用于小子样情况，工作量最多的是含紧固件孔的层压板构型(受或不受挤压)；

(2) 与上述所有情况的计算值进行比较；

(3) 确定用含孔构型直接相关的 UD 值。

表 7-7 力学性能的比较

试件	平均值/MPa	离散系数/%	B基准值/MPa	批次数	每批的试件数
单向带试样	1511	8.9	1288	9	10
28 层层压板	759	8.1	646	9	10
28 层含孔试样	477	4.5	428	9	10

表 7-8 概述了确定许用值的原理。对 ATR72 外翼用的材料，按此原理得到了表 7-9 中给出的强度与模量值。采用 Tsai-Hill 判据，并用这些许用值来计算安全

裕度。

表 7 - 8 确定许用值的原理

<table>
<tr><th>试验</th><th>平均值</th><th>分析</th><th>数学模型</th><th>计算值</th></tr>
<tr><td>对考虑典型结构特性(孔、连接、铺层等)的试件进行试验</td><td>模量
强度
应变</td><td rowspan="2">分散性</td><td>统计分析
(SBMP17)
得到 B 基准值</td><td>结构典型特性的"许用值"
控制:许用值≤V_b</td></tr>
<tr><td>对 UD 进行试验</td><td>模量
强度
应变</td><td colspan="2">与 UD 相比,已证实基于结构典型特性获得的许用值是偏于安全的</td></tr>
</table>

表 7 - 9 T300/BSL 914 许用值

	模量/MPa	强度/MPa		条件
		拉伸	压缩	
纤维方向	$E_x = 130000$	$\sigma_{xR} = 1200$	$\sigma_{xR} = -1000$	(1)
			$\sigma_{xR} = -840$	(2)
垂直纤维方向	$E_y = 4650$	$\sigma_{yR} = 50$	$\sigma_{yR} = -120$	(1)和(2)
剪切	$G_{xy} = 4650$	$\sigma_{xyR} = 75$		(1)
		$\sigma_{xyR} = 67.5$		(2)
泊松比	$v_{xy} = 0.35$			
单层厚度	$t = 0.13\,\text{mm}$			

注:(1) 在室温下的新材料;
(2) 湿热条件(≤70℃)或最严酷的条件。

7.6.2.2 冲击损伤判据

ATR72 验证用的冲击损伤判据包含三个要点:无扩展概念、考虑的截止能量和可检性判据,即凹坑。

(1) 无扩展概念

图 7 - 15 给出了用于 ATR72 外翼的原理。

(2) 截止能量

截止能量的确定基于 V10F 复合材料机翼的使用经验。在正常使用 8 年(一架 Falcon 10 飞行了 4100 h)后,机翼未发现任何明显的损伤。与 ATR72 相比,由于 V10F 的位置更低,它对地面滑跑时的碎片或维护操作时的冲击更敏感,为此,并结合机翼位置要考虑的能量,公司对制造和使用过程进行了深入的研究,然后考虑了两类冲击能量:

① 制造或使用中的冲击:从几焦耳到大约 10J;

② 由较重工具从高处引起的最大能量,大约 24J。

为覆盖极不可能发生的事件,适航当局要求增加所确定的能量,乘以 1.5 的系

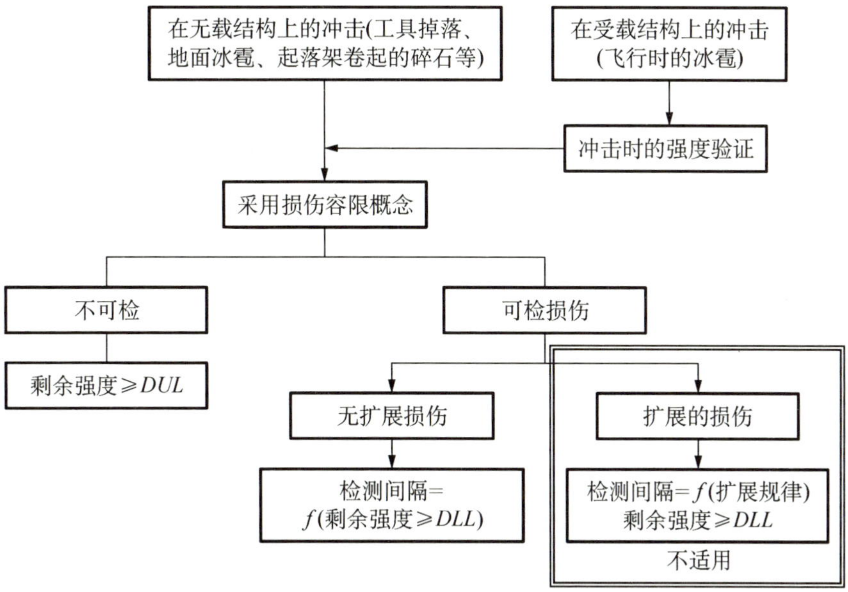

图 7-15 采用的损伤容限原理

数。在所有的情况中，较高的上限都要与目视可见性相联系，因此得到的包线见图 7-16。值得注意的是，适航当局同意的截止值(无需任何制造商证实)是除水平安定面为 140J 外，对所有的部件为 50J。

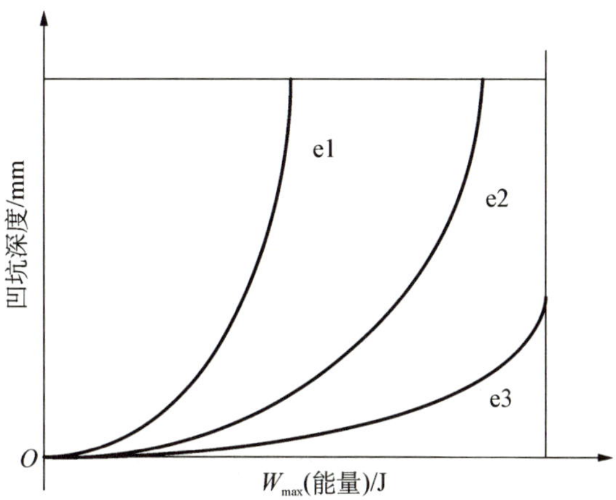

W_{max}(包括1.5的系数)

壁板	32 J
前梁	18 J
后梁	36 J

图 7-16 能量截止值方法

(3) 可检性判据

对 ATR72 外翼的检测程序依赖于对损伤的目视检测，并限于详细目视检测。

根据详细目视检测的定义，研究了冲击的检出概率，考察的参数包括：冲击头直径、对基本材料的涂漆、要检测的表面区域、检测距离和时间、光线等，选择了三种检测方法：

① 快速目视检测：对每平米壁板，每个操作人员（共 13 人）用 10 s 时间在 2 m 外进行快速目视检测，之后只记录“肯定”的结果；

② 长时目视检测：同样的方法，但不限时间；

③ 详细目视检测：从大约 50 cm 处仔细察看壁板的检测，必要时可使用辅助光线，察看的时间既不限制，也不测量。

冲击总数大约 200 个，从而可以对结果进行统计分析，见表 7-10。前两种远距检测发现，对 0.20～0.23 mm 之间深度的检出概率为 95%；对第三种检测，平均检出深度大约为 0.10 mm，但有大量虚假警报，不利于使用检测。

表 7-10 检测调查结果

95%概率值	目视检测（快速）	目视检测（长时间）	详细检测
凹坑深度/mm	0.23	0.20	0.10
虚假警报/(次/米^2)	0	0	2

考虑所有可能的使用分散性（开敞性、动机、表面状态）因素，并避免虚假警报，对 ATR72 外翼保守地确定详细检测时的 BVID 值：

平均值 0.3 mm

A 基准值（95%置信度的 99%概率） 0.5 mm

对此要求满足极限载荷，超出时则必须确定与剩余强度有关的检测间隔。

7.6.2.3 疲劳/损伤容限验证

1）疲劳验证

（1）疲劳验证方法。

疲劳验证基于由 V10F 复合材料机翼疲劳试验件取得的经验，特别是在通过综合分析确定有可能采用疲劳载荷放大系数覆盖分散性问题后，证实用于 V10F 试验件的应力水平远高于 ATR72 外翼采用该系数增加的应力水平，并从而进行了证实。

（2）复合材料的疲劳行为。

为进行疲劳验证，研究了 T300/BSD 914 复合材料层压板或螺接结构（这里不研究胶接结构）的疲劳行为。文献中可找到关于 T300/934 含缺口试验件的疲劳性能值，其载荷比 $R(R=\sigma_{min}/\sigma_{max})$ 在 1～0.47 之间，常幅压缩应变为 2 095 $\mu\varepsilon$。按 FAA 推荐的方法进行了 B 基准的统计分析，得到在最差的情况下，平均值与 B 基准值间的寿命系数为 5.13（相应于 $R=-1$，平均寿命为 891 251 循环数，标准差（$\log N$）为 0.272）。

（3）疲劳应力的标准差。

LBF 对不同形式的 T300/914 试验件评估了疲劳应力的标准差，所用的谱覆盖

了 R 比从 5(压-压循环)到 0.1(拉-拉循环),对双剪嵌接接头得到的离散系数最大为 3.6%,对缺口试验件为 3%。

(4) 耐久性曲线 $N=f(\sigma)$。

综合分析已给出了下列多种形式试验件的 $S-N$ 曲线:

① 材料包括:T300/914, T300/code 69, T300/5208, T400/6376, AS/3501-6;

② 载荷谱包括:$R=-1.7$, -1.66, -1, -5 和 10(压-压);

③ 试验件包括:含孔、单剪和双剪嵌接接头、含缺口和分层(Teflon 膜)。

曲线斜率值等于

$$k=\log\left(\frac{N_2}{N_1}\right)/\log\left(\frac{\sigma_1}{\sigma_2}\right)$$

N 为循环数,S 为剩余强度。表 7-11 给出了上述情况的 k 值。对 ATR72 外翼,即使最严重情况下的飞行($R=-8$),其疲劳谱也不是高度交变的。一直采用 $k=25.1$,它相应于 T300/5208, $R=10$ 含人工分层(等同于可接受结构异常的 Teflon 膜)的试验件,这种材料的静力特性与 T300/914 很接近,而对疲劳应力更敏感,这一假设是偏保守的。

表 7-11 $S-N$ 曲线的斜率

材料	R 比	含孔	单剪嵌接接头	双剪嵌接接头	含缺口	含 Teflon 分层
T300/914	−1.66			27.14		
	−1.0			30.6	12.0	
	−1.0	20(1)				
	−1.66			31.0	24.2	
	−5			32.6	28.6	
T300/5208	10(压-压)	24(2)				25.1

注:(1)无紧固件孔;
(2)带紧固件孔。

(5) 计算载荷放大系数。

为对这些结果进行分析,采用几种方法,由 $S-N$ 曲线公式将疲劳数据变换成静力数据。对不同的试验件(T300/914,无紧固件的 ϕ10 孔,$R=-1$; T300/914,双剪嵌接接头,$R=-1.66$; T300/914,含缺口试验件,$R=-1$)获得的试验结果,由平均值和 B 基准值的比值来统计确定载荷放大系数,表 7-12 列出了用不同方法计算得到的载荷放大系数。对疲劳验证试验的持续时间,采用下述两种方法:试验足够的寿命循环数或试验一倍疲劳寿命,但要采用载荷放大系数。

按法国适航当局的要求,决定为验证 B 基准水平,进行 1 倍 ATR72 寿命,同时对疲劳载荷施加 1.10 的系数。值得注意的是,FAA 要求与 1 倍寿命相应的是 1.17 载荷放大系数,原 JAA 要求与 1.5 倍寿命相应的是 1.15 载荷放大系数。

表 7-12 统计分析

Lie 计算	疲劳应力计算	Sendeckyj 方法
$\bar{N}/N_B = 5.13 \quad k = 25.1$	$CV = 3.6\%$	
$\bar{\sigma}/\sigma_B = 10^{(1/k)\times\log(\bar{N}/N_B)}$ $\bar{\sigma}/\sigma_B = 1.067$	$\bar{\sigma}/\sigma_B = 1.068$	$1.043 \leqslant \bar{\sigma}/\sigma_B \leqslant 1.10$

(6) ATR72 外翼盒段验证。

ATR72 设计概念的疲劳验证基于用 V10F 疲劳试验件获得的经验。实际上 ATR72 机翼的所有结构细节(桁条端头、壁板的梳状接头、连接孔、壁板上的大开口等)都已在 V10F 机翼上得到应用。在研制期间,进行了疲劳试验验证,该疲劳试验在老龄 V10F 结构上进行,此前该结构已进行过 100 000 次飞行。这两个结构设计的相似性使得可以比较 V10F 和 ATR72 的相似特性和相应于 ATR72 上一倍寿命(同时包括在 V10F 疲劳试验件上施加的循环数)的载荷水平,对 ATR72 的实际(未离散化)谱与施加在 V10F 上的谱进行了比较(见图 7-17)。

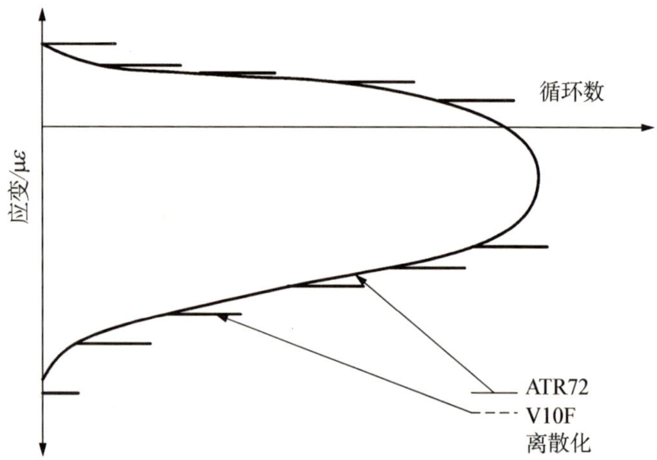

图 7-17 V10F/ATR72 之间的比较

2) 损伤容限验证

(1) 损伤容限验证方法。

这一部分涉及对含最大制造异常与意外损伤时的无扩展及抵抗所要求载荷能力的验证,该项验证在 ATR72 外翼疲劳/损伤容限试验件(称为 VEF-TD)上进行。该试验件承受代表 ATR72 任务的复杂谱,同时乘以载荷放大系数来覆盖分散性问题。

(2) 损伤容限——T300/BSD 914 的行为。

有关 T300/914, T300/5208, T300/1034E, T400/6376, AS/3501-6 的试验结果表明,高达 2800 με 的应变,历经约 100000 循环数(它对 ATR72 的情况,大约相

当于静力最大应变(极限载荷)和多于ATR72一倍寿命(7 000 fh)的总循环数)没有损伤扩展的问题,这一结论已被V10F疲劳/损伤容限试验件获得的结果证实。

如前所述,疲劳/损伤容限验证必须要通过试验期间或如基于制造商经验前面指出的研究内容范围内(V10F)的B基准值验证来达到。由于ATR72外翼盒段的应变已证实没有损伤扩展的风险,但这些数据并未给出有关分散性的证据。为进行这一统计方法,要用Northrop的文件作为基础,该文件提出将疲劳分散性转换成静力分散性,如图7-18所示。把这种方法用于3种包括BVID的T300/BSD 914试验件,得到表7-13的结果。

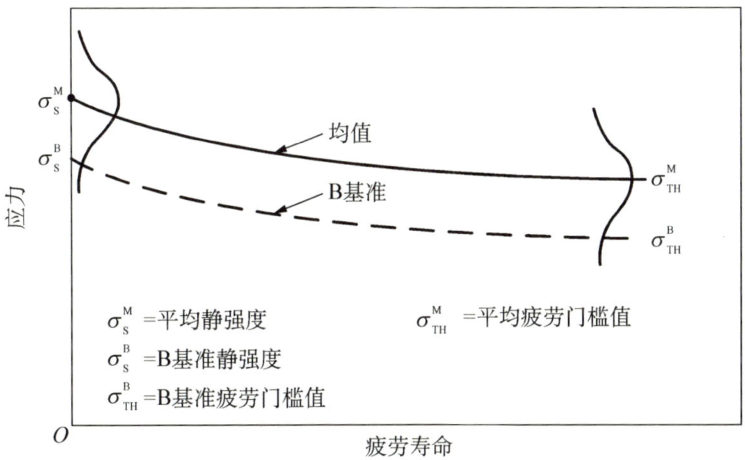

图7-18 疲劳分散性与静力分散性的关系

表7-13 对所检测的试件(BVID)的统计分析

试验件	$\bar{V}$平均值	离散系数/%	试验件数	V_B	$\bar{V}/V_B$
波音试验件	241.5 MPa	3.5	18	224.6 MPa	1.075
Aerospatiale试验件	456.9 MPa	3.5	11	420.6 MPa	1.080
整体加筋板	420 480 N	1.8	5	377 800 N	1.065

结论如下:

① 发现受冲击试验件的最大离散系数(3.5%)与疲劳试验后的嵌接接头(3.6%)几乎相当;

② 统计分析给出的用以考虑分散性施加的载荷放大系数在1.065和1.08之间,它与基于疲劳试验后得到的结果是一致的。

因此在ATR72外翼的损伤容限验证时,与1倍飞机寿命有关的载荷放大系数是1.10。

(3) ATR72的验证。

尽管验证了设计的无扩展特性,但仍进行了损伤容限试验,其目的是要在涉及冲击损伤和制造缺陷的全尺寸试验中证实前面得到的结果，即使已在 V10F 疲劳试验至少得到了部分验证，仍要检查在“老化和疲劳后试验件”的静强度要求。

应指出，由于自然与人工的制造缺陷数和冲击数，该试验件被认为是最差可接受的生产质量。为确定施加到试验件上的疲劳谱，以及考虑复合材料的特殊性，对用于 ATR72 金属结构的疲劳谱进行了下列修正：

① 在强阵风水平(≥11 m/s)即大约最大静弯曲情况(限制载荷)的 71%：用限制载荷加上在 75%限制载荷下 50 个循环来模拟；

② 低阵风水平(<2 m/s)：该载荷水平在强度(≤限制载荷的 39%)和幅度(≤最大载荷幅度的 16%)方面都低，因此可以忽略。

为考虑进行试验时分散性的影响，对该试验谱要增加 1.10 的载荷放大系数，该系数是为验证对外翼 1 倍寿命的 B 基准值。

3) ATR72 外翼疲劳/损伤容限验证的结论

(1) 疲劳验证

它基于 V10F 的经验。由于具有受压缩应力(对高强复合材料最典型的情况)的典型特性，V10F 疲劳试验表明对疲劳载荷要有最小 1.20 的系数来验证 B 基准值，而 ATR72 与 1 倍寿命有关的系数为 1.10。

(2) 损伤容限验证

它基于全尺寸试验件，该试验件的质量认为是最低可接受的水平，疲劳载荷采用带有考虑分散性影响的 1.10 的载荷放大系数的保守谱。该试验验证了：

① 相应于飞机寿命的循环加载期间冲击损伤(≤*BVID*)和最大可接受制造异常的无扩展；

② 在高温下含损伤的老化且经受过疲劳的试验件抵抗 DUL 的能力；

③ 在等同于一倍检测间隔期间目视可见冲击损伤(VID)的无扩展特性；

④ 在高温下含目视可见冲击损伤的老化且经受过疲劳的试验件抵抗 $k \times DLL$ ($k \geqslant 1$) 的能力。

7.6.2.4 使用检测——检测间隔的选择

1) 要求

事实上，若无损伤扩展，且不会达到临界尺寸，则损伤容限假设永远满足，但仍必须要有检测间隔的分析，才能保证复合材料结构会像金属结构那样安全。

2) 使用检测方法

为确定检测间隔，在考虑意外损伤时，不仅要考虑与该损伤引起的元件静强度降的关系，还要考虑与出现概率的关系，例如机翼上蒙皮出现工具掉落的概率与下蒙皮是不同的。

ATR72 外翼盒段以及后来 A340 副翼与起落架舱门所用的方法导出了概率分析，这种方法给出了破坏概率(许用值等于 10^{-9}/fh)是飞机遇到超出结构剩余强度能力的载荷概率，由此需要知道每一意外损伤源的出现概率。有关损伤出现概率的分析参见第 6 章和文献[6]第 6 章附录 6B。

(1) 尺寸“a”的损伤出现概率(P_a)。

分析时用对每个部件的“产品支持”来定义“极不可能事件”,通过对系统破坏率的推理,假设这种破坏的概率是 10^{-5}/fh(在合理可能与极不可能之间的边界)。对 ATR72,表 7-14 概述了这一威胁。

表 7-14 冲 击 源

事 件	极不可能事件的能量/J	平均值/J (10000 fh)	标准差
工具掉落	6	3.16	0.217
可拆卸元件掉落	3.9	2.06	0.217
在机翼上的人员	12.3	6.47	0.217
由于对部件维护对拐角或边缘的冲击	16.4	8.63	0.217

为定义这些事件的统计法则,选择了常标准差(0.217),它基于 Sikorsky 公司的假设:“假设冲击能量 $E1$(该情况的 99%会超出该能量)是 $E99$(该情况的 1%超出该能量)的 10%”。

由于目的是要确定损伤,而不是能量的出现概率,已定义了能量水平(E)与损伤尺寸(S_d)之间的关系,这可通过试验得到,这些试验包括从试样到全尺寸试验件各种不同的级别,并考虑了厚度(t)和肋与桁条的间距(a, b)等,采用了它们之间保守的关系:

$$S_d = f(E, t, a, b)$$

这些试验还建立了损伤尺寸(和能量)与相关凹坑参数(f)(与损伤可检性相关的参数)之间的关系:

$$f = g(E, t, a, b)$$

(2) 高于含损伤“a”结构剩余强度能力的载荷水平出现概率。

对试样、基本试件和整体加筋板进行试验来给出压缩应变与分层面积的关系曲线。从压缩/剪切或纯剪切进行的试验,画出了曲线,并给出用于纯压缩性能的系数,来模拟压缩/剪切剩余强度与分层尺寸之间的真实行为。

(3) 载荷水平的出现概率。

对阵风,限制载荷的概率是 2×10^{-5}/fh,极限载荷的概率保守地认为是 1×10^{-8}/fh,虽然 10^{-9}/fh 似乎是可接受的,且确实已用于 A340 副翼。在这两个值的基础上,用平均值和标准差定义了每飞行小时载荷水平的出现概率法则。组合这一信息,只要知道了损伤“a”的尺寸,就能定义高于所检测结构剩余强度水平的载荷概率:P_{ra}。

(4) 尺寸“a”损伤的检出概率。

对外翼表 7－15 考虑了三种检测方法。

表 7－15 凹坑深度检测方法

检测方法	平均值/mm	A 基准值/mm
目视检测	2	等于壁板厚度
外部详细目视检测	0.3	0.5
内部详细目视检测	0.1	0.2

3）用于 ATR72 外翼来验证检测方法和检测间隔

为了对经受冲击损伤的每个区域进行具体的风险分析，机翼被分为不同的区域。不同区域上具有不同的参数，如极限应变、检测方法和间隔、损伤出现概率等。例如表 7－16 给出了 ATR72 外翼上蒙皮所选的检测程序。ATR72 上蒙皮分为三个区域(图 7－19)，下蒙皮分为两个区域。为确定该结构总的风险，要把每个区域对一种威胁得到的风险加到另一种威胁得到的风险上。对一种损伤源，其破坏风险具有下列的一般形式：

$$P_{破坏}=\int_{A_{cp}}^{A_{cq}}P_{a}\times P_{ra}\times\sum_{m=1}^{ERL}f(1-P_{da},\ It)\mathrm{d}t$$

对风险有贡献的各种损伤尺寸的累加 ↑ 未被检出损伤的概率 ↑ 经济修理寿命期间的检测周期 ↑

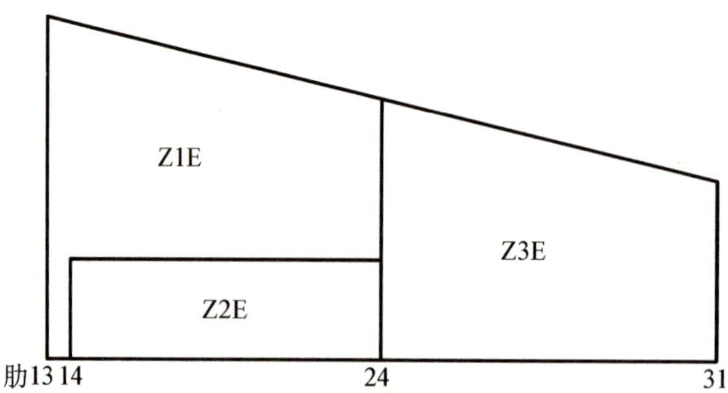

图 7－19 上蒙皮的分区

表 7－16 ATR72 外翼上蒙皮的检测程序

	快速目视/fh	外部详细/fh	内部详细/fh
Z1E	1250	8000	16000
Z2E	1250	8000	16000
Z3E	2000	16000	

表 7-17 所示为用于区域 Z1E 后的破坏分析计算。这样，对 ATR72 外翼最危险的区域 Z1E 的累积破坏风险为 1.35×10^{-10}/fh，它低于要求的水平 1×10^{-9}/fh，证实了所确定的检测方法和检测周期是可接受的。值得注意的是，由于缺乏不同情况的冲击，适航当局要求确定平均能量值的敏感性和它对累积破坏风险的概率。对 Z1E，增加 50%后得到风险为 5.5×10^{-10}/fh，它永远是可接受的。

表 7-17 Z1E 区的破坏风险计算

冲击类型	每飞行小时累积的风险概率
工具掉落	2.57×10^{-12}
可拆卸部件的掉落	1.48×10^{-13}
脚踩冲击	9.98×10^{-11}
维护部件	3.29×10^{-11}
总计	1.35×10^{-10}

4）该方法对含目视可见冲击损伤结构所承受载荷水平的应用

因此通过具体应用此程序能得到对 VID 要验证的载荷水平。例如对计算出的风险 1.9×10^{-11}，VID 要承受的载荷水平是 1.30*DLL*。分析给出了下列 VID 承受载荷水平与所考虑区域风险之间的关系图，如图 7-20 所示。

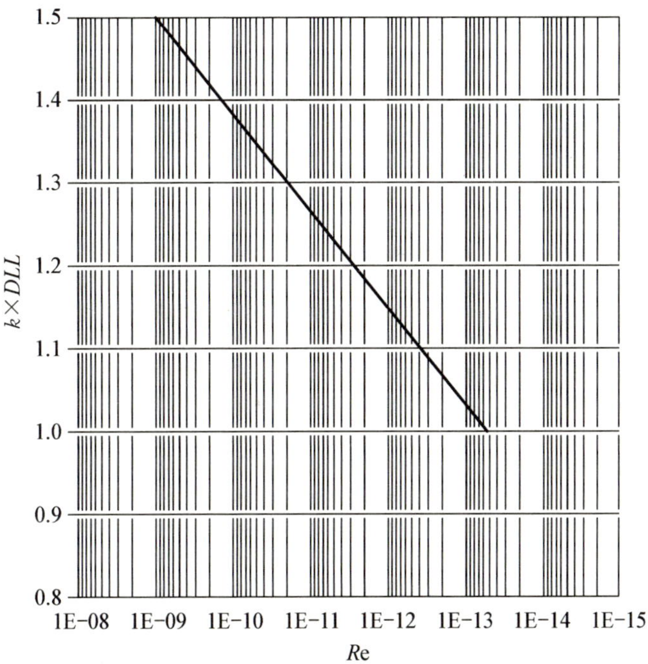

图 7-20 含 VID 结构要承受的载荷水平

7.6.3 结论

ATR72 复合材料外翼分别于 1989 年 9 月、1989 年 12 月通过 DGAC 和 FAA 的适航认证。

参考文献

[1] 沈真.复合材料飞机结构耐久性/损伤容限设计指南[M].北京:航空工业出版社,1995.

[2] 沈真.复合材料结构设计手册[M].北京:航空工业出版社,2001.

[3] Composite Materials Handbook Volume 3. Polymer Matrix Composites Materials Usage, Design, and Analysis [S]. MIL HDBK-17-3F, 2002.6.17.

[4] Fawcett A, Trostle J, Ward S. B777 Empennage Certification Approach [R]. Presented at ICCM-11, Australia, 1997.

[5] Tropis A, Thomas M, Bounie J L, et al. Certification of the Composite Outer Wing of the ATR72 [J]. Journal of Aerospace Engineering Part G, 209:327-339.

[6] 沈真等.民用飞机结构强度与刚度设计与验证指南.第七分册.复合材料结构[M].北京:航空工业出版社,2011.

8 全尺寸复合材料结构验证试验

8.1 概述

通常金属结构的全尺寸结构验证试验采用两架次生产型结构试验件来完成，其中一架用于全尺寸结构静力验证，另一架用于疲劳和损伤容限验证。由于复合材料的特点，特别是疲劳与损伤容限性能的特点，使得其全尺寸结构的验证试验安排与要求不同于金属结构。长期以来，复合材料主要用于尾翼级的次要结构，因此可以通过单独进行的部件全尺寸结构验证试验来完成静力验证和复合材料结构部分的疲劳与损伤容限验证，而将金属结构部分的疲劳与损伤容限验证留待全机结构来完成。随着复合材料在飞机主结构（机翼和机身）中的应用，其全尺寸结构的验证试验程序和要求也必须有新的安排。

8.2 复合材料结构的疲劳性能

8.2.1 目前的设计水平和结构的疲劳性能

图 8－1 中的曲线表明，满足静强度要求的复合材料结构应变水平（即静强度设

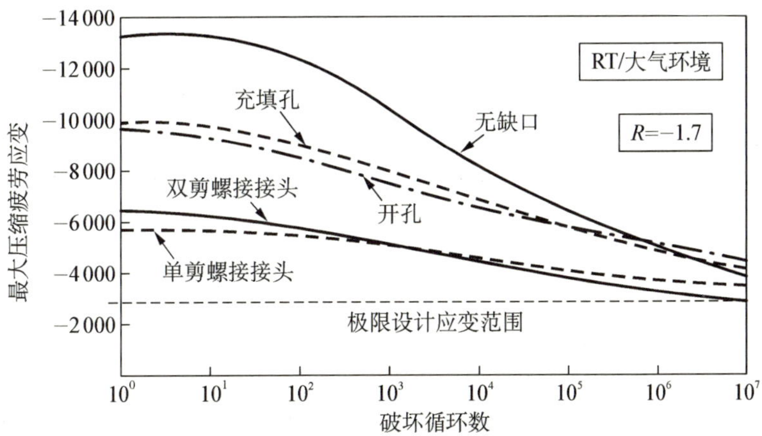

图 8－1 复合材料的疲劳性能和极限设计应变的关系

计应变)足以覆盖结构寿命期间所需疲劳循环数。表 8-1 给出了 T300/914 碳/环氧材料疲劳性能与结构设计应变水平的比值，数据表明典型结构元件性能与结构设计应变的关系，其 10^6 次循环对应的最大疲劳载荷均高于设计限制载荷(新材料指试样未承受过疲劳循环)。

表 8-1 典型结构元件性能与考虑环境影响的设计极限应变的比值

材料：T300/914 (每种条件 8 个试验件)	螺接接头 (双排双钉)	压缩：充填孔强度 (直径 4.8mm)
静强度(新材料)——平均值	1.27	1.54
静强度(新材料)——B 基准值	1.11	1.20
考虑环境影响的极限载荷	1	1
疲劳 B 基准值(10^6 次)	0.78	0.68
考虑环境影响的限制载荷	0.67	0.67

8.2.2 受冲击复合材料的疲劳性能

在拉伸载荷下复合材料结构有着优异的疲劳性能，即使含冲击损伤，一般可以不予考虑；在压缩载荷下，只要采取了防止产生面外载荷的措施，含损伤部件的疲劳性能取决于最大载荷水平 σ_{max}：

(1) 高疲劳载荷 ($\sigma_{max} > 0.7DUL$) 时，复合材料部件的疲劳行为较差(见图 8-2(a))，损伤扩展很快，通常表现为“突然死亡”。图中 N 为循环数，S/S_0 为目前的损伤尺寸与初始损伤尺寸的比值；

(2) 中等疲劳载荷 ($0.5DUL < \sigma_{max} < 0.7DUL$) 时，在很长的循环次数(远大于飞机寿命)后损伤才开始扩展(见图 8-2(b))，也呈现“突然死亡”的特点。图中 DSG 指设计使用寿命；

(3) 低疲劳载荷 ($\sigma_{max} < 0.5DUL$) 时，直至 10^6 循环损伤无扩展(见图 8-2(c))。

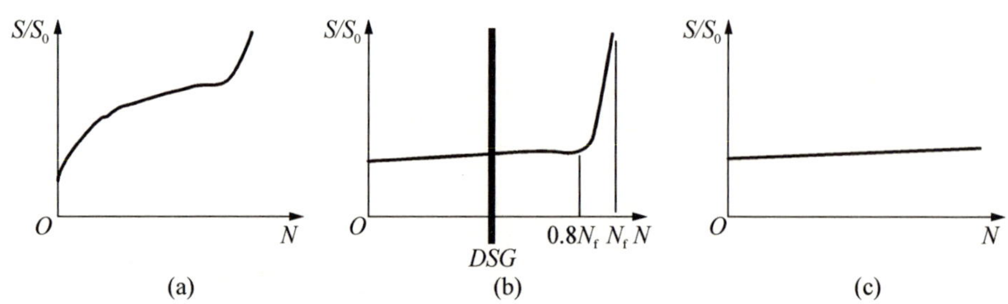

图 8-2 受冲击复合材料部件的损伤扩展

通常飞机结构的疲劳载荷属于第三种情况，因此对受面内载荷的含损伤复合材料结构，一般可以不考虑疲劳载荷。

8.3 波音公司全尺寸结构验证试验方法

8.3.1 B7J7 水平安定面盒段

8.3.1.1 试验目的

AC20-107A 第 6 条规定，如果有类似的设计、材料体系和加载方面的经验证实了分析的适用性，就可以用结构件或限制载荷下的部件试验来进行结构的验证。根据这一条款，设计师期望在对这一盒段所做各项试验取得的经验基础上，来完成对水平安定面的结构验证。

8.3.1.2 结构设计和验证要求

B7J7 水平安定面为半硬壳式结构，它由前后梁和加筋蒙皮构成的单腔扭力盒组成，全长 11.6 m。试验盒段选取的是其中受载较大的内段，长为 6.6 m，它是用韧性基体的碳纤维热固性复合材料制造的。为了满足 FAR25 和 AC20-107A 的适航规定，该盒段的验证要求如下：

(1) 静强度要求。要求在带有意外的冲击损伤时仍能承受极限载荷。在试验开始前引入的冲击损伤大小，采用 1.5 m 外目视刚刚可检的标准，并认为它是由严重的地面冰雹产生的。

(2) 耐久性要求。疲劳试验的目的是要验证上述的冲击损伤在重复载荷下无扩展的设计概念。B7J7 的设计使用寿命为 62 500 次飞行，试验载荷谱的编制和施加方法与 B737 和 B767 的一样，为了保证所加循环次数在统计上有效，将该载荷谱放大 1.15 倍，并要保证达到 2 倍使用寿命。

(3) 损伤容限要求。损伤容限试验包括损伤扩展和剩余强度试验两部分。在试验前要引入目视易检的冲击损伤，并要求在数倍检测周期的疲劳试验后，该损伤不会扩展到有害的尺寸。同时还要施加 FAR § 25.571(b)规定的剩余强度载荷，以证实它有足够的剩余强度能力。

8.3.1.3 试验程序和结果

(1) 引入冲击损伤(BVID)。

(2) 限制载荷下的应变测量。

(3) 疲劳试验。完成 2 倍寿命疲劳试验，每 10 000 次飞行进行一次外部检查，每 40 000 次飞行进行一次内部检查。完成疲劳试验后，在复合材料结构中未发现疲劳损伤，无损检测还证实，BVID 没有扩展。

(4) 极限载荷试验。通过对盒段施加极限载荷，验证了含冲击损伤复合材料结构的损伤容限特性。试验测得的应变数据表明与分析预计相当一致。试验后的目视与无损检测证实，加载没有出现损伤。

(5) 破损安全载荷试验。试验前预制一些新的损伤，主要是使某些元件失效，然后施加规定的破损安全载荷，试验成功地验证了盒段能承受这一破损安全载荷。然后进行修理，以完成其余的试验。

(6) 补充疲劳试验。这一试验的目的是验证目视易见的意外损伤在被检出以前,不会扩展到有害的尺寸。为此,补充疲劳试验之前,在试验件上引入数处目视易见的冲击损伤,所用能量大于前面所用的水平。经过10000次飞行的疲劳试验后,未发现这些损伤的扩展。

图8-3 B7J7水平安定面试验现场

(7) 含目视易见损伤时的限制载荷试验。为此进行了两次限制载荷试验,证实了大的意外损伤不会危及结构的持续安全性能。试验后用成形的钛板和机械紧固件对所有的目视易检损伤进行修理,代表了外场修理方法。

(8) 剩余强度试验。最后将盒段加载到破坏,施加非对称的弯曲载荷,在加载到166%限制载荷时盒段破坏,破坏位置通过位于高应变区未经修理的目视勉强可检冲击损伤处。试验时用28通道声发射装置来评定破坏的起始和扩展。

图8-3所示为B7J7水平安定面试验现场。

8.3.2 B777预生产型水平安定面

B777尾翼结构复合材料部分疲劳和损伤容限验证在预生产型尾翼结构上完成,因此生产型尾翼部件除验证分析方法外,主要验证金属结构部分的疲劳和损伤容限,有关内容可参见本书7.5节。

图8-4所示为B777尾翼结构(未显示蒙皮),图8-5为试验现场,图8-6为全尺寸结构验证试验的顺序。

图8-4 B777尾翼结构(未显示蒙皮)

图 8-5　B777 预生产型水平安定面试验现场

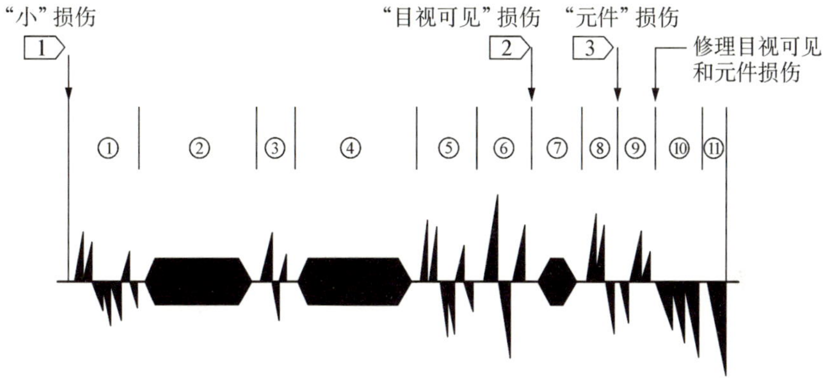

图注：[1] 引入小损伤

① 60%*DLL* 应变测量——6 种载荷情况
飞行试验测量仪器校验

② 谱载荷疲劳——1 倍寿命(包括 LEF)

③ 60%*DLL* 应变测量——3 种载荷情况

④ 谱载荷疲劳——1 倍寿命(包括 LEF)

⑤ *DLL* 应变测量——6 种载荷情况

⑥ *DUL*——3 种载荷情况

[2] 引入目视可见损伤

⑦ 谱载荷疲劳——2 倍检测周期(包括 *LEF*)

⑧ 破损安全载荷(*DLL*)——3 种载荷情况

[3] 引入元件损伤

⑨ "返回"载荷(大约 70%*DLL*)——3 种载荷情况
修理目视可见损伤和元件损伤

⑩ *DUL*——3 种载荷情况

⑪ 破坏试验

[1] "小"损伤——用小于 136 J 的能量进行冲击，产生的损伤在小于 1.5 m 外目视可见

[2] 目视可见损伤——在定期检测时目视易检

[3] "元件"损伤——一个或多个结构单元完全或部分断裂

图 8-6　B777 预生产型水平安定面的试验顺序

8.3.3 B787 预生产型水平安定面

8.3.3.1 试验目的

(1) 为取证和降低风险，通过部件级试验来验证分析工具；

(2) 通过试验来验证有限元模型，并为机翼盒段疲劳（考虑 LEF 的无扩展）、损伤容限（VID 和大切口）和修理后的静强度适航取证提供数据。

8.3.3.2 试验件和试验现场

图 8-7 为预生产型试验件的有限元模型，图 8-8 是生产现场，图 8-9 是试验现场。

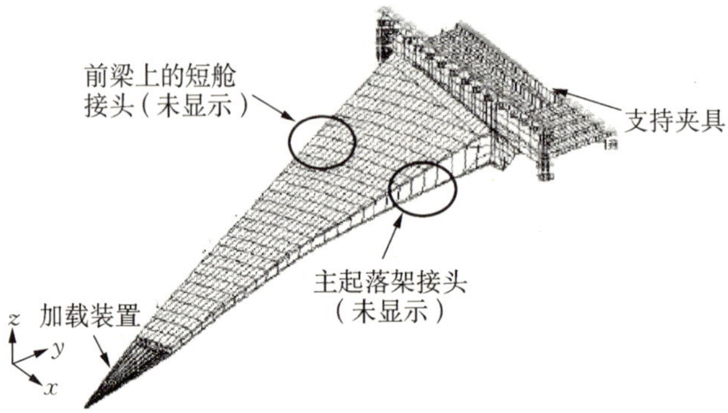

图 8-7 预生产型机翼有限元模型

下蒙皮修边　　机翼盒段装配现场

图 8-8 预生产型机翼生产现场

图 8-9　预生产型机翼试验现场

8.3.3.3　试验顺序

图 8-10 所示为 B787 预生产型复合材料部件的一般试验顺序。

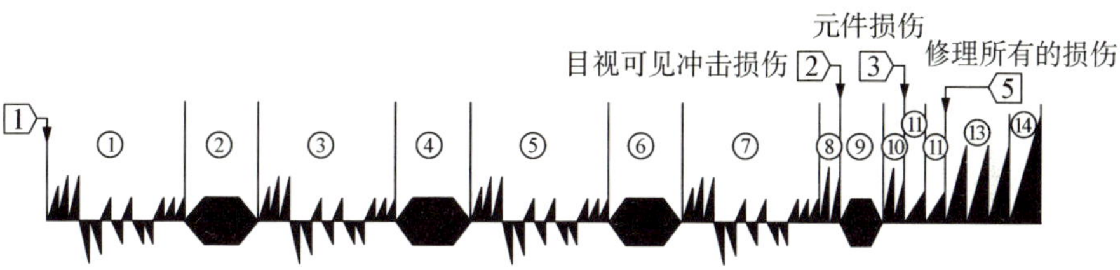

图注：1 引入 *BVID*
① 首次应变测量
② 谱载荷疲劳 1 倍设计使用寿命（包括 *LEF*）
③ 应变测量
④ 谱载荷疲劳 1 倍设计使用寿命（包括 *LEF*）
⑤ 应变测量
⑥ 谱载荷疲劳 1 倍设计使用寿命（包括 *LEF*）
⑦ 应变测量
⑧ 验证 *DLL*（多种载荷情况）

2 引入 *VID*
⑨ 谱载荷疲劳 2 倍检测间隔（包括 *LEF*）
⑩ 验证破损安全载荷（*DLL*）
3 引入元件损伤
⑪ 验证持续安全飞行载荷（70% *DLL*）
修理元件损伤和目视可见损伤 5
⑬ 验证 *DUL*
⑭ 破坏试验

图 8-10　B787 预生产型复合材料部件的一般试验顺序

8.4 空客公司的全尺寸结构验证试验方法

8.4.1 复合材料结构疲劳和损伤容限试验原则

8.4.1.1 概述

疲劳阶段验证包括：

(1) 结构部件中不含有任何会产生疲劳损伤(称为“不可接受的设计缺陷”)的细节，如承受面外应力的细节，它是复合材料疲劳考虑的关键；

(2) 不可检的制造缺陷或使用损伤在长期使用中不会扩展，且不会成为导致结构强度急剧降低的严重损伤。

在制造、装配和服役期间，有可能出现意外损伤，它们可归为下列两类：

(1) 可检损伤：这些损伤的尺寸在服役的检测间隔期间能被可靠地检出；

(2) 不可检损伤：这些损伤的尺寸小于按服役检测程序确定的检出门槛值，含这些损伤的结构在飞机寿命期间保持要求的强度。

一般采用的全尺寸试验程序见图 8-11，DSG 为设计使用寿命，LEF 为载荷放大系数。

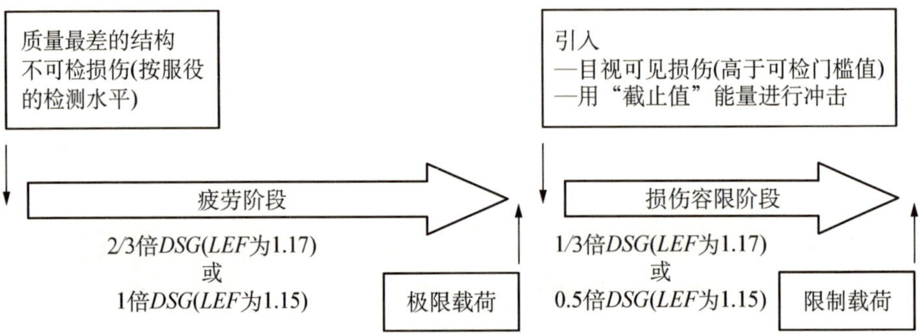

图 8-11 一般采用的全尺寸试验程序

放大的“安全寿命”(缺陷容限)验证包括：

(1) 在设计使用寿命(DSG)期间，不出现损伤，且损伤不扩展。

(2) 质量最差的结构为：a. 含制造时遇到的意外冲击损伤(小于等于 *BVID*)；b. 含制造缺陷。

(3) 经历疲劳循环后，在最恶劣的环境条件下能承受极限载荷。

损伤容限验证包括：

(1) 在一倍检查间隔期间不出现损伤，且损伤不扩展。

(2) 对目视可见冲击损伤(VID)，要求的承载能力介于限制载荷与极限载荷之间，具体数值取决于损伤出现概率。

(3) 对大损伤(出现概率小于等于 10^{-9}/fh)要求的承载能力是限制载荷。

静力、疲劳和损伤容限要求是相互联系的，可能必须用同一试验件在同一试验中证实结构的静力和疲劳性能。表 8-2 中列出了一般采用的全尺寸试验程序。

表 8-2 全尺寸结构试验的符合性方法

<table>
<tr><th>CS-25</th><th>CS25.603</th><th>要 求</th><th>符合性方法</th></tr>
<tr><td rowspan="4">25.305
25.307(a)</td><td>5.1</td><td>在适当环境条件下的极限载荷试验</td><td rowspan="5">(1) 最大损伤为 BVID;
(2) 2/3 倍 DSG 和 LEF = 1.17(或 1 倍 DSG 和 LEF = 1.15) 的疲劳循环数;
(3) 疲劳循环后承受极限载荷,要考虑环境影响</td></tr>
<tr><td>5.2</td><td>在最恶劣环境条件下考虑重复载荷影响的静强度试验</td></tr>
<tr><td>5.6</td><td>考虑材料和工艺变异性的静强度试验</td></tr>
<tr><td>5.8</td><td>含 BVID 时的静强度</td></tr>
<tr><td rowspan="4">25.571</td><td>6.2.2(6.3)</td><td>BVID 不扩展</td></tr>
<tr><td>6.2.1</td><td>在 DSG 期间不出现损伤/缺陷</td><td>(1) 最大损伤为 BVID;
(2) 2/3 倍 DSG 的疲劳循环数和 LEF = 1.17</td></tr>
<tr><td>6.2.3</td><td>在 1 倍检测间隔期间大损伤(分层)不扩展</td><td>(1) 大损伤(出现概率≤10^{-9});
(2) 1/3 倍 DSG(或 0.5 倍 DSG 和 LEF = 1.15) 的疲劳循环数;
(3) 疲劳循环后承受限制载荷</td></tr>
<tr><td>6.2.4</td><td>在 1 倍检测间隔期间可检损伤不扩展</td><td>(1) VID 损伤(出现概率≤10^{-9});
(2) 1/3 倍 DSG 和 LEF = 1.17(或 0.5 倍 DSG 和 LEF = 1.15) 的疲劳循环数;
(3) 疲劳循环后承受 k 倍限制载荷</td></tr>
</table>

8.4.1.2 结构验证——疲劳阶段

是否进行全尺寸疲劳试验取决于对部件的具体分析,来鉴别新部件与已有经验之间的差别(见图 8-12)。若发现有较大的差别,则必须更深入的分析来确定所需的试验。

根据要验证结构(新结构和原结构)间的相似性,来确定疲劳试验验证任务是否可以由较低层次的积木式试验来完成。确定需进行试验级别的一般原则是:**相似程度越低,则需进行的积木式试验的级别越高**。例如,若要取证的结构是全新的,即与原结构相比有大的变化,则要求对有代表性的大组合件进行试验,实际可行的是全尺寸试验;反之,若可以用某个已取证的部件来覆盖"新"结构,则只要求进行分析来说明这些依据。

若相似性的程度允许只用结构细节、元件或组合件试验的疲劳试验来证实,则规定要证实这些较小试验件的载荷,并必须要建立取证的有限元模型和真实结构性能之间的关系:对分析结果与部件静力试验结果、飞行试验数据等进行比较,来保证施加到较低级别试验件上的载荷是合适的。

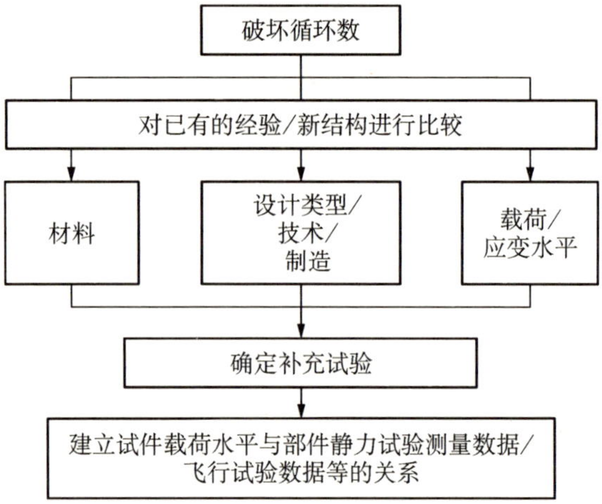

图 8-12 确定是否进行全尺寸结构疲劳试验的一般分析流程

除按照图 8-13 所示基本原理外，还必须根据工程判断来确定要进行的试验。根据所研究的部件，有可能不做全尺寸疲劳试验。

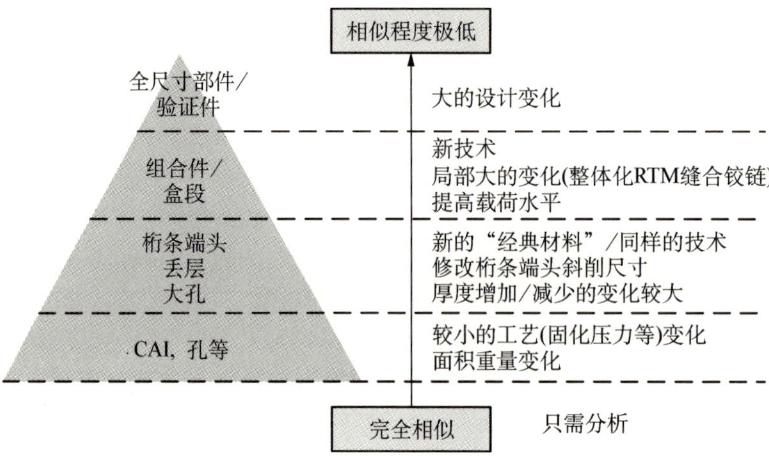

图 8-13 确定要进行的疲劳试验级别的判据

8.4.1.3 结构验证——损伤容限阶段

1) 损伤容限原理

图 8-14 概述了使用的损伤容限原理，图中定义了 4 个门槛值：

(1) 可检性门槛值：它取决于所选用的检测方法，在飞机全部寿命期间结构部件中可能存在的损伤尺寸小于该门槛值；

(2) 实际可能出现的能量门槛值：定义为制造和服役期间预期实际可能出现的最大能量，对应于 10^{-5}/fh 出现概率；

(3) 大于 VID 门槛值：大于该门槛值的损伤可通过巡回检测来检出，在对损伤进行评估前飞机不允许起飞；

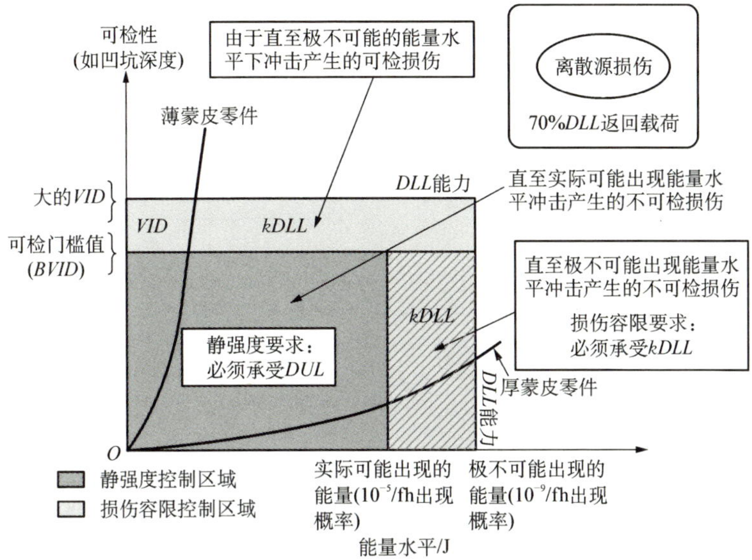

图 8-14　损伤容限门槛值的定义

(4) 极不可能出现的能量门槛值:它对应于极不可能的事件(小于 10^{-9}/fh),厚蒙皮结构才需要考虑这一门槛值。此时必须进行全尺寸疲劳试验,否则无法证明在 1 倍 *DSG* 期间不可检损伤是可接受的。

按此损伤容限方法,对有关循环加载的要求见图 8-15。

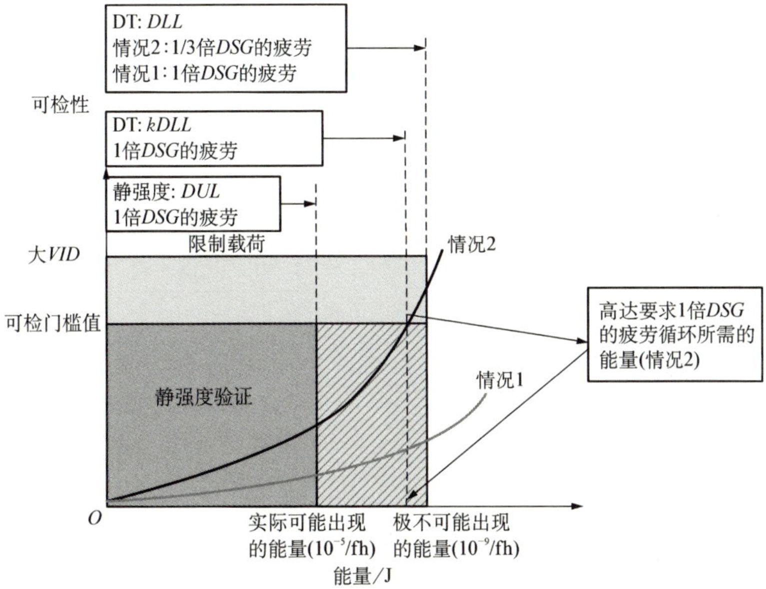

图 8-15　静强度与疲劳要求与可检性的关系

如图所示,损伤容限循环加载要求只与损伤可检性有关,而与冲击出现概率无关：只要定期检测无法检出损伤，则必须要求验证 1 倍 *DSG*：

(1) 情况 1：与极不可能出现的能量冲击有关的损伤仍然不可检，则要求进行 1 倍 *DSG* 的全部疲劳寿命验证；

(2) 情况 2：在实际可能出现与极不可能出现能量范围内的冲击，产生的损伤变得可检时，则对不可检损伤要求验证在 1 倍 *DSG* 期间无扩展，对可检损伤要求验证在 1/3 倍 *DSG* 期间无扩展。

建议进行的损伤容限验证如下：

(1) 情况 1：对应于厚蒙皮结构，即使极不可能出现能量的冲击也是不可检的：

① 引入极不可能出现能量冲击产生的损伤(例如对机翼和机身部件为 90J)；

② 为验证在飞机寿命期间该损伤不会扩展，进行 2/3 倍 *DSG*(考虑 1.17*LEF*)或 1 倍 *DSG*(考虑 1.15*LEF*)的疲劳试验；

③ 疲劳试验后进行限制载荷(DLL)验证。

(2) 情况 2：用介于实际可能和极不可能范围内能量冲击产生的损伤，可通过定期检测检出：

① 引入极不可能出现能量冲击产生的损伤(例如对机翼和机身部件为 90J)；

② 为验证在检测周期内该损伤不会扩展，进行 1/3 倍 *DSG*(考虑 1.17*LEF*)或 0.5 倍 *DSG*(考虑 1.15*LEF*)的疲劳试验；

③ 疲劳试验后进行限制载荷(DLL)验证。

(3) 情况 3：用介于实际可能和极不可能范围内能量冲击产生的损伤，可通过地面巡检检出：

① 引入产生可检门槛值所需能量冲击产生的损伤(低于极不可能出现的能量)；

② 为验证在一次检测周期内该损伤不会扩展，进行 1/3 倍 *DSG*(考虑 1.17*LEF*)或 0.5 倍 *DSG*(考虑 1.15*LEF*)的疲劳试验；

③ 疲劳试验后进行限制载荷(DLL)验证。

2) 可能的试验顺序

用于考虑高能量冲击厚蒙皮组合件/部件的一般试验顺序见图 8-16。

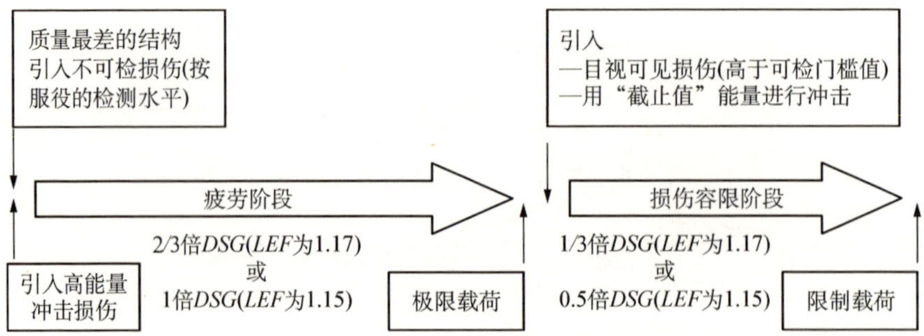

图 8-16 一般全尺寸结构验证试验顺序

若需要对高能量冲击损伤进行无扩展验证时，必须在试验开始前将其引入，以便覆盖所要求的飞行次数。因为对这种损伤，损伤容限的静强度要求是限制载荷，但疲劳阶段试验后要施加极限载荷，就成了问题。在施加极限载荷前，需要对这些高能量冲击损伤进行修理。也可以在施加极限载荷后引入这些损伤，这样就需要进行更多的疲劳循环，即至少 4/3 倍 *DSG*（顺序为 2/3 倍 *DSG*，*DUL*，引入高能量冲击，1/3 倍 *DSG* 加上 1/3 倍 *DSG*）。

为使疲劳试验只进行 1 倍 *DSG* 并能覆盖高能量冲击，可按图 8-17 建议的试验顺序进行。

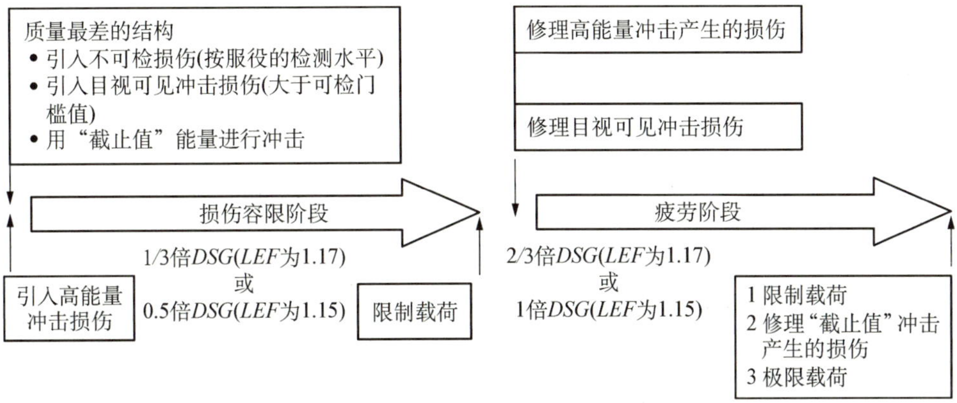

图 8-17 厚蒙皮全尺寸结构验证试验顺序

疲劳试验完成后，对所有高于实际可能出现能量产生的损伤进行修理。即使不可检，这些损伤也不必承受极限载荷（概率方法），因此必须进行修理。

8.4.2 A320-100 复合材料全尺寸验证试验

8.4.2.1 概述

A320 复合材料垂尾验证是在 20 世纪 80 年代完成的，其验证原理和方法虽与目前空客公司的方法有很大差别，但仍有一定的参考价值。A320 复合材料垂尾全尺寸验证试验在完整的复合材料垂尾上进行，它包括前缘 1，2，3 段（含翼尖）、垂尾盒段、后缘盒段、方向舵、方向舵翼尖和方向舵操纵机构。

全尺寸垂尾的试验件支持通过撑杆静定固定，作用力与反作用力通过液压作动筒来施加。试件封闭在泡沫塑料堆砌的箱体内，以便在试验中调节温度和湿度。试件的吸湿量通过和部件同时制造并附加在试验件上的标定试样来控制。

全尺寸验证试验的内容为静力载荷下的破损安全特性、损伤容限特性，以及在相应的阵风、机动载荷情况中考虑 1.15 的放大系数后，在人工老化结构上进行 1.5 倍寿命（72000 次飞行）的疲劳试验。

8.4.2.2 试验顺序

(1) 在大气环境下静力试验到限制载荷。

(2) 方向舵功能试验。

① 不加载的方向舵功能试验。

② 在+70℃和吸湿量大于0.72%下静力试验到限制载荷。

③ 在大气环境下用吸湿结构(吸湿量大于0.72%)进行1倍寿命的疲劳试验,试验中各级疲劳载荷幅值放大1.15倍(以下同)。

(3) 在+70℃下用饱和吸湿结构(吸湿量1.2%)静力试验到极限载荷。

(4) 伺服控制阀堵塞的损伤容限验证试验。

(5) 在垂尾盒段和方向舵上引入大的制造缺陷。大的制造缺陷主要为分层和划伤,其项目见表8-3。

表8-3 制造缺陷的试验验证

缺陷/损伤类型		检查		验证试验	
		装配前	使用中	疲劳(载荷放大1.15倍)	静力
孔隙、裂纹	小于许用尺寸(不修理)	超声	否	1.5倍寿命	极限载荷(湿/热)
	大于许用尺寸(修理)			(1)	(1) (5)
耳片上的人工分层		否	否	1.5倍寿命	极限载荷(湿/热)(1)
				(1)	>极限载荷(大气环境) (2)
在使用中检测到的大面积分层	肋3~4,长桁P1~P2之间的蒙皮/长桁脱胶	否	检测到8C	0.5倍寿命(1)	限制载荷(湿/热)(1)
	肋1~2,长桁P7处的蒙皮/长桁脱胶	否	检测到8C	—	140%极限载荷(大气环境) (2)
	1#肋筋条分层	否	检测到8C	0.5倍寿命(1)	限制载荷(湿/热)(1)
	后梁腹板2#筋条分层	否	检测到4C	0.5倍寿命(1)	限制载荷(湿/热)(1)
	1#肋开孔孔缘的分层	否	检测到8C	0.5倍寿命(1)	限制载荷(湿/热)(1)
	BR7处的方向舵铰链支臂耳片的分层和切口	否	检测到4C	0.5倍寿命(1)	限制载荷(湿/热)(1)
	方向舵壁板拆除螺栓和铆钉	否	检测到1C	0.5倍寿命(1)	限制载荷(湿/热)(1)
	方向舵壁板蒙皮分层,尺寸:400 cm^2	否	检测到1C; 8C	0.5倍寿命(1)	限制载荷(湿/热)(1)
	方向舵梁上筋条的分层	否	检测到4C	0.5倍寿命(1)	限制载荷(湿/热)(1)
划伤	垂尾盒段和方向舵外蒙皮	否	检测到4C	0.5倍寿命(1)	限制载荷(湿/热)(1)

注:(1) 全尺寸垂尾,疲劳循环在湿/热静力试验之前;
(2) 垂尾盒段下部部件试验(静力,大气环境条件);
(3) 蒙皮壁板部件试验,室温干燥和热湿环境条件。

(6) 包括伺服控制阀堵塞载荷的疲劳试验(附加的半倍寿命)。

(7) 损伤容限验证试验。

① 引入严重冲击和雷击损伤;

② 在大气环境下进行 1.1 倍限制载荷的验证;

③ 对雷击损伤和严重冲击损伤进行修理;

④ 在+70℃下进行 1.1 倍限制载荷的验证;

⑤ 对引入的大的制造缺陷进行修理。

(8) 在大气环境下用吸湿结构(吸湿量大于 0.72%)进行附加的 1 倍寿命的疲劳试验。

(9) 在+70℃下用饱和吸湿结构(吸湿量 1.2%)进行静力剩余强度试验。

8.5 对金属/复合材料混合结构验证试验的考虑

图 8-18~图 8-21 为国外公司对复合材料主结构(通常是金属/复合材料混合结构)验证试验的考虑。

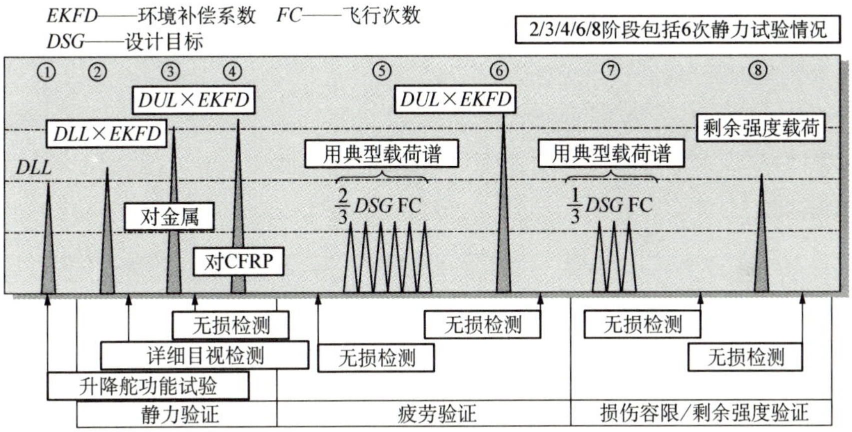

图 8-18 用于大型运输机主结构(金属/复合材料混合结构)的完整验证试验步骤

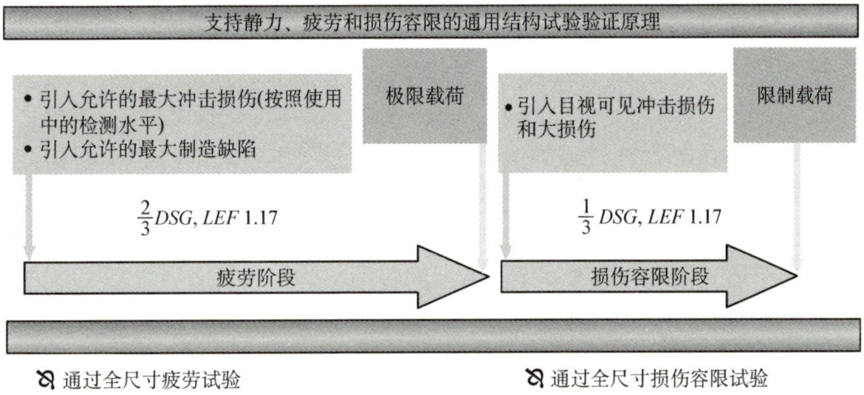

图 8-19 用于大型运输机主结构(金属/复合材料混合结构)的疲劳验证试验步骤

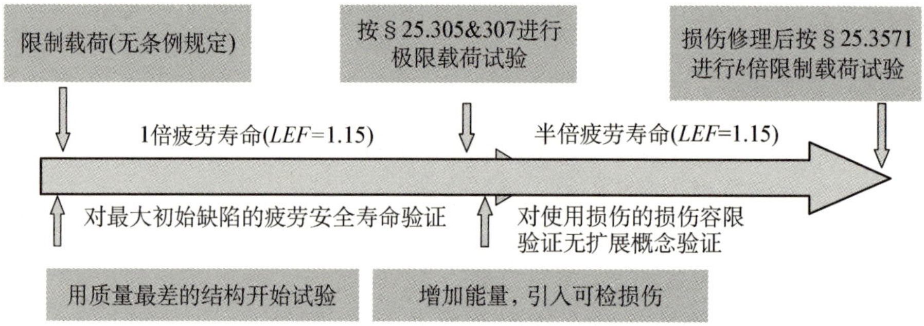

图 8－20 用一个试验件完成复合材料结构静力、疲劳/损伤容限验证的方法

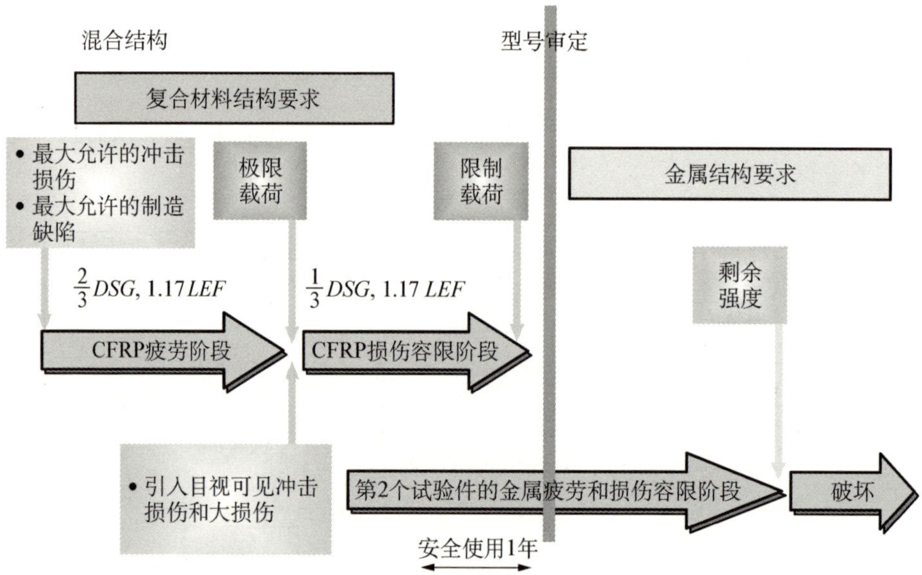

图 8－21 用于复合材料全尺寸结构验证试验方案

8.6 载荷-寿命-损伤(LLD)混合验证方法简介[6]

迄今为止对全尺寸结构的疲劳和损伤容限验证一直采用由 FAA 和美国海军为 F/A－18 飞机合格鉴定提出的载荷-寿命复合的方法[7—9]，它是以 20 世纪 70～80 年代的材料、工艺技术和复合材料的试验方法为基础建立的，图 8－22 所示为这种方法的要点及其在复合材料结构全尺寸耐久性与损伤容限验证中的应用。从那时以来，这些方面都已经有了很大的发展，使试验数据的分散性明显降低了，且具有高可靠性。因此，有必要对 Whitehead 等人使用的概率方法作重新评价，以获得改进的寿命和载荷放大系数。近年来在 FAA 的资助下 NAIR 提出了 LLD(载荷-寿命-损伤)的混合验证方法，本节概述了这种方法的基本概念。

美国海军 F/A－18 合格鉴定产生所用系数的方法(详见第 5 章)，是通过汇总当时已有来自几个数据库的材料试验数据而得到的。该项研究针对某一特定取证计划，提出了利用与复合材料结构有关的设计细节，如材料、铺层、载荷条件等，形成这些系数的方法。由于材料、工艺技术和复合材料试验方法的改进，目前复合材料数据的分散性明显减小，对于含缺口或损伤的试验件复合材料数据分散性更小。研究表明，当损伤容限试验件受冲击带有某种程度的损伤，如 AC 20－107B 所定义的第 3 类损伤，则可肯定地作出如下假设：

（1）冲击损伤区成了结构的危险部位；

（2）在该处将要出现的损伤起始会引起结构破坏或载荷重新分配，可通过分析来预计，分析结果用于随后的试验验证。

然后，可以对代表冲击处细节的元件或组合件进行试验，来获得针对该特定结构细节及与失效模式相关载荷情况的新的寿命形状参数。根据前一假设，按图 8－22 所述程序获得的寿命形状参数(MLSP)，要用对元件或组合件试验结果进行疲劳分析(也就是对冲击损伤元件所进行的分析)得到的形状参数来替代。根据后一假设，结构所发生的失效模式是冲击损伤的直接结果。若是载荷重新分配，而不是结构完全破坏，则对剩余的试验，新定义的寿命形状参数必须采用对应于随后结构损伤状态的寿命形状参数；即若由于损伤扩展，第 2 类损伤转变为第 3 类损伤，则剩余的损伤容限试验要求使用第 3 类损伤的寿命形状参数，而不是第 2 类损伤的寿命形状参数。必须对损伤容限元件或组合件试验进行设计，以便阐明预期的结果。图 8－23 阐明了用于全尺寸结构试验的这种方法：试验开始的疲劳(耐久性)阶段采用传统的载荷放大系数法，在随后的损伤容限阶段则采用载荷-寿命-损伤(LLD)混合法。

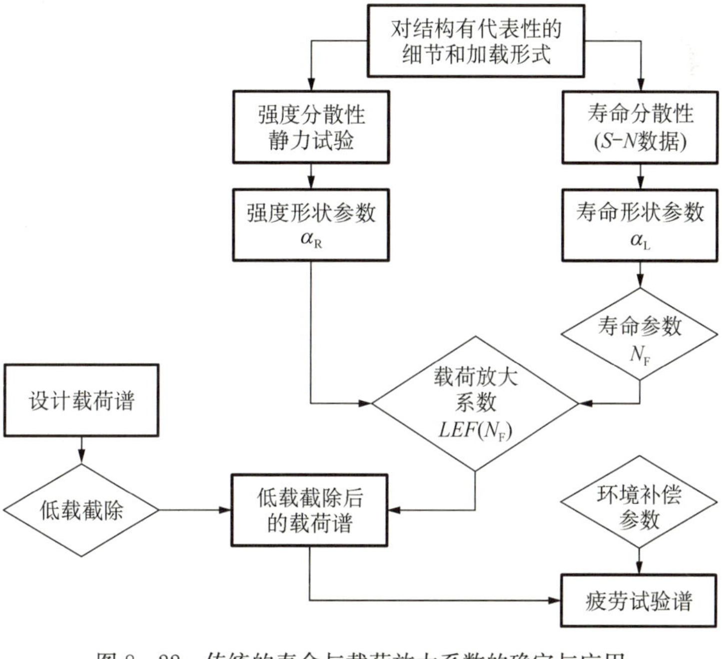

图 8－22 传统的寿命与载荷放大系数的确定与应用

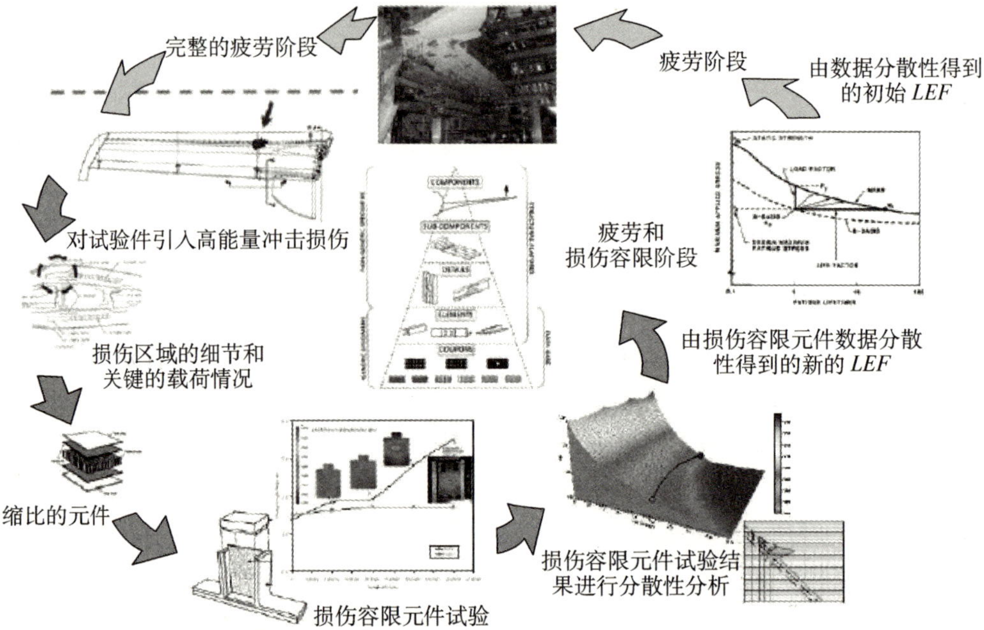

图 8-23 采用载荷-寿命-损伤(LLD)混合法的损伤容限验证试验流程图

根据设计分析和应变测量，选择结构最危险的部位引入损伤。然后确定冲击参数以引入某个特定的损伤，即第 2 类或第 3 类损伤。这一步要求对局部细节进行分析，如材料、层压板铺层顺序、关键的加载形式等。例如，采用连续损伤模型(也就是由于纤维/基体开裂以及剪切载荷下的塑性变形所引起的刚度退化)的局部细节的非线性有限元分析，以及模拟冲击过程中多个接触体(也就是冲头、接触表面以及内部铺层界面)表面侵蚀(元素脱离)的接触算法，可用来确定某一特定冲击情况的损伤程度。具有如此细节的模型需要相当长的计算时间，并且往往对网格密度、元素类型、损伤模式所需的输入等极为敏感。因此，只要有可能就推荐缩比的元件试验，不仅能在冲击全尺寸试验件之前反复查验冲击参数，而且能验证/校准分析模型。元件试验还能用于特定损伤情景的分散性分析。从而可以计算出全尺寸试验损伤容限阶段对应于选定的损伤情形的载荷放大系数和寿命系数。

如图 8-23 所示，LLD 混合法关注结构最危险的细节，并把结构与载荷细节变换成最有代表性的元件级的重复载荷试验，来获得关于全尺寸试验验证期间剩余强度、疲劳敏感性、检查方法以及检查间隔的信息。通常像第 3 类这样的严重损伤在短暂的巡回检测中是易于检出的。立足于安全性，目标瞄准在使用过程中可能出现的最严重但又最不易检出的损伤。这也许是第 2 类或第 3 类损伤，它取决于检测能力和实际使用的检查方法，即短暂的巡回检测或大修时的定期检测。

为了验证 LLD 混合法的运用，采用了参考文献[10]中的元件试验数据，只考虑冲击损伤对疲劳寿命分散性的影响，生成了 3 组相关于损伤程度的载荷放大系数，并结合原始的 AS4 - PW 的载荷放大系数，形成了载荷放大系数的曲面图，如图 8 - 24 所示。首先，选用由 AS4 - PW 数据得到的相应于 3 倍设计寿命(DLT)的载荷放大系数，但试验只进行到 2 倍 DLT。然后，对结构引入 LID(大冲击损伤)，并用相应的载荷放大系数(LEF)曲线来选定用于剩余试验的 LEF。根据损伤类别，LLD 方法对特定的复合材料结构采用多个 LEF，也就是，采用代表不同的损伤情景的不同的 LEF 曲线。

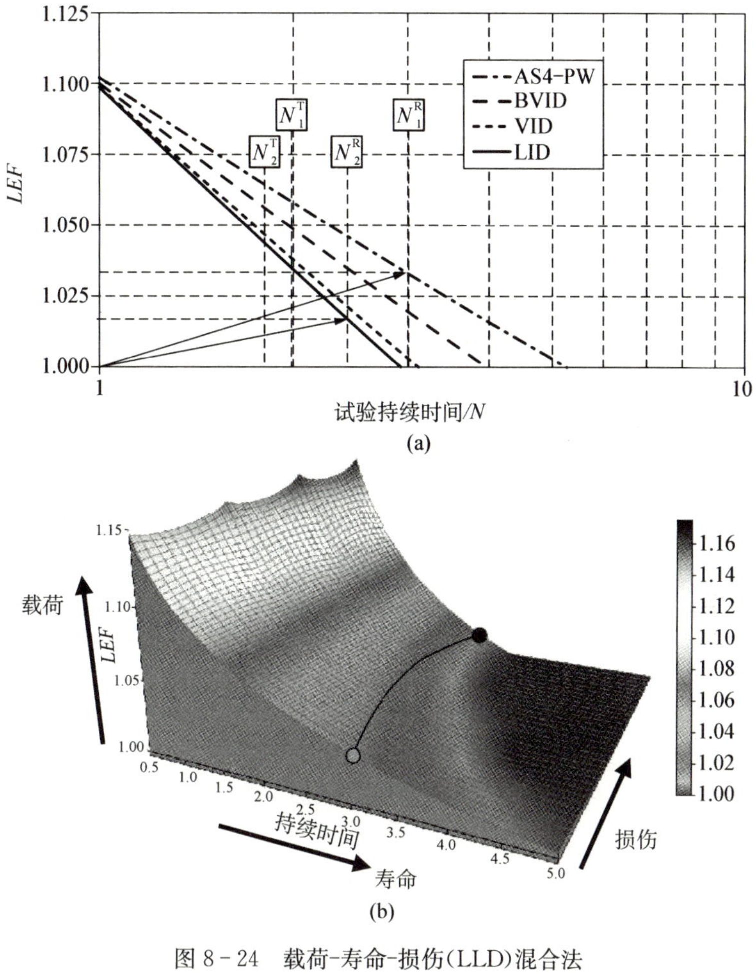

图 8 - 24 载荷-寿命-损伤(LLD)混合法

当对不同的损伤情况采用多个 LEF(载荷-寿命)曲线时，文献[10]引入了所谓的载荷-寿命转换的概念，来计算对应于试验件引入新损伤后的剩余试验持续时间。基于前面的试验尚未验证的设计寿命的百分数，公式(8 - 1)所给的载荷-寿命转换可计算剩余的试验持续时间。

$$N_2^{\mathrm{T}} = \left(1 - \frac{N_1^{\mathrm{T}}}{N_1^{\mathrm{R}}}\right) \cdot N_2^{\mathrm{R}} \tag{8-1}$$

公式(8－1)中，下标 1 和 2 对应于试验阶段，而上标 R 与 T 分别表示对应于特定 LEF 的重复寿命和实际试验持续时间，以验证设计寿命的可靠性。例如，根据 AS4－PW 曲线，3 倍设计寿命的试验持续时间(N_1^R)所对应的 LEF 为 1.033(图 8－24)。试验进行了 2 倍 DLT(N_1^T)后，对结构引入大冲击损伤(LID)。根据 LID 曲线，2.5 倍 DLT 的试验持续时间(N_2^R)所对应的 LEF 为 1.014(图 3)。因为第一阶段试验所要求的 3 倍 DLT 完成了其中的 2 倍，利用公式(8－1)，计算出剩余试验持续时间(用于第二阶段)为 0.83 倍 DLT(N_2^T)。因此，总的试验持续时间为 2.83 倍 DLT。LID 与 LLD 混合法相结合的应用不仅简化了 LEF 的要求，而且缩短了总的试验持续时间。若冲击损伤得到修理，剩余的试验必须采用由原始 AS4－PW 曲线得到的 LEF。为了计算剩余试验持续时间，这时载荷-寿命转换计算必须考虑修理之前的未验证设计寿命的百分数。

图 8－24 清楚地验证了寿命形状参数减小对寿命系数的影响。这可显著降低为验证设计寿命或剩余试验寿命具有某一可靠性水平所要求的试验持续时间和/或 LEF。然而，由于大冲击损伤所造成的结构破坏风险可能随损伤程度的增加而大大增加。一旦使用对应于大损伤的新的 LEF，就可以用破坏概率来分析要求试验持续时间的谱载荷，以确保结构能容忍它们，即损伤无扩展或是稳定扩展。因为大损伤有高扩展概率，为监测试验过程中的损伤状态，避免试验期间发生意外破坏，可以规定检查间隔。若认为必须对冲击损伤进行修理来防止提前破坏，则必须调整 LEF 要求来反映结构被恢复到其无损状态这一事实。

图 8－25 说明了 LLD 混合法的一种可能应用。这一例子需要定义损伤容限复

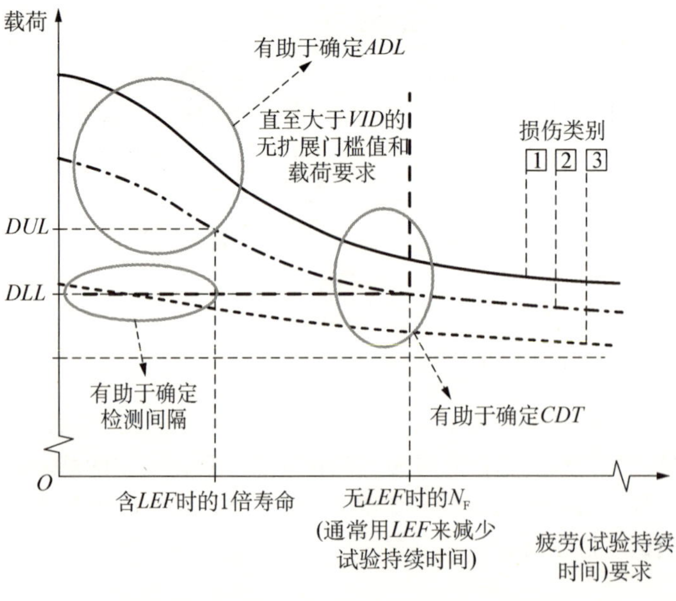

图 8－25 应用于全尺寸验证的 LLD 混合法

合材料结构的 *ADL*、*CDT* 以及必要的检查间隔。这种方法有助于确定与含大损伤这种试验件的载荷-寿命放大系数。从这样的运用中获得的额外信息对于确定检查水平,以降低由高能量冲击产生罕见损伤威胁的结构完整性风险是有益的。这种方法还能推广用于混合结构,因为对含损伤的复合材料试验件,这种方法的 *LEF* 要求将大大小于目前使用的数值,即对 1.5 倍 *DLT* 的试验持续时间,*LEF* 为 1.15。

参考文献

[1] Takaki J, Kimura J, Berner J K, et al. Fatigue Test for CFRP Horizontal Stabilizer [C]. Proc. Of 17th ICAF, 1993.

[2] Fawcett A, Trostle J, Ward S. 777 Empennage Certification Approach [R]. Presented at ICCM-11, Australia, 1997.

[3] Fawcett A J. Damage Tolerance and the Composite Airframe [R]. Presented at CACRC Meeting and Related Industry/FAA/EASA Workshop, May 7-11,2007, Amsterdam.

[4] 沈真.复合材料飞机结构耐久性/损伤容限设计指南[M].北京:航空工业出版社,1995.

[5] 沈真.复合材料结构设计手册[M].北京:航空工业出版社,2001.

[6] Seneviratne W P, Tomblin J S. Load-Life-Damage Hybrid Approach for Substantiation of Composite Aircraft Structures [S]. FAA JAMS 2008 Technical Review Meeting, 2010.

[7] Whitehead R S, Kan H P, Cordero R, et al. Certification Testing Methodology for Composite Structures [R]. Report No. NADC-87042-60, Volumes Ⅰ and Ⅱ, October, 1986.

[8] Sanger K B. Certification Testing Methodology for Composite Structures [R]. Report No. NADC-86132-60, January, 1986.

[9] Lameris J. The Use of Load Enhancement Factors in the Certification of Composite Aircraft Structures [R]. NLR Report: NLR TP 90068 U, 1990.

[10] Seneviratne W. Fatigue-Life Determination of Damage-Tolerant Composite Airframe [R]. Wichita State University, December, 2008.

附录 A　材料力学性能表征

A.1　引言

由于复合材料的特点是材料与结构同时形成，结构性能的可重现性需同时取决于材料与工艺的可重现性，为保证结构的安全，对材料与工艺的控制与金属有较大的差别。此外复合材料结构通过合格鉴定或适航认证后，经常会因各种原因出现材料/工艺变化，这些变化很可能会影响该结构的审定结论，需要重新进行合格鉴定或适航审定，给复合材料结构的应用带来很多负面的影响。而实际上多数这些变化不会改变材料的力学性能，因此提出了等同性的评定要求，使重新进行合格鉴定或适航审定的范围可以只限定于材料等同性的认同，为此咨询通报 AC 20－107B[1] 中专门增加了附录 3，阐明了材料/工艺变化后的适航审定要求，以便于扩大复合材料结构的应用，该原则同样适用于军机或其他的复合材料结构。本附录给出了与材料和工艺控制相关的指南，有关内容可参见 MIL－HDBK－17－1F《复合材料手册》[2]、DOD/FAA/AR－03/19《聚合物基复合材料体系的材料鉴定与等同》[3]。

本附录涉及的选材要求，目的是保证所用材料体系能从设计开始阶段即能最大限度地满足结构完整性要求；材料标准的力学性能要求与工艺规范一起用于保证采购的材料自始至终能制造出合格的产品，并具有设计要求的承载能力；等同性验证要求可保证在产品生产期间发生任何材料与工艺变化时，只需付出最小的代价即可确认该变化对结构完整性的影响。

A.2　设计选材和材料标准的力学性能表达

A.2.1　概述

图 A－1 是典型的复合材料结构积木式设计验证方法的示意图，获取许用值数据是最基础也是数量最大的试验内容，其中包括选材和建立材料标准与工艺规范的试验内容和要求。

A.2.2　材料筛选用力学性能表达

复合材料体系研制过程初期，需要进行材料筛选，其目的是为了揭示新的候选

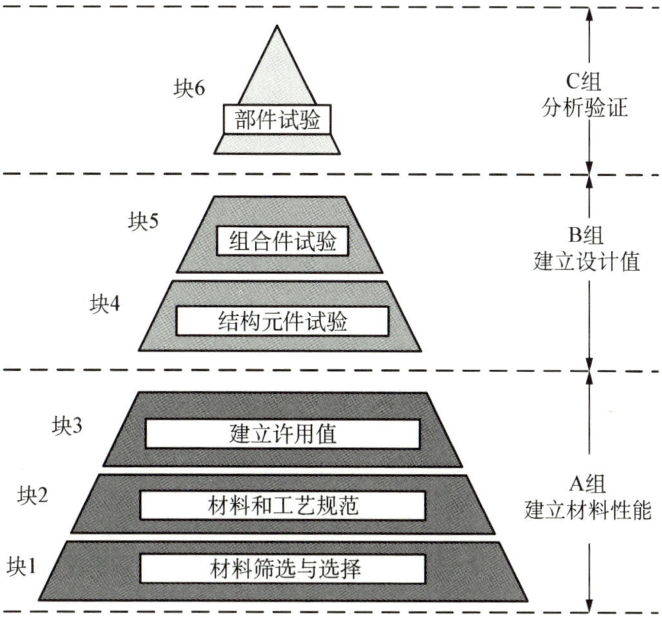

图 A-1 复合材料结构积木式设计验证方法的示意图

材料体系的关键力学性能属性和/或不足之处，同时又使试验量为最小，而最终评定复合材料体系对飞机结构适用性的关键性能指标应是用它制造的结构满足结构完整性要求的能力。考虑到复合材料的特点，其结构完整性的特殊要求是：

(1) 以承认初始缺陷/损伤对结构静强度有影响为基础的设计值确定方法；

(2) 以需要特别考虑湿热环境影响为特点的静强度设计和验证；

(3) 以承认静力覆盖疲劳和考虑冲击损伤阻抗为特点的耐久性设计与验证；

(4) 以冲击损伤及损伤无扩展为基础的损伤容限设计方法。

根据上述考虑，推荐的试验矩阵见表 A-1，最高试验温度为应用对象的最高使用温度。

表 A-1 推荐的材料体系筛选用力学性能试验矩阵

试验内容		试验条件和试样数量			评价重点
		CTD	RTD	ETW	
单层	0°拉伸	6	6	—	纤维控制性能
	0°压缩	—	6	6	纤维/基体相互作用
	±45°拉伸	—	6	6	纤维/基体相互作用
层压板	开孔压缩	—	6	6	应力集中
([45/0/−45/90]$_{ns}$)	开孔拉伸	5	6	—	应力集中
	单钉双剪挤压	—	6	6	挤压
	冲击后压缩	—	6	—	损伤容限
	静压痕	—	6	—	损伤阻抗

对可能曝露在有害液体环境的复合材料体系，应评定聚合物树脂的适用性，评估中应考虑复合材料对液体的不同曝露程度，曝露程度分为：

(1) 第 1 类为有可能储存或与材料长期接触的液体，包括发动机燃油、液压油、冷却液、发动机润滑油等；

(2) 第 2 类为涂上后擦去(或蒸发)或与材料短时接触的液体，包括清洁液、洗涤液、除冰剂等。

应通过对试样进行浸润来评价材料在液体中的重量损失，推荐采用以下评估程序：

(1) 对第 1 类，应将材料浸润在液体中，直到重量增益达到平衡(油箱水浸腐蚀试验除外)；

(2) 对第 2 类，应将材料在液体中浸润 15 天，以确定最严重的影响。

应进行液体浸润后材料体系的力学性能试验和物理性能试验。力学性能试验应包括准各向同性层压板在室温和最高使用温度下的开孔压缩和面内剪切试验。若曝露后面内剪切模量下降 20%～40%，需要进一步研究，试验至少需要 5 个试样。也可采用面内剪切或短梁剪切试验来进行评定。物理性能试验应包括质量变化检测，微裂纹检查(显微照相)，以及可能时表面银纹检查(扫描电子显微镜)。新树脂体系应进行关键液体长期曝露试验(类别Ⅰ)，试验应在评估过程的早期进行。

若已证实水或湿气是使性能退化最严重的液体，则在随后的设计试验中，可不再进行其他液体曝露试验。

对第 2 类液体，推荐采用已有使用经验的树脂基体复合材料作为对照材料。

A.2.3 材料标准及其力学性能表达

A.2.3.1 材料标准的用途与力学性能验收要求

复合材料标准给出了复合材料预浸料供应商和结构件制造厂商的材料标准，也是用户验收的依据。制订材料标准的前提是其工艺控制文件(PCD)已经固化，并已有足够的数据表明能稳定生产出满足要求的预浸料。材料标准涉及诸多方面的要求，其中预浸料固化后材料体系多种环境条件下的力学性能要求至少应包括：

(1) 纵向(0°或经向)和横向(90°或纬向)拉伸弹性模量和强度；

(2) 纵向(0°或经向)和横向(90°或纬向)压缩弹性模量和强度；

(3) 短梁剪切强度；

(4) 准各向同性层压板开孔拉伸强度；

(5) 准各向同性层压板开孔压缩强度；

(6) 准各向同性层压板单钉双剪挤压强度。

以上性能中强度指标通常为最小平均值和最小个体值，弹性模量为平均值和范围。

上述性能应给出最小平均值和最小个体值。

对用于主结构的复合材料体系应包括准各向同性层压板冲击后压缩强度，并给出最小平均值和最小个体值。

用于次结构的复合材料体系还要包括

(1) 长梁弯曲强度和刚度；

(2) 夹层结构面内拉伸强度；

(3) 最大静压痕接触力。

为制订材料标准中力学性能指标，推荐的试验数量和环境条件的最低要求见表A-2。

表 A-2　制定复合材料标准要求的力学性能试验矩阵

试验内容		试验条件和试样数量			
		CTD	RTD	ETD	ETW
单层	纵向(0°或经向)拉伸弹性模量和强度	3×2×3	3×2×3	3×2×3	—
	纵向(0°或经向)压缩弹性模量和强度	3×2×3	3×2×3	3×2×3	3×2×3
	横向(90°或纬向)拉伸弹性模量和强度	—	3×2×3	1×2×3	3×2×3
	横向(90°或纬向)压缩弹性模量和强度	—	3×2×3	1×2×3	3×2×3
	短梁剪切强度	—	3×2×3	—	—
层压板 ($[45/0/-45/90]_{ns}$)	开孔拉伸强度	3×2×3	3×2×3	—	1×2×3
	开孔压缩强度	—	3×2×3	—	3×2×3
	单钉双剪挤压强度	—	3×2×3	—	3×2×3
	冲击后压缩强度	—	3×2×3	—	—
	最大静压痕接触力	—	3×2×3	—	—

根据用户的要求，材料标准中还可包括下列力学性能：

(1) 典型层压板的无缺口拉伸和压缩强度；

(2) 典型层压板的开孔拉伸和压缩强度；

(3) 典型层压板的充填孔拉伸和压缩强度；

(4) 典型层压板的单剪挤压极限强度；

(5) 典型层压板的冲击后压缩强度(多个冲击能量水平)；

(6) Ⅰ型层间断裂韧性；

(7) Ⅱ型层间断裂韧性；

(8) 典型层压板的开孔拉压 ($R=-1$)$S-N$ 曲线；

(9) 厚度方向拉伸强度和弹性模量；

(10) 其他。

上述性能取值根据用户的要求而定。

A.2.3.2　强度和弹性模量试验数据的统计处理

1) 力学性能验收数据的确定方法

材料标准中预浸料固化后材料体系的力学性能指标通常取决于最终用户，这里给出的统计处理方法可供制定材料标准时参考。

2）强度性能指标的统计方法

强度性能的最小平均值 $W_{平均}$ 按公式(A-1)计算：

$$W_{平均}=\bar{x}-k_{n1}s \tag{A-1}$$

式中：$\bar{x}$ 为由建立材料标准时所获得的强度试验数据得到的平均值；k_{n1} 为系数，可由表 A-3 查得，样本数 n 为材料标准规定的采样数量，错判概率 α 取 0.01，首次检验未通过，需重复检验时取 0.000 1；s 为由建立材料标准时所获得的强度试验数据得到标准差。

强度性能的最小个体值 $W_{最小个体}$ 按公式(A-2)计算：

$$W_{最小个体}=\bar{x}-k_{n2}s \tag{A-2}$$

式中：k_{n2} 为系数，可由表 A-4 查得，样本数 n 为材料标准规定的采样数量，错判概率 α 取 0.01，首次检验未通过，需重复检验时取 0.000 1。

3）弹性模量指标的确定

一般建立材料标准时所获取数据样本大小 n_1 与验收试验数据样本大小 n_2 不同，S_1 和 S_2 分别对应建立材料标准时所获取数据与验收材料数据的标准差，合并后的标准差 S_p 为公共母体标准差的估计值，S_p 按公式(A-3)计算：

$$S_p=\sqrt{\frac{(n_1-1)S_1^2+(n_2-1)S_2^2}{n_1+n_2-2}} \tag{A-3}$$

式中：n_1 为建立材料标准时所获取数据样本大小；S_1 为建立材料标准时所获取数据的标准差；n_2 为验收试验数据样本大小；S_2 为验收试验数据的标准差。

检验统计量 t_0 按公式(A-4)计算：

$$t_0=\frac{\bar{x}_1-\bar{x}_2}{S_p\sqrt{\dfrac{1}{n_1}+\dfrac{1}{n_2}}} \tag{A-4}$$

式中：$\bar{x}_1$ 为建立材料标准时所获取数据平均值；$\bar{x}_2$ 为验收数据的平均值。

t-检验等同的标准为：$-t_{\alpha/2,\,n_1+n_2-2}<t_0\leqslant t_{a,\,n}=t_{\alpha/2,\,n_1-n_2-2}$。

$t_{\alpha/2,\,n_1+n_2-2}$ 可由表 A-5 查得，α 为错判概率，通常取 0.01，首次检验未通过，需重复检验时取 0.000 1。

若在 t-检验时遇到困难，弹性模量指标中的平均值范围，次承力结构取 ±10%～±12%，主承力结构取 ±5%～±7%。有时在材料标准中还可以给出弹性模量的个体值范围，次承力结构取 ±20%～±24%，主承力结构取 ±10%～±14%。

4）对确定材料体系验收指标值的建议

推荐对每个材料体系建立验收指标值（通过/拒绝门槛值）。当在材料标准和工艺规范中有多个材料体系（备用材料体系）时，每个材料体系应有其自身的验收指标值。这个方法使得能检测出每个材料性能中不希望的变异。过去材料标准内的所有材料体系常常共用同一个验收指标值，通常按性能最低的材料性能来确定。对于该标准内性能较高的那些材料，这个方法可能检测不出不希望的性能变异。

表 A-3 用于平均值统计检验的常数 k_{n1}

样本数 n	α								
	0.25	0.1	0.05	0.025	0.01	0.005	0.002 5	0.001	0.000 5
	K_{n1}								
2	0.626 6	1.053 9	1.307 6	1.526 6	1.780 4	1.953 8	2.112 3	2.307 6	2.445 7
3	0.542 1	0.883 6	1.086 8	1.262 6	1.466 6	1.605 4	1.734 1	1.891 9	2.003 5
4	0.481 8	0.774 4	0.948 6	1.099 5	1.274 7	1.394 1	1.504 9	1.640 8	1.737 1
5	0.438 2	0.697 8	0.852 5	0.986 6	1.142 5	1.248 8	1.347 5	1.468 7	1.554 6
6	0.404 8	0.640 3	0.780 8	0.902 6	1.043 3	1.141 1	1.230 9	1.341 3	1.419 6
7	0.378 2	0.595 1	0.724 6	0.836 9	0.967 8	1.057 1	1.140 1	1.242 2	1.314 5
8	0.356 3	0.558 3	0.679 0	0.783 8	0.905 9	0.989 3	1.066 8	1.162 2	1.229 8
9	0.337 9	0.527 6	0.641 1	0.739 6	0.854 5	0.933 0	1.006 1	1.095 9	1.159 6
10	0.322 1	0.501 6	0.608 9	0.702 2	0.811 0	0.885 4	0.954 6	1.039 7	1.100 2
11	0.308 4	0.479 0	0.581 1	0.669 9	0.773 5	0.844 4	0.910 3	0.991 6	1.049 9
12	0.296 4	0.459 3	0.556 9	0.641 7	0.740 8	0.808 6	0.871 7	0.949 3	1.004 4
13	0.285 6	0.441 8	0.535 4	0.616 8	0.711 9	0.777 0	0.837 6	0.912 1	0.965 1
14	0.276 0	0.426 2	0.516 2	0.594 6	0.686 1	0.748 8	0.807 2	0.809 0	0.930 0
15	0.267 3	0.412 1	0.499 0	0.574 6	0.663 0	0.723 5	0.779 8	0.849 2	0.898 5
16	0.259 4	0.399 4	0.483 4	0.556 5	0.642 0	0.700 6	0.755 1	0.822 3	0.870 0
17	0.252 2	0.387 8	0.469 2	0.540 0	0.623 0	0.679 7	0.732 6	0.797 7	0.844 0
18	0.245 5	0.377 1	0.456 1	0.525 0	0.605 5	0.660 6	0.712 0	0.775 3	0.820 2
19	0.239 4	0.367 3	0.444 1	0.511 1	0.589 4	0.643 1	0.693 0	0.754 6	0.798 4
20	0.233 7	0.358 2	0.433 0	0.498 2	0.574 5	0.626 8	0.675 5	0.735 5	0.778 2
21	0.228 4	0.349 8	0.422 7	0.486 3	0.560 7	0.611 7	0.659 3	0.717 8	0.759 4
22	0.223 5	0.341 9	0.413 1	0.475 2	0.547 9	0.597 7	0.644 1	0.701 3	0.742 0
23	0.218 8	0.334 5	0.404 1	0.464 8	0.535 9	0.584 6	0.630 0	0.685 9	0.725 7
24	0.214 5	0.327 6	0.395 7	0.455 1	0.524 6	0.573 5	0.616 7	0.671 5	0.710 4
25	0.210 4	0.321 1	0.387 8	0.445 9	0.514 1	0.560 8	0.604 3	0.657 9	0.696 0
26	0.206 5	0.315 0	0.380 3	0.437 3	0.504 1	0.549 9	0.592 6	0.645 1	0.682 5
27	0.202 8	0.309 2	0.373 3	0.429 2	0.494 7	0.539 6	0.581 5	0.633 1	0.669 8
28	0.199 4	0.303 8	0.366 6	0.421 5	0.485 8	0.529 9	0.571 0	0.621 7	0.657 7
29	0.196 1	0.298 6	0.360 3	0.414 2	0.477 4	0.520 7	0.561 1	0.610 9	0.646 3
30	0.192 9	0.293 6	0.354 3	0.407 3	0.469 4	0.512 0	0.551 7	0.600 6	0.635 4

表 A-4 用于最小个体值统计检验的常数 k_{n2}

样本数 n	α								
	0.25	0.1	0.05	0.025	0.01	0.005	0.002 5	0.001	0.000 5
	K_{n2}								
2	1.288 7	1.816 7	2.138 5	2.420 8	2.752 6	2.980 5	3.193 0	3.454 9	3.641 2
3	1.540 7	2.024 9	2.323 9	2.588 8	2.902 7	3.119 8	3.323 2	3.576 1	3.755 0
4	1.697 2	2.156 2	2.442 0	2.696 5	2.999 7	3.210 3	3.408 2	3.654 1	3.830 1
5	1.810 6	2.252 0	2.528 6	2.775 8	3.071 5	3.277 5	3.471 6	3.713 2	3.886 4
6	1.899 0	2.323 2	2.596 7	2.836 4	3.128 3	3.330 9	3.522 0	3.760 3	3.931 4
7	1.971 1	2.388 7	2.652 7	2.890 0	3.250 0	3.375 1	3.563 8	3.799 5	3.969 0
8	2.031 7	2.440 7	2.700 0	2.935 7	3.215 3	3.412 7	3.599 5	3.833 1	4.001 1
9	2.083 8	2.485 6	2.741 1	2.971 7	3.250 0	3.445 5	3.630 7	3.862 3	4.029 2
10	2.129 5	2.525 0	2.777 2	3.005 2	3.280 7	3.474 5	3.658 2	3.888 3	4.054 1
11	2.170 1	2.560 2	2.809 4	3.035 1	3.308 2	3.500 5	3.683 0	3.911 6	4.076 5
12	2.206 5	2.591 8	2.838 4	3.062 1	3.333 1	3.524 1	3.705 4	3.932 8	4.096 9
13	2.239 5	2.620 6	2.864 9	3.086 7	3.355 8	3.545 6	3.725 9	3.952 1	4.115 5
14	2.269 7	2.646 9	2.889 1	3.109 3	3.376 6	3.565 3	3.744 7	3.969 9	4.132 6
15	2.297 5	2.671 2	2.911 5	3.130 1	3.395 9	3.583 6	3.762 2	3.986 5	4.148 5
16	2.323 2	2.693 7	2.932 3	3.149 5	3.413 8	3.600 7	3.778 4	4.001 9	4.163 3
17	2.347 1	2.714 6	2.951 6	3.167 6	3.430 6	3.616 6	3.793 6	4.016 3	4.177 2
18	2.369 4	2.734 2	2.969 8	3.184 6	3.446 3	3.631 5	3.807 9	4.029 8	4.190 2
19	2.390 4	2.752 7	2.986 8	3.200 5	3.461 1	3.645 6	3.821 4	4.042 5	4.202 5
20	2.410 1	2.770 0	3.002 9	3.325 6	3.475 1	3.658 9	3.834 1	4.054 6	4.214 2
21	2.428 7	2.786 4	3.018 1	3.229 8	3.488 3	3.671 5	3.834 1	4.066 0	4.225 2
22	2.446 3	2.802 0	3.032 5	3.243 4	3.500 9	3.683 5	3.857 6	4.076 9	4.235 7
23	2.463 1	2.816 8	3.046 3	3.256 2	3.512 8	3.694 9	3.868 5	4.087 3	4.245 7
24	2.479 0	2.830 9	3.059 3	3.268 5	3.524 3	3.705 8	3.879 0	4.097 2	4.245 7
25	2.494 1	2.844 3	3.071 8	3.280 2	3.535 2	3.716 2	3.888 9	4.106 6	4.264 4
26	2.508 6	2.857 2	3.083 8	3.291 5	3.545 6	3.726 2	3.898 5	4.115 7	4.283 2
27	2.522 5	2.869 5	3.095 3	3.302 3	3.555 7	3.735 7	3.907 7	4.124 5	4.281 6
28	2.535 8	2.881 3	3.106 3	3.312 6	3.563 3	3.744 9	3.916 5	4.132 8	4.289 7
29	2.548 6	2.892 7	3.116 8	3.322 5	3.547 6	3.753 8	3.925 0	4.140 9	4.297 5
30	2.560 9	2.903 6	3.127 0	3.332 1	3.583 5	3.762 3	3.933 2	4.148 7	4.305 0

表 A－5　双侧 t－检验用常数 $t_{\alpha,n}$

样本数 n	α									
	0.4	0.25	0.1	0.05	0.025	0.01	0.005	0.0025	0.001	0.0005
	$t_{\alpha n}$									
1	0.325	1	3.078	6.314	12.706	31.821	63.657	127.32	318.31	636.62
2	0.289	0.816	1.886	2.920	4.303	6.965	9.925	14.089	23.326	31.598
3	0.277	0.765	1.638	2.353	3.182	4.541	5.841	7.453	10.213	12.924
4	0.271	0.741	1.533	2.132	2.776	3.747	4.604	5.598	7.173	8.610
5	0.267	0.727	1.476	2.015	2.571	3.365	4.032	4.773	5.893	6.869
6	0.265	0.718	1.440	1.943	2.447	3.143	3.707	4.317	5.208	5.959
7	0.263	0.711	1.415	1.895	2.365	2.998	3.499	4.029	4.785	5.408
8	0.262	0.706	1.397	1.860	2.306	2.896	3.355	3.833	4.501	5.041
9	0.261	0.703	1.383	1.833	2.262	2.821	3.250	3.690	4.297	4.781
10	0.260	0.700	1.372	1.812	2.228	2.764	3.169	3.581	4.144	4.587
11	0.260	0.697	1.363	1.796	2.201	2.718	3.106	3.497	4.025	4.437
12	0.259	0.695	1.356	1.782	2.179	2.681	3.055	3.428	3.930	4.318
13	0.259	0.694	1.350	1.771	2.160	2.650	3.012	3.372	3.852	4.221
14	0.258	0.692	1.345	1.761	2.145	2.624	2.977	3.326	3.787	4.140
15	0.258	0.691	1.341	1.753	2.131	2.602	2.947	3.286	3.733	4.073
16	0.258	0.690	1.337	1.746	2.120	2.583	2.921	3.252	3.686	4.015
17	0.257	0.689	1.333	1.740	2.110	2.567	2.898	3.222	3.646	3.965
18	0.257	0.688	1.330	1.734	2.101	2.552	2.878	3.197	3.610	3.922
19	0.257	0.688	1.328	1.729	2.093	2.539	2.861	3.174	3.579	3.883
20	0.257	0.687	1.325	1.725	2.086	2.528	2.845	3.153	3.552	3.850
21	0.257	0.686	1.323	1.721	2.080	2.518	2.831	3.135	3.527	3.819
22	0.256	0.686	1.321	1.717	2.074	2.508	2.819	3.119	3.505	3.792
23	0.256	0.685	1.319	1.714	2.069	2.500	2.807	3.104	3.485	3.767
24	0.256	0.685	1.318	1.711	2.064	2.492	2.797	3.091	3.467	3.745
25	0.256	0.684	1.316	1.708	2.060	2.485	2.787	3.078	3.450	3.725
26	0.256	0.684	1.315	1.706	2.056	2.479	2.779	3.067	3.435	3.707
27	0.256	0.684	1.314	1.703	2.052	2.473	2.771	3.057	3.421	3.690
28	0.256	0.683	1.313	1.701	2.048	2.467	2.763	3.047	3.408	3.674
29	0.256	0.683	1.311	1.699	2.045	2.462	2.756	3.038	3.396	3.659
∞	0.253	0.674	1.282	1.645	1.960	2.326	2.576	2.807	3.090	3.291

A.3　材料的鉴定

A.3.1　概述

AC 20－107B 中明确指出："FAA 通常不对材料和工艺进行认证，但可以作为特定飞机产品认证的一部分来认可。对采用与在已经证实和适用性考核的类似结构中所用相同材料与工艺的机构，可以予以适当的信任。"材料鉴定包括建立材料标准与工艺规范、建立质量保证与质量控制体系、进行未固化预浸料和固化后单层主要性能的鉴定试验以及建立单层级材料许用值四部分工作。

A.3.2 新材料鉴定路线图

新材料的鉴定路线图见图 A-2。通常供应商在提交新材料鉴定前应按用户需求完成相关的材料研制工作，提交相应的工艺控制文件(PCD)草案、用按此工艺生产的若干批次预浸料制造复合材料的性能试验数据、材料标准与工艺规范草案。军机结构用材料在通过材料鉴定后还需进行结构件的制造与试验验证直至完成试飞后才能通过最终鉴定，民机结构用材料则需由适航审定代表全程监控。进入 NCAMP 数据库的材料体系，则应按相应的程序进行。

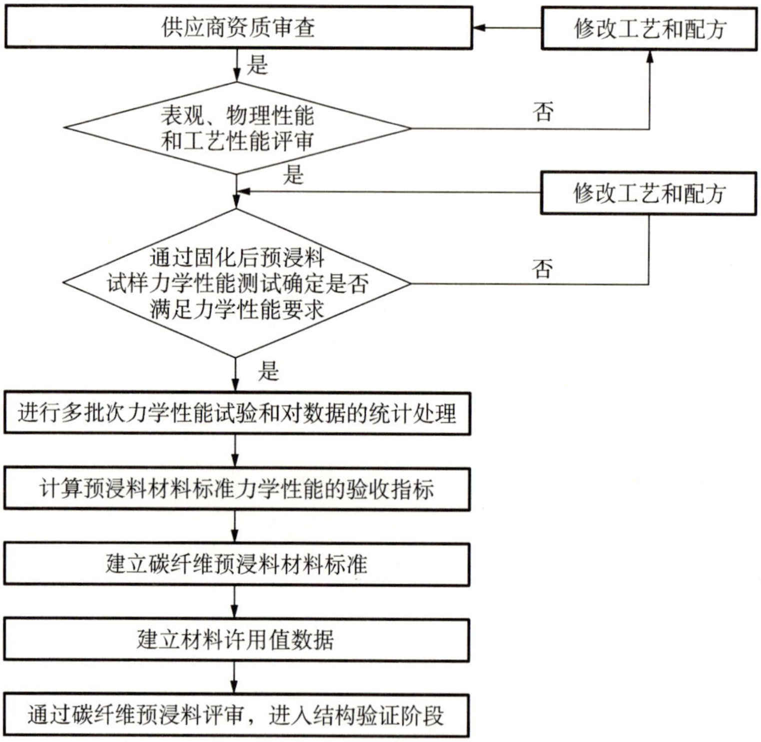

图 A-2 新材料鉴定路线图

A.3.3 鉴定计划

A.3.3.1 批次和工艺循环要求

为鉴定材料体系性能的稳定性，必须对多批次材料进行鉴定，同时对每一批预浸料，必须最少代表两个独立的工艺或固化循环。材料批次是指：在一次操作中所准备、一定数量的均质树脂(基本树脂和固化剂)，该树脂可追溯到由树脂制造商所定义的每个组分批次。国内通常采用下述定义：同一生产线、同一批原料、同一工艺、连续(不大于 30 天)稳定生产的同一品种、同一规格的产品为一检验批。其中对不同情况的批次(batch, lot)定义分别为：

批次(通用)——基本上在同一时间、同样条件下用明确定义的原材料生产的一些材料。被认为是一批的这些材料性能自始至终只有微小的变化。

纤维批次——一次基本上连续不间断的生产过程中，在同样工艺条件下用 1～3 批前驱体形成的一些材料。只要生产设备装置没有变化，或在间歇期内没有生产过其他材料，在直至 72 小时的过程中允许有一次间歇。

织物批次——用 1～3 批纤维织成的一些材料。

树脂批次——取决于具体的混合过程。

预浸料批次(prepreg batch)——一次生产运行得到的预浸料；它们用同一批树脂和纤维形式、在一组运行环境下进行预浸润。在生产这批材料的运行中，只要没有插入中间的临时运转，允许有预定的中断(即工厂的夜间停工)或短时的维护停工。按照材料鉴定计划的规定，在任何两批次的预浸料中，其纤维或树脂的批次不允许重复。

预浸料批组(prepreg lot)——在同一时间运输到某个购货方，由其接收的同一批次的预浸料、或同一批次中的部分预浸料。在这个批组材料的生产运行中，只要没有插入中间的临时单层和层压板批次——由一批预浸料、一批纤维和一批树脂或一批织物和一批树脂制成的单层和层压板。

A. 3. 3. 2　环境条件要求

为了证实环境对材料性能的影响，将定义代表极端曝露情况的几种环境条件。对 180℃固化的环氧树脂基复合材料鉴定计划，定义为极端状态的环境条件是：

(1) 低温干态(CTD)　－55℃，“制造状态”的吸湿量；

(2) 室温干态(RTD)　大气实验室条件，制造状态的吸湿量；

(3) 高温干态(ETD)　82℃，制造状态的吸湿量；

(4) 高温湿态(ETW)　82℃，在 85% RH 环境下达到的平衡吸湿量。

A. 3. 3. 3　未固化预浸料的材料鉴定计划

在表 A－6 中，说明了对材料供应商所供应的每批材料建议要进行的物理试验。这些试验应能追踪到每个参照的试验。除了提供用于材料数据正则化的具体数值外，这些试验方法还用于质量控制。在来料的验收检验中，某些试验必须重复进行。通常，这种重新试验是为向飞机结构制造商的运输过程提供证据，确认在运输中未出现错误。应指出，这些性能通常只对材料体系的生产性能有重大影响，而对最后的力学性能一般没有影响。

表 A－6　推荐由材料供应商进行的物理及化学性能试验

No.	测试的性能	试验方法		每批的试件数
		ASTM	SACMA	
1	树脂含量	D 3529, C 613 D 5300, D3171	SRM 23, SRM 24	6

（续表）

No.	测试的性能	试验方法		每批的试件数
		ASTM	SACMA	
2	挥发份含量	D 3530	—	6
3	凝胶时间	D 3532	SRM 19	6
4	树脂流动性	D 3531	SRM 22	6
5	纤维面积重量	D 3776	SRM 23，SRM 24	6
6	IR(红外光谱)	E 1252，E 168	—	3
7	HPLC(高精度液相色层分离法)	—	SRM 20	3
8	DSC(差示扫描量热法)	E 1356	SRM 25	3

这些化学与物理试验还提供了(由纤维与树脂组合的)预浸料体系的性能。应审定材料供应商的质量控制程序，以保证对原始纤维和纯树脂的质量控制计划是适当的。材料供应商应把这些质量程序提供给各个制造商并存档，作为飞机结构制造商初始鉴定的一部分，并作为其质量保证文件的一部分。

A. 3. 3. 4　固化单层主要性能的材料鉴定计划

以下各节给出了需要的材料批数和每批的试件数量。为了陈述方便，采用以下的形式来表示所需批数和每批的试件数：

$$\# \times \#$$

其中，第 1 个 # 代表需要的批数，而第 2 个 # 代表每批的试件数。例如，“3×6”就代表 3 批材料，而每批 6 个试件，总共需要 18 个试件。

注意，在一个材料的鉴定计划内，任何两个预浸料批次中都不允许纤维或树脂批号的重复。按照这个定义，应把在一次间歇的运转或在一个明显的停工期以后生产的预浸料，看成是单独的预浸料批次，但不应把它和先前的预浸料批次合在一起，用于同一个材料鉴定计划，因为这样将形成树脂和/或纤维批号的重复。另外不希望通过细微地改变树脂组分的批号以产生单独的树脂批号，其目的是，保证该材料鉴定数据库能准确地代表其总体的情况和相关的材料变异性。

表 A－7 给出了为支持材料体系最高工作温度极限所需的固化后单层物理性能，以及统计产生许用值时用到的具体数据。通常，材料最高工作温度极限与湿态玻璃化转变温度应有个裕度，即至少要比后者低 30℃。

表 A－7　固化单层的物理性能试验

物理性能	试验方法	每批试件数
纤维体积	ASTM D 3171(1) 或 D 2584(2)	见注(3)
树脂含量	ASTM D 3171(1) 或 D 2584(2)	见注(3)

（续表）

物理性能	试验方法	每批试件数
空隙含量	ASTM D 2734(4)	见注(3)
固化的纯树脂密度	ASTM D 792	见注(5)
玻璃化转变温度(干态(6))	SACMA RM 18	(3)
玻璃化转变温度(湿态(7))	SACMA RM 18	(3)

注：(1) 用于碳或石墨材料的试验方法。
(2) 用于玻璃纤维材料的试验方法。
(3) 对制造用于鉴定的每个试板，至少应做一个试验。
(4) 试验方法也可用于碳或石墨材料。
(5) 每批材料的数据或纯树脂样本应由材料供应商提供。
(6) 干试件是制造状态的试件，试件一直存放在环境可控实验室的大气条件中。
(7) 湿试件是吸湿老化处理，直至达到平衡湿增重。

要从每个试板截取测量纤维、树脂和空隙含量的试件用于鉴定，以检验质量，并确定可接受产品的范围。

可以用本节各试验所得的性能，来建立成熟的材料标准供材料采购，并用于建立可接受的验收指标，供材料等同性和验收之用。在很多情况中，所得到的性能对材料等同性和验收的目的已够用了，然而某些材料，如单向碳/环氧树脂对试件的制备和试验的技术相当敏感，对这样的材料推荐了一些附加的试验。

A. 3. 3. 4. 1 A 基准及 B 基准许用值的充分取样要求

表 A－8 说明了充分取样时每个环境条件所需要的试验数量，并说明了相应的试验方法。

表 A－8 固化后单层主要性能的充分取样要求

序号	试 验	引用的方法	每个试验条件的试件数			
			CTD(1)	RTD(2)	ETW(3)	ETD(4)
1	0°(经向)拉伸模量、强度及泊松比	ASTM D 3039	5×11	5×11	5×11	5×11
2	90°(纬向)拉伸模量与强度	ASTM D 3039	5×11	5×11	5×11	5×11
3	0°(经向)压缩模量与强度	SACMA SRM 1	5×11	5×11	5×11	5×11
4	90°(纬向)压缩模量与强度	SACMA SRM 1	5×11	5×11	5×11	5×11
5	面内剪切模量及强度	ASTM D 5379	5×11	5×11	5×11	5×11
6	短梁剪切	ASTM D 2344	—	5×11	—	—

注：(1) 需要 5 批材料（试验温度＝－55±3℃，吸湿量＝制造状态(5)）。
(2) 需要 5 批材料（试验温度＝21±6℃，吸湿量＝制造状态(5)）。
(3) 需要 5 批材料（试验温度＝82±3℃，吸湿量＝按 A. 3. 3. 2 节）。
(4) 需要 5 批材料（试验温度＝82±3℃，吸湿量＝制造状态(5)）。
(5) 干试件是制造状态的试件，试件一直存放在环境可控实验室的大气条件中。

A.3.3.4.2 B基准许用值的减量取样要求

表A-9说明了减量取样时每个环境条件所需要的试验数量,并说明了相应的试验方法。

表A-9 固化单层主要性能的减量取样要求

序号	试验	引用的方法	每个试验条件的试件数			
			CTD(1)	RTD(2)	ETW(3)	ETD(4)
1	0°(经向)拉伸模量、强度及泊松比	ASTM D 3039	3×6	3×6	3×6	3×6
2	90°(纬向)拉伸模量与强度	ASTM D 3039	3×6	3×6	3×6	3×6
3	0°(经向)压缩模量与强度	SACMA SRM 1	3×6	3×6	3×6	3×6
4	90°(纬向)压缩模量与强度	SACMA SRM 1	3×6	3×6	3×6	3×6
5	面内剪切模量及强度	ASTM D 5379	3×6	3×6	3×6	3×6
6	短梁剪切	ASTM D 2344	—	3×6	—	—

注:(1) 需要3批材料(试验温度=−55±3℃,吸湿量=制造状态(5))。
(2) 需要3批材料(试验温度=21±6℃,吸湿量=制造状态(5))。
(3) 需要3批材料(试验温度=82±3℃,吸湿量=按A.3.3.2节)。
(4) 需要3批材料(试验温度=82±3℃,吸湿量=制造状态(5))。
(5) 干试件是制造状态的试件,试件一直存放在环境可控实验室的大气条件中。

A.3.3.4.3 液体敏感性筛选

除湿气外复合材料可能会与使用中的各种液体接触。这些液体通常分为两种曝露类型:(1)与材料长期接触的液体,或(2)与材料接触时间比较短,且抹上并擦去(或蒸发)的液体。

为了评定除水或湿气以外各种类型液体的影响,表A-10给出了在本鉴定计划中要用的各种液体类型。可能还要考虑其他的液体如除冰剂,这取决于具体的应用。

表A-10 用于敏感性研究的液体类型

液体类型	标准	曝露类型
发动机燃油(JP-4)	MIL-T-5624	长期
液压油(TRI-N-磷酸丁酯)	实验室级	长期
溶剂(甲基乙醛酮)	实验室级	抹上再擦去

将使用一种对基体退化敏感的试验方法,作为液体敏感性的标志,在室温干态与高温干态条件下,与未经曝露的结果进行比较。应用工程判断和/或统计检验,来评定材料退化的程度。若出现显著的退化,必须将这个材料对除水或潮气以外的液体,再评估可能的退化。表A-11介绍了相对于表A-10所规定各液体的液体敏感性试验矩阵。

表 A-11　关于液体阻抗的材料鉴定计划

液体类型	试验方法	试验温度/℉	曝露(1)	试件数(2)
发动机燃油(JP-4)	ASTM D5379(3)	180	见注(4)	5
液压油	ASTM D5379(3)	180	见注(5)	5
溶剂	ASTM D5379(3)	大气环境	见注(5)	5

注：(1) 在大气温度下放在液体内浸湿(沉浸)。
(2) 只需要一批材料。
(3) 因为在液体浸湿的试件上通常粘贴不上应变计，只作剪切强度。
(4) 曝露时间＝500±50 h。
(5) 曝露时间＝60 至 90 min。

A.4　材料等同性评定

A.4.1　概述

如前所述，复合材料的特点是材料与结构同时形成，材料/工艺变化都会对材料性能产生影响；也正因为这一特点，已获鉴定(或适航取证)的复合材料结构所用的材料和工艺经常会由于各种原因而发生变化，例如由进口碳/环氧预浸料更换为国产材料预浸料、结构件的生产厂商由甲厂更换为乙厂等，严格来说，这些变化都有可能引起结构性能(从而结构完整性)变化，这意味着每一次的材料/工艺变化都要经历重新设计和鉴定(适航取证)过程。如果每次都要重新设计，并按照鉴定(适航审定)程序进行重新验证，会成为飞机采用复合材料结构的巨大负担。为此提出了等同性评定的要求和方法，它适用于已全部或部分通过鉴定航空复合材料结构用预浸料体系供应出现变更，但需证明原用材料体系的材料标准、许用值数据库和制造工艺规范仍然有效，以避免对结构重新设计与试验验证；也适用于新的用户采用其他用户所用已鉴定材料，或用户制造复合材料结构的工艺出现变更，需证明原用材料体系的材料标准、许用值数据库和制造工艺规范仍然有效。从而保证该材料/工艺变化不会使结构性能(首先是材料性能)发生变化，并不必进行重新设计，使结构重新进行鉴定(适航审定)的工作量降到最少，扫清复合材料在飞机结构中扩大应用的巨大障碍。严格来说，材料验收也属于等同性评定的范畴，因为采购方所购材料肯定不同于材料鉴定过程所用材料，验收试验的目的是为证实所购材料与所鉴定材料属于同一母体。

等同性分为等同材料等同性和替代材料等同性。进行材料等同性评定时，需存在原用材料体系材料性能的原始鉴定数据库。

材料等同性的定义是：对材料进行试验，用以保证后来的申请者、材料或工艺所得出的性能，要与原先在材料鉴定/认证时的性能相同。

A.4.2 等同材料的变更分类

A.4.2.1 0级变更

0级变更定义为对材料和结构性能没有影响的变化，供应商提出的材料变更无需通知用户。

0级变更包括对标准或工艺控制文件中的印刷错误的改正、由于公司名称变更引起原料名称的变更，以及存储条件不变但改变了存储设备地点。

A.4.2.2 1级变更

1级变更是较小的变化，供应商只需进行除正常批次验收外的验证试验。若该变更会对下一步生产产生影响，供应商应提前通报给用户，在得到用户同意，并对材料标准进行适当修订后采用。

1级变更包括：

(1) 改变脱模纸或其他工艺辅助材料；

(2) 改变包装方法与包装材料；

(3) 改变产品规格(包括长度、宽度和轴心直径)等。

A.4.2.3 2级变更

2级变更是一种重要变化，需由供应商进行内部的材料等同性评定。通过材料等同性评定后，在供应商工艺控制文件中说明变更的类型和等同性试验的结果，并对材料标准和/或工艺规范进行相应修订，经批准后采用，并将这些变更通知用户。

2级变更包括：

(1) 改变制备树脂和纤维用原材料供货渠道，但其化学与物理性能不变；

(2) 改变树脂混合、制膜与预浸设备(不同的预浸料生产线)；

(3) 改变测试方法；

(4) 改变工艺设备或工艺，但关键特性或关键工艺参数不改变；

(5) 增添类似的树脂和/或预浸料新设备；

(6) 扩充现有的树脂和/或预浸料生产设施，包括启动增添的生产设施等。

A.4.2.4 3级变更

3级变更是一种重大变化，供应商应将变更通知用户，编制等同性试验计划，在获得用户批准后实施，其中复合材料试板应由用户制备。通过材料等同性评定并得到用户认可后，应对材料标准和/或工艺规范进行相应修改，并经用户批准后采用。

3级变更包括：

(1) 改变预浸料的供应商(取得许可证的供应商)；

(2) 改变主要树脂成分的黏度指标；

(3) 改变树脂化学特性(如替代化学组分)；

(4) 改变预浸工艺(如溶液浸渍到热熔涂层)；

(5) 改变固化循环(如温度、保压时间、压力);

(6) 改变预浸料黏性;

(7) 树脂含量指标的少量变化;

(8) 预浸料纤维面密度相同,改变丝束大小(3 k, 6 k, 12 k 等)。

A.4.2.5 4级变更

4级变更是更重大的变化,即使通过了材料等同性评定,仍无法确认不会对结构制造工艺和性能产生影响。供应商应将变更通知用户,编制材料等同性试验计划,在获得用户批准后实施,其中复合材料试板应由用户制备。在通过材料等同性评定后,用户需根据具体结构,进行补充的环境影响试验,以及通过典型结构件与具有相当尺寸结构件的制造和地面试验进行验证。经结构验证后,供应商应修订材料标准并经用户批准后采用。

4级变更包括:

(1) 改变纤维生产规模(例如由 100 T 级生产线扩大到 1 000 T 级生产线);

(2) 改变纤维生产地点(例如生产线由甲地转移到乙地);

(3) 改用新的上浆剂;

(4) 成形工艺的重大变化。

A.4.3 替代材料

替代材料/工艺变更等同性评定的前提条件为,替代材料已完成了鉴定程序,需证实其与原用材料体系等同。

替代材料/工艺变更是非常重要的变化,即使通过了材料等同性评定,仍无法确认不会对结构制造工艺和性能产生影响。供应商(或用户)编制材料等同性试验计划,若变更由供应商提出,则需获得用户批准后实施,其中复合材料试板应由用户制备。在通过材料等同性评定后,用户需根据具体结构,进行补充的环境影响试验,以及通过典型结构件与具有相当尺寸结构件的制造和地面试验进行验证。经结构验证后,供应商应修订材料标准并经用户批准后采用。

替代材料/工艺的变更包括:

(1) 改用同类型性能相近的树脂;

(2) 改用同类型性能相近的纤维;

(3) 改变机织物类型(如由八综缎纹织物改为平纹织物)。

A.4.4 材料等同性评定方法

A.4.4.1 材料等同性评定路线图

已通过鉴定航空结构用碳纤维树脂基复合材料,出现材料/工艺变更时进行等同性评定的路线图见图 A-3。

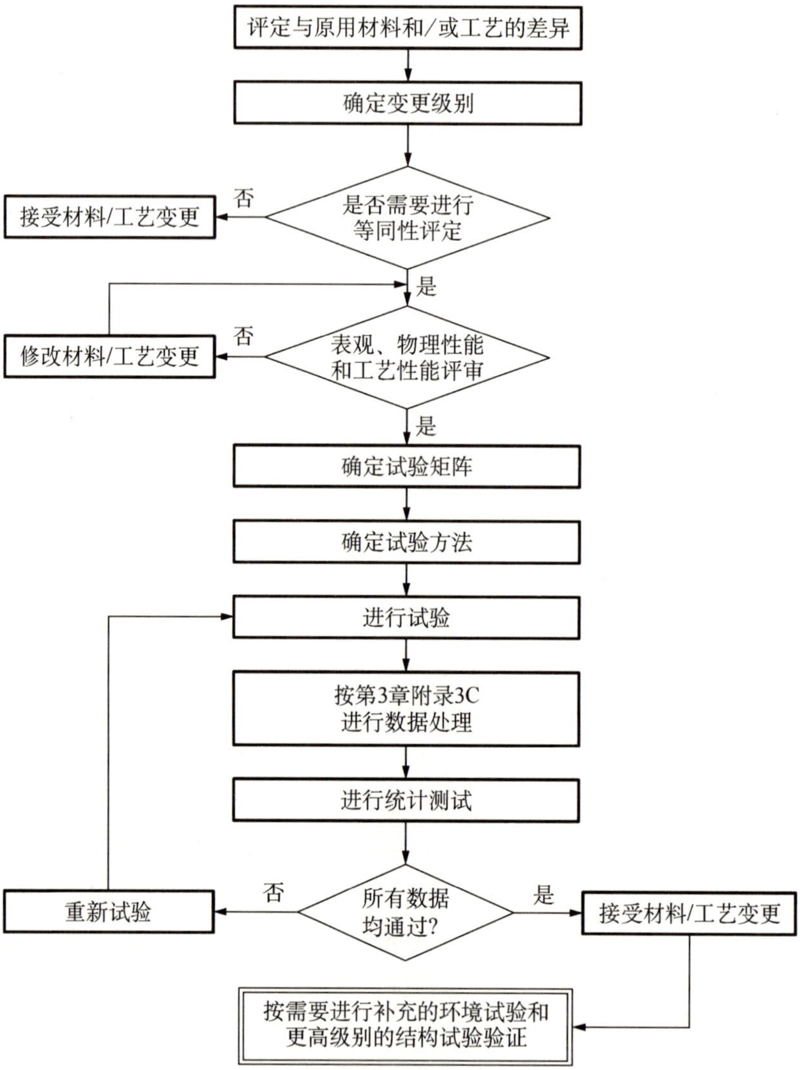

图 A-3 等同材料等同性评定路线图

A.4.4.2 材料/工艺等同性评定程序

A.4.4.2.1 确定材料/工艺变更的类别和确定等同性评定的级别

按上述规定分析材料/工艺变更的类别，确定是否需要进行材料等同性评定和是否需要进行更高级别的结构验证试验。

A.4.4.2.2 确定等同性评定判据

确定等同性评定判据的工作包括：

(1) 根据结构的重要性，确定与等同性评定所需的性能参数；

（2）确定相关参数的试验项目、测量或评定方法；

（3）确定相关参数的等同性指标。

A.4.4.3　等同性试验矩阵

A.4.4.3.1　物理和化学性能

预浸料的物理和化学性能检测项目、试件数量要求和等同性准则见表A-12。

表A-12　预浸料的物理和化学性能的等同性试验要求和准则

性能项目	变更级别(试件数/批次数)				等同性准则
	2	3	4	替代	
树脂含量	6/1	6/2	6/3	6/3	A.4.4.5.3节或注(1)
挥发分含量	6/1	6/2	6/3	6/3	A.4.4.5.34节
凝胶时间	6/1	6/2	6/3	6/3	A.4.4.5.3节或注(1)
树脂流动性	6/1	6/2	6/3	6/3	A.4.4.5.3节或注(1)
纤维面积重量	6/1	6/2	6/3	6/3	A.4.4.5.3节或注(1)
IR(红外光谱)	3/1	3/2	3/3	3/3	见注(2)
HPLC(高精度液相色层分离法)	3/1	3/2	3/3	3/3	见注(2)
DSC(差示扫描量热法)	3/1	3/2	3/3	3/3	A.4.4.5.3节或注(1)
固化后单层厚度	注(4)	注(4)	注(4)	注(4)	A.4.4.5.3节或注(1)
纤维体积含量	注(4)	注(4)	注(4)	注(4)	A.4.4.5.3节或注(1)
树脂体积含量	注(4)	注(4)	注(4)	注(4)	A.4.4.5.3节或注(1)
空隙含量	注(4)	注(4)	注(4)	注(4)	A.4.4.5.3节或注(1)
固化后纯树脂密度	注(5)	注(5)	注(5)	注(5)	A.4.4.5.3节或注(1)
玻璃化转变温度(干)	2/1	2/2	2/3	2/3	A.4.4.5.3节或注(1)
玻璃化转变温度(湿)	2/1	2/2	2/3	2/3	A.4.4.5.3节或注(1)

注：(1) 量值有待用户与供应商协调一致。它们不应与统计检验所得显著不同。

(2) 目视比较“指纹”就足够了，但强烈推荐定量的通过/拒绝门槛值。初始图表中的所有峰值必须在后来的图表中出现。新出现的峰值可能暗示有错误的化学成分或污染。除非是故意要求有这新出现的峰值，否则应拒绝这材料。

(3) 定量的门槛值有待用户与供应商协调一致。

(4) 对每个试板必须进行。

(5) 对每批材料应由供应商提供数据或纯树脂样本。

A.4.4.3.2　力学性能

1) 单层级试验矩阵

推荐的单向带和织物材料所需力学性能试验和试样数量分别见表A-13和表A-14。进行材料等同性评定时，应采用与建立原用材料体系原始数据库试验相同的试验方法，并进行适当的统计分析，评估试验结果和评定等同性。

表 A-13 单层级(单向带)试验要求

性能项目	变更级别															
	2	3	4	替代	2	3	4	替代	2	3	4	替代	2	3	4	替代
	批次数				每批试件数				环境条件种类(1)				试件总计			
0°拉伸	1	2	3	3	8(2)	4	6	6	2	2	2	2	16	16	36	36
90°拉伸	1	2	3	3	8(2)	4	6	6	2	2	2	2	16	16	36	36
0°压缩	1	2	3	3	8(2)	4	6	6	2	2	2	2	16	16	36	36
90°压缩	1	2	3	3	8(2)	4	6	6	2	2	2	2	16	16	36	36
纵横剪切	1	2	3	3	8(2)	4	6	6	2	2	2	2	16	16	36	36
试件数合计													80	80	180	180

注:(1)环境条件为 RTD 和 CTD 或 RTW。
(2)要求由两个工艺循环制备。

表 A-14 单层级(织物)试验要求

性能项目	变更级别															
	2	3	4	替代	2	3	4	替代	2	3	4	替代	2	3	4	替代
	批次数				每批试件数				环境条件种类(1)				试件总计			
经向拉伸	1	2	3	3	8(2)	4	6	6	2	2	2	2	16	16	36	36
纬向拉伸	—	2	3	3	—	4	6	6	2	2	2	2	—	16	36	36
经向压缩	1	2	3	3	8(2)	4	6	6	2	2	2	2	16	16	36	36
纬向压缩	—	2	3	3	—	4	6	6	2	2	2	2	—	16	36	36
面内剪切	1	2	3	3	8(2)	4	6	6	2	2	2	2	16	16	36	36
试件数合计													48	80	180	180

注:(1)环境条件为 RTD 和 CTD 或 RTW。
(2)要求由两个工艺循环制备。

2) 层压板级试验矩阵

推荐进行的层压板级力学性能试验要求见表 A-15,其中强度的等同性准则按 A.4.4.5.2 节,弹性模量按 A.4.4.5.3 节。

A.4.4.4 *试验方法和数据处理*

材料等同性评定试验方法应采用与建立原用材料数据库中数据相同的试验方法。采用的试验方法和数据处理方法参见第 3 章附录 3C。

表 A-15 层压板(1)力学性能试验要求

变更级别	2			3			4			替代		
测试性能	CTD	RTD	ETW	CTD	RTD	ETW	CTD	RTD	ETW	CTD	RTD	ETW
拉伸强度和模量	8/1(2)	8/1(2)	—	4/2	4/2	—	6/2	6/2	—	6/3	6/3	—

（续表）

变更级别	2			3			4			替代		
测试性能	CTD	RTD	ETW	CTD	RTD	ETW	CTD	RTD	ETW	CTD	RTD	ETW
压缩强度和模量	—	8/1(2)	8/1(2)	—	4/2	4/2	—	6/2	6/2	—	6/3	6/3
开孔拉伸	—	—	—	4/2	4/2	—	6/2	6/2	—	6/3	6/3	—
开孔压缩	—	—	—	—	4/2	4/2	—	6/2	6/2	—	6/3	6/3
冲击后压缩	—	—	—	—	—	—	—	6/2	—	—	6/3	—
双剪挤压	—	—	—	—	—	—	—	6/2	—	—	6/3	6/3
试件合计		32			64			120			198	

注：(1)层压板铺层对单向带为$[45/0/-45/90]_{ns}$，对织物为$[(45/-45)/(0/90)]_{ns}$。

(2) 要求由两个工艺循环制备。

A.4.4.5 材料等同性评定试验的统计检验

A.4.4.5.1 概述

有关材料等同性试验的统计检验所选择的试验统计以所关注的材料性能为基础。对于某些性能不希望其有较高平均值，如预浸料的挥发分含量。这类性能的统计检验将拒绝高的平均值。有些性能，例如模量，需要其平均值落在一个可接受的范围内，不期望过高或过低的平均值；对这些性能的统计检验，规定其拒绝高的平均值或低的平均值。对强度性能的统计检验则将拒绝低的平均值或低的最小个体值。

A.4.4.5.2 由于平均值和最小个体值降低而拒绝的情况

变更后材料体系等同性评定试验得到的性能平均值应不小于$W_{平均}$，$W_{平均}$按公式(A-5)计算，公式中的平均值$\bar{x}$和标准差s取自原用材料体系原始数据库。

$$W_{平均}=\bar{x}-k_{n1}s \tag{A-5}$$

式中：k_{n1}为系数，可由表A-3查得，样本数n为等同性评定试验的采样数量，错判概率α取0.05，首次检验未通过，需重复检验时取0.002 5；

变更后材料体系等同性评定试验得到的性能最小个体值应不小于$W_{最小个体}$，$W_{最小个体}$按公式(A-6)计算，公式中的平均值$\bar{x}$和标准差s取自原用材料体系原始数据库。

$$W_{最小个体}=\bar{x}-k_{n2}s \tag{A-6}$$

式中：k_{n2}为系数，可由表A-4查得，样本数n为等同性评定试验的采样数量，错判概率α取0.05，首次检验未通过，需重复检验时取0.002 5。

A.4.4.5.3 由于平均值改变而拒绝

一般原用材料体系原始数据样本大小n_1与等同评定试验数据样本大小n_2不同，S_1和S_2分别对应原用材料体系原始数据与变更后材料体系等同评定数据的标准差，合并后的标准差 S_p 为公共母体标准差的估计值，S_p 按公式(A-7)计算：

$$S_p = \sqrt{\frac{(n_1 - 1)S_1^2 + (n_2 - 1)S_2^2}{n_1 + n_2 - 2}} \tag{A-7}$$

式中：n_1 为原用材料体系原始数据样本大小；S_1 为原用材料体系原始数据的标准差；n_2 为等同评定试验数据样本大小；S_2 为变更后材料体系等同性评定试验数据的标准差。

检验统计量 t_0 按公式(A-8)计算：

$$t_0 = \frac{\bar{x}_1 - \bar{x}_2}{S_p\sqrt{\frac{1}{n_1} + \frac{1}{n_2}}} \tag{A-8}$$

式中：$\bar{x}_1$ 为原用材料体系原始数据平均值；$\bar{x}_2$ 为变更后材料体系等同性评定数据的平均值。

t-检验等同的标准为：$-t_{\alpha/2,\ n_1+n_2-2} < t_0 \leqslant t_{a,\ n} = t_{\alpha/2,\ n_1-n_2-2}$。

$t_{\alpha/2,\ n_1+n_2-2}$ 可由表 A-5 查得，α 为错判概率，取 0.05，首次检验未通过，需重复检验时取 0.002 5。若在 t-检验时遇到困难，则与原始材料体系平均值的变异允许在±5%～±7%内。

A.4.4.5.4 由于平均值高而拒绝

检验的统计量 t_0 由公式(A-9)得出，用于检出不希望的高平均值问题，例如环氧基预浸料的挥发分含量高的情况。若满足了公式(A-9)，则称变更后材料性能的平均值高于原用材料性能的平均值，是材料和/或工艺不好的一个征候。这是个单侧的 t-检验，所以 $t_{a,\ n} = t_{\alpha,\ n_1+n_2-2}$。注意，对单侧检验，$a = \alpha$。$t_{a,\ n}$ 的值由表 A-5 得到。

$$t_0 > t_{\alpha,\ n_1+n_2-2} \tag{A-9}$$

A.4.4.5.5 对等同性统计检验的说明

1) 最高工作温度(MOL)的等同性

确定材料最高工作温度 MOL 通常使用的方法是，以湿态玻璃化转变温度减掉某个温度裕量，对环氧树脂基复合材料，通常 $\Delta T = 28$℃。若使用这个方法，则此 MOL 必须超过最高工作温度。此外，在表 A-12 中的(干和湿)平均玻璃化转变温度结果，不应明显高于或低于原用材料鉴定时所得到的结果。可以用 A.4.4.5.4 节来确定可接受的范围。

2) 错判概率

为确定材料的等同性，建议对所有检验方法，设置错判概率(α)为 0.05 或 5%。允许对每个性能进行一次重新检验，同时降低真实的错判概率为 0.002 5 或0.25%。对于强度性能的比较最少需要 8 个试件(通常是从每个工艺循环各取 4 个)；对于模量的比较最少需要 4 个试件(通常是从每个工艺循环各取两个)。在有一个或多个性能不满足该准则时，可以只选择试验不满足准则的这些性能。然而，若在力学性能中有半数以上不满足标准，建议重复整个材料等同性试验矩阵。

3）离散系数的影响

（1）当离散系数（*CV*）太大和试件数太小时，A.4.4.5.3节和A.4.4.5.4节中的统计检验提供的余量可能不足。对A.4.4.5.3节的检验，其可接受范围可能太大，或对A.4.4.5.4节的检验，其通过/拒绝门槛值可能太低。

（2）当*CV*错误地取为小值时，可接受范围或门槛值可能变得过于保守。

（3）复合材料的*CV*值通常在4%到10%之间，并将获得适当的余量。

（4）当*CV*出现异常或可接受范围和/或门槛值没有工程意义时，可以用工程判断来取代由统计检验得出的门槛值。

A.4.4.6 给出材料等同性评定结论

由材料等同性评定试验结果和对试验数据的统计检验，给出后续材料与原来材料是否等同的结论，并做出是否接受该材料/工艺变更的决策和给出后续采取的措施。对属于5级和6级的材料/工艺变更，由用户根据结构的重要性和研制阶段确定结构验证计划。

A.4.4.7 材料等同性试验统计检验举例

A.4.4.7.1 对0°压缩强度统计检验的示例

对1型误差 α 推荐的概率为0.05或5%。正则化原始数据参见表A-16。

表A-16 碳/环氧的压缩强度结果

试样标识符	工艺循环	预浸料批次	强度/MPa
K1123F	1	1	342.38
K1124F	1	1	357.76
K1125F	1	1	327.57
K1126F	1	1	335.16
K1323F	2	1	362.64
K1324F	2	1	327.09
K1325F	2	1	377.17
K1326F	2	1	387.71
K1327F	2	1	394.39
	平均值		357.09
	标准差		25.573

示例：原始强度结果的平均值和标准差分别为405.16 MPa和31.45 MPa。由于0°压缩强度是纤维控制的性能，因此对两组数据同一纤维体积含量都进行了正则化，由公式（A-5）的通过/拒绝门槛值计算情况如下：

$$W_{平均} = \bar{x} - k_{n1} s$$

$$W_{平均} = 405.2 - 0.6411 \times 31.45$$
$$W_{平均} = 385.0\ \text{MPa}$$

从表 A-15 可查出后续材料的平均值为 357.09 MPa，该值小于 $W_{平均}$（385.00 MPa），后续材料在检验中拒绝。结论为：根据 $\alpha=0.05$ 的水平，后续材料的压缩强度平均值低于 405.16 MPa。

按公式(A-6)最小个体强度的通过/拒绝门槛值的计算情况如下：

$$W_{最小个体} = \bar{x} - k_{n2} s$$
$$W_{最小个体} = 405.16 - 2.7411 \times 31.45$$
$$W_{最小个体} = 318.96\ \text{MPa}$$

所有的强度个体值均超过了 $W_{最小个体}$，但由于平均值不满足要求，后续材料没有满足检验要求。将需要重复该性能的检验。

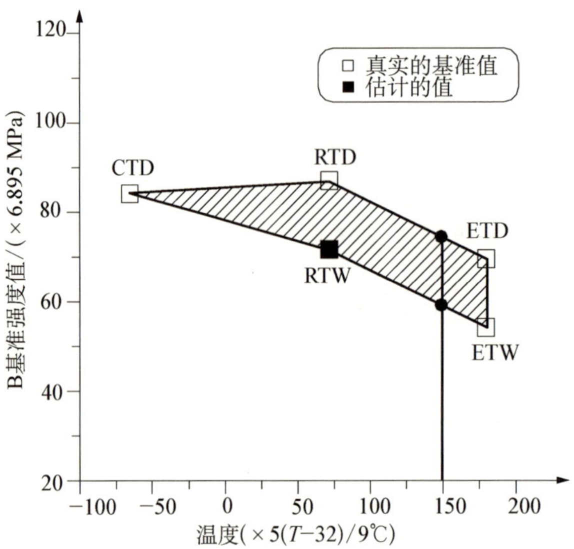

图 A-4 对 B 基准值进行 65℃内插的示例

A.4.4.7.2 对 0°ETW 压缩模量统计检验的示例

采用 130℃固化的 3 K 平纹织物碳/环氧，在 82℃湿态(ETW)条件下的试验结果。正则化数据在表 A-17 给出。

表 A-17 碳/环氧的压缩模量结果

试样标识符	工艺循环	预浸料批次	弹性模量/GPa
L1121F	1	1	53.51
L1122F	1	1	52.82
L1123F	1	1	51.02

(续表)

试样标识符	工艺循环	预浸料批次	弹性模量/GPa
L1124F	1	1	52.47
L1131F	2	1	53.66
L1132F	2	1	52.44
L1133F	2	1	51.15
L1134F	2	1	53.85
	平均值		52.62
	标准差		1.083

示例:原始数据库模量结果的平均值和标准差分别为 51.75 GPa 和2.114 GPa。因为 0°压缩模量是纤维控制的性能,因此对两组数据已同一纤维体积含量都进行了正则化处理。原始数据库共使用了 18 个模量试样。推荐的 α 为 0.05 或 5%,而 $\alpha/2$ 为 0.025。按公式(A-7),平均值模量的通过/拒绝门槛值计算情况如下:

$$S_p = \sqrt{\frac{(n_1 - 1)S_1^2 + (n_2 - 1)S_2^2}{n_1 + n_2 - 2}}$$

$$S_p = \sqrt{\frac{(8 - 1) \times 1.083^2 + (18 - 1) \times 2.114^2}{8 + 18 - 2}}$$

$$S_p = 1.873$$

$$t_0 = \frac{\bar{x}_1 - \bar{x}_2}{S_p \sqrt{\frac{1}{n_1} + \frac{1}{n_2}}}$$

$$t_0 = \frac{52.62 - 51.75}{1.873 \times \sqrt{\frac{1}{8} + \frac{1}{18}}}$$

$$t_0 = 1.093$$

由表 A-5 可知,对于双侧检验,$t_{a,\,n} = t_{a/2,\,n_1+n_2-2} = t_{0.05/2,\,4+6-2} = t_{0.025,\,8} = 2.064$。1.093 在−2.064 和 2.064 的范围内,因此 ETW 压缩模量通过了等同性判据的要求。

A.4.4.7.3 对挥发分含量统计检验的示例

这个例子采用了 A.4.4.5.4 节说明的程序。原始数据库总共使用了取自 3 批预浸料 18 个挥发分含量试件,平均值和标准差分别为 0.263%和 0.1061%。后续材料的试验结果,平均值为 0.258%,标准差为 0.010 8%。

$$S_p = \sqrt{\frac{(n_1 - 1)S_1^2 + (n_2 - 1)S_2^2}{n_1 + n_2 - 2}}$$

$$S_p = \sqrt{\frac{(6 - 1) \times 0.0108^2 + (18 - 1) \times 0.1061^2}{6 + 18 - 2}}$$

$$t_0 = \frac{\bar{x}_1 - \bar{x}_2}{S_p\sqrt{\frac{1}{n_1}+\frac{1}{n_2}}}$$

$$t_0 = \frac{0.258 - 0.263}{0.09341 \times \sqrt{\frac{1}{6}+\frac{1}{18}}}$$

$$t_0 = -0.1135$$

由表 A－14，$t_{\alpha,\,n} = t_{\alpha,\,n_1+n_2-2} = t_{0.05,\,6+18-2} = t_{0.05,\,22} = 1.717$。由于 t_0 小于 1.717，后续材料的挥发分含量低于原用材料，满足了挥发分含量的检验要求。

A.5 NCAMP 简介

A.5.1 复合材料许用值及其数据库现状

飞机结构强度设计过程中，无论是结构内力分析或是强度校核均需有关材料的力学性能。对金属结构设计人员，强调的是：必须采用符合经批准材料标准的材料，依据足够材料试验数据，在试验统计基础上，并采用具有规定概率的性能数据进行设计，使得因材料偏差而引起结构破坏的概率最小。在民机适航规章（例如 CCAR 25 部）中并没有出现许用值的概念，虽然在§25.613 条款中使用了设计值的术语，也只是将其作为约定俗成的概念，没有专门给出定义，而在工程中人们也经常称为设计许用值，不管使用哪个术语，都不会产生误解。由于金属的材料性能在形成时即已确定，因此金属的材料标准和设计值可无偿从材料手册中获得。

由于复合材料的可设计性、环境条件和初始缺陷/损伤对结构静强度性能有重大影响，使得复合材料的材料性能表征极为复杂。复合材料许用值通常包含材料许用值（即传统的单层级材料许用值）和设计许用值（即与结构设计有关的许用值）两部分，特别是后者涉及多种典型铺层和多种结构特性（如开孔、充填孔、挤压、冲击后压缩强度等），虽然美国 MIL－HDBK－17 委员会通过研究进行了标准化，但建立复合材料许用值数据库的工作仍极为耗时费钱，在复合材料结构设计验证的积木式试验中构成了庞大的基座。

复合材料的另一特点是材料与结构同时形成，使其性能与制造商的工艺密切相关，而制造商的工艺属于其专利知识，外人不能共享，因此长期以来只有像波音和空客这样的大公司有能力建立公司级的材料标准和复合材料许用值数据库，它们属于公司的专利知识。国内基本上也处于这种状态，即只有飞机结构设计研究所各自的材料标准和许用值数据库，而且对同一种材料体系，不同的飞机设计研究所均有各自的材料标准和数据库。对供应商而言，同一种材料体系要按不同用户的材料标准供货；而对同一种材料体系，不同的飞机设计研究所有各自不同的材料标准和许用值数据库。所有这些材料标准和许用值数据库的建立都需花费大量的财力和时间，增大了复合材料在结构中应用的成本。目前复合材料的推广应用主要障碍之一是降低成本的问题，如果复合材料性能数据库能像金属那样，可向所有潜在的用户免费提供设计所需的材料标准和许用值数据库，将会大大加快复合材料在结构中的应用。

A.5.2 NCAMP 复合材料共享数据库简介

与我国的现状相同，美国长期以来一直由飞机公司自己进行材料鉴定和建立数据库，由于所建立的数据具有专利性质，也迫使每个飞机公司必须重复这一鉴定工作，这一程序使得对同一种材料要进行多余的鉴定工作和产生多个材料标准。在这项工作中 FAA 常常肩负对鉴定程序的监督，因此它也成了 FAA 的重负。

1995 年 NASA 先进通用航空运输实验（AGATE）项目与 FAA 与 MIL - HDBK - 17 合作，开始研发复合材料性能共享数据库程序，AGATE 共享数据库程序包括原始材料鉴定、材料性能数据采集和等同性程序。AGATE 程序通过 FAA 小飞机指导部政策备忘录（Policy Statement Number ACE - 00 - 23.613 - 01; Volume 65, Number 114）的形式表明了与联邦法典 14 卷 23.613 条款的符合性，并已被 FAA 接受。AGATE 程序比传统的程序更有效率，并已鉴定了几种材料体系，同时 FAA 也直接参与了每一种材料的鉴定程序。迄今通用航空工业界一直在采用 AGATE 程序。这项计划于 2002 年结束。它的成功使得普遍认为，应将 AGATE 程序推广用于整个航空工业。为此于 2005 年 NASA 赞助建立了国家先进材料性能中心（National Center for Advanced Materials Performance, NCAMP），设立在 Wichita 州立大学的国家航空研究所（National Institute for Aviation Research, NIAR），并开始实施 NCAMP 计划，以进一步完善 AGATE 程序，使其长期存在，并与 CMH - 17、FAA 和 SAE（汽车工程师协会）合作，为整个航宇工业服务。从 1995 年至 2008 年已有超过 50 种材料鉴定和等同性计划采用了由 FAA 直接监督的 AGATE 程序。AGATE 程序对通用航空工业建立共享复合材料性能数据库已成为常规和标准的程序。所有的材料性能数据均按 CMH - 17 的要求生成，并将在 CMH - 17 的 Vol. 2 中发布。NCAMP 的研究历程如图 A - 5 所示。

虽然 NCAMP 程序比传统的程序更有效，但它还不够成熟，特别是与用于金属材料的“金属材料性能建立与标准化（MMPDS）手册”相比。2008 年初，FAA、CMH - 17 领导层、SAE 和 NCAMP 开始讨论研发更精简和协调程序的长期目标，类似于金属材料工业界已有的 MMPDS 共享材料许用值，使得该程序能易于使用和存取复合材料许用值。目前提出的方法类似于 AGATE 程序，AGATE 程序中的关键方法依然保留。FAA 正在审查 NCAMP 方法，以便用其评价正在产生的数据与条例的符合性后可以接受，这将使得潜在的宇航工业界用户可以放心使用 NCAMP 提供的数据，因为它是 FAA 所接受的。它也是 NCAMP 在 CMH - 17 中发布设计数据同时给出潜在用户为适当使用这些数据需要遵从的方法。为使 NCAMP 数据被 FAA 接受，用户还要按 NCAMP 制订的等同性评定程序证明能生产出与发布的数据一致的材料。

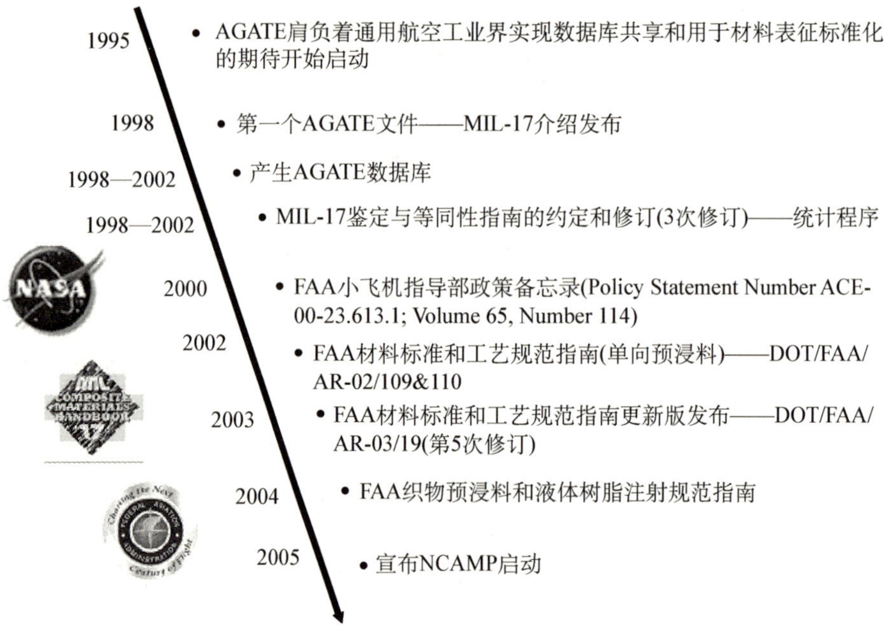

图 A-5　NCAMP 计划大事记

但目前用户必须牢记 NCAMP 数据与 MMPDS 所提供金属材料数据有本质差别，还不能认为复合材料的标准化达到了与金属同样的水平。MMPDS 已非常成熟，其基本设计数据和分析方法已标准化，所需的设计性能已经证实。此外，金属材料不像复合材料那样依赖于工艺，即使有的工艺（如热处理）会影响最终材料性能，也已充分认识并可控。作为使用 NCAMP 数据的用户要充分了解，它们还需做一些试验来证实，发布的数据适用于它们特定的材料与工艺组合；同时还必须评定，发布的数据与其内部的分析工具及按要求由所用户所做补充试验得到的数据是否协调一致，并需获得认证机构的批准，以表明它们与相关条例和/或要求的符合性。即使如此，预期 NCAMP 数据会大大降低申请人与管理机构的工作负担和相关成本。随着工业界将分析工具和设计值要求进一步标准化，NCAMP 数据对工业界和管理机构的价值会越来越大。

目前 FAA 充分肯定了 NCAMP 的意义，并在最新颁布的 AC2-107B《复合材料飞机结构》中已有相关说明：“FAA 通常不对材料和工艺进行认证，但可以作为特定飞机产品认证的一部分来认可。对采用与在已经证实和适用性考核结构中所用相同材料与工艺的机构，可以予以适当的信任。在某些情况中，材料和工艺信息可以成为整个工业界可接受的共享数据库的一部分。已获鉴定共享数据库的新用户必须正确使用相关标准（或规范）来控制有关材料和工艺，并通过进行关键性能等同性取样试验，来验证该用户的认知水平。用于技术标准规定（TSO）规章或授权书中的材料和工艺，也必须经过鉴定和受控。”

NCAMP 于 2006 年选择了下列材料体系开始了 NCAMP 共享数据库的建立：

(1) Cytec Cycom 5215(包括 T40－800UD gsm 145 RC33%，T650 6K 5HS RC36%和 T650 3K PW RC38%)；

(2) Cytec Cycom5250－4(包括 T650 UD gsm 145 RC32%，T650 6K 5HS RC35%)；

(3) Hexcel 8552(包括 AS4 UD 190 gsm RC35%，固化后单层厚度 7.4 mils，IM7 UD 190 gsm RC35% 固化后单层厚度 7.3 mils，AS4 plain weave fabric at 193 gsm RC38%，固化后单层厚度 7.95 mils)；

(4) ACG MTM 45－1(G30－500 193 gsm 3K plain weave fabric RC36%，G30－500UD 145 gsm RC32%，6781 S－2 glass RC35%)；

(5) Toray 2510。

其中 Hexel8552 系列的 NCAMP 数据已于 2011 年 7 月发布，其余材料体系的数据也即将发布。

A.5.3 NCAMP 的组织架构

图 A－6 所示为 NCAMP 的组织架构，它的目的是在 NACMP 所有成员中建立高效的关系。要求 NCAMP 的工作人员与所有的成员通过会议和新闻公告保持定期的交流，NCAMP 有责任保证每个成员的反馈信息和意见得到公正的处理，NCAMP 则保持紧密的关系，并与 CMH－17 定期举行联合会议，来保证 NCAMP 产生的工业界共享材料性能数据组以及材料与工艺规范满足 CMH－17G 第 2 卷中完整文件章的要求。

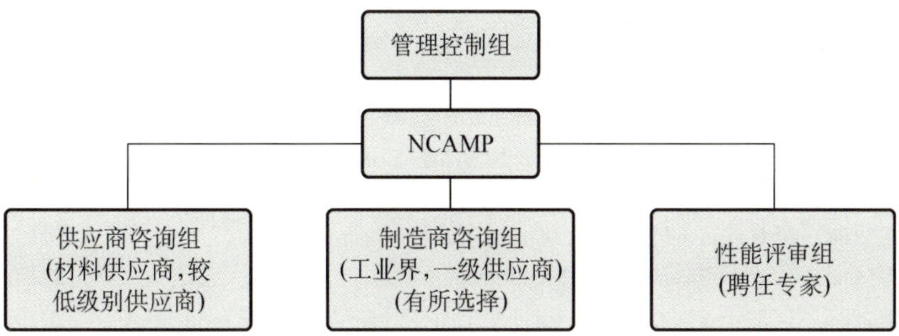

图 A－6　NCAMP 的组织架构

管理控制组(RGB)由美国空军、陆军、FAA、NASA 和海军组成，它的主要作用是监控 NCAMP 的工作程序，以保证产生的设计数据满足条例要求，和监控 NCAMP 的活动，以保证满足工业界需求的能力与执行力。制造商咨询组(MAB)由航宇公司，即原始设备制造商(OEM)、首选供应商和一级供应商组成，目前有 45 个成员，每个成员必须指定专人作为成员的公司代表。MAB 在保证 NCAMP 程序、方法、材料性能和规范满足航宇应用要求中起重要作用。供应商咨询组(SAB)由航宇公司的材料供应商、二级与三级供应商组成，它的作用是将最新的材料与工艺技术提供给 NCAMP，以便包括在材料性能共享数据库中，SAB 参与 NCAMP 文件的审查过程，并在建立用于NCAMP材料的质量标准中起重要作用。性能评审组(PRT)由学科专家、NCAMP授权的检测代表(NCAMP AIR)和工程代表(NCAMP AER)组成，其中大部分是顾问。目前参与NCAMP的公司和机构已超过了60个，几乎包含了欧美所有与航宇有关的知名公司和组织。

A.5.4 NCAMP的核心文件

NCAMP的核心文件内容包括：材料性能数据获取和鉴定试验计划、材料标准、工艺规范、工艺控制文件(PCD)、材料性能数据报告、鉴定统计分析报告、等同性试验计划、等同性统计分析报告、NCAMP表格。表A-18所示为NCAMP发布的管理和操作文件目录。

表A-18 NCAMP标准操作程序和相关文件汇总表

文件名称	颁布日期
NSP 100 NCAMP Standard Operating Procedure	2010.3.11
NSP 110 Operating Procedures and Bylaws for NCAMP Regulatory Governing Board (RGB)	2009.12.22
NSP 120 Operating Procedures and Bylaws for NCAMP Manufacturers Advisory Board (MAB)	2009.12.22
NSP 120 Procedures and Bylaws for NCAMP Suppliers Advisory Board (SAB)	2009.12.22
NQP 100 NCAMP Authorized Inspection Representative (AIR) Qualifications Plan	2010.3.11
NQP 200 NCAMP Authorized Engineering Representative (AER) Qualifications Plan	2010.3.11
NCAMP 168-1 Form Inspection Verification Record	2010.3.11
NCAMP 168-1 Instruction Guide for NCAMP Form 168-1 Inspection Verification Record	2010.3.11
NCAMP 168-10 Request for Inspection Verification	2010.3.11
NCAMP 289-3 Form Engineering Acceptance	2010.3.11
NCAMP 289-3 Instruction Guide for NCAMP Form 289-3 Engineering Acceptance	2010.3.11
DOT/FAA/AR-03/19 Material Qualification and Equivalency for Polymer Matrix Composite Material Systems: Updated Procedure	2003.9
DOT/FAA/AR-02/109 Guidelines for Recommended Criteria for the Development of a Material Specifications for the Carbon Fiber /Epoxy Unidirectional Prepregs	2003.3
DOT/FAA/AR-02/110 Guidelines for the Development of Process Specifications, Instructions, and Controls for the Fabrication of Fiber-Reinforced Polymer Composites	2003.3

A.5.5　材料鉴定和性能数据获取及等同性评定程序

图 A－7 所示为材料鉴定与性能数据获取程序流程图，图 A－8 所示为结构制造商进行等同性评定的路线图。

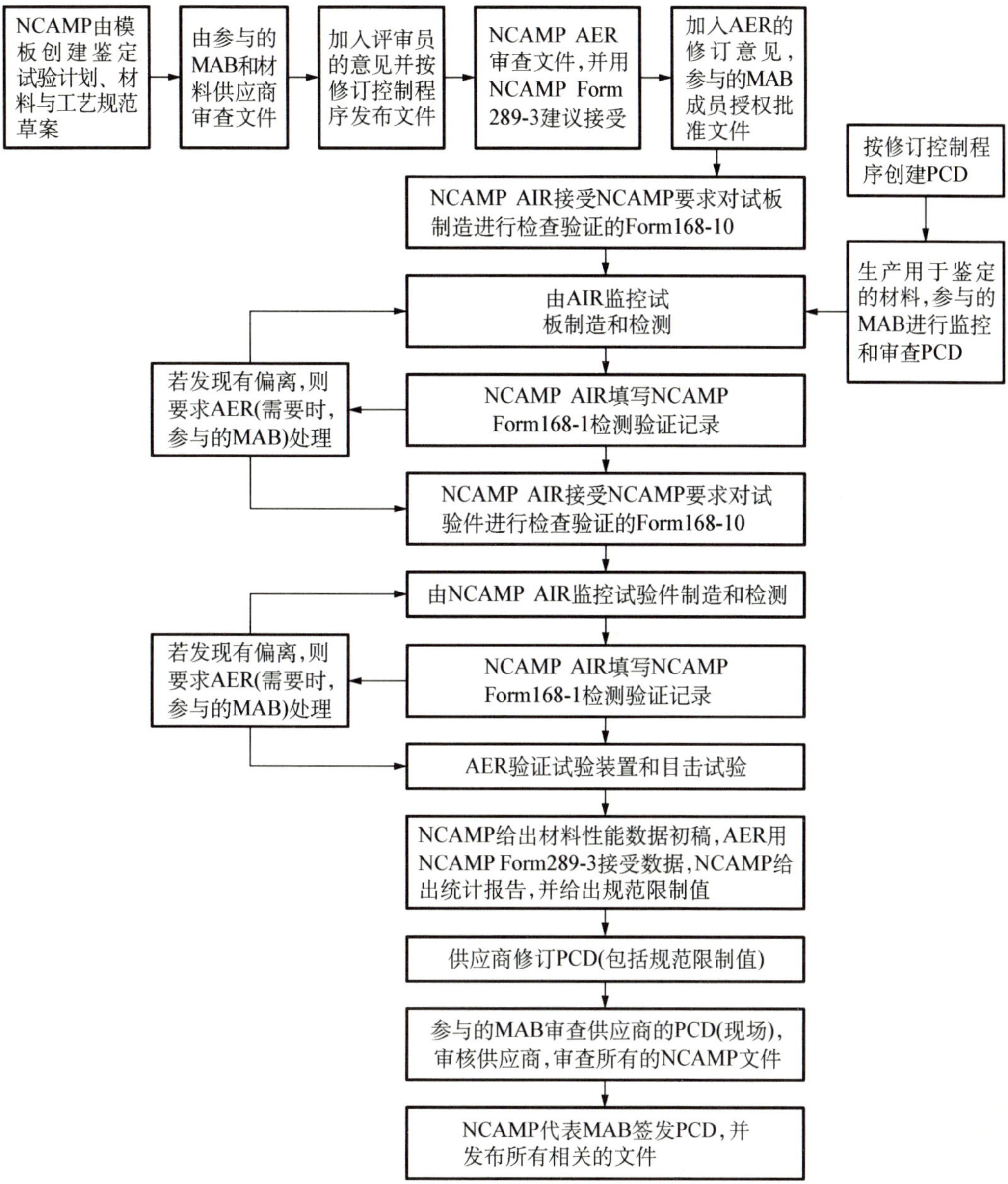

图 A－7　材料鉴定与性能数据获取程序流程图

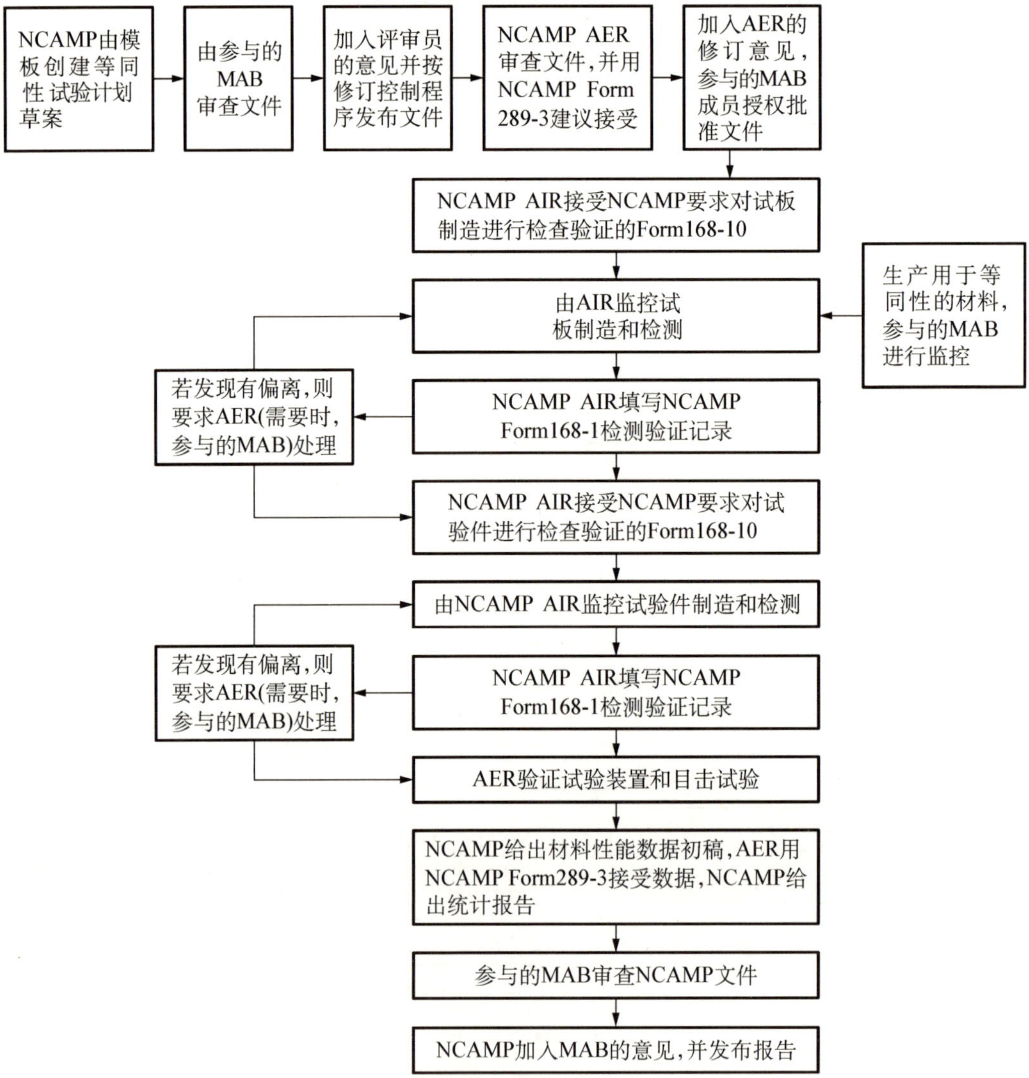

图 A-8　对结构制造商进行等同性评定的流程图

A.5.6　采用 NCAMP 程序的优点

NCAMP 工业界共享材料性能数据库方法的目的是创建用于材料鉴定、获取材料性能数据和建立许用值的标准化方法，该方法消除了多余的鉴定和材料性能数据建立工作，还加快了“一个材料一个规范”的体系建设，它比目前对基本上相同的材料由每个航宇公司创建的多个材料标准体系更有效率。

NCANP 程序和共享数据库对 MAB 成员和其他部件制造商的好处是减少试验工作和更有效地利用资源，减少甚至不必进行选材试验。MAB 成员可以在初步设计阶段基于发布的数据，直接使用以达到稳定生产的材料体系(见图 A-9)，同时还可以加快进度。通过等同性程序利用"预鉴定"的材料性能数据、许用值和规范所需的成本大约只有进行新材料鉴定和建立许用值所需成本的 10%～15%。

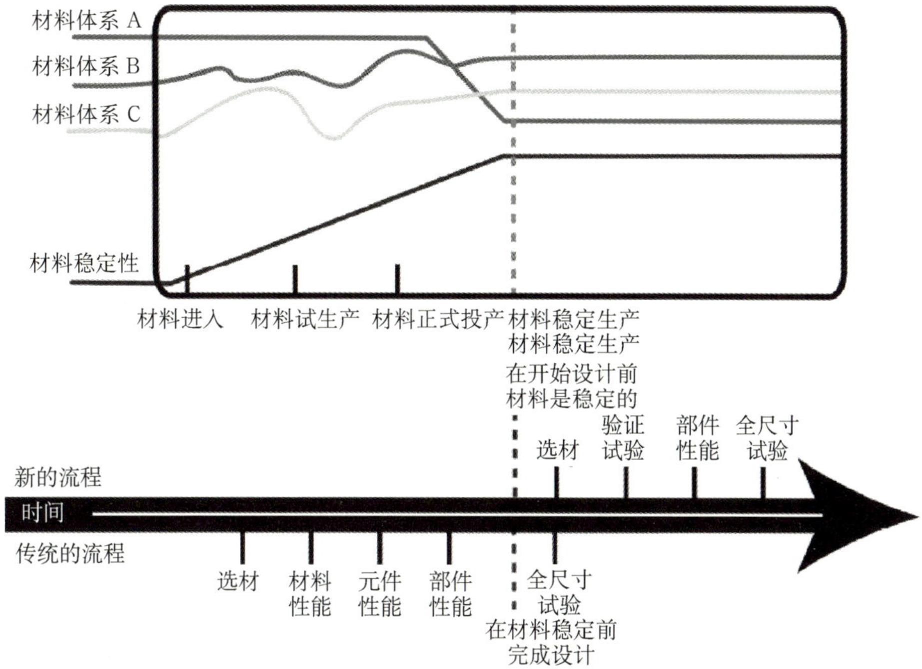

图 A-9　设计过程中的材料稳定性

对材料供应商的好处是，它们的材料会成为航宇公司首选，因为若使用进入 NCAMP 数据库的材料只需进行较少的工作。此外材料供应商还可以通过按标准性能（如纤维面积重量和树脂含量）生产标准产品得到好处。

RGB 成员则可以采用规范的方法来监管材料鉴定和性能数据建立程序来保证与适用的条例和/或要求的符合性，否则必须针对不同的公司按不同的方法进行，后者需要更多的资源。国防部和 NASA 作为航宇飞行器的用户，也可通过 NCAMP 程序获得的成本降低与时间节约得到好处。

参考文献

[1] FAA AC 20-107B. 复合材料飞机结构[S]. 2009. 9. 8.

[2] MIL HDBK-17-1F. Composite Materials Handbook Volume 1. Polymer Matrix Composites Guidelines for Characterization of Structural Materials [S]. 2002. 6. 17.

[3] DOT/FAA/AR-03/19. Material Qualification and Equivalency for Polymer Matrix Composite Material Systems: Updated Procedure [R]. 2003. 9.

[4] DOT/FAA/AR-02/109. Guidelines and Recommended Criteria for the Development of A Material Specification for Carbon Fiber/Epoxy Unidirectional Prepregs [R]. 2003. 3.

[5] DOT/FAA/AR - 02/110. Guidelines for the Development of Process Specification, Instructions and Controls for Farication of Fiber Reinforced Polymer Composites [R]. 2003.3.

[6] Freeman T, Tomblin J. Ng Y. NCAMP Progress and Plan [C].

[7] NSP 100(F). NCAMP Standard Operating Procedures (SOP) [S]. 2010.3.11.

[8] FAA AIR100 - 2010 - 120 - 003. Acceptance of Composite Specifications and Design Values Developed using the NCAMP Process[S].

[9] 沈真,史有好,李国明.复合材料许用值和结构设计值[C].第五届商用飞机复合材料应用国际论坛.上海,2011.9.25 - 26.

附录B　咨询通报AC 20－107B
复合材料飞机结构

1　本咨询通报的目的

本咨询通报针对复合材料飞机结构，其中包括纤维增强材料，例如碳和玻璃纤维增强塑料飞机结构的适航性验证要求，提出了符合联邦法典14卷(14CFR)航空规章第23，25，27和29部各规章可接受但非惟一的方法。还介绍了与设计、制造和维护方面密切相关的指导性资料，这里包含的信息，就其性质而言，是指导性而不是指令性的，也不是规章性的。

2　本咨询通报的应用对象

本咨询通报的读者可以包括申请人、合格证/批准书持有人、零件制造商、材料供应商、维护和修理机构人员。

3　撤销

撤销1984年4月25日颁布的AC 20－107A“复合材料飞机结构”。

4　有关规章

本通报包含的内容，适用于按民用航空规章(CAR)3，4b，6，7和14CFR第23，25，27和29部取证，并依照14CFR第21部§21.125(或可能适用时按§21.143)生产的正常类、实用类、特技类、通勤类和运输类飞机。附录1列出了适用于本咨询通报各条的14CFR第23，25，27和29部的规章，还列出了与本咨询通报相关的其他支持性指南。

5　总则

a. 本咨询通报列出的程序，为复合材料结构，特别是对保持飞机总体安全性最重要的结构(附录 2 中定义的“关键结构”)提供了指导性内容,并可为 FAA 接受,证明其符合民用复合材料飞机的取证要求。颁布本通报,有助于评定复合材料结构的验证程序,并力图反映复合材料当前的技术水平。预计本通报可望将定期加以修订,以反映复合材料技术的持续发展和来自使用经验与扩大应用中收集的数据。

b. 对给定用途的专用复合材料和工艺,有些因素是独特的,例如复合材料的环境敏感性、各向异性和非均质性可能使得结构的破坏载荷、失效模式和部位难以确定。这类评定的可靠性取决于采用按规定程序验证的制造或修理工艺生产结构细节的重复性。对一个结构所要求的试验和/或分析范围可能不同,这取决于其对飞行安全的重要程度、预期的服役用途、所选择的材料和工艺、设计裕度、失效准则、数据库和类似结构的经验,以及影响特定结构的其他因素。可以预见,当在一个具体结构上应用本咨询通报时,要考虑这些因素。

c. 附录 2 中给出了本咨询通报中所用术语的定义。

6 材料和制造研发

结构使用的所有复合材料和工艺,要通过足够的试制和试验来证明能用于制造出可再现和可靠的结构。复合材料结构的一个独特之处,是需要特别关注复合材料的采购和加工。给定复合材料的最终力学性能变化在很大程度上取决于制造产品零件时所用的工艺方法。需要特别关注对所采购材料和材料交付生产厂后加工的控制。14CFR 2X 部 § 2x. 603 和 § 2x. 605 的规章中,规定了需要按经批准的材料标准与工艺规范采购和加工材料,通过这些标准来控制影响性能的关键参数。14CFR 2X 部 § 2x. 609 和 § 2x. 613 阐述了防止防护结构使用中可能引起退化的要求。同时,还要求设计中考虑材料标准和工艺规范所允许的性能变化(如环境和变异性影响)。

a. 材料和工艺控制

(1) 要建立覆盖材料、材料工艺和制造方法的规范,来保证能制造出可重现且可靠的结构。需要用材料标准来保证所采购材料的一致性,并用批次验收试验或统计过程控制来保证材料性能始终不会出现偏离。应制订覆盖工艺方法的规范来保证能生产出可重现且可靠的结构。每个材料标准定义的工艺鉴定与验收试验的方法应代表拟采用的制造工艺,生产试验件的工艺参数应与制造真实产品零件所用的工艺参数尽可能一致,试验件与产品零件都必须符合材料标准与工艺规范。

(2) 生产工艺一旦确定就不应改变,除非进行过包括差异性试验在内的附加鉴定(参见附录 3)。重要的是要确定工艺容差、材料处理和贮存限制,以及能判断零件质量的可测量与可追溯的关键性能。

(3) 在采购标准中规定的材料要求,应以用相关工艺规范所生产样件的鉴定试验结果为依据。鉴定试验的数据必须覆盖对控制生产复合材料结构所用材料(复合材料和胶黏剂)和工艺所有重要性能。要用仔细选择的物理、化学和力学鉴定试验来验证飞机结构用材料的组分、刚度、强度、耐久性与可靠性和工艺。建议材料供应商与飞机机体制造商密切合作，以便恰当地确定材料要求。

(4) 为提供合适的设计数据库，应确定环境对材料体系关键性能和相关工艺的影响。除了大气环境的试验外，环境变量应包括极端使用温度和吸湿量，以及长期耐久性的影响。在评定与结构胶接有关的材料、工艺和界面问题时，环境影响和长期耐久性方面的鉴定试验特别重要(有关指南参见6.c)。

(5) 制造过程中的质量控制要监控关键的特性和工艺参数。审定部门要求的全面质量控制计划应包括相关的专业，即工程、制造和质量控制部门。应落实可靠的质量控制体系，来保证满足单个零件或区域的具体工程要求，它们是由可能的失效模式、损伤容限和缺陷扩展要求、载荷、可检性以及对制造与装配的局部敏感性而提出的。

(6) 规范允许的偏差也应采用由试验数据支持的分析，或试样、元件或组合件级试验来证实。对新的生产方法，工艺的可重复性应用足够大的结构，通过与材料和工艺鉴定试验以及编制相关规范时所用一致的方式来验证。在对结构试验和分析相关性研究的大量投入前，要求对产品相关的设计与制造细节技术问题进行汇总。还要保证材料和工艺的质量控制方法与有关产品结构细节的相关性。

(7) FAA通常不对材料和工艺进行认证，但可以作为特定飞机产品认证的一部分来认可。对采用与在已经证实和适用性考核的类似结构中所用相同材料与工艺的机构，可以予以适当的信任。在某些情况中，材料和工艺信息可以成为整个工业界可接受的共享数据库的一部分。已获鉴定共享数据库的新用户必须正确使用相关规范来控制有关材料和工艺，并通过进行关键性能等同性取样试验，来验证该用户的认知水平。技术标准指令(TSO)条款中或授权的材料和工艺，也必须经过鉴定和受控。

b. 制造实施

(1) 需要有工艺规范和制造文件，来控制复合材料的制造和装配。要控制生产厂的环境和清洁度，达到与鉴定和结构试验验证用的同样水平。原材料和辅助材料要按与材料和工艺鉴定一致的规范要求进行控制。制造的零件要满足鉴定、设计数据建立及结构试验验证中证实的产品容差。要求这种控制的某些关键制造工艺考虑包括：材料搬运与贮存、层压板铺放与装袋(或非层压材料形式和先进工艺的其他替代工艺步骤)、相配合零件的尺寸容差控制、零件固化(加热控制)、机加与装配、固化零件检测与搬运方法，以及对技术人员进行具体材料、工艺、模具和设备的培训。

(2) 需要完整的生产记录来支持零件验收和允许的偏差(缺陷、损伤和异常)。需要验证数据来确定含所有已知缺陷、损伤和异常时仍允许使用，而不必重新加工或进行修理。对所有经证实的设计和工艺变化，也需要有生产记录。

(3) 已认证飞机产品的新供应商要通过生产样件和质量评估来鉴定，以保证等同生产和再现性。为保证可靠生产，要对制成后无法检测和需要进行工艺控制的制造缺陷进行某些关键结构细节的破坏检测。

c. 结构胶接

胶接结构有多种胶接面(如复合材料与复合材料、复合材料与金属或金属与金属),在胶接前至少需要对一个胶接面进行额外的表面制备。控制不同类型胶接结构技术参数的一般性质是类似的。在验证了诸如表面制备这样的工艺步骤的可重复性与可靠性后,要编制需经鉴定的胶接工艺文件。要了解工艺允许的预期变异性对结构性能的影响,推荐用工艺限制以外的特性来保证工艺的鲁棒性。对复合材料进行胶接时,必须对所有已固化胶接面进行合格的表面制备,来激活它们的表面化学附着力。胶接结构中的所有金属胶接面,也要用合格的制备工艺使表面化学激活。胶接的很多技术问题,要求有一支功能互补的团队来成功实施。胶接结构应用需要严格的工艺控制和对结构完整性的充分证实。

(1) 结构使用中出现的很多胶接失效和问题,均可追溯到生产工艺的不合格或质量控制不力。可以用物理或化学检测来控制表面制备、胶黏剂的混合、黏度和固化性能(如密度、固化度、玻璃化转变温度)。搭接剪切刚度与强度的确认是对胶黏剂和胶接工艺鉴定常用的力学试验方法。剪切试验无法可靠地量度与胶接不良(即缺胶)相关的长期耐久性和环境退化;某种剥离试验已被证实能更可靠地评定胶接质量。若无化学键接,当胶接连接受到剥离力或长期曝露于环境条件时,或同时受到二者作用时,就会出现所谓的“弱胶接”情况。在所有类型试验中,粘接破坏表明胶接面与粘接材料之间缺乏化学粘接,认为是不可接受的失效模式。导致胶层失效的材料或胶接工艺问题要在着手鉴定试验前解决。

(2) 需要有工艺规范来控制制造和修理中的胶接连接。包含工艺过程中的检测和试验在内的“过程控制理念”已被证明是保证胶接质量最可靠的手段。要控制胶接工艺厂房的环境与清洁度,达到与鉴定和结构试验验证用的同样水平。要按与材料和胶接工艺鉴定时相同的要求,对胶黏剂和胶接面材料进行控制。用于生产和修理的胶接工艺,要满足在鉴定、建立设计数据和结构试验验证中已经证实的容差。一些关键的胶接制造工艺要求考虑的控制,包括材料搬运和贮存、胶接表面制备、配合零件的尺寸容差控制、涂胶和夹紧压力、胶层厚度控制、胶接零件的固化(加热控制)、已固化零件的检测与搬运方法,以及对胶接技术人员进行有关具体材料、工艺、模具和设备的培训。对胶接组装与固化前的胶接表面制备和其后的处理,必须严格控制时间和对环境与污染物的曝露。

(3) 14CFR§23.573(a)提出了证实主要复合材料机体结构的要求,包括对损伤容限、疲劳和胶接接头的考虑,虽然这是针对小飞机的法则,但通常对运输机和旋翼机类飞机预期会采用同样的性能标准(通过专用条件和问题纪要)。

(a) 对任何胶接接头,§23.573(a)(5)规定:“若其失效会引起飞机的灾难性后果,则必须采用下列方法之一证明其承受限制载荷的能力——(i)必须用分析、试验或同时使用这两种方法,来确定每个胶接接头的最大脱胶与本条(a)(3)要求的承载能力相一致，同时必须要通过设计特性来防止产生大于这一尺寸的脱胶；或(ii)必须对每个制件进行验证试验，即要对每一关键胶接接头，施加最严重的限制设计载荷；或(iii)必须具有可重复且可靠的无损检测技术，以此保证每个接头的强度。”

(b) 对胶接结构，这些选项不能替代经鉴定的胶接工艺和严格的质量控制。例如第一个选项所意味的破损安全，并不是用来对飞机机群因所用低劣胶接工艺而出现的系统问题提供足够的安全性，而是针对可能在局部区域偶然出现的胶接问题(如局部胶接接触压力不够或污染)提供破损安全能力。第二选项，即进行直至限制载荷的静力验证试验，可能检测不出需经环境曝露和时间才会使胶接连接强度退化的弱胶接。这个问题应通过适当的验证，证明经鉴定的胶接材料与工艺具有长期环境耐久性来解决。最后的第三选项，留待无损检测(NDI)技术的进展和证实，以检出其随时间变化的退化并导致胶层失效的弱胶接。但迄今这种技术还没有在规模生产上得到可靠的验证。

(4) 生产中发现胶层失效要立即采取措施，鉴别具体原因，并隔离所有受影响的零、组件另行处理。服役中所发现的胶层破坏要立即采取措施以确定原因，并隔离受影响的飞机，并进行有指导的检测和修理。依据所怀疑的胶接问题严重性，可以要求立即采取措施，使受影响的飞机修复到适航状态。

d. 环境考虑

应制订环境设计准则，确定所评定结构材料可能遭受的最严酷环境曝露条件，包括湿度和温度。可用服役数据(如吸湿量与使用时间的关系)，来保证这样的准则是切实可用的。此外，要确定飞机发热系统附近的复合材料结构，在最恶劣正常操作和系统失效情况下的峰值温度。当已有的数据证实，在所考虑的环境曝露条件范围内，该材料体系和结构细节不存在明显的环境(包括温度和湿度)影响，则无须制订这一准则。

(1) 应提供试验数据来证明，材料设计值或许用值在使用中预期的适当严酷环境条件下，具有高置信度。应认识到，最严酷的环境对所有的结构细节可能是不同的(如对某些失效模式，湿热状态最严酷；而对其他的失效模式，干冷状态可能最严重)。应通过试验，例如加速环境试验，或由适用的服役数据来确定服役环境对该材料体系静强度、疲劳和刚度性能以及设计值的影响。所考虑的最大吸湿量与服役寿命期间可能的因素有关，它可以是给定零件厚度、吸湿扩散特性和实际环境曝露情况的函数。当应用中涉及过去未覆盖到的波动变化或独特的设计细节时，应评定环境(即温度和湿度)循环的影响。在证明已有的试验数据直接适用于应用对象的材料体系、设计细节和环境循环条件特性时，可以使用这些数据。所有的加速试验方法应代表实时的环境与载荷曝露。应避免加速时任何会引起材料化学变化的因素(如引起后固化的高温)，以保证得到代表真实环境曝露的性能。

(2) 必须依据设计构型、局部的结构细节和所选工艺，考虑与环境有关的残余应力影响(如相连接零件热膨胀的差别)。

e. 结构防护

风化、磨蚀、腐蚀、紫外线辐射和化学环境(乙二醇、液压油、燃油、清洗剂等)可能会引起复合材料结构的退化。应针对使用中预期的条件,提出防止材料性能退化的有效防护措施和/或注意事项,并用试验证实;在需要的部位提供通风和排水措施。在某些复合材料与金属材料间的接触面需要用隔离层来避免腐蚀(如可以用玻璃布隔离碳纤维复合材料层与铝)。此外,复合材料制造的零件所用专用紧固件和安装程序的鉴定,需要考虑电化学腐蚀问题,以及在安装紧固件时可能对复合材料产生的损伤(分层和纤维断裂)。

f. 设计值

导出设计值的数据必须采用具有稳定性和重复性并按成熟的材料标准采购的材料,并用有代表性产品工艺规范加工的试验件获得,以保证在导出设计值的统计分析中真实考虑了产品材料允许的变异性。原材料和复合材料零件生产工艺成熟前,材料研制阶段过早导出的设计值可能不符合相关规则的要求。应通过层压板试验,或单层级试验与经试验证实的分析方法相结合的方法确定层压材料体系的设计值。类似地,对采用非层压材料形式和先进工艺的复合材料设计值,必须在最能代表零件中材料实际状态的尺度上,或由材料次结构(material substructure)试验结合经试验证实的分析方法确定。

g. 结构细节

对个别部件的具体结构构型(点设计),可以建立包括相应设计特征(孔、接头等)影响的设计值。为进行分析,需要有量化外来物冲击损伤危害性所造成复合材料结构损伤的严重程度的具体度量(即等效的金属裂纹长度),因此常常需要进行试验来表征剩余强度,包括临界损伤位置和复合载荷对结构的影响。对极限载荷与限制载荷复合的设计准则,一般通过限制设计应变水平来对应不同的冲击损伤水平,这样就能够建立试验支持的合理分析方法,来表征点设计细节的剩余强度。

7 结构验证——静力

复合材料设计的结构静强度验证,应考虑所有的关键载荷情况和相关的破坏模式,还应包括环境影响(包括制造过程中引起的结构残余应力)、材料和工艺的变异性、不可检缺陷或任何由质量控制、制造验收准则允许的缺陷,以及终端产品维护文件所允许的使用损伤。除非已有类似设计、材料体系和载荷状态的经验能够验证,由组合件、元件和试样试验,或可接受较低载荷水平下的部件试验所支持的分析方法的适用性,否则就应采用在适当环境下的部件极限载荷试验程序,来证实复合材料设计的静强度。证明分析所必需的经验,应包括先前用类似设计、材料体系和载荷情况进行过的部件极限载荷试验。

a. 应在静强度评定中,考虑可能引起材料性能退化的重复载荷与环境曝露的影响。这可用由试验数据支持的分析，由试样、元件或组合件级的试验，若适用时，由已有的相关数据，采用上述方法之一来说明。本咨询通报中在前面的讨论中讨论了环境对材料性能的影响(6. d)和结构防护(6. e)。对关键载荷情况，在全尺寸静力试验中可用三种方法来考虑先前的重复载荷和/或环境曝露影响。

(1) 第一种方法，全尺寸静力试验应对先前受过重复载荷的结构进行模拟严重环境曝露的浸润，然后试验在该环境下进行。

(2) 第二种方法依赖于试样、元件和组合件试验数据，来确定重复载荷和环境曝露对静强度的影响。然后，由这些试验表征的退化应在全尺寸静强度验证试验(如超载系数)，或在对试验结果的分析(如证明采用计及环境和重复载荷退化影响的设计值，有正的安全裕度)中考虑。

(3) 实际上，可以把前两种方法结合起来得到所需的结果(如全尺寸静力试验可以在严重的工作温度下，结合考虑飞机结构寿命期间所吸收水分影响的载荷系数来进行)。通过经证实的试验和分析的方法来考虑环境影响(如用不会引起材料化学变化的等效升温来考虑吸湿影响)的其他替代方法，可由申请人向局方提出，以获批准。

b. 应通过分析和用一系列复杂程度逐渐增加的各种试验件试验程序，来可靠地确定复合材料结构的强度，工业界通常称为“积木式”方法。可以用试样、元件、结构细节和组合件级别上的这些试验和分析来处理变异性、环境、结构不连续(如接头、开口或其他应力集中处)、损伤、制造缺陷和设计或工艺的具体细节问题，通常，随着时间进展试验由简单的试件逐步进展到更复杂的元件和结构细节。这种方法可以以较低成本获得较大尺度结构出现变异性的量化数据。这些数据是为证实与分析相关性和必要的重复性收集的。前期试验得到的经验教训，还有助于避免较复杂的全尺寸试验出现提前破坏，后者比较昂贵，且往往在认证计划后期才出现。

(1) 图1和图2分别给出了固定翼和旋翼结构积木式方法中通常包括的试验概念图。提供统计基础需要的大量试验出自最低的级别(试样和元件)，结构细节性能则用较少的组合件和部件试验来证实。可以用结构细节和组合件试验来证明分析方法预计局部应变和破坏模式的能力。当不能实现分析证明时，将需要额外的统计考虑(如用重复的点设计试验和/或部件超载系数，来覆盖材料和工艺的变异性)。静强度验证计划还应对所有的关键结构考虑所有的关键载荷情况，这包括在预定服役期限后的剩余强度和刚度要求评估，其中要考虑服役期间出现的损伤和其他退化问题。

(2) 复合材料结构静强度的成功验证，传统上取决于对应力集中(如结构细节的缺口敏感性和冲击损伤)、可能出现的破坏模式和面外载荷的正确考虑。证实复合材料结构的完整积木式方法，通过复杂程度逐步增加的试验件，来应对其最关键的结构问题，使得能在部件试验前验证很多领域的可靠性能，典型结构件和组合件试验应确定失效准则和考虑装配后复合材料结构中的冲击损伤。需要用部件试验

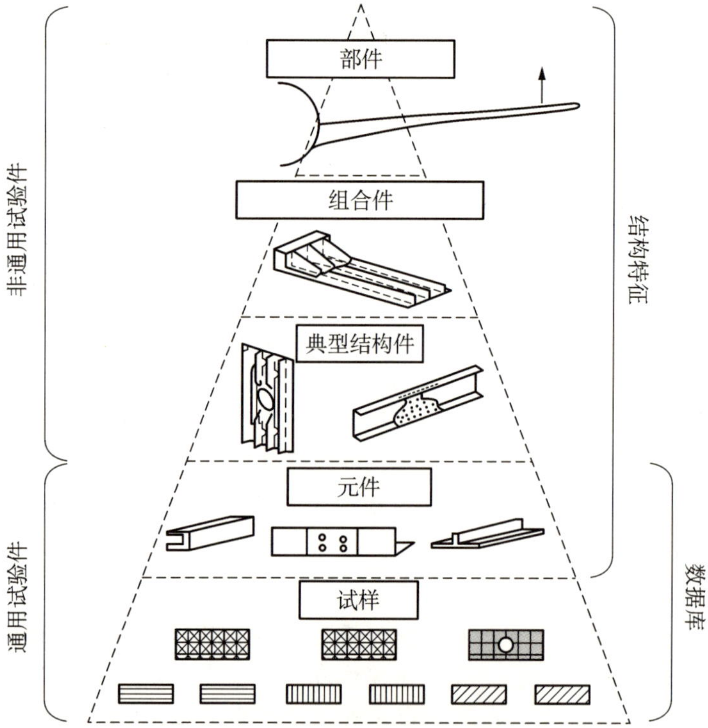

图 1　固定翼结构积木式试验简图

来提供考虑了包括某些面外影响的复合载荷与复杂传力路径(包括某些面外影响)后的最终验证。当采用了积木式方法,将通过由试验数据支持的分析方法识别出部件试验的关键载荷情况和相关的失效模式。

c. 如果能通过积木式试验可靠地预计环境影响,并在静力试验或对静力试验结果的分析中予以考虑,则可以在大气环境下进行部件的静力试验。

d. 应按照生产规程和工艺来制造和装配静力试验件,以使试验件能代表生产型结构,包括与按制造验收标准确定的限制值相一致的缺陷。

e. 应在静强度验证中考虑复合材料结构的材料和工艺变异性,主要通过对制造的结构建立充分的工艺与质量控制,并通过试验与分析可靠地证实其具有所需强度来说明。材料和工艺变异性引起的强度性能分散性,通过适当的许用值或设计值来表征,设计值按符合 14CFR § 2x. 613 的方法导出。当结构细节、组合件和部件试验证明可正确预计局部应变,且用经证实的分析方法证明所有的结构部位安全裕度均为正值时,则可以说用试验数据支持的分析方法能证明静强度的验证;否则,当缺乏足够的积木式试验数据和分析证明时,则需要用所谓试验证实的方法,在部件试验中施加过量的载荷以达到结构的静强度验证。在该情况中施加的超载系数需要通过试验或以往的经验来证实,并必须考虑预期的材料和工艺变异性。

f. 应证明,由制造和使用中预计很可能出现,但不大于按所选检测方法确定的

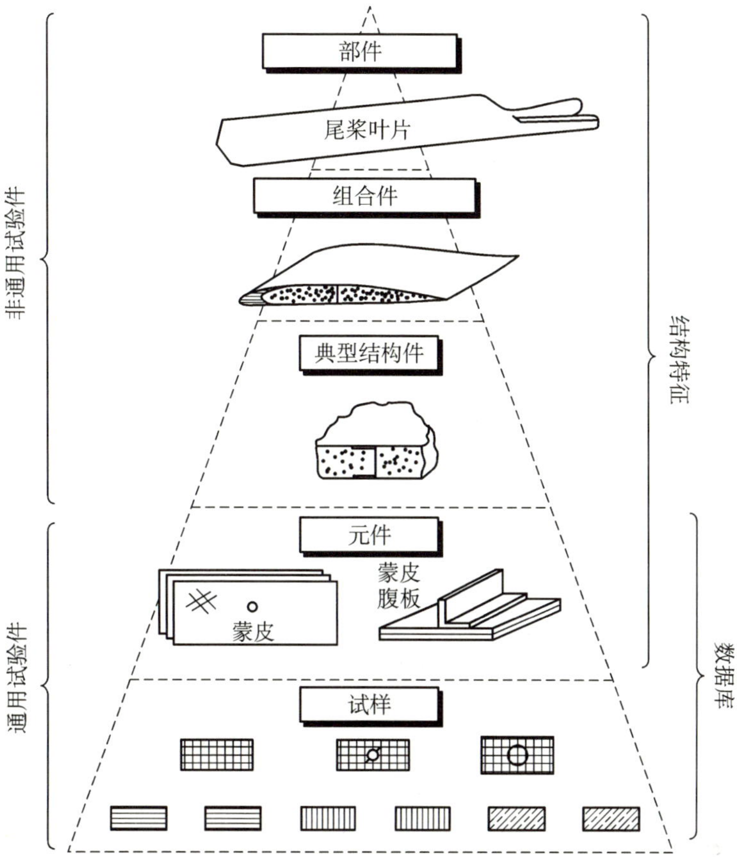

图2　尾桨叶积木式试验简图

可检门槛值冲击损伤，不会使结构强度低于极限载荷能力，这可通过由试验数据支持的分析，或用试样、元件、组合件和部件级的试验组合来证明。实际的冲击损伤评估需要正确地考虑结构细节和边界条件。当采用目视检测方法时，可靠检出门槛值时可能的冲击损伤称为目视勉强可见冲击损伤(BVID)。静强度验证中选择的冲击部位，应考虑局部结构细节的危险程度和检测该部位的能力。静强度验证所用的冲击头尺寸和形状应与飞机寿命期间也许漏检的可能冲击损伤事件相一致。值得指出的是，某些设计可能带有可检冲击损伤，不予修理时仍要满足静强度载荷和其他要求(参见10.c.(1)中允许损伤的讨论)。

g. 对已获认证结构出现的较大材料与工艺变化，需要补充的静强度证实(如参见附录3)。

8　结构验证——疲劳和损伤容限

对复合材料结构的评定，应按照14CFR§23.573(a)，§25.571，§27.571和§29.571的适用要求。这样的评定必须证明，在飞机工作寿命期间自始至终要避免由于疲劳、环境影响、制造缺陷或意外损伤引起的灾难性破坏。对完整结构和/或主要结构段进行分析或试验的性质和范围，取决于以前对类似结构进行疲劳/损伤容限设计、构型、试验和使用的经验。当缺乏类似结构的经验时，应进行由 FAA 批准的部件、组合件和元件的结构研制试验(按照 7.b 和附录 3 中讨论的相同原则)。下列考虑是使用复合材料体系时特有的，并为申请方选择证实方法提供指南。在确定损伤容限和疲劳评定的详细要求时，应注意所考虑结构的损伤危害性全面评估、几何形状、可检性、良好的设计实践和损伤/退化形式。

- 复合材料损伤容限和疲劳性能与结构设计细节(如蒙皮层压板铺层顺序、桁条或框间距、加筋元件连接细节、阻止损伤扩展特性和结构冗余度)密切相关。
- 除非有类似设计、材料体系和载荷的经验，证明了由试样、元件和组合件试验所支持分析的适用性，否则复合材料损伤容限和疲劳评定要求用部件试验证实。
- 若有足够的积木式试验数据，保证所选的重复和静力加载顺序可得到代表服役情况的结果或提供保守的评估，则可通过单个部件试验件的试验，得到最终的静强度、疲劳和损伤容限验证。
- 在有限数量的部件试验中，需要用峰值重复载荷来实际验证复合材料飞机结构的疲劳和损伤容限。因此，对试验件中的金属结构通常要求附加的考虑和试验。AC 25.571-1 包含的信息提供了金属结构的疲劳和损伤容限指南。

a. 损伤容限评定

(1) 损伤容限评定首先要识别出其破坏会降低飞机结构完整性的结构。必须对结构进行损伤危害性评估，来确定在制造、使用或维护期间可能出现的损伤部位、类型和尺寸，评估中要考虑疲劳、环境影响、固有缺陷、外来物冲击或其他意外损伤(包括离散源损伤)。

(a) 为建立完整损伤容限评定所需设计准则或试验与分析方案，要有足够详细、能描述用于特定复合材料结构严重损伤危害性的工业标准，但目前几乎没有。在缺乏这种标准的情况下，每个申请人有责任进行必要的研制工作来建立这些数据，以支持产品的证实。对具体复合材料结构进行损伤危害性评估要考虑的一些因素包括：零件的功能、在飞机上的位置、过去的使用数据、意外损伤危害性、环境曝露、冲击损伤阻抗、装配结构细节的耐久性(如螺接或胶接接头的长期耐久性)、相邻系统的界面(可能的过热或其他与系统失效有关的危害性)，以及能引起零件超载或损伤的非正常使用或维护操作事件。因为其与给定结构的损伤危害性评估与维护规程有关，应确定已知损伤危害性的损伤容限能力和检测能力。

(b) 外来物冲击是大多数复合材料结构关注的问题，在损伤危害性评估中要特别注意。对设计和维护，需要鉴别冲击损伤的严重性和可检性，应包括从使用中以及从冲击调查收集到的所有损伤数据。冲击调查包括在典型结构上进行的一些冲击试验，试验结构要满足实际结构的边界条件特征，在调查中应考虑很多不同的冲击情景和部位，其目的是确定最危险的可能冲击（即能引起最严重的损伤但最不容易检出的冲击情景）。在模拟典型能量水平下的意外冲击损伤时，应根据载荷状态（如拉伸、压缩或剪切）选择不同尺寸和形状的钝或尖锐的冲击头，来产生最严重和最不易检出的损伤。冲击调查应考虑各种能想象到的冲击，包括跑道或地面碎石、冰雹、工具掉落和车辆撞击，直至获得足够的使用经验，来对能量和冲击头变量做出满意的工程判断。在确定设计准则、检测方法和维护的重复检测间隔时，这一考虑对使用概率损伤事件评估所需假设很重要。随时间逐渐积累搜集的使用数据能进一步完善冲击调查和后续产品的设计准则，以及确定更合理的检测间隔与维护措施。在评估这样的信息时应意识到：最严重、最危险但仍然可能的冲击损伤也许还没有进入使用数据库。

(c) 一旦完成了损伤危害性的评估，可以把各种损伤分为如下所述的 5 类损伤（见图 3）。在本咨询通报中，这些损伤类别用于信息交流。申请人在取得管理当局同意时，可以使用其他有助于描述疲劳和损伤容限证实具体途径的类别。

(i) 第 1 类：定期检测或有指导的外场检测可能漏检的允许损伤和允许的制造缺陷。第 1 类损伤的结构证实包括对可靠服役寿命的验证，期间要保持极限载荷能力。根据定义，这类损伤要满足与本咨询通报第 7 节相关的要求和指南。第 1 类损伤的例子包括 BVID 和在制造或使用中引起的允许缺陷（如小的分层、孔隙率、小的划伤、沟槽和较小的环境损伤），对这些损伤，证实数据要证明在飞机结构寿命期间能保持极限载荷能力。

(ii) 第 2 类：在规定的检测间隔期间进行定期或有指导的外场检测能可靠检测出的损伤。第 2 类损伤的结构证实包括对可靠的检测方法和间隔的验证，在此检测间隔内要保持超过限制载荷的承载能力。一个给定第 2 类损伤的剩余强度可能取决于选定的检测间隔和检测方法。第 2 类损伤的例子包括目视可见冲击损伤（VID），VID（尺寸从小到大）、深的沟槽或划伤、在工厂不明显的制造失误、可检的分层或脱胶以及大的局部灼伤或环境退化，在发现这类损伤前要承受足够的剩余强度。这种损伤不应扩展，或若出现缓慢扩展或止裂的扩展，则在检测周期内其具有的剩余强度水平要足以超过限制载荷能力。

(iii) 第 3 类：这类损伤在事件发生后少量飞行次数期间，可在使用中或由并无复合材料检测专业技能的外场维护人员可靠地检出，它们出现的位置必然清晰可见，或能产生潜在损伤的迹象，并由于零件变形、配合失当或功能丧失，使之在短期内变得明显。这两种严重损伤的迹象提供了进行深入检测的证据，来确定零件和周围结构区域所造成的全部损伤范围。实际上可能需要具有一些结构设计特性来提供足够大的抗损伤能力，保证带有易检的第 3 类损伤时，结构具有承受限制载荷或接近限制载荷的能力。第 3 类损伤的结构证实包括可靠和快速检测，同时保持承受限制或接近限制载荷能力的验证。第 2 类和第 3 类损伤间的主要差别是第 3 类损伤需在规定的时间间隔之后进行含大损伤的限制或接近限制载荷下能力的验证，而这一时间间隔，后者比前者要短得多，对第3类损伤的剩余强度验证可能取决于这一短检测间隔时间的合理性。第3类损伤的例子包括在地面巡回检测期间或正常的工作项目检测（如油箱渗漏、系统故障或客舱噪声）期间能发现的大VID或其他明显可见损伤。

(iv) 第4类：由已知偶发事件引起限制飞机机动性的离散源损伤，第4类损伤的结构证实包括按规章规定的剩余强度验证。应指出，充压结构第4类损伤的剩余强度要求通常比图3所示的级别更高，第4类损伤的一些例子包括发动机叶片破裂、鸟撞（按规章规定）、轮胎爆裂和飞行中严重的冰雹。

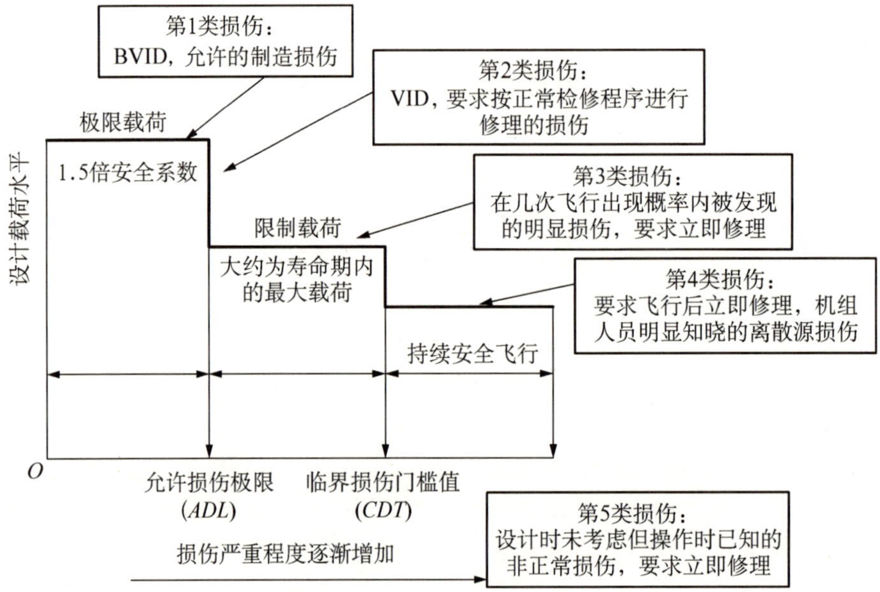

图3 设计载荷水平与损伤严重性类别关系的简图

(v) 第5类：由异常的地面或飞行事件引起，设计准则或结构证实程序未包括的严重损伤。在目前的指南中，对这种损伤，要保证负责复合材料飞机结构设计的工程师和FAA与维护机构合作，使操作人员获知第5类事件可能引起的损伤，并要求立即报告给负责维护的人员。结构工程师还有责任使设计具有足够的抗损伤能力，使得第5类事件对所涉及的操作人员是显而易见不言自明的。需要有与工程沟通的渠道，以便基于已有异常事件的信息，适当确定视情而定的检测方案。这样的工作有助于得到修理前需要的损伤特征。第5类损伤的例子包括勤务车辆与飞机的严重撞击、异常的飞行超载状态、非正常硬着陆、维护时千斤顶操作失误以及飞行中的零件失落，包括随后可能与相邻结构的高能量、大面积（钝头）冲击。某些第5类损伤情况并无清晰的目视可见损伤迹象，特别是在复合材料结构中，但应有从保证安全的相关事件中总会露出端倪，始现于有关可能操作损伤的完整报告。

(d) 这五类损伤将作为实例用于本节和随后第 9、第 10 节中的讨论。注意，第 2,3,4 和 5 类损伤均与修理有关。

(2) 应对结构关键区域的结构细节、元件和组合件进行重复载荷试验，来确定结构对损伤扩展的敏感性，这种试验可形成证明损伤容限要求中无扩展方法的基础。这种试验应评定环境对缺陷扩展特性和无扩展有效性的影响，所用试验环境应符合预计的使用情况。由于热膨胀不同，要确定设计中复合材料与金属间界面处产生的残余应力，这部分应力取决于重复载荷循环期间的使用温度，并要在损伤容限评定时予以考虑。应通过考虑特定损伤的出现概率和与此损伤相关的剩余强度能力，来确定检测间隔。其目的是要保证，结构不要在剩余强度低于极限载荷，以致安全水平低于典型缓慢扩展状态下的时间过久，如图 4 所示。当没有给定损伤尺寸出现概率的统计数据时，可能需要保守地假设在少量飞行次数期间检测出大损伤尺寸的能力。一旦检出损伤，或者对部件进行修理使其恢复到极限载荷能力，或将其更换。

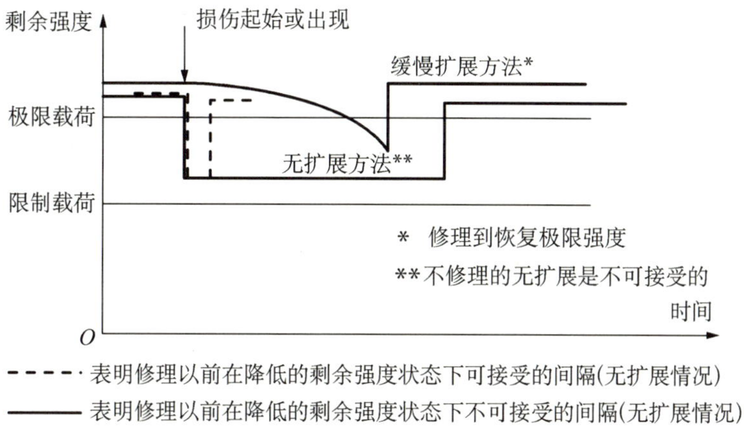

图 4　剩余强度简图，说明不应在结构中长期保留“无扩展”的严重意外损伤而不修理

(a) 对复合材料中发现的某些损伤类型，若能证明扩展速率是缓慢、稳定和可预计的，则传统的缓慢扩展方法可能是适用的，缓慢扩展特性将给出保守和可靠的结果。作为缓慢扩展方法的一部分，应建立包括检测频率、范围和方法在内的检测程序，包含在维护计划中。应确定检测间隔，使得从损伤初始可检到使其剩余静强度降到限制载荷(认为是极限载荷)的时间段内，能有非常高的损伤检出概率，同时要考虑环境影响。对任何会使承载能力低于极限载荷的检出损伤尺寸，或要对部件进行修理使其恢复到能承受极限载荷能力，或进行更换。若损伤在达到临界值以前出现功能性障碍(如不可接受的刚度降)，则也要对零件进行修理或更换。

(b) 对复合材料的某些损伤类型和采用的设计特征，若能可靠地证明损伤扩展是可预计的，并在达到临界值前被阻止，则另一种涉及扩展的方法也可以适用。图 5 所示为适用于复合材料的所有三种损伤扩展方法的简图。阻止扩展方法适用于损伤在其扩展到临界值(剩余静强度降低到限制载荷)以前被机械止裂或终止的情况,如图5所示。由于像几何形状变化、增强、厚度变化或结构连接这样的设计特征会阻止损伤扩展,这种方法适用于可检且能被可靠阻止的损伤扩展情况(包括所有适当的动态影响)。为证明阻止扩展方法,应对关键结构区域的结构细节、元件和组合件,部件或全尺寸结构进行重复载荷试验。与损伤容限的"无扩展"方法情况一样,应确定检测间隔,同时考虑与阻止扩展损伤尺寸一致的剩余强度能力(见图5中的虚线,在概念上显示了检测间隔与缓慢扩展基准是一致的),同样这也是为保证结构在修理以前,其剩余强度能力不会长期处于接近限制载荷的受损状态。对任何使承载能力低于极限载荷的损伤尺寸,要通过修理使部件恢复到极限承载能力,或将其更换。

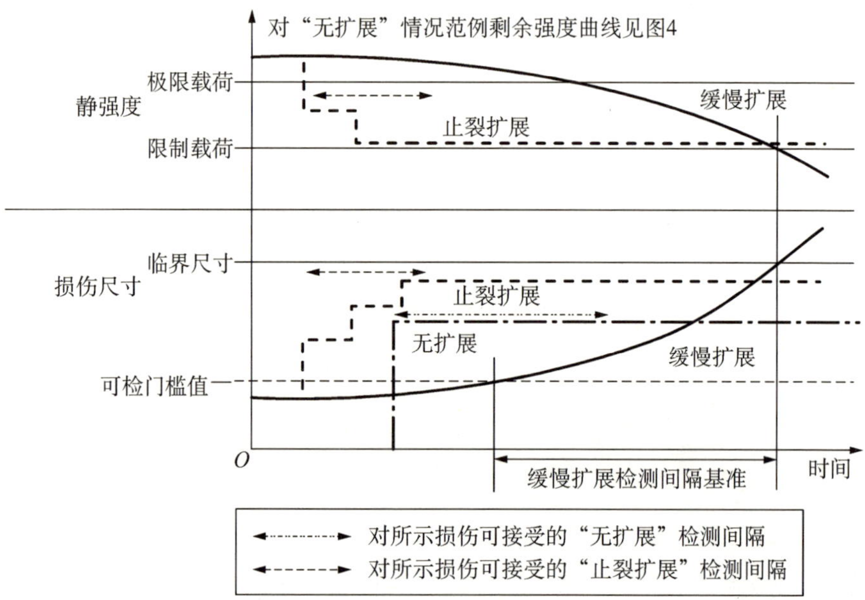

图5 三种不同复合材料结构损伤容限证实方法的剩余强度与损伤尺寸关系的示意图

(c) 重复载荷应代表预期的使用情况。重复载荷试验应包括代表制造、装配和使用时可能出现,并与所用检测技术一致的损伤水平(包括冲击损伤)。应按照生产规程和工艺来制造和装配损伤容限试验件,以使试验件代表生产型结构。

(3) 应确定初始可检损伤的大小,并与制造和使用时所用检测技术相一致。该信息会自然地确定第1类和第2类之间的分界点(即受过培训的检测人员在定期维护中所用检测方法)。对在定期维护以前可能会被发现的清晰可检损伤(即允许归为第3类的损伤),可允许由未受过培训的人员,在较短的间隔内进行检测。应采用对固有缺陷或用机械方法引入的损伤施加重复载荷循环的办法,来获得缺陷/损伤扩展数据。为证明扩展和无扩展概念所要施加的循环数应是统计上有效的,并可通过载荷和/或寿命的考虑和与损伤尺寸的关系来确定。应通过试验数据支持的分析，或通过试样、元件或组合件级的试验来进行扩展或者无扩展的评定。

(4) 应确定剩余强度评定用的损伤大小，包括对所选用外场检测方法检出概率的统计。应在损伤危害性评估的基础上考虑前 4 类损伤，此外，第 3 类损伤应在地面巡检中或通过正常的运行作业时检出。应通过部件或组合件试验，或试验数据支持的分析，来进行考虑这种损伤的剩余强度评定。这一评定应验证结构的剩余强度可靠地等于或大于规定设计载荷(认为是极限载荷)下所需的强度，包括环境影响。组合件和结构细节剩余强度可靠评估的统计意义，可以包括保守的方法和工程判断。应证明，刚度特性的改变未超出可接受的水平。

(a) 对无扩展、缓慢扩展、阻止扩展方法，应在重复载荷循环后进行剩余强度试验，对剩余强度评估所用的所有概率分析，应合理地考虑从全部损伤危害性评估确定的损伤复杂性。假设有足够多关于重复载荷和环境曝露试验数据，在分析中允许采用保守的损伤度量。

(b) 复合材料设计应提供与常规金属设计同样水平的破损-安全、多传力路径的结构保证，因此也期望使用具有 95%置信度和 90%概率统计基准的静强度许用值。

(c) 在 6. c. (3) 中给出了一些关于胶接结构剩余强度的特殊考虑。

(5) 为疲劳试验和分析目的编制的重复载荷谱，应代表预期的使用用途。可以忽略(截除)能证明对损伤扩展没有贡献的低载荷水平；降低最大载荷水平(高载截除)通常是不被接受的。重复载荷行为的变异性应通过适当的载荷放大或寿命分散系数来覆盖，这些系数应计及所试验的试验件数量；部件试验中验证可靠性使用的这些系数，应与积木式试验中材料、工艺和其他结构设计细节表征的疲劳与损伤容限行为相一致。

(6) 应编制包括检测频率、范围和方法在内的检测程序，并包括在维护计划中。检测间隔的确定，应使得从初始可检尺寸扩展到所要求剩余强度对应的极限尺寸的时间范围内，能可靠地检出损伤。应考虑可能的漏检问题。

(a) 对无扩展设计概念的情况，应把检查间隔定为维护计划的一部分。在选择这样的检查间隔时，要考虑带有假定损伤时所对应的剩余强度水平，这一点如图 4 和图 5 所示。注意，对图 4 和图 5 中“无扩展”和“阻止扩展”选项，概念上对较大损伤可接受的检测间隔与可接受的缓慢扩展基准有关，用损伤检出和修理前的剩余强度与低于极限载荷的时间表示。不同损伤尺寸出现概率的数据，也有助于确定检测间隔。

(b) 复合材料损伤危害性的全面评估和将不同损伤尺寸按相关检测方法的分类，支持了采用严格损伤容限评估得到的维护计划，来避免采用很大损伤假设的保守设计准则。在这种情况下，对第 2 类损伤，将要求对在定期维护间隔期间所用的检测方法进行结构证实，这些方法由经过培训的检测人员进行，有明确规定且是可靠的(默认第 1 类损伤处于该评定方法的门槛值)。只要有充分的结构证实，证明未经培训的外场维护或机组人员能早期检出损伤，则对归为第 3 类的这些损伤可采用较短的使用时间间隔。按照定义，第 4 类损伤将要求这样的剩余强度证实，即可完成基于有关规章规定载荷进行受限机动的飞行。由于导致产生第 4 类损伤的使用事件性质,在后续的飞机修理和恢复服役以前,将需要确定适用的检测方法,来评估全部的损伤范围。按照定义,对第 5 类损伤没有相关的损伤容限设计准则或相关的结构验证。第 5 类损伤将要求进行根据非正常使用事件的工程评估给出适用的检测方法,并要在重新服役前,对飞机进行结构修理和/或更换零件。

(7) 在飞行中出现明显离散源(即非包容发动机破坏等)损伤的结构,应能承受在完成该次飞行期间合理预计的静载荷(认为是极限载荷)。应基于对飞行任务以及可能与每一离散源有关损伤的合理评估,确定损伤大小。对最危险的第 4 类损伤对相关载荷情况需进行结构证实。对由于安全裕度高而不要求对相关返航载荷进行专门剩余强度评估的那些第 4 类损伤(如严重的飞行中冰雹),可能仍要求进行适当的检测,因为它们的可检性也许与第 2 类损伤进行的证实不一致。

(8) 在损伤容限评估中,应考虑可能引起材料性能退化的温度、湿度和其他环境或与时间有关老化因素的影响。除非在环境下进行试验,否则应导出适当的环境因子并用于评估。

b. 疲劳评估

疲劳证实应通过部件疲劳试验或由试验数据支持的分析,并计及适当的环境影响来实现。应按照生产规程和工艺来制造和装配试验件,以使试验件代表生产型结构。应进行足够的部件、组合件、元件或试样试验,来确定疲劳分散性和环境影响。可以用部件、组合件和/或元件试验,来评估含冲击损伤结构的疲劳响应,其损伤程度代表了制造、装配和使用时可能出现的损伤,且与所用检测方法相一致。在疲劳试验中还应包括结构寿命期间会存在的其他允许的制造和使用缺陷。在疲劳试验期间,应验证刚度性能的变化没有超出可接受的水平。应基于试验结果确定更换寿命。按照定义,第 1 类损伤要经受疲劳评估,并预期要在飞机结构寿命期内保持承受极限载荷的能力。

c. 损伤容限与疲劳的联合评定

通常要对给定结构确定检测程序和验证服役寿命两方面内容,它们要分别覆盖预期的飞机使用期间可能会遇到的所有可检与不可检损伤。延寿应包括取自部件重复载荷试验、领先飞行计划(包括 NDI 和破坏性的拆毁检查)的数据,和对意外损伤与环境使用数据考虑的适当统计评估。

9 结构验证——颤振和其他气动弹性不稳定性

需要进行气动弹性评估,包括颤振、操纵反效、发散以及结构受载与变形引起的稳定性和操纵性丧失。必须通过设计、质量控制、维护和系统相互作用来避免颤振和其他的气弹不稳定性问题。

a. 复合材料结构的评定需要考虑重复载荷、环境曝露和使用损伤事件(如较大的第 2 类、第 3 类或第 4 类损伤)对关键性能,如刚度、质量和阻尼的影响。某些遭受大损伤的操纵面虽保持了适当的剩余强度裕度,但会损失刚度或增加质量(如夹层壁板脱胶和/或水分浸入),对颤振和其他气动弹性特性可能有不利影响,这对易于受到意外损伤和环境退化的操纵面特别重要。还需要评定因其他因素,像修理、制造缺陷和多层涂漆引起的重量或刚度变化。还可能有一些与邻近高温热源结构部件有关的问题(如位于发动机尾喷流或排气系统路径上的尾翼结构)。这些影响可以通过试验数据支持的分析或通过试样、元件或组合件级试验来确定。

10 持续适航

只要适用,对特定结构类型及其应用情况,复合材料飞机结构的维护和修理应满足本咨询通报覆盖的所有总则、设计与制造、静强度、疲劳/损伤容限、颤振和其他考虑。

a. 维护设计

复合材料飞机结构设计应在外场维护环境条件下留有检测与修理通道。用于结构细节的检测和修理方法,应对难以检出、表征与修理的关键损伤类型给出所需的专用文件和培训。必须在适当的持续适航文件中,对任何结构细节明确规定检测间隔与寿命极限,和不予修理的损伤水平。

b. 维护操作

应由适当的机构来编制维护手册,以包括对复合材料结构必需的检测、维护和修理方法,包括用千斤顶顶起、分解、搬运、零件烘干方法和重新涂漆的指令(包括限制使用会使结构升温的涂漆颜色)。应确定对给定零件进行检测和修理所需的专用设备、修理材料、辅助材料、工装夹具、工艺步骤和其他的信息,因为经过验证的不同飞机类型和型号的标准外场操作方法并不通用。

(1) 损伤检出

(a) 必须证明用于检出损伤的方法是可靠的,并能检出结构完整性低于极限载荷能力的退化情况,这些方法必须在持续适航指令的适当章节中规定,它们应在第6,7和8节中描述的静强度、耐环境能力、疲劳和损伤容限评定时予以证实。对于损伤危害性评估识别出的所有损伤类型,需要有经证实的检测方法;这些损伤危害性包括广泛的外来物冲击危害性、制造缺陷和因过热引起的退化。必须检出结构防紫外线曝露表面层(例如油漆和涂层)出现的退化。还必须检出影响到结构完整性、油箱安全和电气系统的雷击防护系统退化问题。

(b) 目视检测是外场最重要的损伤检测方法,应在预先规定的照明条件下进行。目视检测方法应考虑开敞性、冲击损伤凹坑深度随时间的松弛,以及零件表面的颜色、涂层和清洁度。

(2) 检测

检出复合材料损伤的常用的损伤目视迹象,对需要深入研究的损伤内部只提供了有限的细节,因此,用于复合材料损伤完整表征的附加检测程序,通常与初步损伤检测不同，并需要用文件加以仔细说明。必须证明修理前的无损检测和修理时的分解工艺步骤对损伤进行了定位，并确定了全部损伤范围。必须证明对修理质量的过程控制和修理后的检测方法是可靠的，并能为工程师提供数据，来确定由于工艺本身引起结构完整性退化而低于极限载荷能力。若修理完成时不能可靠地检出某些工艺缺陷(如弱胶接)，这时，损伤危害性评定、修理设计细节和限制应保证具有足够的损伤容限能力。

(3) 修理

应证实，用于给定结构的所有螺接与胶接修理设计和工艺步骤满足适当的要求，特别关注的安全问题是与胶接材料的相容性、胶接表面制备(包括烘干、清洁和化学活化)、固化加热控制、复合材料机械加工、专用的复合材料紧固件和安装技术以及相关的工艺过程控制方法有关的内容。还必须适当地修理防护紫外线与结构温度的表面层(如漆和涂层)以及防雷击系统。

(4) 制定文件和提供报告

必须把所有有关修理的文件增添到具体零件编号的维护记录中，该信息可支持今后对同一零件进行维护的损伤处置与修理工作。建议应将复合材料零件在服役中出现的使用困难、损伤和退化反馈给原始设备制造商(OEM)，以便不断更新损伤危害性评估，支持进一步改进设计细节与工艺。这样的信息还将支持今后设计准则、分析和试验数据库的发展。

c. 修理的证实

(1) 当 FAA 批准的文件或维护手册中给出了修理方法时，应用分析和/或试验来验证该修理方法和技术会使结构恢复到适航状态。必须明确规定和用文件说明可修理损伤极限(RDL)，它描述了基于现有数据可修结构零件的损伤细节。还必须明确规定和用文件说明不需要修理的允许损伤极限(ADL)。RDL 和 ADL 二者均必须基于足够的分析和试验数据，来满足本咨询通报中概述的适用结构证实要求和其他考虑。对设计研制时没有考虑的损伤类型和尺寸，通常需要有附加的证实数据。某些损伤类型可能需要专门的外场修理指令和相关的质量控制。胶接修理要遵从与基准设计同样的结构胶接考虑(参见 6. c)。

(2) 运营商和维护修理机构(MRO)想要完成超出已批准修理文件范围的大修或更换，应意识到需要大量分析、设计、工艺和试验来确保已取证结构的适航性，应保存该项证实的文件记录和适航批准，以支持后续的任何维护工作。

d. 损伤检出、检测和修理资格

(1) 在损伤处置和修理中涉及的所有技术人员、检测人员和工程师都应具有必需的技能，来完成其对具体复合材料结构零件的支持性维护任务，对所获技能的持续验证会超出初始的培训(如类似于焊接人员的资格认证)。对特定复合材料零件所用的修理设计、检测方法和修理程序，需要经批准的结构证实数据。美国汽车工程师学会(SAE)在航宇信息报告(AIR)5719 中概述了对复合材料维护与修理中安全事项的培训问题。并需要对具体技能积累的补充培训，来执行特定的工程、检测和修理任务。

(2) 应对为飞机服务的飞行员、外场维护和其他操作人员进行培训，要求他们立即报告可能引起复合材料飞机结构严重损伤的异常地面事故和飞行事件，特别是需要立即报告超出给定结构损伤容限证实和标准维护操作范围发生的使用事件。第 4 类和第 5 类损伤的立即检出，依赖于飞机操作和使用人员的正确反映。关于报告的要求，请参照 21 部、121 部和 135 部中的规章。

11 其他考虑

a. 适坠性

(1) 飞机的适坠性由机身的冲击响应特性控制。规章的演变通常基于现有飞机发生的事件或事故积累的经验，或是预期由新设计提出的安全问题。在适坠性的情况中，规章一直随着实际飞机操作得到的经验而演变。例如，已确定了用应急载荷系数和乘客座椅载荷来反映机群经历和受控的 FAA 与工业界研究观察到的动力学状态，机群的经验还没有证实需要有整机级适坠性标准。因此，该规章反映了传统铝飞机结构在可存活坠毁条件下的能力，这种方法在飞机继续用传统建造方法进行设计时是满意的。一旦出现复合材料机身和/或使用创新设计时，过去用过的方法可能不再足以证实，乘客能得到与相似的金属设计同样的防护水平。

(2) 机体设计应保证，在实际和可存活的坠毁条件下，乘员有各种适当的机会避免受到严重的伤害。复合材料设计应考虑不同于常规金属机体设计的独特行为与结构特性，包括大的修理或更换。可以通过试验或由试验数据支持的分析来进行结构评估，使用经验也可以用作支持的证据。

(3) 很难建立飞机坠撞动力学和相关的能量吸收模型，并完全确定符合结构要求的代表性试验。每种飞机类型(即运输机、小飞机、旋翼机)都有其特有规章来控制特定飞机结构的适坠性，因此，应使用每种飞机产品型号相应的规章和指南。运输机和旋翼机的规章用以处理某些超出小飞机要求的内容。

(4) 对带有复合材料机身结构的运输类飞机，预期需要有一些专用条件来应对其适坠存活能力。必须评估复合材料机身结构的冲击响应，来保证其存活能力与金属材料制造的类似尺寸飞机没有明显的差别。必须评估支持机体和地板结构的冲击载荷与所产生的结构变形。在进行这种评估时应考虑四个主要的准则范围：

(a) 重物(如头顶的行李舱)掉落引起的冲击时，乘员必须受到保护；

(b) 在可存活的坠撞后，必须保持应急出口畅通；

(c) 在可存活的坠撞时，乘员承受的加速度和载荷不得超过临界门槛值；

(d) 冲击事件后乘员必须有足够的存活空间。

(5) 这四个准则中每个准则的重要程度取决于特定的坠撞条件，例如，在较低的冲击速度下，尚未出现结构破坏处，乘客承受的载荷与加速度可能较高。因此，对运输机机身实际上可能要用验证过的分析来覆盖几乎所有的适坠性准则。

(6) 现有的运输机要求中还需要考虑,在可存活的坠撞冲击事件期间有关防火安全性的油箱结构完整性(并参见11.b),由于与适坠性有关,复合材料油箱结构不得破坏,或其变形不得过大,使得燃烧危害性不会比金属油箱结构更严重。

(7) 复合材料结构适坠性的物理学与力学涉及几个方面。对遭受到可存活坠撞的复合材料结构,需要考虑其局部强度、能量吸收特性和多种可能同时出现的破坏模式。对用各向异性与准脆性复合材料制造的飞机机体结构,这不是很简单就能完成的。因此,除非对复合材料结构设计进行专门的考虑,复合材料飞机上的乘客与设备所承受的加速度和载荷历程,可能与类似金属飞机上遇到的有显著差别。此外,当改变复合材料结构来获得特定的力学行为时,应特别予以注意。(例如,材料厚度变化对金属结构行为的影响可能很容易预计,而在同样的部位,对复合材料元件破坏模式与吸能特性影响,除需要复合材料层压板铺层数增减影响的数据外,可能还需要层压板铺层顺序影响的数据)。

(8) 必须包括有代表性的结构来得到有效的试验与分析结果。根据不同的飞机载荷(要求研究不同的飞机乘客与货物配置)、结构动力学考虑和逐步破坏,整个结构中的局部应变速率与受载状态可能是不同的。对运输机与旋翼机还应考虑结构行为对适当冲击方向的敏感性,这可以通过由试验数据支持的分析来处理。

(9) 考虑到需要与金属结构进行的比较评估和坠撞状态的范围,对运输机与旋翼机常常需要进行有足够结构试验数据支持的分析。分析中需要广泛研究模型对建模参数(如网格优化、接头的描述、元件材料输入的应力-应变数据)的敏感性。试验中还需要研究适合于复合材料的试验设备敏感性(例如相对于结构中预期脉冲特性的滤波器频率),可以用试验复杂程度达到最高一级的积木式方法,来证明模型的正确性(如用具有足够复杂结构细节的落震试验来恰当评估适坠性准则)。

b. 防火、阻燃和其他受热问题

(1) 对复合材料机体结构,需要专门考虑火焰与超过最高工作状态的温度曝露问题(参见下面的说明)。对飞机机体结构的阻燃与防火要求,目的是要尽量减少在可燃材料、液体或气体着火时对乘员的伤害。应使用适用于不同飞机类型(即运输机、小飞机、旋翼机)的规章,可以用试验或试验数据支持的分析来证明符合性。复合材料设计,包括修理和更换,不应降低目前相应于金属结构的安全水平。此外,当曝露于火焰和高于设计证实过的最高工作状态温度时,应有维护程序来评定任何复合材料飞机结构的结构完整性。

说明:飞机座舱内部和行李舱一直是防护乘客安全中考虑阻燃的区域,本咨询通报的修订并没有考虑飞机座舱内部和行李舱中使用的复合材料。对内部材料阻燃性规章可接受的符合性方法请咨询其他指导性文件。

(2) 传统上要考虑含有复合材料元件的发动机安装结构、防火墙和其他动力装置结构的防火和阻燃。随着在运输类飞机机翼和机身结构中复合材料的扩大应用,产生了一些对乘客安全性至关重要的额外问题。现有的规章并没有考虑机体结构本身燃烧的可能性。机翼和机身中应考虑，万一飞行期间着火和紧急着陆时泄露燃油可能起火并随后溢出时，复合材料设计和结构对乘客安全性的影响。

(3) 用结构复合材料零件进行防火与阻燃的试验结果指出了与总体设计和工艺细节，以及火源与燃烧范围的关系。例如，座舱内起火，可因结构的作用将火分隔而实现控制，而当着陆坠撞后机身外起火，此时燃油多半是火焰燃烧和蔓延的主要来源，从而曝露于火焰中的复合材料机身总体影响明显不同。每种情况的危害不同，因而减轻危害的方法也不相同。飞行中的火灾安全性用于应对某些故障产生的飞机内部起火问题；而坠撞后的火灾安全性，则用于应对飞机外部泄油淤积产生的燃烧问题，预期会有运输类飞机机身结构遭受飞行中和坠撞后燃烧两种情况的专用条件。运输机机翼结构则需要有坠撞后燃烧情况的专用条件。

(4) 对运输类飞机的飞行中火灾问题，关键是火焰不要蔓延或不会产生过量的有毒副产品。当火焰在不可接近区域蔓延时，飞行中火灾一直是灾难性的。若不对该问题进行考虑，复合材料机身结构会起到与传统金属结构不同的作用。

(5) 已经建立了金属运输机机身和机翼结构的防火基准，可用于评估具体的复合材料机翼与机身结构细节。复合材料运输机结构的外部防火问题，必须包括可存活的坠撞着陆后外部集中火焰的影响。机身结构应给乘客提供足够的逃逸时间，且不会伴以火焰弥漫或释放对逃逸乘客有毒或使燃烧加剧的气体和/或物质。此外，还必须把这些考虑扩展到机翼和油箱结构，必须防止其结构崩溃或泄漏燃油(包括考虑燃油载荷对结构特性的影响)。§25.856(b)的标准对运输类飞机提供了建立所需安全性水平的基准。

(6) 对复合材料结构的高温曝露问题需要超出对直接阻燃和防火的考虑，并扩大到其他热问题。玻璃化转变温度特性标志着强度与刚度降低的起点，很多复合材料的玻璃化转变温度低于等效金属结构产生类似影响的温度，大多数复合材料的玻璃化转变温度会由于吸湿而进一步降低。必须要按特定应用的要求(如发动机或其他系统破坏)来了解高温曝露引起的强度与刚度降。系统破坏和/或已知其被火烧后，可能很难检测出于高温曝露后复合材料结构中产生不可逆损伤的全部范围，为恰当处置热损伤，可能需要对曝露于高温的复合材料结构进行特殊检测、试验和分析。因此需要识别出所有相关的损伤危害性和退化机理，并汇集到一起从而进行损伤容限和可维护性评估。对曝露于不明高温级别的零件，应可靠检测与试验，测量其中的损伤范围，记录结果，应特别注意确定用所选检测方法可能漏检的最大损伤。

c. 闪电防护

复合材料飞机结构需要具有防闪电设计特性。目前的碳纤维复合材料导电性比标准的铝材大约低 1000 倍，而复合材料的树脂和胶黏剂通常不导电，玻璃和芳纶纤维复合材料也不导电。若不提供恰当的闪电防护，对复合材料的雷击可能会造成结构破坏或大面积损伤，并可能在金属液压管路、燃油系统管路和电缆中诱导产生高闪电电流和电压。在FAA技术报告“飞机闪电防护手册”(DOT/FAA/CT-89/22)中，能找到飞机闪电防护设计的指南，应通过试验或用试验支持的分析，来验证复合材料结构闪电防护的有效性。通常对壁板、试样、组件或代表飞机结构的试件进行这样的试验，或对整个飞机进行试验，在AC 20-155引用的一些SAE技术报告中，对闪电试验波形和闪电附着区进行了定义。根据检出的水平，应把标准闪电试验中观察到的任何结构损伤限于第1，2和3类，表征这些损伤，并视情纳入损伤容限分析和试验。对按14CFR 23部认证，仅用于目视飞行规则(VFR)的简单的小飞机，可基于工程评估按照AC 23-15来审定。应评定复合材料结构修理和维护对闪电防护系统的影响。修理设计应保持闪电防护能力。

(1) 结构完整性考虑的闪电防护

(a) 适用时，复合材料的结构设计应包含对预期闪电附着的闪电防护。闪电防护措施的范围取决于对飞机表面划分的闪电附着区，闪电防护措施可以包括(但不限于)，在预期会受到闪电直接附着的复合材料结构外表面上粘贴金属丝或网。

(b) 当飞机遭受闪电时，有很高的电流通过机体。在结构部件间必须构建适当的电搭接，这对活动部件(如副翼、方向舵和升降舵)非常困难。所确定的电搭接尺寸必须能传递闪电电流或能把高电流通过不必特意安排的途径，如操纵钢索、操纵杆或液压管道而被耗散掉。在运输机指导性政策文件(Transport Airplane Directorate Policy Statement)ANM-111-05-004中引用的SAE航宇推荐操作手册(ARP)5577中，可以找到飞机结构闪电防护的认证指南。

(2) 燃油系统的闪电防护

(a) 对复合材料结构中带整体油箱的飞机，必须特别考虑燃油系统的闪电防护。带整体燃油系统的复合材料结构，在复合材料外表面、接头、紧固件和燃油系统管路和部件的结构支架上，必须采取专门的闪电防护措施，以消除结构渗漏、电弧、火花或其他起火源。AC 20-53给出了飞机燃油系统闪电防护的认证指南。

(b) §25.981中运输机燃油系统防火规章，要求具有容许破坏的闪电防护。因此在油箱结构中的复合材料结构连接和紧固件，必须有冗余和可靠的闪电防护措施，来保证对起火源有适当的防护。

(3) 电气和电子系统的闪电防护

(a) 需要有复合材料结构的防雷击措施，来避免电气和电子系统线路中诱导产生高闪电电压和电流，这些电气和电子系统的故障或损伤将会影响飞机的安全使用。对执行极其关键功能，如电传操纵控制或发动机控制的电气与电子系统，无闪电防护的复合材料结构遭受闪电的后果将是灾难性的。

(b) 对电气和电子设备的系统导线进行电屏蔽和可靠的电路设计，均能对闪电引起的系统故障或损伤提供某种防护作用。由于多数复合材料的屏蔽能力很差，通常最好要在复合材料结构上粘贴金属箔或网，来对导线和设备提供额外的屏蔽。应提供复合材料结构部件和壁板间的电搭接，使屏蔽有效。AC 20-136给出了飞机电气和电子系统闪电防护的认证指南。

David Hempe

经理，飞机工程部

飞机认证服务

附录 B1　适用的规章和有关的指南

1　适用的规章

对本咨询通报覆盖的项目给出了适用规章的列表。多数情况下这些规章均适用，而与飞机结构所用的材料类型无关。

咨询通报中的章节	23 部	25 部	27 部	29 部
1 本咨询通报的目的	无			
2 本咨询通报适用的对象	无			
3 撤销	无			
4 有关规章和指南	无			
5 总则	无			
6 材料和制造研究	603	603	603	603
	605	605	605	605
	609	609	609	609
	613	613	613	613
	619	619	619	619
7 结构验证——静力	305	305	305	305
	307	307	307	307
8 结构验证——疲劳和损伤容限	573	571	571	571
9 结构验证——颤振	629	629	629	629
10 持续适航	1529	1529	1529	1529
	附录 G	附录 H	附录 A	附录 A
11 其他考虑				
a. 适坠性	561	561	561	561
	562	562	562	562
	601	601	601	601
		631		
	721	721		
	783	783	783	783
	785	785	785	785
	787	787	787	787
	807	789	801	801
	965	801	807	803
	967	809	965	809

（续表）

咨询通报中的章节	23 部	25 部	27 部	29 部
		963		963
		967		967
		981	1413	
b. 防火、阻燃和其他受热问题	609	609	609	609
	787	863	861	861
	863	865	863	863
	865	867	1183	903
	867	903	1185	967
	954	967	1191	1013
	1121	1121	1193	1121
	1182	1181	1194	1183
	1183	1182		1185
	1189	1183		1189
	1191	1185		1191
	1193	1189		1193
	1359	1191		1193
	1365	1193		1194
c. 闪电防护	867	581	610	610
	954	954	954	954
		981		
	1309	1316	1309	1309

注：(1) 本表可能没有将所有的都包括在内，管理当局之间可能有所差别。
(2) 对新颖和与非常规的设计特性可能要颁布专用的条件（如新复合材料体系）。

2 指南

FAA 颁布了指南以给出与规章要求符合的支持性信息，指南可以包括咨询通报和政策声明(PS)。一般来说，咨询通报给出的信息是关于可接受但非惟一证明对规章符合性的方法。下面列出的指南被认为对本咨询通报是支持性的。可从下面的网站得到这些 FAA 文件：

http://www.faa.gov/regulations_policies/.

a. 咨询通报

(1) AC 20－53，Protection of Airplane Fuel Systems Against Fuel Vapor Ignition Due to Lightning [6/06]

(2) AC 20－135，Powerplant Installation and Propulsion System Component Fire Protection Test Methods，Standards，and Criteria [2/90]

(3) AC 20－136，Protection of Aircraft Electrical/Electronic Systems Against the Indirect Effects of Lightning [12/06]

(4) AC 20-155, SAE Documents to Support Aircraft Lightning Protection Certification [4/06]

(5) AC 21-26, Quality Control for the Manufacture of Composite Structures [6/89]

(6) AC 21-31, Quality Control for the Manufacture of Non-Metallic Compartment Interior Components [11/91]

(7) AC 23-15, Small Airplane Certification Compliance Program [12/03]

(8) AC 23-20, Acceptance Guidance on Material Procurement and Process Specifications for Polymer Matrix Composite Systems [9/03]

(9) AC 25.571-1, Damage Tolerance and Fatigue Evaluation of Structure [4/98]

(10) AC 29 MG 8, Substantiation of Composite Rotorcraft Structure [4/06]

(11) AC 35.37-1, Guidance Material for Fatigue Limit Tests and Composite Blade Fatigue Substantiation [9/01]

(12) AC 145-6, Repair Stations for Composite and Bonded Aircraft Structure [11/96]

b. 政策声明

(1) Static Strength Substantiation of Composite Airplane Structure [PS-ACE100-2001-006, December 2001]

(2) Final Policy for Flammability Testing per 14 CFR Part 23, Sections 23.853, 23.855 and 23.1359 [PS-ACE100-2001-002, January 2002]

(3) Material Qualification and Equivalency for Polymer Matrix Composite Material Systems [PS-ACE100-2002-006, September 2003]

(4) Bonded Joints and Structures - Technical Issues and Certification Considerations [PS-ACE100-2005-10038, September 2005]

(5) Policy Statement on Acceptance of SAE International Aerospace Recommended Practice 5577 as an Acceptable Method of Compliance to the Lightning Direct Effects requirements of § 25.581 [ANM-111-05-004, April 2006]

附录B2 定义

1. 许用值(allowables)——在概率基础上,由层压板或单层级的试验数据确定的材料值(如分别具有99%概率和95%置信度,与90%概率和95%置信度的A或B基准值)。导出这些值要求的数据量由所需的统计意义(或基准)决定。

2. 各向异性(anisotropic)——不是各向同性,其力学和/或物理性能随材料中固有的自然参考轴方向不同而不同。

3. 阻止扩展方法(arrested growth approach)——一种要求验证带有明确定义缺陷的结构能承受适当重复载荷,同时通过机械手段阻止损伤扩展或是在达到临界尺寸(剩余静强度降低到限制载荷)前终止损伤扩展的方法,它与适当的检测间隔和损伤可检性相关。

4. 损伤类别(category of damage)——基于剩余强度能力、要求的载荷水平、可检性、检测间隔、损伤危害性,以及产生损伤的事件是否明显可察,定义了 5 类损伤。

5. 部件(component)——可作为一个完整的单元进行试验,以鉴定该结构是否合格的机体结构主要部分(如机翼、机身、垂尾、水平安定面)。

6. 试样(coupon)——用以评定基本单层级或层压板级性能,或通用结构特征(如胶接接头或机械紧固件连接接头)性能的小试验件(如通常是平层压板)。

7. 关键结构(critical structure)——其完整性对保持飞机总体飞行安全是必须的承载结构/元件。本咨询通报之所以采用这一定义,是因为在研究不同类型飞机时,主结构、次结构和主要结构元件(PSE)的定义有差异。例如,对运输类飞机主要结构元件是关键结构。

8. 损伤(damage)——制造(加工、生产、装配或处理)或使用引起的结构异常。

9. 脱胶(debond)——见 Disbond。

10. 退化(degradation)——材料性能(如强度、模量、膨胀系数)的改变,它可能是由于制造偏差或重复载荷和/或环境曝露所致。

11. 分层(delamination)——层压板中材料层的分离。它可能是局部的,也可能覆盖层压板的大面积,可能在固化或随后层压板使用的任意时刻出现,并可能由于各种不同原因引起。

12. 设计值(design values)——为保证整个结构的完整性具有高置信度,由试验数据确定并被选用的材料、结构元件和结构细节的性能。这些值通常以许用值为基础,考虑实际结构状态而进行修正,并用于计算安全裕度的分析。

13. 结构细节(detail)——较复杂结构件的非通用元件(如有特定设计构型的接头、搭接接头、长桁、长桁端头、或主要的通孔)。

14. 脱胶(disbond)——在两个被胶接件之间胶接面内出现粘接破坏或分离的区域,可能出现在基础结构寿命期内的任意时刻,并可能由于各种不同的原因引起。另外,通俗地说,也是层压板制成品中两个单层之间的分离区域(这时,一般最好使用术语"分层")。

15. 偏差(discrepancy)——允许且用计划的检测程序可检出的制造异常。它们会在加工、生产或装配过程中产生。

16. 元件(element)——较复杂结构件的通用元件(如蒙皮、长桁、受剪板、夹层板、接头或搭接接头)。

17. 环境(environment)——在使用中能预期到,且会影响结构,单独或联合出现的外部、非偶然的状态(机械加载除外)(如温度、吸湿、紫外线辐射和燃油)。

18. 系数(factor)：

a. 寿命(或载荷)放大系数(life (or load) enhancement factor)——用于考虑材料分散性，相对于原计划的设计载荷和寿命值，施加到结构重复载荷试验中的附加载荷系数和/或试验持续时间。用以得到所需的数据置信水平。

b. 寿命分散系数(life scatter factor)——见 Life (or Load) Enhancement Factor。

c. 超载系数(overload factor)——施加到特定结构试验，用于计及在该试验中没有直接计及的参数(如环境、减量的金字塔状试验等)，该系数通常由计及这种参数影响，较低级别金字塔状试验得到。

19. 非均匀性(heterogeneous)——描述性术语，用于可分别识别其非相似组分构成的材料；由内部边界分隔的一些非相似性能区域构成的介质。

20. 冲击损伤(impact damage)——由外来物冲击产生的结构异常。

21. 固有缺陷(intrinsic flaw)——复合材料中固有或生产过程中引起的缺陷。

22. 制造缺陷(manufacturing defect)——在制造期间出现，并能引起强度、刚度和尺寸稳定性不同程度退化的异常或缺陷。预期在飞机零件寿命期内，由质量控制、制造验收准则允许的这些缺陷(或允许的制造变异性)会满足合理的结构要求。在损伤危害性评估中应把制造质量控制中漏检的其他制造缺陷包括在内，并在其被检出和修理前必须满足损伤容限要求。

23. 无扩展方法(no-growth approach)——一种要求验证带有明确定义缺陷的结构，能承受适当重复载荷，并在结构寿命期间没有有害缺陷扩展的方法。

24. 主结构(primary structure)——其破坏会降低飞机的结构完整性，承受飞行、地面和内压载荷的结构。

25. 点设计(point design)——通常认为不能用于其他结构的证实，具体设计的元件或结构细节，如耳片或主接头。这样的设计元件或结构细节能够用试验或试验与分析结合的方法来鉴定。

26. 缓慢扩展方法(slow growth approach)——一种要求验证带有明确定义缺陷的结构，能承受适当重复载荷的方法。在结构寿命期间，或超出与适当损伤检测能力相关的适当检测周期内，只有缓慢、稳定和可预计的缺陷扩展。

27. 结构胶接(structural bonding)——由一个或多个预先固化好的复合材料或金属零件(称为被胶接件)组成，通过胶接工艺形成的结构连接。

28. 组合件(subcomponent)——较大的三维结构，它能给出代表一段全尺寸结构的完整结构(如短梁盒段、梁段、机翼壁板、带框的机身壁板)。

29. 弱胶接(weak bond)——力学性能低于预期值，但不可能通过正常的 NDI 方法检出的胶层，这样的情况主要是由低劣的化学键接所致。

附录 B3　复合材料和/或工艺的变化

1. 在生产期间，初始认证时原已证实过的材料和/或工艺发生变化或进行了替换时，这样的复合材料结构必须重新认证。例如，原来的材料供应商或是变更了其产品，或是终止了生产；也可能制造商发现必须修改其生产工艺来提高效率或消除产品缺陷。对其中任何一种情况，都必须注意保证对这些修改和/或变化进行充分研究，确保已经认证过的复合材料结构仍然满足要求。本附录覆盖了这样的材料和/或工艺变化，但没有涉及对设计的其他变化(如几何尺寸，载荷)。14CFR 21.31给出的规范中需要定义所用的材料和工艺，在型号设计中材料和工艺规范的变化往往是大的变化，必须同样按14CFR 21部，D分部来进行处置。

2. 用新的或改进材料和/或工艺来生产已认证飞机产品零件时，对该材料和/或工艺鉴定与结构证实要求：

a. 鉴别控制性能的关键材料和/或工艺参数；

b. 定义能测量这些参数的适用试验；

c. 定义这些试验的通过/拒绝准则。

3. 由每一制造厂商制订的“鉴定”程序涵盖下列内容：

a. 物理和化学性能；

b. 力学性能(试样级)；

c. 再现性(通过若干批次试验)。

4. 材料和工艺规范与生产制造质量程序的目的是用于监控给定的材料和工艺，使得用该材料和工艺制造的结构是稳定并可重复。即使替代材料和工艺满足这些规范中所设定性能，也不能认定替代材料和工艺对某个结构应用具有互换性(因为这些规范也许是为受工艺影响不大的材料制订的，如某些金属材料)。新的或改进材料和/或工艺，若只满足初始材料与工艺规范要求的“鉴定”试验，用它们制造的结构不一定是满足已认证结构所有原始工程要求的部件。

5. 在改善识别控制复合材料工艺的关键材料参数之间复杂关系之前，需要通过积木式试验中一系列复杂性逐步增加的代表性试验件，用大量不同的试验来直接了解材料的性能。此外，失效模式可能随材料和/或工艺不同而变化，若没有足够的经验数据，分析模型对可靠地预计破坏有时不够精确。因此，可能需要对更为复杂的试验件进行逐步试验验证。

6. 材料或工艺变化的分类

a. 对下列任一情况，需要进一步研究给定复合材料结构的可能变化：

(1) 情况A：基本组分即树脂或纤维(包括仅上浆剂或表面处理)中的一种或二者同时变更，会给出一种替代材料。得到替代材料的其他变化包括织物机织形式、纤维面积重量和树脂含量的变化。

(2) 情况B：基本组分相同，但树脂浸渍方法的任何变化。这样的变化包括：(i)预浸工艺(如溶剂浴到热熔浸渍)；(ii)具有同一纤维面积重量单向带材料形式的丝束大小(3k, 6k, 12k)；(iii)同一供应商的预浸设备；(iv)同一材料的供应商(取得许可证的供应商)变更。

(3) 情况C：材料不变，但工艺流程进行了改进（若工艺流程的改进控制了最终的复合材料力学性能）。重大工艺变化的例子包括：(i)固化周期；(ii)胶接面制备；(iii)用干纤维成型件制造零件所用树脂传递模塑工艺的变化；(iv)模具；(v)铺贴方法；(vi)材料铺放间的环境参数和(vii)主要的装配步骤。

b. 对上述的每一种情况，应区分准备作为原来材料/工艺组合复制品的这些变化（情况B和某些情况C）和“真正的新材料”（情况A和某些情况C）的变化，所以提出了两个类别：

(1) 想要得到复制结构情况中的“等同材料/工艺”；

(2) 想要得到真正新结构情况中的“替代材料/工艺”。

c. 在“等同材料/工艺”类中，还可细分为供应商处仅预浸设备有变化，和在别处拥有许可证的生产。目前，在取得许可证的工艺下制造，并认为是原来材料复制品的新纤维，这种变化，将作为“替代材料/工艺”处理。

d. 在代表等同材料/工艺类别中的某些较小变化，可能不会对结构性能产生影响（如预浸料的隔离纸，某些真空袋材料等），不应提交作为进行重新认证的一部分，然而制造商（或供应商）应建立筛选这些变化的适当体系，并能相当熟练地确定属于哪个级别。对属于情况B的其他较小变化，可以只在积木式证实的较低级别用采样试验来证明其等同性。

e. 可能引起材料和结构性能较大改变的情况C变化，需要在积木式试验所有的适当级别上进行评定，以确定制造工艺变化得到的是等同材料还是替代材料，需要根据所提出的制造变化，作出工程判断来确定试验的范围。

f. 应始终把情况“A”（替代材料）看作是需要进行结构证实的重要变化。不推荐按所改变的基本组分进一步分类，因为材料行为（如对应力集中的敏感性）可能由界面性能控制，而界面性能则可能受纤维或树脂变更的影响。

7. 证实方法

下面仅阐述了证实的技术内容。

a. 符合性原理

应根据型号适航认证所认可材料和第二种材料结构性能之间的比较研究，进行证实。无论认证项目提出的修改内容是什么，修改后的安全裕度应保持足够。比原来验证过的裕度有任何降低，都应仔细研究。

(1) 替代材料/工艺：对任何替代材料/工艺组合，应确定所有相关性能的新设计值。应重新审查初始用于认证结构的分析模型，包括破坏预计模型，若需要，应通过试验证实。应修改采购标准（或应确定适合于所选材料的新标准），来保证能恰当地控制关键质量变异性和确定新的验收准则。例如，从第一代碳纤维换成第二代碳纤维，拉伸强度可提高20%以上，则在替代材料的标准中需要有新的验收门槛值来保证检出质量变异性。

(2) 等同材料：应提供验证原设计值（不管是研究级别、材料还是设计）保持有效的数据。对数据需要采用统计方法来保证关键的设计性能来自于与原来材料/工艺组合相同的母体。计算方法，包括破坏预计应保持相同。应无需改变采购标准的技术内容(情况 B)来适当地控制质量。

b. 试验

(1) 为证实材料变化所需进行的试验内容，应考虑复合材料固有的结构行为，并将与零件的适航重要性和材料变化的定义有关。例如对等同材料研究的级别可以限于试验金字塔底部(参见§7 中的图)的通用试验件，但对替代材料应包括金字塔中较高级别的非通用试验件。注意要保证所用试验方法能得到与确定原结构性能相一致的数据。

(2) 对各种材料和/或工艺可能的变化，也许要求的试验应考虑结构证实中所有会受到影响的级别。某些情况(如较小的固化周期变化)可以只用通用试验件的试验来说明可能的后果，对其他如涉及模具的一些变化(如从全真空袋工艺变为热膨胀芯工艺)，评估应包括对零件本身的评定(有时称为“模具验证试验”)。在这种情况下，应要求对所制造出的首件进行更充分的无损检测。若需要，应通过从代表性部件上切出试验件来进行补充的物理或力学研究。

c. 批次数

(1) 进行多批试验的目的是为了验证材料特性的再现性是否可以接受。要求的材料批次应考虑：材料的类别(等同或替代)，研究的等级(非通用或通用试验件)，供应来源以及所研究的性能。注意应同时研究基本材料和制造工艺的变异性。

(2) 现有阐明复合材料鉴定与等同性和积木式方法的参考文献(如复合材料手册(CMH－17)第 1 卷和第 3 卷，FAA 技术报告 DOT/FAA/AR－03/19)，给出了直至层压板级更详细的指南，涉及批次与试验数量，以及适用的统计分析。对金字塔中更高级别的变化，或与其他材料形式，如编织 VARTM(Vacuum-Assisted Resin Transfer Molding)结构的有关变化，可能需要使用其他的统计程序或工程方法。

d. 通过/拒绝准则

作为试验计划的一部分，应建立通过/拒绝准则。例如对于强度考虑，试验数据的统计分析应证实，由第二种材料导出的新的设计值提供了适当的安全裕度。因此应准备足够数量的试验件来允许这样的分析。在非通用级别上当只用一个试验件来评估结构特性时，通过的准则应是其结果关于设计极限载荷是可接受的。在试验结果显示裕度较低的情况下，需要修订认证文件。

e. 其他考虑

对静强度以外的特性(列在 AC 20－107B 第 8，9，10 和 11 节中的所有项目)，其证实也应保证具有等同的安全水平。